Histoire de la gestion des plantes adventices en grandes cultures

De la première herbe arrachée au rappel à la nature

Environnement

Collection dirigée par Maryvonne Bodiguel

Ouvrir une collection ***Environnement*** en sciences sociales est un défi dans la mesure où chacun met sous ce vocable un contenu différent. Il existe pourtant un droit de l'environnement et des programmes de recherches qui s'adressent à des économistes, des sociologues, des politiques, des historiens, des ethnologues.
Ce champ de réflexion traverse en fait l'ensemble des disciplines de sciences et fédère des objectifs plutôt qu'il ne fonde un nouvel objet. Cette situation engendre une grande dispersion des travaux et freine leur diffusion.
Cette collection voudrait y pallier par la publication d'une part de dossiers présentant des recherches approfondies, d'autre part d'ouvrages de portée plus générale destinés à un plus large public.

Déjà parus

PAVÉ Alain et PAVÉ Marc, *Petit traité d'écologie opérationnelle, De l'idéalisation à l'action*, 2022.
DUMONT Élisabeth, *Histoire d'une feuille d'arbre*, 2021.
YAMADA Fumi, *La gestion des déchets ménagers d'Antananarivo. La dichotomie entre la haute ville et les bas quartiers,* 2020.
SCHNEIDER-MAUNOURY Grégory, *La responsabilité environnementale*, 1999.
KERGOAT Michelle, *Libéralisme et protection de l'environnement*, 1999.
MOOR-STAHL Josyane, *L'exception écologique russe*, 1998.
TEISSIER-ENSTINGER A., SAJALOLI B. (dir), *Radioscopie des Mares,* 1997.
LEQUENNE P., *Dans les coulisses de Greenpeace*, 1997.
BODIGUEL M. (dir), *Le littoral, entre nature et politique*, 1997.
VIARDOT Eric, *L'environnement dans l'entreprise,* 1997.
JOLLIVET Marcel, *Vers un rural post-industriel*, 1997.
BODIGUEL M. (dir), *La qualité des eaux dans l'Union européenne*, 1996.
GLAESER, *Agriculture et environnement. Le développement durable à travers l'écologie humaine,* 1996.

Jacques Gasquez

avec la participation de Michel Dron et Marc Délos

Histoire de la gestion des plantes adventices en grandes cultures

De la première herbe arrachée au rappel à la nature

Prologue de Christian Ferault

L'Harmattan

5-7, rue de l'École-Polytechnique, 75005 Paris

www.editions-harmattan.fr

ISBN : 978-2-14-029625-3
EAN : 9782140296253

En mémoire et en hommage aux femmes et enfants,
régulièrement destinés au fil des siècles
au sarclage manuel des adventices en toutes cultures
finissant souvent brisés par la plicature champêtre,
victimes oubliées de pratiques agricoles
ne garantissant pas l'autosuffisance alimentaire.

J. G.

Sommaire

Prologue

L'ouvrage que vous allez découvrir correspond, en premier lieu, à la synthèse de quarante années de travaux de recherche de son auteur principal. Jacques GASQUEZ, malherbologue, a été le chef de file de la discipline au niveau national et était hautement reconnu dans les différentes parties du monde comme un chercheur et un transmetteur de connaissances de premier ordre.

C'est dire que ses apports ici présentés ont fait et continuent de faire autorité par leur abondance, la rigueur mise dans leur présentation, mais également par l'étendue des connaissances nécessairement mobilisées.

Il s'agit donc – au premier abord – d'un *traité* sur la question, en langue française, qui honore son rédacteur.

Ensuite, par plusieurs caractères originaux qui accroissent sensiblement ses apports, il doit cependant être distingué d'un texte exhaustif, complet dans l'instant, mais statique.

Dès le début de son élaboration, le *temps long* pour mener à bien cette importante affaire a été délibérément retenu : initié en 2018 à partir d'une documentation et d'une réflexion considérables, près de cinq années furent nécessaires pour que ce projet aboutisse. Pour quelles raisons ?

- Deux autres auteurs – et non des moindres – ont participé, en raison de leurs spécialités, à l'élargissement de certains points de vue, à la construction de développements plus larges ainsi qu'à la nécessaire cohérence de l'architecture de l'ensemble afin de la rendre plus accessible à un vaste public.
- Des professionnels quotidiennement engagés en cette matière ont été appelés à donner leur avis, qui sur des points particuliers dont ils sont experts, qui sur la cohérence des stratégies proposées.
- Des relectures du texte ont ensuite été nombreuses et, point capital, elles furent le fait de plusieurs personnalités exerçant ou ayant exercé des fonctions importantes en matière agronomique *sensu lato*, et surtout possédant sur le futur des visions quelque peu contrastées, voire opposées.

Cette longue maturation itérative s'est déroulée à la lumière des avancées scientifiques concomitantes et aussi, et peut-être surtout, de celles des idées relatives à la façon d'aborder un avenir sous d'énormes contraintes contradictoires. En conséquence, le plan suivi a dû être quelque peu modifié et des ajouts ont été rendus nécessaires jusqu'au dernier moment à cause des conséquences des évènements actuels.

Bref, le lecteur attentif et de bonne volonté trouvera, selon le cas, dans un volume important, mais délibérément limité :

- une vision globale et très actuelle de la question, sous un style volontairement simple, mais rigoureux, appuyée sur les figures nécessaires et une riche iconographie facilitant la perception des messages transmis,
- des réflexions dépourvues de réponse formelle qui le conduiront à s'interroger,
- les éléments nécessaires pour se placer dans une – ou d'autres – vision actuelle et surtout future de l'agriculture française, voire européenne.

Au terme de la découverte du contenu de ce livre, selon nous de première référence, il aura été fourni l'essentiel des éléments pour affronter les questions qui se posent, puis décider en connaissance de cause, et ce, quel que soit le niveau d'application de l'intéressé.

J'ai la faiblesse d'estimer que le contenu de cet ouvrage pourra braver avec succès les attaques du temps.

Christian FERAULT

Remerciements

C'est grâce à la suggestion appuyée de Catherine Régnault Roger, membre de l'Académie d'Agriculture de France et Présidente du Comité Livres de l'Académie, pour rédiger un ouvrage sur le désherbage, en développant le volet sur l'emploi des herbicides, que le projet a débuté.

Au fur et à mesure de l'avancement de la rédaction, ce manuscrit est devenu plus général et la gamme d'éléments traités n'a cessé de s'élargir. Cette phase d'écriture et d'échanges a fait apparaitre l'importance d'une approche historique intégrant le temps long montrant l'évolution de la prise en compte des adventices.

Bien que l'expérience de l'auteur lui ait permis d'assurer l'écriture de l'ensemble des chapitres, l'incidence des pratiques sur les contaminants de l'aliment et sur l'environnement et la présentation de méthodes alternatives aux herbicides ont été largement supervisées par Marc Délos. Tous les chapitres ont été revus, enrichis, précisés par Marc Délos et Michel Dron, dans la plus grande mutualité des échanges pour optimiser l'insertion de l'historique de la gestion des adventices dans une approche la plus générale possible.

Marc Délos a entièrement rédigé le chapitre 12 et largement repris l'écriture du chapitre 8. Michel Dron a plus particulièrement révisé l'ensemble du texte pour lui donner une forme plus abordable par des non spécialistes. Leur participation précieuse aura, tout au long de ces années, largement contribué à l'équilibre de l'ensemble du texte, qu'ils soient profondément remerciés de leur très importante contribution désintéressée.

Cette évolution a également été stimulée dès les premières versions par plusieurs lecteurs de la profession, des Instituts Techniques et de la Recherche dont les remarques amicales sur ces premières étapes se sont révélées très fructueuses pour enrichir et préciser le champ de cette étude, qu'ils en soient chaleureusement remerciés.

En cours de rédaction, afin de tester la perception du choix fait de s'appuyer sur la dimension historique du sujet, quatre articles ont été rédigés et proposés pour un colloque de l'association Végéphyl et dans la revue Phytoma. Des témoignages divers à la suite de ces articles ont aussi permis d'affiner la poursuite de l'écriture de l'ouvrage. Que ces témoins, trop nombreux pour être cités, aux avis variés, soient aussi remerciés.

Notre plus grande gratitude s'adresse tout particulièrement à Christian Férault qui, dans un premier temps, a minutieusement examiné l'ensemble du texte pour l'affiner avec des indications pertinentes et précises. Au-delà des conseils toujours convaincants, c'est Christian qui a joué un rôle primordial de conseil pour la recherche d'un lieu d'édition. Enfin, il a accepté de revoir une dernière fois la forme définitive. Finalement, il a conclu son implication décisive en rédigeant un court prologue présentant les aléas de la genèse du travail et sa portée dans le monde actuel. Qu'il soit profondément remercié de son important et généreux investissement.

Grâce aux orientations constructives de Dominique Parent Massin, membre de l'Académie d'Agriculture de France, les chapitres traitant des relations des herbicides avec l'environnement et la société ont mieux pris en compte les positions actuelles de la toxicologie et de l'écotoxicologie avec des éléments actualisés. Nous lui serons toujours redevables de son gracieux, important et magistral investissement.

Nous avons également particulièrement apprécié qu'Alain Larribeau Directeur de l'activité bio dans la Coopérative Qualisol ait accepté, dans un encadré, de nous faire part de sa perception pragmatique et de son expérience sur la gestion des adventices dans le cadre de l'agriculture biologique, qu'il en soit remercié également.

Malgré ses lourdes charges, Pascal Marnotte, malherbologue au Centre de coopération Internationale en Recherche Agronomique pour le Développement, a accepté d'analyser et de critiquer la version finale, qu'il soit vivement remercié pour ses remarques fructueuses.

Nous nous devons de remercier les relecteurs désignés par Quae dont nous avons retenu de nombreuses suggestions d'écriture et de sources bibliographiques pour préciser et faciliter la compréhension du texte.

Nous n'oublions pas le soutien répété de Constant Lecoeur, Secrétaire perpétuel de l'Académie d'Agriculture de France et ses interventions décisives pour faire aboutir cet ouvrage.

L'auteur n'oublie surtout pas son entourage, il lui est absolument reconnaissant d'avoir supporté avec une infinie patience des périodes d'écriture ininterrompue, des attentes, des allers et retours de textes remaniés et l'ajournement lié aux confinements, pendant de très nombreux mois dont le terme semblait inaccessible.

Avant-propos

Dans la vision de l'agronome classique (Mazoyer et Roudard, 1998, Ferault, 2012), les mauvaises herbes, suivant le regard que l'on porte, se maintiennent ou envahissent depuis l'aube des temps historiques toutes les parcelles cultivées et même les zones anthropisées plus ou moins artificialisées. Depuis l'antiquité, les hommes témoignent du temps passé à lutter contre les mauvaises herbes (Columelle *in* Du Bois, 1845), contre leur développement pour tenter finalement de récolter la nourriture indispensable aux populations en croissance. Pendant plus de deux millénaires, les textes des agronomes rendent compte des efforts permanents, l'essentiel des activités des agriculteurs pour tenter d'en limiter l'extension. Depuis un siècle, ces techniques ont tellement évolué qu'elles assurent depuis 60 ans un contrôle presque total, à tel point que la présence des adventices ne semblait plus être un problème technique majeur au tournant du millénaire dans les pays d'Europe de l'Ouest, faisant même craindre à certains agronomes et naturalistes au début du XXIe siècle une absence qui pourrait devenir préjudiciable à la production elle-même en supprimant certains services écosystémiques (Folcher *et al.*, 2011). Cette évolution sur plus de deux générations depuis 1950 est déjà trop ancienne pour que la Société ait gardé la mémoire des situations antérieures.

C'est pourquoi, il nous est apparu important de rappeler la chronologie longue des difficultés de la gestion des adventices et sa nécessaire permanence. Celle-ci se justifie surtout par la prise en compte croissante de leur impact potentiel sur les rendements et de leurs toxicités directes ou indirectes préjudiciables à la production et à la sécurisation de l'alimentation d'une population toujours croissante et au mode alimentaire plus exigeant.

L'ambition de cet ouvrage est donc de retracer l'importance, au fil du temps, de la gestion des adventices et la nécessité de la maintenir dans cette période de grands bouleversements. Après un rappel de l'évolution de cette gestion, la question se pose de considérer les voies possibles à moderniser ou à inventer pour l'insérer dans les systèmes agraires relevant d'une forme d'agroécologie qui seront à définir. Dans ce but, la présentation détaillée par un malherbologue ayant dirigé le laboratoire de Malherbologie puis l'UMR Biologie et Gestion des Adventices de l'INRA s'est trouvée soutenue et complétée par les apports d'un agronome qui a longtemps exercé au sein des services chargés de la protection des végétaux du Ministère de l'Agriculture et revue par l'expérience d'un professeur de pathologie de l'université de Paris Sud Orsay ayant également assuré la direction scientifique du CIRAD.

Les premiers chapitres montrent l'évolution, la grande diversité et l'abondance des espèces d'adventices. Ils sont aussi consacrés à démontrer comment leur gestion a été intégrée à chaque système agraire innovant, successivement développé pour surmonter les nombreuses situations historiques de crises de production. Un chapitre détaille les différents types de nuisibilité des adventices, particulièrement leur rôle dans la conservation de maladies et de ravageurs des cultures au sein de la parcelle ou dans son environnement immédiat altérant souvent le bénéfice de la rotation.et les productions de contaminants très naturels, quoique néanmoins dangereux pour l'Homme et les animaux,

Les agriculteurs contraints par des raisons sociales (main-d'œuvre familiale) et économiques (coût) depuis près d'un siècle ont de plus en plus largement développé la lutte chimique. Deux chapitres décrivent, depuis son invention, l'évolution de cette technologie en fonction de celle des adventices en présence et des produits nouveaux disponibles. Pour la dernière étape de cette vision historique de la gestion des adventices et en raison de l'importance qu'ont prise les herbicides dans le volume de pesticides utilisés en grandes cultures, il nous a semblé nécessaire de présenter brièvement les caractéristiques de cette technologie particulière et mal connue. Sans entrer dans les détails, nous avons voulu montrer au lecteur :

— Comment ces produits issus des progrès de la chimie organique et des connaissances de la physiologie des organismes pénètrent dans les plantes et altèrent certains aspects de leur métabolisme.

— Comment – la grande diversité de modes d'action sur des cibles physiologiques végétales variées permet de détruire spécifiquement les adventices tout en épargnant des cultures différentes.

— Quel est leur devenir après leur application en appréhendant différents compartiments de l'environnement.

Pour toutes les substances phytopharmaceutiques appliquées dans les parcelles cultivées, mais également pour toute substance issue de la chimie, ces moyens issus de la chimie organique de synthèse peuvent présenter des dangers et des risques pour les différents compartiments de l'environnement, mais aussi pour les utilisateurs, voire les consommateurs.

Un chapitre cherche à introduire le lecteur dans la complexité des réglementations d'homologation qui les encadrent, sur les valeurs qui les caractérisent et qui définissent le maintien ou l'abandon de molécules en fonction de l'évolution des connaissances.

À cause de son caractère emblématique à la date de parution du livre, un chapitre décrit les usages passés et actuels du glyphosate et les alternatives envisageables à la suite de son interdiction dans les grandes cultures.

Un chapitre détaille l'adéquation usages/objectifs dans le contexte de l'agriculture des 30 glorieuses permettant, de surcroît, la formidable évolution de l'agriculture en réduisant les bras nécessaires à la production agricole. À l'opposé, un chapitre décrit un défaut agronomique spécifique qui peut leur faire perdre leur intérêt, à savoir les résistances des adventices : mécanismes et conditions de leurs apparition, sélection et gestion.

Plusieurs chapitres replacent la gestion chimique des adventices dans un cadre plus général. Les critiques principales sont rappelées : utilisations trop élevées, toxicités et dangerosités... avec une ébauche de balance-bénéfices/risques des techniques plus traditionnelles par rapport aux herbicides et un questionnement sur l'intégration des différents outils.

Enfin, deux chapitres analysent les conséquences, sur la gestion des adventices, de l'introduction d'agricultures alternatives en matière de quantité ou de qualité de récolte et d'émission de GES ou d'impacts sur le travail humain.

En guise de conclusion de l'ouvrage, de synthèse ultime, trois points de vue complémentaires, de chacun des auteurs ont permis de bâtir plusieurs hypothèses d'évolution de l'agriculture et de la gestion des mauvaises herbes associée, de scénarios, regards croisés sur une évolution souhaitable et possible pour tenter de prendre en compte les fortes aspirations de la Société civile, les conditions politiques et économiques des décennies à venir qui conditionnent un nécessaire et radicale transformation de l'agriculture, mais suppose aussi une évolution symétrique de la Société pour son alimentation. À son objectif originel, très longtemps le seul, d'une agriculture efficace pour assurer l'accès à la nourriture diversifiée et en quantité suffisante de toute la population, s'ajoute désormais la nécessité de préserver l'environnement et la biodiversité, perçus comme très affectés par les activités agricoles actuelles et plus récemment encore et de façon encore plus prégnante, celle de participer à la réduction des émissions de gaz à effet de serre reconnus comme en grande partie responsables des changements climatiques en cours.

Cet ouvrage se prolonge, d'une part, avec un épilogue évoquant trois exemples différents d'évolutions possibles de certaines espèces dangereuses en cours d'extension avec les risques de difficulté de gestion qui en découleraient. D'autre part dans une postface, en guise de rappel de situations antérieures qui ressortent toujours enjolivées par ceux qui ne les ont pas connues, le premier auteur évoque quelques aspects de son enfance dans la ferme familiale qui montrent le degré d'évolution sociale depuis une agriculture aujourd'hui disparue.

L'ensemble de cet ouvrage s'appuie sur plusieurs centaines de références dont la lecture permettra d'approfondir ce que nous présentons. Parmi celles-ci, 40 % sont directement consultables sur internet, la plupart émanant de sites officiels français ou européens et détaillent les données que nous rapportons. Les ouvrages les plus anciens sont consultables pour la plupart sur le site *Gallica* de la Bibliothèque Nationale de France. Un certain nombre concerne des articles de journaux généralement accessibles sur internet.

Introduction

« Si un acte de mon esprit pose une vérité simple, un second acte est indispensable pour que je m'en rende compte. Il suffit de généraliser cette remarque pour dénoncer l'erreur de ceux qui croient que des vérités nécessaires et inconditionnelles, dûment tenues pour telles, peuvent être posées par un acte de pensée qui se suffit à lui-même, et en même temps servir à quelque usage. »
Dupréel E., *De la nécessité*. Archives de la Société belge de philosophie, 1928

« Salon de l'agriculture : il existe une relation historique très profonde entre les Français et les agriculteurs où chaque visiteur arrive avec sa représentation de l'agriculture. »

Stéphane Le Foll *interview du Figaro,* 17 février 2015

Pendant des siècles, il était demandé son pain quotidien dans les processions lors des rogations : « A fame, bello et peste, libera nos domine ! » (De la famine, la guerre et la maladie, délivre-nous, Seigneur !) (Anonyme, Litanie des Saints) souvent à cause des pertes de récoltes dues aux insectes, rouilles et en particulier aux adventices, afin de se nourrir et surmonter les famines récurrentes. Mais nous savons désormais que ce fut, hélas, avec bien peu de résultats : jusqu'à il y a un peu plus d'un siècle, le pain quotidien restait rare et jusqu'à la fin du XIXe siècle pour les pays européens, les hommes flirtaient souvent avec la disette et la famine. D'ailleurs avec « panem nostrum quotidianum da nobis hodie », le pater noster y fait toujours référence.

Depuis les débuts de l'agriculture, une énorme quantité de travail a été consacrée essentiellement au désherbage manuel, puisque la cause des maladies était ignorée et les insectes trop nombreux pour être complètement éliminés à la main. Cette constante action de lutte contre les adventices a mobilisé des équipes nombreuses, mais l'augmentation de la production par unité de surface a été très lente et peu perceptible jusqu'au bas Moyen Âge. Dans la seconde moitié du XIXe siècle, à la suite de la raréfaction de la main-d'œuvre rurale et de l'augmentation de la demande du fait de la démographie, la situation française était devenue difficilement soutenable.

Ce n'est qu'à partir du début du XXe siècle, à la faveur de la découverte, fortuite, du pouvoir désherbant de substances d'origines minérales ou chimiques simples, qu'il a été possible de réaliser un des *rêves* ou identifié comme tel des générations précédentes d'agriculteurs et de ceux qui deviendraient des agronomes : se passer de l'outil et de la main de l'homme pour rendre la parcelle à la seule plante cultivée. Cette découverte, associée au développement de l'agriculture moderne et à l'application des avancées en agronomie, sélection variétale moderne, fertilisation et protection des semences, a permis progressivement à toute la population française d'accéder plus facilement à des produits alimentaires issus du blé et d'autres céréales et d'atteindre l'autosuffisance.

Pour la première fois, en près de dix mille ans, il a été possible d'assurer, avec un minimum de travail, une récolte abondante produite par un faible nombre d'acteurs. Les produits issus de cette agriculture sont considérés comme sains par la majorité des toxicologues. Leur prix les rend accessibles à toute la population. En un siècle d'adoption, puis la généralisation des herbicides, la lutte contre les adventices est devenue plus efficace. Après une phase du recours plus systématique à ce moyen de lutte nouveau, la diversité et la nature des herbicides a évolué considérablement permettant des réductions progressives puis drastiques de doses d'emploi, des toxicités et une écotoxicité réduites. Les risques de pollution des milieux ont été aussi mieux maitrisés par un accompagnement adéquat de l'emploi… Cet emploi sur le temps long a certes conduit à une réduction du nombre des espèces annuelles et surtout des vivaces, de leurs densités ainsi que des stocks de semences des annuelles. Cette réduction ne doit pas être interprétée comme une tendance à la disparition, voire entrainant une véritable éradication. Les coquelicots ou les bleuets, par exemple, ont su réapparaitre et envahir certaines cultures, pas forcément les céréales, dès lors que l'agriculteur changeait de substances actives pour lutter contre d'autres espèces.

Ce nouveau contexte d'une flore adventice en grande partie maitrisée quasiment sans toucher au sol satisfait aussi d'autres objectifs de notre époque, comme la réduction de la consommation de carburants fossiles émetteurs de GES ou la lutte contre l'érosion des sols. Mais en contrepartie, les herbicides ont un impact sur la biodiversité représentée par les adventices détruites plus efficacement. La question de l'intérêt de l'usage de la chimie de synthèse en agriculture se pose à la société civile qui l'accepte de plus en plus difficilement notamment en raison de la présence de traces dans les milieux. Le sujet n'est donc pas simple.

Les changements de l'agriculture au cours du XXe siècle, avec le triptyque génétique végétale, engrais minéraux, pesticides agricoles associés à la mécanisation, vont bien au-delà d'une simple question de bénéfices/risques permettant l'autosuffisance alimentaire, c'est toute la société qui s'est radicalement transformée passant d'une société rurale à une société urbaine. Au début du XXe siècle, l'agriculture monopolisait la majorité de l'activité humaine et, en France, encore près de la moitié de la population sans permettre un équilibre entre la production et les besoins, donnant en partie raison aux sombres prévisions de Malthus. Un siècle plus tard, cette abondance est produite par environ 1,8 % de la seule population active. C'est cette transformation qui a libéré des bras et des cerveaux pour les activités propres à la société moderne actuelle tournée vers le commerce et le tertiaire qui occupent la quasi-totalité de la population. Ce succès portait probablement le germe de sa propre contestation, car une distance croissante est apparue entre le métier d'agriculteur et le ressenti des urbains dont le regard sur cette activité est très différent des générations qui les ont précédés. Il s'agit là d'un simple constat factuel, sans aucune volonté d'y associer un quelconque jugement de valeur.

On peut renoncer à un haut niveau de maitrise de l'interférence des plantes sauvages avec la culture qui, lorsqu'elle est forte, pénalise en règle générale la production, et également accepter une augmentation des incertitudes sur des risques sanitaires liés à la multiplication des toxines naturelles, plantes toxiques, voire champignons toxicogènes associés ou alcaloïdes de l'ergot du seigle. La nuisibilité des adventices ne se limite pas à un effet direct sur le volume produit, car elles constituent des réservoirs de maladies et de ravageurs pour les cultures compromettant l'effet assainissant de la rotation. Michel Serres décrivait le champ cultivé comme ayant toujours été un milieu anthropisé, puisque voulu par l'homme pour favoriser la plante cultivée et l'histoire des techniques de désherbage le prouve depuis les premiers abattis-brûlis. C'est un milieu artificiel, néanmoins ouvert à la biodiversité *sauvage*, source de nourriture de nombreuses espèces qui n'existent qu'en lien avec les parcelles agricoles et les cultures (Serres, 2006).

Si depuis les origines, l'effort du cultivateur a toujours privilégié la plante cultivée, le dilemme actuel porte sur l'équilibre à établir pour définir la part laissée à la Nature, dont l'alimentation de différents vertébrés aussi responsables des dégâts plus ou moins importants, et la source de nectar et de pollen pour de nombreuses espèces de l'entomofaune. Une composante importante de la Nature formalisée sous le vocable de *biodiversité* dans les années 1980 et reconnue essentielle au plan international à la suite de la conférence de Rio en 1992 est venue se greffer depuis une vingtaine d'années, devenant progressivement intégrée par le citoyen.

Réduire la diversité spécifique d'une parcelle a clairement un impact sur les chaines trophiques de ces milieux. C'était pourtant le but lorsque le blé était rare et cher, mais cette place au sein d'une parcelle agricole laissée à la seule plante cultivée est considérée désormais, par une part importante de la société civile éduquée, comme moins acceptable. Ce sentiment s'explique dès lors que le fait de se nourrir mobilise à peine 10 % du revenu de ces ménages aux revenus plus élevés. Il peut donc exister différentes exigences parfois assez antinomiques entre elles. Leur hiérarchie dépend des zones géographiques et des contraintes des populations. Ces différences complexifient le choix d'une position assez médiane qui puisse satisfaire toutes les contraintes. C'est le paradoxe du monde actuel et la distance qui s'est installée vis-à-vis de l'agriculture conventionnelle. De notre point de vue, l'agriculture urbaine, forme de redécouverte des « jardins ouvriers » du début du XXe siècle, ne suffit pas à sensibiliser les citadins aux difficultés auxquelles sont toujours confrontés les agriculteurs.

L'autosuffisance et même la capacité d'exporter du grain ont été rendues possibles, dans la seconde moitié du XXe siècle, grâce à la forte progression des rendements des céréales par unité de surface qui ont plus que doublé alors que les surfaces consacrées se réduisaient. Cette situation est due pour près d'un tiers aux progrès de l'agronomie, environ un tiers à des techniques modernes de sélection génétique et surtout pour plus d'un tiers au recours à la protection chimique des cultures et particulièrement au contrôle des plantes adventices spontanées. Ces dernières sont les bioagresseurs qui peuvent, si l'on ne veut pas intensifier le travail du sol, imposer un recours à la chimie de synthèse, en l'absence d'herbicides issus de la nature, contrairement aux maladies et ravageurs qui disposent d'une belle gamme de substances de biocontrole.

Pour structurer le déroulé de l'étude historique que nous proposons, car c'est bien l'histoire de cette confrontation entre le paysan et les adventices qui a motivé cet ouvrage, de nombreux témoignages et documents d'époque ont été recherchés pour bâtir une réflexion sur la relation historique entre l'Homme, le végétal cultivé et le végétal indésirable. Cette étude s'articule à partir de l'analyse qu'en font Marcel Mazoyer et Laurence Roudart dans leur *Histoire des agricultures des mondes* (Mazoyer et Roudart, 1998), vision actualisée par celle de l'ouvrage de Christian Férault et Denis Le Chatelier, *une histoire des agricultures* (Férault et Le Chatelier, 2012). Nous avons voulu une perception décentrée, avec le moins de parti pris possible, grâce aux regards différents des trois auteurs sur cette histoire qui continue de s'écrire.

L'ensemble des historiens s'accorde sur le fait que l'agriculture est apparue à la suite de la domestication de plantes sauvages plus *utiles* pour l'Homme que d'autres qui, ainsi, sont devenues des *plantes cultivées*. Le concept de *mauvaise herbe* prendra ainsi naissance par opposition à cette sélection de la *bonne herbe*, toujours une céréale dans ces temps anciens et ultérieurement également des légumineuses, que les premiers agriculteurs souhaitaient favoriser par rapport aux autres, souvent botaniquement proches, présentes spontanément, mais indésirables.

C'est ce lent effort de domestication et de protection qui a permis l'émergence des premières sociétés telles qu'elles sont rapportées par les historiens. À l'origine de ces sociétés humaines, de plus en plus complexes, se trouve un besoin fondamental de nourriture, une nécessité absolue que Braudel décrivait comme « le souci constant des autorités, une obsession, un ensorcellement » des classes dominantes chargées de l'organisation des cités, puis des états ou que rappelait le président de la coopérative Pau-Euralis en pleine crise frumentaire (Pees, 2007). Cette focalisation, encore valable au début du XXe siècle ou encore aujourd'hui dans les pays en insuffisance alimentaire, résulte de la nécessité d'assurer, surtout par autosuffisance, un minimum de 2 000 calories/jour à chaque individu.

De fait, dès les premières lignes de leur ouvrage Mazoyer et Roudart considèrent que « si l'Homme abandonnait à la friche tous les écosystèmes cultivés de la planète, celle-ci retournerait bien vite à un état de nature proche de celui dans lequel elle se trouvait il y a 10 000 ans. Les plantes cultivées et les animaux domestiques seraient submergés par une végétation et par une faune sauvages infiniment plus puissantes qu'aujourd'hui ; les 9/10 de la population humaine périraient, car, en ce jardin d'Eden, la prédation simple (chasse, pêche et cueillette) ne permettrait certainement pas de nourrir plus d'un demi-milliard d'hommes ». Ils rajoutaient : « Il n'est pas d'autre voie que de continuer de cultiver la planète pour y multiplier les plantes et les animaux domestiques, tout en maitrisant la végétation et la faune sauvages. » (Mazoyer et Roudart, 1998)

C'est cette histoire des efforts constants de travail du sol accompli depuis 10 000 ans pour *neutraliser* ces adventices que cet ouvrage se propose de retracer en insistant évidemment sur ceux mis en œuvre lors du dernier siècle de l'histoire pour rejoindre l'époque contemporaine. Ainsi, tout d'abord, l'évolution des systèmes agraires participant à la gestion des adventices au cours des âges sera préalablement décrite. Ceux-ci sont passés des abattis-brûlis (parcelle de forêt défrichée et brûlée, système encore pratiqué dans certaines zones) à celui de la jachère biennale avec culture attelée légère (attelage simplifié d'animaux à de faibles instruments de labour et de transport). Cette dernière deviendra jachère triennale à culture attelée lourde (attelage évolué d'outils puissants), puis sera transformée en jachère, et en friche pâturée et fumée par les déjections puis *labourée* (jachérer signifie labourer) avec introduction de légumineuses fourragères. Enfin, pour la période actuelle dans les pays développés, l'agriculture deviendra plus ou moins fortement moto-mécanisée et « chimisée », dans un système agraire tel que défini par Mazoyer et Roudart (1998).

Cependant, en dépit de la montée de nouvelles considérations sur les finalités de l'agriculture dans certains pays occidentaux plaidant pour de très larges et rapides évolutions du système actuel, demandes parfois antinomiques d'ailleurs, il ne faut pas oublier que dans certaines régions du monde, les techniques sur abattis-brûlis sont toujours la règle avec une gestion des adventices tout aussi primitive et difficile. Les systèmes agraires de culture attelée légère avec une lutte manuelle contre les adventices, parfois même sans animal pour tirer l'outil assimilé à un araire, concernent enfin toujours de l'ordre du tiers des agriculteurs mondiaux.

Beaucoup de moyens proposés à nouveau par les agronomes *modernes*, en Occident, renvoient souvent à des techniques, certes modernisées, déjà décrites sous l'Empire romain, voire les civilisations antérieures, à l'instar du désherbage thermique *via* le brûlis, le binage du blé, des passages multiples d'outils pour transformer une jachère ou une prairie en une culture annuelle.

Désormais, avec la promotion de ces *nouvelles techniques*, se pose la question de savoir s'il s'agit d'un simple détour par les méthodes du passé soutenues et facilitées par la mécanisation, éventuellement assistées par le numérique ou, en tournant le dos à la chimie de synthèse à cause des conséquences négatives de son usage excessif, d'un véritable renoncement au très puissant levier que la chimie de synthèse a constitué dans la période récente. Leviers que de nombreux pays développés, à l'instar des États-Unis d'Amérique, refusent d'abandonner (Délos et Gasquez, 2014).

C'est pourquoi nous ferons appel à cette histoire des systèmes agraires présentée par Mazoyer et Roudart en 1998, renforcée et actualisée par celle proposée par Ferault et Le Chatelier en 2012. En effet, sa connaissance ne permet pas de trancher, mais simplement d'éclairer les réponses aux crises successives plus ou moins graves. Par une description rapide des nouveaux outils développés à chaque fois pour contrôler les plantes indésirables et permettre aux cultures de mieux exprimer leurs potentiels, nous verrons comment l'augmentation de la productivité a permis de nourrir des populations toujours croissantes sans que les surfaces s'accroissent dans les mêmes proportions. Dans le cadre de la diversité des nouvelles agricultures rendues possibles par les systèmes développés au cours du XXe siècle, est-il possible d'imaginer les conséquences, sur la production et la durabilité, de systèmes fondés sur un remplacement partiel ou total des herbicides en grandes cultures par une gamme de techniques de travail du sol, voire le maintien d'une végétation associée à la culture ?

L'usage des herbicides tels que nous les connaissons, issus de la chimie organique de synthèse, devant être progressivement réduit, voire à terme supprimé, dans l'UE, il est, cependant, utile dans l'histoire des techniques de désherbage de décrire ce qu'a été la stratégie de désherbage chimique, bientôt obsolète dans l'UE, car sa prépondérance a une forte probabilité de se maintenir pour un temps important ailleurs dans le monde. La présentation des herbicides n'a pas pour objet de justifier leur utilisation.

Dans le cadre de l'histoire de la gestion des adventices, il s'agit bien de décrire les caractéristiques de cette dernière étape, encore couramment la nôtre en 2022, avec ces substances très utilisées. Cette pratique généralisée a eu énormément de conséquences sur l'évolution de l'agriculture et des sociétés dans les pays développés.

Il nous a paru important d'aider à percevoir quels étaient l'origine et l'objectif initial de l'utilisation de la chimie et pourquoi elle s'est imposée, mais surtout de préciser les éléments qui fondent, désormais, cette nécessité de fortement réduire, avant une interdiction totale, le recours à la chimie de synthèse en agriculture, choix partagé par une majorité de la population.

Devant cette objection, il nous a semblé primordial de tenter d'expliquer ce que sont ces molécules. Nous avons voulu, dans une approche historique, montrer ce que sont leurs actions dans les plantes, leurs efficacités sélectives et leurs échecs, et, comme pour toute invention humaine, comment leur usage dévoyé a conduit à des situations, aujourd'hui, inacceptables.

Ainsi informé, le lecteur sera mieux à même d'appréhender ce qui sous-tend cette pratique et devrait disposer d'éléments pour percevoir pourquoi et comment, au moins en Europe et dans notre pays, l'agriculture doit fortement évoluer pour respecter toutes les contraintes, nombreuses et très diversifiées, qui lui sont désormais imposées afin de produire l'alimentation d'une population, par définition croissante. Parallèlement, il est également utile d'appréhender pourquoi la majorité des pays développés, producteurs et exportateurs agricoles fondent encore leurs stratégies sur la protection chimique des cultures, dans des contextes de sols et de climats plus contraints et aussi pourquoi les pays en développement aspirent à suivre le même objectif, mais avec des agriculteurs qui n'en ont souvent pas les moyens.

I.
Les plantes sauvages des milieux cultivés

« Spinas et tribulos germinabit tibi et comedes herbam terrae. »
(Il te poussera des épineux et des chardons et tu mangeras l'herbe de la terre).
(Genèse, 3, 18).

Il y a environ 11 000 ans, dans les steppes de Mésopotamie, l'homme est passé d'une collecte itinérante et aléatoire de graines, épi par épi, à la récolte à poignée de certaines espèces plus ou moins volontairement ressemées dans ces milieux. Puis progressivement, ces pratiques ont abouti à la culture des premières céréales choisies et graduellement domestiquées, documentées dès 10 500 ans (Willcox *et al.*, 2008). Ces récoltes de graines étaient en fait sans doute des mélanges entre l'espèce *choisie* et de nombreuses autres espèces indigènes qui étaient également, par voie de conséquence, plus ou moins volontairement consommées. Il est vraisemblable que les premiers *agriculteurs* ont voulu favoriser des plantes en les semant parce qu'ils devaient préférer leurs graines à celles d'autres espèces commensales dont ils peinaient à se débarrasser. Il y a quelques milliers d'années, cette situation a probablement fait peu à peu émerger la notion d'une dualité : *plante à protéger — plante indésirable.*

Indigènes ou introduites progressivement depuis plusieurs siècles, ces plantes commensales se sont bien adaptées et continuent de s'acclimater naturellement aux perturbations des milieux cultivés. Il s'agit exclusivement d'annuelles (les thérophytes) dans les sols très travaillés et davantage de vivaces ou de bisannuelles dans les sols moins perturbés. Ces espèces sont devenues caractéristiques de ces milieux et donc, du point de vue écologique, dans la mesure où ils sont maintenus, l'introduction d'une culture vient perturber leur dynamique. De ce fait, cette culture, espèce nouvelle, a toutes les chances d'être moins adaptée et surtout d'être très sensible à la concurrence : il est donc nécessaire, soit de lui donner un grand avantage par rapport aux espèces présentes naturellement, soit plus simplement de les écarter, jusqu'à débarrasser totalement le sol de toutes les espèces pour permettre à la culture de démarrer et de prospérer.

De plus, composantes *naturelles* dans ces milieux par leur permanence, ces espèces ont pu évoluer avec tous les organismes hors la présence de toute culture. Elles hébergent toute une série d'insectes dont certains pourraient se révéler être des auxiliaires de la culture, mais, parce que la culture introduite est moins en adéquation écologique avec le milieu dans lequel elle est introduite, ce seront plus souvent des ravageurs ou des piqueurs-suceurs (comme les pucerons) potentiellement vecteurs de bactéries ou de virus, dont elle subira les attaques. La naturalité des espèces vivant dans ces écosystèmes implique qu'elles sont porteuses saines de nombreux agents pathogènes dont certains s'avèrent préjudiciables aux cultures qui n'ont pas été soumises à la même coévolution. Les cultures apparaissent comme des espèces mal adaptées aux différents organismes occupant ces niches écologiques. Afin de les aider à se développer et être productives, il apparait nécessaire que l'agriculteur les protège par tous les moyens envisageables et efficaces.

Afin de désigner les plantes non semées se développant, de manière spontanée dans les parcelles cultivées, plusieurs termes ont été utilisés au fil du temps. Même si, dans l'évangile selon Matthieu [13.24-30], la présentation de la parabole du « bon grain et de l'ivraie » n'est pas une métaphore très agronomique en conseillant d'attendre la grenaison de l'ivraie pour l'éliminer. Le terme utilisé dans la version originale grecque et traduit en français par *ivraie*, a en fait un sens générique (en grec moderne *zizania* = mauvaises herbes), dont il ne reste aujourd'hui que l'expression *semer la zizanie*. Les auteurs latins utilisaient le terme général *herba* (herbe) qui, selon le contexte, pouvait aussi signifier *mauvaise herbe*. L'adjectif « herbidus » correspondait à « couvert de mauvaises herbes » chez Columelle (Du Bois 1845). Tous ces termes semblent faire plutôt référence à des graminées qui étaient certainement les plus redoutées, parce que mimétiques des céréales et difficiles à distinguer (d'où la raison d'attendre la floraison pour distinguer l'adventice de la culture).

En français ancien, les termes *herbe* et *mauvaise herbe* ont longtemps été utilisés. Le terme *mauvaise herbe*, peut-être plus explicite, s'est progressivement imposé : « ainsi povez veoir que mauvese herbe croist assez plus tost que la bonne » (Beautemps-Beaupré, 1877). Ce terme s'est imposé en italien *malerba*, en espagnol, *mala hierba*, ainsi que le terme générique espagnol *maleza*. Le jugement de valeur introduit par le qualificatif *mauvaise* dans *mauvaise herbe* a peut-être incité certains jardiniers ou agronomes du

XVIIIe siècle à introduire l'adjectif *adventice* afin de ne pas être trop péjoratifs (*plantes adventices*). C'est beaucoup plus tard qu'il sera substantivé dans le langage commun, car la forme adjective tend à vieillir et se trouve évincée par la forme substantive (résultat de l'ellipse, procédé fréquent dans le langage technique).

Adventice vient du latin *adventicius* dont le sens premier est *qui vient du dehors, étranger*. C'est peut-être ce qui a amené certains auteurs du XXe siècle à limiter le terme aux espèces introduites étrangères à la flore (Guyot, 1952). Mais *adventicius* a aussi couramment le sens de *qui survient de façon inattendue, accidentelle*. C'est à ce dernier sens, également utilisé en philosophie, que correspond l'introduction de l'adjectif *adventice* en agriculture. Il apparait chez Schabol en 1767 (repris *in extenso* dans le supplément de l'encyclopédie de Diderot en 1776) : « On dit, plantes adventices, celles qui croissent sans avoir été semées. »

Mauvaise herbe, empiriquement intuitif, a été précisément défini par l'AFNOR (AFNOR, 1980), puis par la Commission des Essais Biologiques de l'Association Française de Protection des Plantes (aujourd'hui Végéphyl-Association pour la Santé des Végétaux)) : « Plante herbacée ou ligneuse, sauvage ou cultivée, indésirable à l'endroit où elle se trouve ».

Cependant malgré une évidente synonymie, l'agriculteur, pour qui toutes plantes, sauvages et repousses de culture précédente, sont toutes autant des indésirables pour la culture mise en place, préfèrera le terme « mauvaises herbes » : « les laboureurs appellent mauvaises herbes toutes celles qui croissent dans leurs champs et qu'ils ne se proposent pas d'y cultiver » (Duhamel du Monceau 1750). Le botaniste ou l'écologue s'attache plutôt aux espèces spontanées en parlant d'adventices et aura tendance à négliger les repousses des cultures précédentes qui, pour lui, demeurent des plantes cultivées.

Malgré une vision simpliste percevant toutes les adventices comme issues d'origine étrangère, introduites *accidentellement* à partir des régions d'origine des plantes cultivées, une bonne proportion de ces espèces non cultivées est très certainement d'origine indigène (Brun 2007).

À la fin de la dernière glaciation et avec le recul des glaciers et la montée des températures, les plantes croissant plus au sud se sont déplacées progressivement vers le nord en colonisant les milieux qui devenaient accessibles. Elles sont assimilées à des espèces adventices indigènes parce qu'elles auraient été présentes bien avant l'arrivée supposée des cultures en France (entre 6000 - 5500 av. J.-C.). Par ailleurs, selon les régions, leur nombre est variable. À proximité de la Méditerranée, il y aura plus d'espèces indigènes qui, ayant échappé aux glaciations, se sont adaptées au réchauffement climatique et sont, aujourd'hui, caractéristiques de ces régions. Il demeure difficile de déterminer précisément l'ensemble du cortège floristique de ces époques anciennes, car au fil des millénaires il reste de moins en moins de sites de fossiles exploitables. D'autre part, plus le site est ancien, plus il sera difficile de déterminer des restes d'une espèce donnée. Enfin, ne sont caractérisables que les espèces dont les graines sont dures, ou les espèces allogames produisant beaucoup de pollen et facilement distinguables d'espèces voisines. Les espèces autogames de petite taille, produisant peu de graines nues, ne peuvent être retrouvées dans des sites anciens. Près des deux tiers des adventices actuelles présentant de telles caractéristiques ne sont jamais retrouvées dans les sédiments Würmiens, sans que l'on puisse savoir si elles y étaient présentes. Il est également fréquemment difficile de distinguer entre des espèces adventices et des espèces considérées comme rudérales. Les classements des adventices en indigènes ou archéophytes, restent de ce fait très délicats. Ils dépendent de l'exploration de nouveaux sites. Les espèces apparaissant pendant la période historique *récente,* conventionnellement depuis 1500, après la découverte des Amériques, dites néophytes, sont plus facilement caractérisables. Ainsi, excepté les néophytes, toutes les adventices appartiennent à la flore spontanée, certainement depuis plusieurs millénaires. En fait, la plupart des flores classent les archéophytes, et parfois même les plus anciens néophytes, parmi les espèces spontanées.

Ainsi, des espèces, parmi lesquelles, le chiendent rampant (*Elytrigia repens*)[1], le gaillet gratteron (*Galium aparine*), la stellaire intermédiaire (*Stellaria media*), la renouée persicaire (*Persicaria maculosa*), la pensée tricolore (*Viola tricolor*), doivent être considérées comme indigènes au même titre que toute la flore des espaces naturels. Au fil des siècles, nombre d'espèces, considérées comme des archéophytes, ont été introduites progressivement dans les régions agricoles actuelles, par le biais d'échanges interrégionaux ou par l'introduction de céréales différentes. Puis, ont été considérées par convention comme des néophytes, les espèces introduites accidentellement depuis 1500, essentiellement en provenance des Amériques récemment découvertes. Parmi les dernières espèces introduites, certaines se sont rapidement dispersées comme la véronique de Perse (*Veronica persica*). Celle-ci est devenue totalement banale dans nos campagnes, et cela en moins de deux siècles après son introduction depuis l'Orient. Parmi les néophytes récentes, certaines, dont la date d'introduction est connue, ont très rapidement colonisé la France entière : l'amarante réfléchie (*Amaranthus retroflexus*), dans l'entre-deux-guerres, l'amarante de Bouchon (*Amaranthus hybridus* ssp *bouchonii*), les érigerons (*Erigeron* spp) et solidages (*Solidago* spp). Plusieurs n'ont pas encore occupé toute leur niche potentielle et ne cessent de coloniser

---

[1] À leur première citation, toutes les espèces sont nommées par leur nom vernaculaire et entre parenthèses le binôme latin. Par la suite, elles sont citées uniquement par le nom vernaculaire. En annexe, une liste compile toutes les espèces citées : nom commun — binôme latin complet et famille botanique.

de nouveaux territoires. Elles s'avèrent envahissantes (le séneçon du Cap [*Senecio inaequidens*]) et de surcroit, parfois dangereuses pour la santé humaine à l'instar de l'ambroisie à feuille d'armoise (*Ambrosia artemisiifolia*) par son pouvoir allergisant (Gasquez 2018).

Dans nos régions, aux débuts de l'agriculture, des espèces sauvages adventices compagnes ressemées à partir des cultures étaient devenues si abondantes (par exemple, avec élimination de l'amidonnier par la concurrence) qu'elles ont fini par être cultivées pour elles-mêmes. C'est le cas du seigle, de l'avoine et même de la vesce cultivée (*Vicia sativa*). La caméline (*Camelina* sp) a été cultivée puis abandonnée et, avant que d'être à nouveau, cultivée.

Inversement, des espèces ont disparu des parcelles cultivées au fil des évolutions des cultures et des pratiques culturales : les amendements calciques ont fait régresser les espèces acidophiles (le muflier des champs [*Misopates orontium*], la brize petite [*Briza minor*], la spergule des champs [*Spergula arvensis*]). Un travail du sol plus régulier et des semis plus denses dans des sols mieux fertilisés ont fait immanquablement régresser les espèces steppiques qui sont peu concurrentielles et ont un fort besoin de lumière comme la nielle des blés (*Agrostemma githago*), la nigelle des champs (*Nigella arvensis*), l'aspérule des champs (*Asperula arvensis*) et le brome faux seigle (*Bromus secalinus*) (Jauzein, 2001b).

Enfin plus récemment, des espèces adventices subméditerranéennes comme l'ammi élevé (*Ammi majus*) ont vu brusquement leur aire s'étendre vers les zones plus septentrionales dans les cultures d'été. Il arrive aussi que des espèces normalement associées aux groupements des lisières de forêt ou de champ franchissent le pas et deviennent adventices. C'est la situation de l'anthrisque commun (*Anthriscus vulgaris*), plante de clairière ou de la vulpie queue de rat (*Vulpia myuros*), plante rudérale. Certaines espèces, comme la lampsane commune (*Lapsana cummunis*) ou la petite cigüe (*Aethusa cynapium*), ont pu évoluer en colonisant le champ cultivé. La petite cigüe semble avoir été initialement bisannuelle dans les bordures de milieux boisés, puis une forme annuelle s'est trouvée sélectionnée dans les champs. Chez cette espèce, le caractère d'annualité n'est d'ailleurs pas fixé : quelques plantes bisannuelles toujours en rosette sont observables en automne et montent à fleur au printemps suivant, si elles ne sont pas détruites avant. À la faveur de l'extension des cultures estivales, des espèces, comme le datura stramoine (*Datura stramonium*), se dispersent dans toutes les régions et gagnent de nouvelles cultures comme le sarrasin ou les haricots verts (Orlando, 2019).

D'après Jauzein (2001a), il y a en France environ 1 200 espèces adventices des champs cultivés. La plupart sont très rares et de distribution limitée dans des milieux très particuliers de la zone méditerranéenne. Selon cet auteur, seulement environ un quart pose des problèmes de désherbage pour éviter une concurrence excessive à cause de leur extension et de leur densité dans les cultures sur tout le territoire.

Avant le XVIe siècle, le rythme d'importation des espèces en Europe était négligeable, puis s'est stabilisé à environ trois espèces par an jusqu'au XIXe siècle. Par contre, il a pu atteindre trente par an au cours du XXe siècle. Heureusement toutes ne se sont pas installées définitivement. À l'image des messicoles, associées aux premières céréales, venues autrefois du Moyen-Orient ou de Méditerranée orientale, la plupart des néophytes se sont intégrées *en douceur* dans les groupements végétaux. En France, dans les champs cultivés, milieux privilégiés pour accueillir de nouvelles espèces dynamiques, une trentaine seulement de mauvaises herbes, venues de l'étranger, durant la période récente, ont posé des problèmes de désherbage (Jauzein, 2001b).

Au fil des siècles, l'évolution constante de l'agriculture a contrarié le développement de certaines espèces et causé leur disparition. D'autres, opportunistes, issues des milieux voisins ou espèces nouvellement introduites, mieux adaptées aux nouvelles conditions, se sont étendues et sont devenues dominantes, jusqu'à ce qu'un jour l'environnement actuel ne leur convienne plus. Il y aura donc toujours des adventices qui seront le reflet de l'agriculture du moment. En conséquence elles seront forcément différentes de celles des décennies précédentes.

Les espèces exotiques les plus anciennes, les archéophytes, très répandues et très denses, sont, parmi toutes les espèces introduites volontairement ou non, celles qui, comme le vulpin des champs (*Alopecurus myosuroides*) ou le coquelicot (*Papaver rhoeas*), ont été envahissantes à une époque, mais ne se remarquent plus aujourd'hui, tant elles font partie de la flore actuelle.

Parmi les néophytes, celles qui sont installées de longue date peuvent être abondantes et largement dispersées dans de nombreuses régions. Après avoir été envahissantes, elles se sont naturalisées dans les milieux agricoles, ayant pratiquement rempli leur niche écologique (amarantes, vergerettes). Des espèces d'introduction plus récente sont considérées comme des envahissantes dans la mesure où leur processus de colonisation continue : ambroisie, raisin d'Amérique (*Phytolacca decandra*) y compris dans des espaces plus naturels comme en forêt de Fontainebleau dans la tillaie (zone non exploitée depuis trois siècles). Certaines sont encore rares, voire très rares, soit parce qu'elles sont inféodées à quelques milieux (lampourde glouteron [*Xanthium strumarium*], abutilon de Théophraste [*Abutilon theophrastii*]), soit parce que leur introduction est très récente (morelle à feuilles de chalef [*Solanum elaeagnifolium*], sicyos anguleux [*Sicyos angulatus*]).

Elles sont invasives, surtout parce qu'elles ont une grande plasticité, une croissance rapide, un cycle court, une forte production de semences ou une multiplication végétative favorisant une dissémination rapide et efficace : autant de caractères favorables pour coloniser un milieu régulièrement ouvert par le travail du sol. Quand l'introduction est unique ou très limitée, la (ou les) population(s) peut (peuvent) perdurer quelques années au maximum. Mais dès lors qu'une espèce fait l'objet de plusieurs introductions indépendantes, cela permet une installation plus certaine grâce à l'apport d'une plus grande diversité génétique. Quoi qu'il en soit, une espèce aura d'autant plus de chances de s'installer (comme les espèces estivales) qu'elle occupera des niches vides correspondant à des cultures estivales récemment introduites dans notre pays. Ces adventices sont aussi d'autant plus préjudiciables que les agriculteurs sont souvent désarmés face à des espèces inconnues lors des premiers stades de l'invasion (Fried ,. 2014).

Cependant, dans les milieux cultivés, des espèces phylogénétiquement proches de la culture, s'imposeront d'autant plus facilement qu'elles seront très compétitives, aussi bien par rapport à la culture qu'aux adventices indigènes ou naturalisées. Certaines adventices sont si proches de la culture qu'il est difficile de déterminer laquelle dérive de l'autre. C'est le cas de la folle avoine (*Avena fatua*) qui semble dériver de l'avoine cultivée (ou l'inverse) et aussi du tournesol adventice (*Helianthus annuus*) avec le tournesol (Ellstrand *et al.,* 2010). Les betteraves adventices apparues dans la zone septentrionale de culture de la betterave apparaissent comme des descendants annuels d'hybrides spontanés entre les betteraves porte-graines normalement bisannuelles, dans les zones méridionales de production de semences et des formes rudérales annuelles (Boudry *et al.,* 1993).

De nombreux exemples d'espèces voisines ont été rapportés : des orges sauvages (*Hordeum* spp) sont très proches de l'orge ; des riz crodo sont, soit issus de variétés de riz cultivés japonais, soit des espèces voisines du genre *Oryza* ; le sorgho d'Alep *(Sorghum halepense)* avec le sorgho (Darmency 1997).

Il existe également des espèces qui sont devenues mimétiques des cultures dont elles sont commensales pour mieux correspondre à ces conditions de milieu. C'était le cas du seigle qui a évolué, notamment dans la taille des graines, avec le développement de la culture des blés primitifs à un tel point qu'il a pu devenir une espèce cultivée. L'ivraie enivrante (*Lolium temulentum*) avait des formes adaptées par la taille au blé ou par le volume des graines au lin. Des espèces de brome ont des formes convergeant vers celles du blé ou du seigle : le brome faux seigle, le brome mou (*Bromus hordeaceus*) mimétique de l'orge. Le panic faux riz (*Echinochloa oryzoïdes*) est très difficile à distinguer du riz avant floraison. De même pour des céréales mineures consommées en cas de disettes ou dans certains pays africains, des espèces du même genre croissent en mélange : l'éleusine d'Inde (*Eleusine indica*) adventice du coracan (*Eleusine coracana*), *herbe ma tante* (*Pennisetum polystachion)* avec le mil à chandelle (*Pennisetum glaucum*) et la sétaire glauque (*Setaria glauca*) avec le millet des oiseaux (*Setaria italica*) (McElroy 2014).

Le mimétisme peut être extrême malgré de grandes différences phylogénétiques. Bien qu'eudicotylédone de la famille des Dianthacées, la nielle était très adaptée aux conditions de culture du blé (monocotylédone de la famille des Poacées). Elle a développé une stratégie très différente de celle des plantes annuelles qui sont surtout des semences présentes dans le sol dont les dormances permettent de germer de manière échelonnée. La plante adventice annuelle germée, même pour des densités élevées, peut être vue comme un stade éphémère, faible proportion du stock de semences, uniquement dédiée à la production de nouvelles semences. La nielle ne produit pas de semences dotées de propriétés de dormances plus ou moins intenses. Au contraire, elle a développé des caractéristiques assurant sa récolte par l'agriculteur. Outre une taille équivalente à celle de la culture, la maturité intervenait à la même période. De plus, les semences sont prisonnières d'un calice persistant, endurci et très refermé. Ainsi, l'agriculteur fauchait la nielle avec le blé et, en le battant, libérait les semences de nielle. De taille très proche des grains de blé, il était impossible de séparer la nielle du blé tant que le vannage a eu lieu à la main. Stockée au grenier, la nielle était semée avec le blé et germait aussitôt.

Dans nos régions, quelques espèces parasites, dont la gestion est toujours très difficile et peu efficace, sont en progression dans de nombreuses cultures. Pourtant, dès l'entre-deux-guerres des mesures prophylactiques sévères, associées à des réglementations très rigoureuses, concernant les importations de semences, avaient entraîné la quasi-disparition des orobanches (*Orobanche* spp) et des cuscutes (*Cuscuta* spp). Les espèces parasites facultatives, comme le mélampyre des champs (*Melampyrum arvense*), ont, depuis, été écartées par la généralisation des amendements. Pour les espèces en cours d'introduction, les mêmes précautions devraient être prises par le biais d'une surveillance systématique qui, pour être réellement efficace, doit être complétée par des éradications systématiques (morelle à feuille de chalef, téosinte [*Zea mays parviglumis*]).

Toutes ces espèces, d'origines variées, occupent tous les milieux cultivés. Cependant, elles ne sont pas les seules espèces dont les agriculteurs doivent se préoccuper. La plupart des espèces cultivées, malgré les sélections génétiques, peuvent s'égrainer partiellement avant la récolte et germer comme une adventice. Ainsi, en général l'année suivante, et pendant plusieurs années pour le colza, de nombreuses levées vont envahir la parcelle et devenir adventices de la culture en place.

Encore en 1950, au Moyen-Orient, des cultures étaient localisées dans des régions où l'habitat est ouvert, steppique ou désertique, occupé essentiellement par un faible recouvrement d'espèces, surtout des annuelles

(Zohary, 1950). Les adventices annuelles sont, pour la plupart, des espèces originaires de ces milieux-là. Il y a plus de 10 000 ans dans les mêmes régions, en Israël actuel, les graminées consommées, différents blés primitifs, de l'orge sauvage, mais aussi des légumineuses (lentille, pois, pois chiche…) et le lin partageaient déjà les mêmes milieux avec ces espèces, selon les restes fossilisés qui y ont été découverts (Hartmann-Shenkman *et al.,* 2014).

Dans nos régions, en plaine, les zones de végétation naturelle ouverte étaient plus rares : des écorchures de terrains pauvres, des atterrissements, des laisses de cours d'eau ou de lacs. Les cultures ont été installées dans des milieux à la végétation naturellement fermée. De ce fait, l'agriculteur a dû défricher et perturber le sol. Les adventices annuelles introduites avec les semences des cultures se sont alors multipliées. Néanmoins, la majorité des espèces indigènes qui se sont développées étaient des vivaces des milieux naturels voisins. Par opposition aux milieux steppiques du Moyen-Orient, dans nos régions, les cultures ont été implantées dans des formations naturellement fermées et arborées. L'ouverture de ces milieux par les agriculteurs a d'abord favorisé les annuelles colonisatrices qui, sans un travail intensif et permanent, seront rapidement supplantées par des vivaces herbacées. Si l'agriculteur ne peut pas enrayer cette évolution naturelle, les espèces arbustives pourront progressivement s'installer. Enfin, si l'agriculteur renonce, la fermeture du milieu entraînera la disparition de toutes les adventices et la chute du nombre d'espèces. C'est la présence de cultures qui augmente la biodiversité du milieu avec une flore nouvelle.

Au cours de la fin du néolithique (5500 - 2000 av. J.-C.), bien que cette hypothèse soit discutée, les milieux agricoles n'étaient certainement que des clairières ouvertes pendant un à trois ans, sans véritable travail du sol. Elles étaient ensuite longuement abandonnées sous la pression des adventices vivaces. Au fil des siècles, progressivement et sous la pression démographique, elles ont dû être réouvertes de plus en plus fréquemment. Par définition, la majorité des espèces présentes au néolithique ancien sont des indigènes pionnières, ou provenant des milieux avoisinants.

Dans les prairies naturelles, la situation est comparable. L'homogénéité végétale observée n'est pas *native*, mais le résultat de l'effet du pâturage et de l'entretien des parcelles par les agriculteurs. Les animaux ne consomment pas certaines espèces, appelées refus. Celles-ci sont des points d'accrescence favorisant l'installation d'arbustes. En quelques années, sans intervention, la prairie abandonnée se remplit d'arbustes et devient progressivement une zone forestière de plus en plus dense. Ainsi, au-delà de toutes les composantes de la nuisibilité des adventices vis-à-vis de la culture ou de la prairie, c'est d'abord leur simple présence qui doit être bannie d'une parcelle dédiée à être exploitée pour produire des aliments.

Aujourd'hui, l'ensemble des adventices des cultures annuelles est constitué d'indigènes apophytes issues de milieux ouverts perturbés et de milieux stables (prairies, ourlets de forêts), et d'espèces étrangères introduites essentiellement à partir de milieux ouverts. Parmi les espèces indigènes, beaucoup sont des vivaces provenant des milieux rudéraux. Compte tenu de leur origine, les espèces introduites sont très majoritairement annuelles.

Les agriculteurs ont beaucoup perturbé les milieux naturels. En conséquence, la variabilité des milieux cultivés a constamment favorisé toute une série d'espèces à la diversité génétique importante. Ce mécanisme a favorisé des capacités invasives et de concurrence très importantes empêchant l'implantation de toute culture si l'exploitant n'intervient pas sans cesse. Depuis plusieurs millénaires, les agriculteurs ont été contraints de chercher et de trouver des moyens pour réduire l'emprise des adventices. Ils ont dû imaginer des itinéraires techniques pour préparer le terrain et faciliter le semis. Parallèlement, ils ont dû supprimer un maximum d'adventices pendant le développement de la culture mise en place. Ils ont varié les méthodes d'utilisation des sols, en commençant par les jachères pluriannuelles (abandon de la culture durant cinq ans, voire davantage) jusqu'à des jachères annuelles travaillées. Ils ont ensuite mis en place des rotations de cultures aussi différentes que possible. Toutes ces variations annuelles avaient pour but d'ouvrir suffisamment le terrain en écartant le maximum d'adventices afin de favoriser la culture des céréales de manière productive.

II.
Historique du désherbage jusqu'à la fin du XIXe siècle

« Les mauvaises herbes sont si souvent présentes dans les champs et les prairies que beaucoup d'agriculteurs les acceptent comme un mal nécessaire, n'apportent que peu d'attention à leur développement et négligent, plus ou moins, leur destruction. »
Jussiaux P. et Péquignot R. *Mauvaises herbes : techniques modernes de lutte,* 1962.

« On ne connaît pas complètement une science tant qu'on n'en sait pas l'histoire »
Auguste Comte. *Cours de philosophie positive*, 1830-1842

1— Le désherbage dans l'histoire

Dans le vieux monde, s'est déroulée pendant 10 000 ans une histoire qui s'et constituée à partir d'une succession d'efforts constamment accomplis pour chercher à neutraliser les plantes indésirables pendant des siècles, jusqu'à une rupture radicale lors du XXe siècle qui a conduit à l'époque contemporaine. Une revue rapide des approches historiques proposées par Mazoyer et Roudard (1998) permet d'appréhender l'évolution de la gestion des adventices depuis la période néolithique à travers celle des différents systèmes agraires qui se sont succédé à la suite des révolutions agricoles successives et jusqu'à la mise en place de l'agriculture moto-mécanisée et *chimisée* dans les pays développés (Gasquez *et al.*, 2019).

1—1 *L'agriculture néolithique*

Il y a environ 12 000 ans, au néolithique, à la faveur d'un climat de plus en plus clément et humide, des populations humaines dispersées du Croissant Fertile jusqu'à l'actuel Israël se trouvaient dans des milieux ouverts où abondait toute une série de graminées et de légumineuses annuelles. Progressivement, au fil des générations, ces populations ont dû compléter des cueillettes opportunistes et des récoltes irrégulières par des semis volontaires, peut-être après l'observation fortuite de germinations spontanées proches des zones habitées. À cette période des prémices de l'agriculture, il ne s'agit pas encore de contrôler des adventices. Les graminées indigènes à ces milieux, semées dans des zones au sol nu, croissaient donc en plus grande densité parmi de nombreuses espèces spontanées. Elles étaient récoltées, certainement à la poignée, mais probablement en mélange avec d'autres espèces voisines.

Petit à petit, probablement à la suite d'une augmentation de la population liée à l'agriculture, mais aussi avec l'élévation des températures, des agriculteurs se sont installés, notamment en Europe, dans les vallées des grands fleuves comme le Danube, dans des zones au sol meuble ou inondable des bords des cours d'eau et des lacs, presque sans végétation après chaque inondation. Ainsi en France, après le VIIe millénaire av. J. — C., chaud et sec, les VIe, V^e^ et IVe millénaires, encore chauds, mais humides, furent très favorables à la diffusion d'une première agriculture. Ces conditions ont été si propices au développement de la population qu'elle a fini, en conséquence, par devoir rechercher des surfaces bien supérieures aux zones naturellement convenables. Elle se trouva ainsi freinée dans son évolution.

1—2 *Les systèmes agraires de cultures sur abattis-brûlis*

Cette première crise de manque de surfaces faciles à cultiver sans préparation particulière obligea à rechercher de nouvelles solutions adaptées aux milieux naturels de nos régions. La hache en pierre polie, seul outil solide récemment disponible, fut utilisée pour abattre des arbres et permettre le début du système agraire de culture sur abattis-brûlis. Après séchage et brûlage des bois abattus, des zones meubles débarrassées de toute végétation entre les souches et les restes d'arbres mal brûlés permettaient directement des semis avec des bâtons fouisseurs. Ces conditions pouvaient perdurer, de l'ordre de deux ou trois saisons, jusqu'à ce que la végétation forestière, voire adventice annuelle, envahisse complètement le milieu. Le manque d'outils adaptés à l'agriculture obligeait vraisemblablement à ne rechercher de nouvelles zones de culture que dans des forêts ouvertes où l'abattage des arbres et leur brûlage libère, entre les souches, du sol riche et sans végétation, plutôt que dans les formations herbeuses de précédentes cultures, plus difficiles à mettre en culture et à désherber et dont la terre était plus ou moins épuisée.

Ce système, associé à l'élevage connu de longue date, permettant de plus ou moins sédentariser des populations croissantes, obligeait à défricher régulièrement des surfaces qui, après usage, devaient être abandonnées pendant plusieurs décennies. Aussi chaque groupe nécessitait de très importantes surfaces, d'autant plus que la densité de semis restait très faible à cause de l'emprise des souches et des restes d'arbres, entrainant une forte limitation de la densité de la population. Dans nos régions, quand le climat a commencé à se refroidir, les récoltes ont dû être fortement affectées et les populations dépendantes de la consommation de céréales ont vraisemblablement subi des disettes, voire des famines. En même temps, après des défrichements excessifs par le feu, les sols disponibles étaient plus ou moins dégradés par l'érosion avec perte de matière organique, limitant les cultures à certaines vallées. Vers la fin du néolithique, certaines régions comme en Grèce étaient manifestement surexploitées par l'agriculture et l'élevage extensif.

Ainsi, au prix d'un travail intense et permanent, la société fondée de plus en plus sur l'agriculture a permis une augmentation de la population. Cependant, ce système agraire, rapidement proche de ses limites, était très sensible, et l'est toujours dans les régions qui le pratiquent encore, aux modifications climatiques qui affectaient fortement la production quand il devenait difficile de trouver de nouvelles surfaces. Ces chutes de productions déclenchaient un état de surpopulation, entrainant la réduction des effectifs en raison de famines ou de migrations. Mais surtout, une limite était atteinte avec l'impossibilité d'augmenter la production faute d'outils adaptés. En effet, dans ce but, dès le Ve millénaire av. J.-C., au Moyen-Orient, dans les sols légers, ont été découverts des silex triangulaires, épais, mais cassants, certainement utilisés, comme des bois courbés, en guise de houes. Mais ces outils n'étaient pas assez solides pour les sols de nos régions.

Cependant, ces civilisations, apparaissant comme un progrès pour permettre l'augmentation des populations par rapport aux stricts chasseurs-cueilleurs, présentaient également des défauts importants. Au-delà de la sensibilité aux variations climatiques, un important et continuel travail et l'alimentation largement végétarienne étaient responsables d'une certaine faiblesse physique par rapport aux chasseurs, voire aux stricts éleveurs nomades et, comme chez ces derniers, source de nouvelles maladies infectieuses. Le régime alimentaire de ces collectivités était également responsable de caries dentaires qui pouvaient être mortelles et d'intoxications dues à la consommation de végétaux toxiques, comme l'ivraie enivrante (Diamond, 1987).

L'âge du bronze n'a pas amené de réel progrès pour les outils de travail du sol, bien que l'araire en bois durci au feu ait dû exister pour les sols légers du Moyen-Orient et jusque dans le nord de l'Italie. De plus, de 1800 à 1250 av.

J. — C. le climat plutôt sec a pu être à l'origine d'une baisse de la population. De 1250 à 750 av. J.-C. avec une meilleure pluviosité, l'agriculture a repris et la population a de nouveau pu augmenter. Cette période a correspondu probablement à l'arrivée dans les régions méridionales de l'araire existant en Mésopotamie depuis plusieurs millénaires. À l'âge du fer, à partir de 750 av. J. — C., la température a baissé et l'abondance de pluies a produit de nombreuses inondations.

Au Moyen Orient, les archéologues ont régulièrement décrit dans des restes domestiques carbonisés ou des pollens datant des débuts de l'agriculture, la présence d'espèces annuelles, aujourd'hui adventices des cultures. Cependant, il reste difficile d'en déduire que, dans nos régions, leur présence était strictement liée à l'introduction des plantes cultivées et que ces espèces n'ont jamais été que des adventices. Selon que ces restes se trouvaient dans des zones rudérales ou des céramiques, on peut être tenté de les considérer comme des rejets après tri de récoltes ou simplement consommés mélangés aux céréales et éventuellement aux légumineuses volontairement récoltées. En général, les seules espèces citées, grâce à des éléments solides et reconnaissables, sont de taille comparable à celle des cultures : chénopode blanc (*Chenopodium album*), coquelicot, mais surtout plusieurs chardons (*Cirsium* spp)… parce que vraisemblablement récoltées en même temps (Snir *et al.*, 2015). Dans les conditions de culture d'abattis-brûlis, les espèces les plus préjudiciables devaient certainement être les vivaces forestières et les repousses de souche qui obligeaient à abandonner le terrain quand elles devenaient trop abondantes.

À l'apparition des systèmes de culture développés sur des sols neufs après abattis-brûlis, au sein d'une végétation encore en place et sur des parcelles non dessouchées et mises en culture peut être pendant trois ou quatre saisons avant de retourner au taillis puis à la forêt, il n'est pas avéré que se soit déjà révélé le besoin de contrôler toutes les plantes qui pouvaient étouffer les graminées cultivées même si Mazoyer et Roudard (1998) soulignent cette nécessité précoce. Avec la culture, soit sur des laisses de cours d'eau, soit après abattage et brûlis, le sol devait, en l'état, être considéré assez ouvert pour porter des céréales, voire des légumineuses malgré une végétation spontanée non spécifique de la culture. C'est peut-être beaucoup plus tard et sans doute sous la double pression du nombre de bouches à nourrir et du manque de surface qu'a dû émerger la nécessité de nettoyer suffisamment la parcelle pour donner le maximum de chances de développement à la culture au-delà d'une seule saison.

Toutefois, dès l'origine de l'agriculture, alors que les récoltes étaient constituées d'un mélange de plantes domestiquées et de plantes sauvages, il y a 11 000 ans, des graines de mauvaises herbes étaient intimement liées aux céréales ou aux légumineuses cultivées et donc, certainement consommées par l'homme ou éventuellement les animaux. Des archéologues israéliens ont mis en évidence la présence des adventices des céréales : *Chenopodium album, Malva parviflora, Notobasis syriaca, et Silybum marianum,* communes en mélange avec les graines de céréales stockées (Snir *et al.*, 2015), mais aussi d'espèces toxiques pour les Hommes, notamment la graminée toxique l'ivraie enivrante retrouvée dans les stocks de graines sur les sites protohistoriques de Ohalo II en Israël. La présence de plantes indésirables, dont certaines toxiques, a pu contraindre les premiers agriculteurs à la pratique d'un désherbage archaïque à l'instar de ce que soulignent Mazoyer et Roudard (1998).

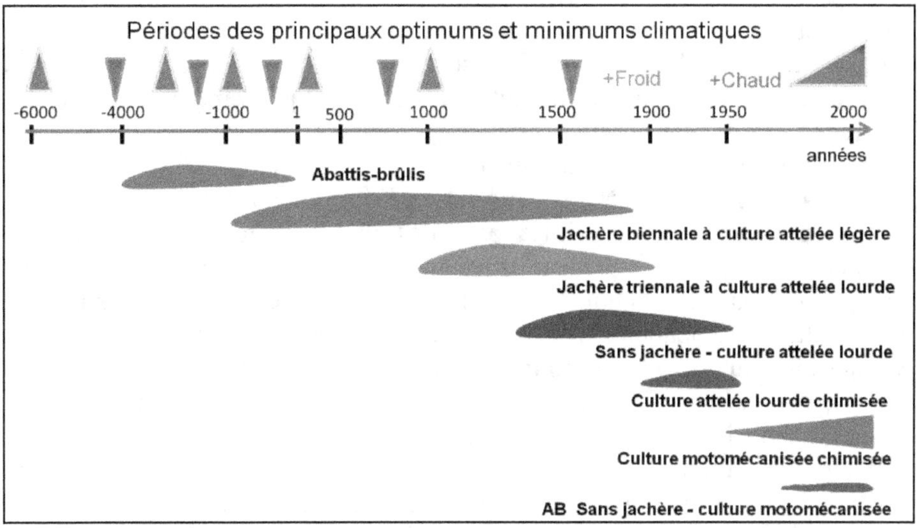

Figure II-1 : Succession des différents systèmes agraires en Europe durant six millénaires et les principales variations climatiques.

1—3 Les systèmes agraires à jachère biennale avec culture attelée légère

L'extension des zones perturbées par les cultures et l'augmentation des populations par la déforestation ont dû être concomitantes, voire contribuer à la modification du climat et à des bouleversements écologiques (érosion des sols). En Grèce et à Chypre en particulier, la déforestation extrême a été essentiellement due aux constructions navales (structures et poix pour l'étanchéité) et à la production de charbon pour produire le cuivre et l'argent (Amigues, 2007). Pour subsister, il a fallu inventer des systèmes agroalimentaires postforestiers, différents selon les régions et les contraintes (Fig. II-1). Mais cela n'a été possible dans les régions tempérées méditerranéennes qu'après l'apparition des métaux qui ont permis de fabriquer des outils. Ainsi s'est imposé un système agraire fondé sur une rotation biennale (céréale-jachère) avec des attelages légers en association avec de l'élevage. Ce système, moins gourmand en surface, est devenu possible grâce à l'araire au soc de bois d'abord renforcé par des lames de fer, puis à la pointe entièrement en fer et surtout grâce à l'apparition de la houe en fer. L'araire permettait la préparation et le semis, par des passages successifs, des sols légers peu envahis d'adventices. Quand il y en avait trop, il fallait labourer à la houe.

C'est en Grèce que l'on a rapporté ce système agraire dès le Ier millénaire av. J. — C., peut-être à cause de la piètre qualité des terres pour la culture des céréales, à l'exception de l'orge moins exigeante que les blés et de la rigueur du climat chaud et sec, voire froid en altitude. Mais l'ensemble de ces caractéristiques (climat, état des sols, surfaces disponibles...) limitait fortement la production. Ces défauts ont largement participé de l'origine des guerres entre les différentes cités pour gagner soit des terres, soit les productions des populations dominées.

Dans ce système, pour la première fois, l'agriculteur qui devait mettre en valeur annuellement les mêmes parcelles plus réduites devait donc agir directement sur les adventices tous les ans. Par des grattages du sol à l'araire ou le labour manuel à la houe quand il y avait beaucoup d'adventices l'année de la culture et, pendant la jachère, par des passages réguliers de l'araire couplés au pâturage par des animaux susceptibles de fumer un peu le sol par leurs déjections. Pour assurer une récolte, l'entretien de la fertilité des sols et surtout la maîtrise des adventices exigeaient deux années.

Sans explicitement citer le contrôle spécifique des différentes espèces adventices, les auteurs grecs ont insisté sur le défonçage et le labour manuel du terrain avant le semis. L'utilisation de différents types d'araires et d'outils à main qui permettent le retournement complet du sol a été bien décrite par Hésiode au Ve siècle avant notre ère sur les représentations des poteries grecques, et ce dès l'âge du bronze (Amouretti, 1976). Les labours de jachère, le premier au printemps, l'autre à l'automne et jusqu'à quatre, dans la Grèce antique, sont décrits comme destinés à préparer le sol, favoriser la gestion de l'eau et surtout enfouir ou détruire les mauvaises herbes (Amouretti, 1976). Les façons culturales entre les lignes de semis avaient aussi une fonction de désherbage avec le *sartio* explicitement cité par Xenophon (Amouretti, 1976). Toutes ces interventions demandaient beaucoup de temps à l'agriculteur qui, de ce fait, ne pouvait travailler que des surfaces réduites. Ce n'était pas le cas dans les grands domaines qui occupaient de nombreux esclaves.

La gestion des adventices en tant que telle a été peu évoquée par les auteurs grecs. Cependant, Théophraste rapportait la consommation de nombreuses espèces qui aujourd'hui seraient des adventices : « la mauve, l'ortie, le tordyle, le rumex, la pariétaire, l'ache des marais, le scandix, le mouron, la chondrille » et plusieurs autres composées et même « la morelle », aujourd'hui considérée comme toxique, plusieurs bulbes comme « le glaïeul, le scolyme, le cardon sauvage, les racines de plusieurs ombellifères »... (Amouretti, 1976). La diversité des espèces citées pose la question de savoir si, dans les jardins qui étaient en permanence désherbés à la main, elles étaient arrachées et récoltées pour être utilisées ou si elles provenaient des sarclages dans des zones cultivées, de préférence la jachère. Dans ce dernier cas, on peut se demander dans quelle mesure la gestion des adventices était très développée dans les cultures de céréales. Dans toutes les grandes cultures, et jusqu'au début du XXe siècle, pour pouvoir être reconnues et différentiées de la culture, elles étaient arrachées trop tard, quand elles étaient très développées et donc après avoir exercé le maximum de leur concurrence.

Les agronomes romains avaient la même approche que les Grecs et décrivaient les nombreuses interventions dans l'*ager* avant et pendant la culture. Celles-ci étaient généralement effectuées par des esclaves. Dans les terrains faciles, l'araire présentait une pointe exigüe à l'extrémité du soc ou élargie en instrument tranchant pour couper les racines des adventices. On semait après quatre ou cinq passages d'araire dans plusieurs sens (jusqu'à neuf en Toscane) et, même, en cassant les mottes à la main. Il fallait, pour les céréales, herser, biner et sarcler puis arracher à la main les adventices quand le blé était noué. D'après Varron (cité par Dureau de la Malle, 1838), dans de grands domaines, le blé, semé en ligne, était biné à la houe trois fois avant sa floraison pour le désherber et le renchausser avec de la terre. Un seul sarclage suffisait pour le lupin et la fève n'avait besoin de rien. Il n'y avait donc pas de désherbage dans cette culture. Pline rapportait qu'en Gaule, un outil était équipé de roues et présentait un soc en forme de pelle qui retournait la terre et ainsi pouvait éviter un sarclage ultérieur. De l'autre côté de la Méditerranée, le désherbage était très réduit, la sécheresse limitait la levée des adventices, mais la culture était précédée de deux années de jachère (Pline, traduction Littré 1848).

Pour Columelle (Du Bois, 1844), la conduite de l'équivalent d'un hectare de blé exigeait 42 jours de travail, de la préparation du sol à la moisson. Or, en plus des 16 jours consacrés à la préparation du sol déjà dirigée pour éliminer beaucoup d'adventices, la lutte contre celles-ci demandait, pour elle seule, 20 jours de travail de sarclages et d'arrachages manuels. Ainsi Columelle disait : « après avoir sarclé, il faut arracher les mauvaises herbes en prenant garde toutefois de toucher aux blés lorsqu'ils sont en fleur. Ainsi on fera cette opération soit avant la floraison soit immédiatement après que la fleur sera tombée ».

Cette situation était essentiellement due au fait que beaucoup de terrains étaient naturellement envahis par un très grand nombre d'espèces, aussi bien des adventices plus ou moins strictes que des espèces des milieux voisins qui profitaient de l'ouverture du terrain pour se développer. Il y avait ainsi un grand nombre d'espèces vivaces rudérales, des lisières ou des clairières des forêts voisines. Cependant, chez les auteurs latins, Caton, Varron, Columelle et Palladius (Nisard, 1864), on ne trouve aucun passage concernant spécifiquement la gestion des plantes nuisibles à la culture. Seul Columelle a cité quelques plantes qu'il préconisait d'éliminer, mais seulement dans les prairies. Virgile citait aussi : « la fougère et le jonc » dans les prairies. En effet, selon Caton, le revenu le plus assuré l'était par de bons prés qui devaient être entretenus en supprimant les ronces, les broussailles, joncs et épines, mais également par la vigne et l'olivier. Les céréales demandaient trop de travail pour un rendement et un revenu aléatoires.

Pour ces auteurs, il existait des plantes à labourer et sarcler pour faire la place à la culture : « l'yèble et la ciguë » et des espèces qu'ils assimilaient à des maladies. D'après Pline (Littré, 1848) : « la première de toutes les maladies du blé est l'avoine, l'orge aussi dégénère en avoine ». Il rajoutait : « je rangerai plutôt parmi les maladies que parmi les fléaux de la terre : l'ivraie, le tribulus, le chardon, la lappa ainsi que les ronces ». Mais aussi, selon les idées de l'époque, Pline supposait que chaque espèce cultivée était spécifiquement attaquée par une plante, son ennemie particulière. « La cuscute enroulerait et tuerait le pois chiche et la gesse, l'ivraie étoufferait le froment, la lentille le serait par la coronille (*Coronilla securidaca*) ». Les plantes dites nuisibles citées par Pline (et plus tard, Olivier de Serres, 1601) ont d'abord été décrites dans les jardins (*hortus*) pour leurs propriétés médicinales réelles ou supposées. Par ailleurs, Virgile indiquait que les cultures de céréales en fin de saison prenaient l'aspect d'une forêt épineuse. Il devait certainement faire allusion à différentes espèces de chardons et des lampourdes qui devaient dépasser le blé en fin de saison.

Avec l'accroissement de l'Empire romain, la guerre ne rapportait plus assez d'esclaves et la pénurie de main-d'œuvre à bas prix entrainait l'agriculture romaine dans la crise, source de pénuries. Peu à peu, l'empire s'est effondré et les grands domaines se sont repliés sur leurs fiefs avec des esclaves et des familles serves. Cette situation désorganisée, associée aux invasions, avec une population décroissante, a perduré pendant plusieurs siècles au climat de plus en plus défavorable tant que les conditions du développement d'un nouveau système agraire ne furent pas réunies permettant en conséquence une expansion de la population (Harper, 2019).

1 — 4 Les systèmes agraires à jachère triennale à culture attelée lourde

Au nord de la France, la révolution médiévale passa des systèmes à jachère biennale avec culture attelée légère utilisant l'araire, caractéristiques de l'antiquité, encore utilisés à cette époque dans le sud de la France, à des systèmes à jachère triennale. Ceux-ci bénéficieront d'une culture attelée lourde avec la charrue à versoir permettant le retournement complet de la motte de terre arrachée. Cette révolution qui a pris naissance dans des techniques antérieures ne se développa dans la moitié nord de l'Europe qu'entre le XIe et le XIIIe siècle. Ce développement de la charrue à versoir, outre le fait qu'elle permettait de cultiver des terres trop lourdes pour l'araire, devait faciliter la lutte contre les mauvaises herbes en réduisant considérablement le temps pour la réalisation d'un véritable labour qui auparavant n'était réalisé qu'avec une bêche ou une houe. Mais jusqu'au XIXe siècle, beaucoup de parcelles dans certaines régions furent encore travaillées à la main, voire à l'araire (Fig. II-1).

Les performances de la culture attelée légère étaient limitées par la faiblesse des moyens de traction et par une restauration de la fertilité très mal assurée. En outre, dans les régions tempérées froides, les sols plus lourds qu'en zone méditerranéenne étaient quasi impossibles à travailler à l'araire. Il a fallu que plusieurs éléments fussent réunis pour que les cultures attelées lourdes pussent se développer : la jachère et l'utilisation du *saltus*, les récoltes de foin produit à la faucille, puis à la faux et rentré avec des charrettes, l'utilisation des déjections pour fumer les sols (mais en les contaminant par des semences d'adventices) et surtout le développement de la charrue, connue de longue date et, désormais, également tirée, grâce au collier d'épaule, par un ou deux chevaux ferrés au lieu de quatre ou six bœufs. L'usage coordonné de tous ces éléments apparut vers la fin du premier millénaire plus ou moins associé au réchauffement surtout après cette période. Quoi qu'il en soit, ces innovations devaient être très coûteuses et de nombreux agriculteurs, appelés les brassiers, ont dû continuer à travailler quelques lopins à la main.

La gestion des adventices n'était pas très différente de celle du système précédent, si ce n'est que la charrue enfouissant des mottes d'adventices permettait de labourer de plus grandes surfaces que le travail à la houe, mais avec une moins bonne qualité. Ce nouveau système s'appuyant beaucoup plus sur le bétail, les fumiers et les balayures de fenils ensemençaient les jachères de beaucoup d'adventices. La population augmentant, les jardins prenaient de plus en plus d'importance avec des productions très diversifiées, désherbées à la main.

Jusqu'au XVIIe siècle, la jachère a perduré avec un double but, restaurer la fertilité et surtout, par le travail répété, nettoyer au maximum, également par la vaine pâture, le terrain pour les céréales à venir. Dans ce but, on pouvait préférer les labours à la bêche ou la houe, très longs et pénibles à réaliser, mais travaux plus profonds très efficaces contre les adventices. Dans d'autres sols moins lourds, on multipliait les passages à l'araire et ensuite des hersages perpendiculaires à la herse en bois pour décroûter la terre et supprimer les jeunes adventices. Dès l'époque romaine, cette activité était déjà pratiquée et elle s'est maintenue peu différente au cours des siècles suivants. Selon les situations, régions, types de sol, quantités et types d'adventices, il y avait de nombreuses variantes. Mais tous partaient d'un même système de base. Le premier labour de la jachère consistait à *guéréter* (lever les guérets) en hiver ou après la période des semis de printemps pour détruire les plantes levées depuis l'automne ou celles qui restaient après la vaine pâture. Le deuxième, à la Saint-Jean, donc autour de la mi-juin, servait à *biner* les levées printanières. Le troisième intervenait après les moissons pour *labourer à demeure*, afin de nettoyer le sol avant les semis d'automne. Dans les terres avec beaucoup d'herbes, on réalisait au moins cinq labours. On *guérétait* avant les semailles d'automne, on *entre-hivernait* vers Noël, on *binait* au printemps, *rebinait* avant la période des moissons et *labourait à demeure* avant le semis qui était enterré à l'araire. Ces passages pouvaient suffire pour la plupart des adventices annuelles, mais pour les vivaces, il fallait en plus multiplier les labours par temps secs et chauds.

Dans le cas de parcelles trop sales ou de prairies à remettre en culture, jusqu'au XVIIIe siècle, on procédait au véritable écobuage (ou égobuage). Cette technique consistait à *peler* le sol avec une écobue, large houe, en formant des plaques de végétation et de terre. Après séchage, elles étaient mises en tas, formant des fourneaux autour de tas de bois qui étaient allumés. La combustion, comme pour le charbon de bois, se faisait en conditions réductrices pendant plusieurs jours. Après refroidissement, les cendres étaient dispersées sur le sol pour l'amender et le fertiliser.

Par ailleurs, la distinction *ager-hortus* (littéralement culture/jardin) existait depuis très longtemps et c'est vraisemblablement vers cette période que, à l'instar de la fin de Rome, la tendance à privilégier l'*hortus* a conduit à faire émerger la distinction entre agriculteur et maraicher. En effet, l'*hortus*, sur des surfaces réduites, parfaitement travaillé en permanence à la main, portait de très nombreuses espèces de différents légumes, plantes aromatiques et médicinales, fleurs et même plantes textiles et, dans la proximité des villes, tendait à supplanter totalement l'*ager*.

Ce n'est sans doute que vers le XIIIe siècle que l'on a décrit pour la première fois le travail des femmes qui devaient arracher les adventices à la main ou avec une petite fourchette. Activité de sarclage également rapportée au début du XVIIe siècle, par Olivier de Serres (1605) : « c'est une très-notable partie du gouvernement des blés, que le sarcler ou es-herber, laquelle obmettant ou négligeant, la moisson monstrera évidemment la paresse du laboureur, à sa honte : ne pouvant jamais faire bonne fin le ble enveloppe de meschantes herbes, ni estre moissonne a propos, les chardons et semblables plantes, picqnans les mains des moissonneurs… Mais aussi quelque-bien maniee qu'elle soit, tous-jours parmi les bons bles s'accroissent quelques herbes nuisibles, et tant plus, que le printemps aura este pluvieux : lesquelles herbes de necessite convient oster, avec autant de curieuse diligence, qu'on desire en avoir du contentement... On espiera donques soigneusement le temps de ce mesnage, afin de ne le laisser inutilement escouler. Ce sera lors le poinct de commencer a sarcler les bles, qu'on s'appercevra les meschantes herbes estre ja parcreues avec icelui : car de les prendre trop jeunes, ne les pourroit-on aisement toutes discerner d'avec les bonnes plantes, dont il y auroit danger d'arracher du ble avec elles. Comme aussi d'attendre qu'elles soient du tout agrandies, le ble en pourroit estre estouffe, ou du moins renverse par terre en les allans separer d'avec lui. D'ailleurs, que par telle attente, grainans telles meschantes plantes, ce seroit en sallir le champ pour l'annee d'apres... Il est tous-jours requis que la terre soit humectee par quelque precedente pluie, avant qu'y aller pour sarcler ; afin d'en sortir les pernicieuses racines, ce qui commodement ne se peut faire la terre estant seche ; d'autant que les racines des malignes herbes se couppent dans terre cuidant les en tirer, dont rejettent a foison, d'une plante en sortans plusieurs a la venue de la pluie. C'est ouvrage de menu peuple, que le sarcler, auquel femmes et enfans travaillent utilement, n'y ayant autre chose à faire qu'à arracher les herbes avec la main seule, ou à l'aide de quelques petites fourchetes : desquelles herbes n'en pouvans entièrement descharger les bles a une seule fois, on y retournera pour la seconde, voire pour la troisiesme, et en somme, tant qu'il suffise... ».

1 — 5 Les systèmes agraires sans jachère

Au début du XVIe siècle, la jachère a commencé, localement, à être remplacée par des légumineuses fourragères, particulièrement dans le nord de la France. C'est le début de la première révolution agricole qui a été longue à s'imposer en France. Un siècle plus tard, la céréale d'hiver était toujours du seigle, du blé ou du méteil. La céréale de mars était de l'orge ou de l'avoine pour le cheval avec ou sans vesce, très rarement du blé. La jachère, quand elle existait encore, était toujours travaillée et pâturée. Dans une zone intermédiaire entre Nord et Sud, le froment était plus rare, il y avait plus de seigle et du sarrasin, surtout dans l'Ouest. Il y avait moins d'avoine, car le bœuf remplaçait le cheval. Parfois la terre était rendue à la friche pendant plusieurs années. La sole de grain pouvait ne représenter que 20 % de la surface cultivée à côté des jachères et des prairies. En France méridionale, le système biennal faisait toujours alterner des céréales d'hiver avec de la jachère très travaillée. Mais des régions commençaient à se spécialiser avec de l'arboriculture (olivier ou châtaignier) et de la vigne. Localement, des jardins, souvent importants, portaient de nouvelles espèces, en particulier du maïs qui, plus tard, devait remplacer le pastel devenu quasi inutile (Fig. II — 1).

Les désherbages manuels, entrepris généralement après l'hiver dans les céréales d'hiver, demandaient en moyenne, pour un blé peu envahi, entre quatre et sept jours-femme/ha, mais pouvaient devoir être repris plusieurs fois en fonction de la croissance des adventices. Des parcelles très sales exigeaient fréquemment deux ou trois fois plus de temps (Image II — 1). La pire des cultures pour le désherbage était le lin, surtout textile, qui nécessitait jusqu'à 30 jours-femme/ha et, si l'équipe n'était pas assez importante, quelle que soit la taille de la parcelle, il fallait recommencer dès la fin du premier passage, au risque d'endommager la culture très fragile (Duhamel du Monceau, 1762). En plus de ces travaux pénibles des femmes et des enfants, d'autres, encore plus durs, devaient souvent intervenir à l'épiaison. Des échardonneurs devaient passer pour couper les chardons en fleurs et les sortir des parcelles. Dans le nord, la folle avoine (avron) était si fréquente et abondante que « de solides avronneurs » devaient l'arracher à la main quand elle dépassait le blé et emporter les énormes touffes hors du champ. Les rumex ne pouvaient qu'être arrachés à la main avec une bêche à rumex par des hommes forts quand le sol était bien humide.

Image II — 1 : *Les sarcleuses.* Jules Breton (1860)

Beaucoup d'espèces vivaces n'étaient que sectionnées et repoussaient rapidement. Parmi celles-ci, plusieurs étaient pratiquement impossibles à détruire, même dans la jachère. Le chiendent exigeait beaucoup de travail par temps sec et les rhizomes devaient être ramassés et brûlés en été. En jachère, l'avoine à chapelet (*Arrhenaterum elatius*) nécessitait un travail mécanique profond. Certaines, comme la prêle des champs (*Equisetum arvense*), voire le liseron des champs (*Convolvulus arvensis*) devenaient définitivement impossibles à éliminer. Le tussilage (*Tussilago farfara*) et les rumex (*Rumex* sp.), mais aussi des chardons déjà lignifiés à la base, du sureau yèble (*Sambucus ebulus*), de la bugrane épineuse (*Ononis spinosa*)... ne pouvaient être extirpés peu après la pluie que par des hommes solides armés de grosses tenailles (moïttes). Dans tous les cas, les plantes arrachées devaient être sorties des champs et souvent brûlées (beaucoup d'espèces peuvent produire des semences viables, même après l'arrachage). Certaines, non toxiques, étaient également conservées pour les animaux. Dans les régions où on produisait du méteil, l'esseiglage manuel devait être effectué dans les blés.

Duhamel du Monceau, au milieu du XVIIIe siècle, décrivait deux façons de sarcler à la main les blés : « Des femmes de front avec un sarcloir (échardonnette) coupent les herbes apparentes ». Celles qui dépassent comme chardons, nielles, papaver, bleuet, moutarde, nigelle… « Si les plantes sont encore jeunes, les sarcleuses ne les voient pas et il faut répéter l'opération. En revanche, on peut aussi couper le blé, les plantes menues restent dans le champ, enfin les chardons poussent de leurs racines deux, trois ou quatre tiges au lieu d'une. » L'autre manière consistait à arracher les mauvaises herbes, mais l'auteur considérait que cela pouvait être très coûteux : « Il peut falloir jusqu'à 20 personnes pour sarcler un ha en un jour ». Ce qui était omis par beaucoup de fermiers. Et il ajoutait que : « Dans les pays de vignobles, les femmes qui ont des vaches à nourrir ne demandent pas mieux que d'arracher les mauvaises herbes. Mais elles arrachent aussi du blé et y font un tort considérable surtout quand la terre est humide en foulant les blés avec leurs pieds et en trainant les sacs qu'elles emplissent d'herbes » (Duhamel du Monceau, 1762).

« Pour empêcher la multiplication des mauvaises herbes, il est bon de les détruire avant que leur graine soit mûre… Il ne faut pas non plus espérer de les détruire, en laissant les terres en friche ; car les semences se conservent bien des années en terre sans s'altérer » (Duhamel du Monceau, 1750).

De Gasparin (1849) écrivait qu'à la fin du XVIIIe siècle : « Quelques jours après, quand la plante (*de blé*) a pris un plus grand développement, on procède au sarclage. Des femmes en nombre, courbées vers la terre, arrachent avec les mains, une par une, toutes les plantes nuisibles. C'est un travail minutieux, mais auquel le cultivateur ne saurait se soustraire sans quoi la malheureuse ivraie et l'avoine stérile dominent dans son champ et le rendent infertile ».

1 — 6 Situation française au XIXe siècle

Au XVIIe siècle, plus des trois quarts des paysans français n'exploitaient pas assez de terre pour atteindre le minimum nécessaire à la bonne alimentation de leur famille, d'une part parce que les exploitations étaient trop petites, d'autre part parce qu'il leur était impossible de se procurer des moyens techniques. Dans cette agriculture de subsistance, on avait encore beaucoup recours à la jachère et les productions de céréales étaient très limitées. Dans le Nord et le Bassin Parisien, pour un grain semé, on pouvait en récolter cinq à sept, en Normandie de quatre à cinq, en Bourgogne de trois à cinq, mais dans les régions les plus pauvres, comme la Sologne ou la Bretagne, seulement de deux à trois (Comet, 1996).

Au premier quart du XIXe siècle, dans ces très petites exploitations, tout le travail était fait à la main. On ne disposait que de houes, de bêches, de faucilles ou de faux, d'araires ou de charrues simples, de herses à dents de bois ou de fer, de rouleaux de bois. Par opposition, dès le milieu du XIXe siècle, la Grande-Bretagne devint pionnière dans le développement du machinisme, bientôt suivie par les États-Unis. Dès le XVIIIe siècle, les pâturages avaient été clos pour limiter la vaine pâture. La jachère de ce fait avait disparu à la fin du siècle et au XIXe siècle, commençait à se développer une agriculture capitaliste de grandes propriétés. C'est dans le Norfolk que les innovations majeures de machinisme apparurent, comme le semoir mécanique pour permettre ensuite un sarclage attelé. Plus tard la récolte et le battage furent aussi mécanisés. Sur le continent, ces pratiques de mécanisation furent appliquées surtout en Saxe, mais en France, seulement dans quelques grandes fermes du nord. Dès 1870, l'agriculture allemande était devenue exportatrice de blé, par opposition à la France toujours importatrice.

Cependant en France, à cette époque, la structure générale de l'agriculture était très différente. En 1892, on comptait plus de 5,5 millions d'exploitations, dont 85 % d'une superficie inférieure à 10 ha (plus de 35 % inférieures à un ha) et par opposition, moins de 5 % de 10 ha et plus (Mayaud, 1999). Environ 75 % des exploitations étaient gérées en faire-valoir direct. Jusqu'à la fin du XIXe siècle, la France a été l'un des pays les plus en retard pour l'utilisation du matériel agricole innovant et, en fait, ne s'est équipée que contrainte par le manque de main-d'œuvre disponible et l'augmentation de son coût et non pas grâce à la pénétration des idées de progrès. Pourtant, bien que les causes de ce retard soient variées, il semble que les facteurs socio-économiques aient été les plus importants : trop peu avaient les moyens de se mécaniser.

Ainsi, à part dans quelques grands domaines du nord de la France, les céréales ont continué jusqu'à la Seconde Guerre mondiale, à être semées à la volée par des *hommes expérimentés au pas régulier*. Cette dispersion aléatoire des levées interdisait tout désherbage précoce, compliquant l'arrachage manuel et limitait souvent le sarclage attelé à un hersage léger en fin d'hiver. Cependant, toutes les cultures devaient être désherbées. Ainsi le maïs, les betteraves, les carottes, les navets… étaient binés à la houe et devaient être démariées manuellement, souvent dans un autre passage pour éviter un excès de destruction par la houe.

Dans certaines régions, des agriculteurs qui n'avaient pas les moyens de payer le sarclage manuel n'intervenaient tardivement que pour l'échardonnage obligatoire. Les arrêtés, tombés en désuétude, ne sont toujours pas abrogés. Cependant, malgré un dénigrement général de la profession, dans quelques grandes fermes de Beauce, de Brie et du nord de la France, on pratiquait le semis en ligne aux rangs espacés de 17 à 22 cm pour des binages manuels répétés et des écartements plus importants pour des sarclages à la sarcleuse attelée permettant, en terres fertiles, de doubler facilement le rendement du blé, voire plus.

De surcroit, dès le milieu du XIXe siècle, l'école devint petit à petit obligatoire, privant les agriculteurs des bras des enfants pour l'arrachage des adventices. Avec l'évolution sociale, les villes avaient un besoin accru de main-d'œuvre mieux payée qu'en campagne et détournaient les ouvriers agricoles, voire même les jeunes femmes. Parallèlement, les besoins citadins en grains s'accroissaient. Cette situation aggravait la gestion des adventices, de plus en plus problématique, qui devenait une des principales causes de la stagnation des rendements et de l'augmentation des importations de blé américain ou ukrainien jusqu'au milieu du XXe siècle. Avec une moyenne de rendement pour le blé de six ou sept grains pour un semé, soit à peine neuf à dix q/ha, il aurait fallu pouvoir fortement augmenter cette production, car l'importation de ce blé indispensable coûtait de plus en plus cher. De ce fait, la majorité de la population était obligée de consommer surtout du seigle et de l'orge. C'est pour une minorité de la population que nos colonies d'Afrique du Nord produisaient du blé, mais en plus, on devait importer des blés étrangers, principalement américains, jusqu'à 1,4 Mt en 1927 et 2,3 Mt en 1928 (Demangeon, 1929) pour, en moyenne, plus d'un milliard de francs or par an (Rabaté, 1927), une dépense alors considérable pour l'économie française.

2— Les espèces en présence

Tous les ouvrages d'agriculture, depuis l'Antiquité, donnent des noms ou des listes plus ou moins longues de mauvaises herbes, par exemple Estienne & Liebault (1565) : « Et ne faut douter que la terre franche quant elle ne debvroit produire que des senves, du chiendent, morron, mercure, chardons de plusieurs sortes, hiebles, vesseron, pavot rouge, aveneron, verveine, aulbifoins, cornuette ou autres telles herbes inutiles, sans omettre la nielle, livroye, & ce que lon nomme arrestebeuf, ou pour le moins la fumeterre & la hannebane, encore fera elle quelques choses : telles en y a qui produisent d'elles-mesmes la maroutte qui est la fause camomille, le myrrhis herbe propre à la hargne [ce sont franches terres] & ce que lon nomme chamepystis (…) ». Cependant, comme pour les espèces cultivées, plus un texte est ancien, plus nombreux sont les noms difficiles à attribuer, car oubliés et moins l'identification avec celles qui portent le même nom actuellement est sûre.

Depuis le XVIIIe siècle avec Duhamel du Monceau (1762), jusqu'à la première moitié du XXe siècle, avec Rabaté (1927), les mêmes espèces dominantes ont toujours été citées. Les plus difficiles à contrôler étaient les vivaces, présentes partout. D'abord les graminées, le chiendent rampant, le chiendent pied de poule (*Cynodon dactylon*), l'avoine à chapelet, l'agrostis rampant (*Agrostis stolonifera*), le brachypode penné (*Brachypodium pinnatum*) étaient bien adaptés au travail du sol avec des systèmes souterrains rampants et étaient multipliés par le fractionnement de ces organes. Parmi les dicotylédones, le liseron des champs, les vesces (*Vicia* spp), les gesses (*Lathyrus* spp) avec un enracinement très profond étaient incontrôlables. Le chardon roland (*Eryngium campestre*), plusieurs chardons et le laiteron des champs (*Sonchus arvensis*) se développaient malgré les outils utilisés pour les sarcler.

Mais, très souvent, selon les régions et le type de sol, des espèces, aujourd'hui oubliées depuis l'avènement du désherbage chimique, envahissaient les céréales à paille. Dans les bonnes terres, la grande berce (*Heracleum sphondilium*), le pissenlit officinal (*Taraxacum officinale*), le sureau yèble et les ronces (*Rubus* spp) ; dans les sols humides, le tussilage, la prêle ; dans les sols acides, la fougère aigle (*Pteridium aquilinum*) ; dans les sols calcaires, la bardane commune (*Arctium lappa*), l'ail maraicher (*Allium oleraceum*) ou l'arrête-bœuf ou bugrane épineuse (*Ononis spinosa*) rendaient quasi impossible la culture des céréales sans des travaux importants pendant l'interculture, en plus du désherbage pendant la culture.

Aujourd'hui certaines de ces espèces oubliées, comme la grande berce ou le pissenlit ou le panais cultivé (*Pastinaca sativa*) réapparaissent dans certaines conditions d'agriculture biologique (AB) (Leroy, 2011), ainsi que l'armoise commune (*Artemisia vulgaris*) à partir des bordures. Par opposition, les rumex à feuille obtuse (*Rumex obtusifolia*) et rumex crépu (*Rumex crispus*) aujourd'hui fréquents en cultures arables, étaient plus abondants en prairies naturelles (Images II — 2 et 3). Par ailleurs, le raisin d'Amérique, introduit comme espèce ornementale, est désormais une espèce envahissante dans les milieux naturels qui peut rapidement être dispersée par les oiseaux dans les cultures d'été proches des villages. Localement des espèces, une fois accidentellement introduites, comme le souchet rond (*Cyperus rontundus*), sont disséminées par les outils. Dans les zones non agricoles, d'autres vivaces sont très envahissantes comme l'arbre à papillons (*Buddleia davidii*), la renouée du Japon (*Reynoutria japonica*) qui, souvent en bordure, peuvent pénétrer dans la parcelle. Le séneçon du Cap se répand à partir des voies ferrées et autoroutes et entre dans les vignobles, les vergers et dans certaines parcelles non travaillées.

Dans l'interculture avant les semis des céréales d'hiver, quand on avait suffisamment contenu les vivaces, les annuelles occupaient la place. Les principales, dominantes et les plus dommageables, étaient : la nielle des blés, la nigelle, le coquelicot, le bleuet (*Cyanus segetum*), le peigne de venus

(*Scandix pecten veneris*), le pied d'alouette (*Delphinium consolida*), les matricaires (*Matricaria* spp), la folle avoine, les ray-grass (*Lolium* spp). En

Image II — 2 : Rumex à feuilles obtuses fructifié en parcelle de blé (Gasquez J.)

Image II — 3 : Sureau yèble fleuri et céréales (Gasquez J.)

céréales de printemps, se développaient surtout la moutarde (*Sinapis arvensis*), la ravenelle (*Raphanus raphanistrum*) et des levées printanières de folle avoine. Il existait également des plantes semi-parasites, tels le mélampyre et de véritables espèces parasites. Les cuscutes pouvaient être abondantes et parasiter aussi bien des légumineuses que le lin, le houblon et même le blé, non-hôte, mais envahi d'adventices qui maintenaient cette terrible plante parasite. De toutes les orobanches, seule l'orobanche rameuse se trouvait en cultures sur le chanvre et quand elle était très abondante elle pouvait croître sur d'autres cultures (Rabaté, 1927). Le développement de circuits commerciaux a, de surcroit, favorisé l'installation d'espèces qui sont devenues envahissantes comme l'érigéron du Canada (*Erigeron canadensis*) arrivé en 1800, la crépide soyeuse (*Crepis setosa*) en 1828 et la crépide à feuille de pissenlit (*Crepis vesicaria* ssp *taraxacifolia*), à la suite de l'amarante à feuilles réfléchies introduite au XVIIIe siècle, l'amarante de Bouchon en 1925. Mais aussi, en provenance des Amériques au XIXe siècle, l'ambroisie a été introduite accidentellement avec des semences de trèfle (Chauvel et Cadet, 2011), mais son développement a été surtout observé, à partir de la fin du XXe siècle et le début du XXIe siècle, en lien avec l'extension de la culture de tournesol au sein duquel sa destruction demeure toujours partielle. Depuis les années 1990, des jachères (parcelles retirées de la production) de fait mal entretenues ont également favorisé son extension.

Jusqu'à la première moitié du XXe siècle, les adventices abondaient dans toutes les cultures (Image II — 4). Dans les céréales, les plus fréquentes étaient, selon Rabaté (1927) et par ordre décroissant, des chiendents, l'avoine à chapelet, des chardons, des vesces, des gesses, des ray-grass, la renoncule rampante (*Ranunculus repens*), toutes vivaces, mais aussi des annuelles : deux espèces de folles avoines, le mélampyre semi-parasite, la nielle, la ravenelle, les matricaires, le coquelicot, le bleuet, le gaillet, le grémil des champs (*Buglossoides arvensis*)… La moutarde, la ravenelle, le mélilot (*Melilotus* sp) et la gesse tubéreuse (*Lathyrus tuberosus*) envahissaient surtout les céréales de printemps.

Image II — 4 : Blé non traité chimiquement dans les années 1960 sur les plateaux bourguignons (Gasquez J.).

Les agriculteurs doivent gérer des organismes vivants, mais rien n'est jamais définitivement acquis. Dès qu'ils réduisent leur emprise sur les adventices, leurs populations augmentent à nouveau. Il faut à nouveau recommencer à lutter au maximum. Dans certains cas, avec la réduction du contrôle, ce sont de nouvelles espèces qui risquent d'entrer dans la parcelle. Le vulpin s'est répandu dans les céréales d'hiver quand on a introduit le colza comme tête d'assolement, les bromes des bordures sont entrés dans les parcelles avec la réduction du labour. La rudérale vulpie queue de rat s'installe dans des parcelles propres, mais à faible contrôle des graminées. Enfin l'anthrisque commun est sorti des clairières et des orées des bois pour entrer dans les cultures d'hiver et des formes annuelles d'anthrisque sylvestre (*Anthriscus sylvestris*) se développent aussi dans ces cultures au nord-est.

3— Conséquences sanitaires de la gestion limitée des adventices

Ces incapacités à contrôler les adventices, comme les autres pathogènes et ravageurs, sont un des éléments responsables des disettes très fréquentes selon les régions et des famines déclenchées par des accidents climatiques, aussi bien les nombreux hivers très froids que les étés pluvieux. Entre le Xe siècle et le XIXe siècle, il y eut en moyenne douze famines par siècle de durée variable au niveau national (mais 15 au seul XVIIIe siècle) et beaucoup plus fréquemment dans les régions pauvres de Lorraine, du Morvan, de Sologne, de Bretagne et en général dans les régions de montagnes (Bonjean et Leblond, 2000).

Du temps de Vauban (Pernot, 1998) au début du XVIIIe siècle, le bas peuple du Morvan ne consommait que du pain d'orge et d'avoine mélangé de son, mal levé et mal cuit. Au cours du XIXe siècle en Nivernais, l'alimentation était encore quasi uniquement constituée de pain (Bonnain-Moerdijk, 1975). Mais, à cause des rendements très bas, les pains de la majorité de la population étaient de très mauvaise qualité. Le pain blanc de froment était une friandise à Nevers (1/10 ^e^ de la production en 1860 et environ un 1/3 en 1900). Le pain jaunet constitué de blé et de seigle était principalement consommé par les bourgeois. Le pain méteil, mélange de blé et seigle cultivés ensemble, allongé d'orge, était le pain le plus courant. Les gens pauvres des campagnes, en particulier les paysans, consommaient du pain de seigle avec le son, car le blutage n'a été introduit que très tardivement ou des galettes de sarrasin (Thuillier, 1965).

Cette nourriture de mauvaise qualité associée à une hygiène déplorable et des épidémies constantes affaiblissait toute la population et particulièrement les paysans. Ainsi que le souligne en 1844 M. de Bourgoing (Thuillier, 1965), grand propriétaire, à propos des paysans : « Sa nourriture plus frugale consiste en pain de seigle (...). La viande leur est inconnue ; ils ne font jamais usage de vin ni de boisson fermentée. Deux fois par jour, ils mangent une soupe épaisse, dans laquelle l'eau vient abondamment délayer une mesure de lait, le pain sec, dur et moisi, est l'aliment des autres repas. On mange moins de ce pain, disent-ils. L'eau est la seule boisson, et pendant l'été, au milieu des champs, dans quelques localités, une eau croupie et chaude vient étancher la soif excitée par les ardeurs d'un soleil brûlant ; aussi, à combien de maladies les paysans ne sont-ils pas en proie à la suite des travaux d'été ? Dans cette saison de pénibles labeurs, rien pour réconforter ces corps fatigués par un travail de seize heures : ni aliment substantiel, ni boisson qui répare les forces constamment épuisées par des sueurs abondantes… »

« Les habitants des campagnes ne sont pas d'une haute stature ni d'une constitution robuste. Ceux des villes ont ordinairement une taille plus élevée. L'accroissement des uns et des autres est lent et tardif ; les jeunes gens de dix-huit et vingt ans n'en paraissent avoir que quinze ou seize (…). Il s'est trouvé (des conscrits) dont la taille, la constitution et le son de voix n'annonçaient que des enfants de douze ans. La puberté n'était atteinte pour les garçons qu'à quinze et seize ans, pour les filles qu'à quatorze et quinze ans ».

« À six ans, on confie aux enfants la garde des bestiaux, à douze ans on les met à la culture… ». Bourgoing confirme cette remarque pour Pouilly : « Dans les pays de vignobles particulièrement où le vigneron est constamment courbé, les enfants qui partagent le travail de leur père se développent tardivement et ne sont formés qu'à vingt ou vingt-cinq ans… » cité par Thuillier (1965).

4— Conclusion

Au fil du temps jusqu'en 1896, date à laquelle est apparu le premier herbicide, les moyens que l'homme a dû imaginer pour assurer une production agricole en réduisant la concurrence des adventices, ont été nombreux et variés, des plus *simples* comme l'arrachage manuel ou à la houe aux plus complexes et diversifiés avec des façons superficielles et des binages, voire un désherbage thermique, dès le début du XXe siècle. Dans l'interculture une bonne partie des interventions visait le contrôle des adventices, depuis les labours avant le semis, à l'introduction de la jachère travaillée qui n'était pas semée une année, mais travaillée plusieurs fois à partir de mars-avril. Après chaque façon, il pouvait y avoir des travaux plus légers de hersage, voire d'arrachage manuel. La jachère pouvait également être pâturée par le bétail à la manière de la vaine pâture. Pratique actuellement remise au goût du jour par certains agriculteurs en semis direct. En plus de la réduction des adventices, cette pratique était empiriquement appréciée pour la fertilité qu'elle redonnait parce que les labours successifs accélèrent la minéralisation des matières organiques. Ce risque d'épuiser le sol exigeait, pendant les dernières façons, des fumiers, bien qu'ils soient source de salissement par les graines qu'ils conservaient. Aujourd'hui, ce qui est appelé jachère n'a plus grand-chose à voir, parce qu'il s'agit avant tout de soustraire des surfaces à la culture (*set aside*, littéralement *mis de côté* pour les Anglais) et, au contraire, leur gestion minimale risque bien souvent de multiplier les adventices.

Beaucoup de techniques ont été employées, de l'écobuage aux inondations, mais aussi la modification du milieu par l'assainissement, le drainage et le chaulage. La rotation des cultures était largement dirigée contre le développement des adventices. Aujourd'hui, avec la tendance à la réduction du travail, le faux semis doit, plus ou moins, remplacer la jachère dans le but de faire germer et détruire les semences d'adventices près de la surface du sol. En agriculture biologique (AB), les cultures introduites pour nourrir des animaux visent presque le même but, en cherchant seulement à limiter le développement et la production de semences des adventices alors que l'objectif de la jachère était d'épuiser les stocks de semences. Toutes ces techniques à effet partiel, malgré l'importance des travaux qu'elles exigeaient, n'ont jamais réussi à gérer pleinement les adventices.

Cependant, après plus d'un millénaire, la plupart des terres cultivées n'étaient pas débarrassées, malgré un travail acharné et permanent, des espèces essentiellement vivaces des milieux naturels. Le véritable changement a été initialisé avec le développement du machinisme et, surtout, des herbicides au XXe siècle qui ont enfin permis d'éliminer certaines de ces espèces et en limiter beaucoup d'autres. En effet, on ne peut pas imaginer aujourd'hui que le sureau yèble, la bardane, l'arrête bœuf… aient pu être de redoutables adventices des meilleures terres à blé. Désormais au XXIe siècle, la quasi-totalité des terres cultivées en France est le résultat de ces travaux successifs et porte une flore plus adaptée aux pratiques culturales actuelles dont la gestion peut sembler plus facile à élaborer et moins complexe. Cependant, par l'introduction de nouvelles pratiques ou la totale suppression de certaines, beaucoup d'agriculteurs risqueront de ne plus être capables de contrôler certaines espèces vivaces très préjudiciables dont certaines pourraient même devenir dominantes.

ENCADRE

Comment conserver une biodiversité adventice steppique en dehors de son aire de répartition originale (messicoles) en jouant sur des conditions de culture qui n'existent plus ?

Vouloir conserver la biodiversité relève de l'idée que la nature, étant par essence utile, doit être protégée parce qu'elle est mise en danger par l'action de l'homme. En premier lieu, on ne peut ignorer que cette biodiversité, en France, dans tous les milieux « naturels » et « artificialisés », est massivement d'origine humaine, évoluant directement avec l'homme, jusque dans les prairies des étages alpins. Avec l'idée selon laquelle l'homme détruit la nature, se développe la croyance que, en son absence, les systèmes écologiques sont des ensembles structurés en équilibre dont on devrait protéger l'intégrité. Ainsi beaucoup de politiques reposent sur le mythe du retour à un état stable non dégradé. Pourtant la diversité biologique, avec ou sans l'homme, est le produit de changements permanents et non d'un *statu quo* : les systèmes écologiques ont des dynamiques spatiales et temporelles sans aucun déterminisme, changeant constamment de composition et de répartition. Par ailleurs, avec la notion de services écosystémiques qui insiste sur les bénéfices réels ou supposés de la nature, on tend à faire croire qu'elle est bonne et généreuse pour l'homme, mais en occultant ou minimisant toutes les nuisances naturelles pour la santé ou l'économie (Lévèque, 2021).

La présence de messicoles, essentiellement steppiques, était strictement liée à certaines pratiques agricoles anciennes. Les systèmes de culture changent, mais désormais, aussi le climat. En conséquence, parmi les espèces présentes à chaque instant, certaines évoluent aussi, régressent, augmentent et d'autres apparaissent, voire deviennent envahissantes.

Donc, comment dans un environnement en constante évolution, pourrait-on gérer ce patrimoine ancien sans maintenir, totalement artificiellement, des pratiques anciennes disparues ? Les parcs régionaux et les conservatoires ou des régions comme le Luberon mènent des actions qui ont peu à voir avec la production agricole. En achetant des parcelles et en soumettant l'agriculteur à un cahier des charges contraignant, ils sauvent quelques plantes dans des populations réduites et isolées. Cela ne devrait pas restaurer la dynamique d'une espèce en régression dans cette région, mais seulement maintenir artificiellement des individus comme dans les parcs zoologiques, des animaux d'espèces en risque d'extinction.

Plus les espèces à protéger seront en déclin, plus la recherche de leur maintien risquera de pénaliser le revenu de l'agriculteur qui devra tenter de recréer les conditions d'une agriculture disparue. Même en agriculture biologique, la qualité du contrôle n'est pas toujours favorable à leur maintien par suite des faux semis et sarclages mécaniques, voire de tentatives de semis directs sous couvert. Quels que soient les réseaux de conservation avec les conservatoires et des acteurs locaux, le maintien de groupements messicoles exige de véritables soutiens financiers durables des agriculteurs poussés à maintenir des systèmes de culture qui ne leur permettent pas de se rémunérer avec la production et les aides régulières. Il s'agira donc bien de réaliser, dans des régions peu propices à une agriculture productive, des mises en défens de paysages à vocation muséale.

On peut se demander d'ailleurs si, paradoxalement, dans quelques décennies, on ne sera pas contraints de devoir également protéger les espèces considérées aujourd'hui comme gênantes pour les messicoles que l'on veut actuellement sauver, parce qu'alors, celles-là représenteront notre passé.

III.
Pourquoi contrôler les adventices ?

« Une mauvaise herbe en tue trois bonnes et prend la place d'une quatrième ».
Jacques Bujault. *Nouveaux principes agricoles,* 1810

Les agriculteurs ont intuitivement constaté l'existence d'une concurrence entre la culture mise en place et les autres végétaux, non désirés, se développant dans la parcelle. Cette concurrence se caractérisait par une réduction d'autant plus marquée de la taille des plantes et de la productivité de la culture (essentiellement les céréales), que les espèces sauvages étaient plus abondantes. Cette observation est rapportée dès l'antiquité : « Et maintenant, si les mauvaises herbes foisonnent, étouffent le blé et pillent sa nourriture, comme les bourdons inutiles pillent ce que les abeilles par leur travail ont mis de côté pour leur nourriture » (Xénophon, *ca.* 375 av. J. — C.). Cette vision est bien fondée, car l'importance des pertes qui leur sont dues a été estimée au plan mondial, chez les principales cultures. Örke (2006) a compilé les données pour les campagnes 2001 - 2003.

Les pertes totales estimées étaient en moyenne de 66 % du rendement potentiel (de 49,8 % pour le blé à 77 % pour le riz). Les pertes potentielles dues aux adventices, c'est-à-dire sans aucune intervention ou pratique de désherbage, étaient les plus importantes et en moyenne de l'ordre de la moitié des pertes totales des cinq cultures (blé, riz, maïs, pomme de terre et soja). Mais en contrepartie, l'efficacité de leur contrôle, développée au fil du temps, apparaissait très bonne, bien supérieure à celle des ravageurs et maladies (Örke, 2006) en moyenne de 73 %, surtout dans les pays où l'usage des herbicides de synthèse est généralisé. C'est le contrôle des adventices dans le blé qui s'avérait le moins bon (Tab III — 1, Fig III — 1). Mais, outre le fait qu'il s'agit d'une moyenne mondiale, ce qui est rapporté ici n'est que l'effet de la concurrence directe sur la culture.

Table III — 1 : Pertes totales (animaux, agents pathogènes, adventices) mondiales, en pourcentage de la production, estimées pour les campagnes 2001-2003 comparées aux pertes dues aux adventices pour cinq cultures majeures (entre parenthèses les valeurs extrêmes). PP : pertes potentielles ; PE : pertes effectives ; % contrôle : efficacité du désherbage. (d'après Örke (2006))

culture	PP total	PP adventice	PE adventice	% contrôle adventice
blé	49,8	23,0	7.7 (3-13)	66,5
riz	77,0	37,1	10.2 (6-16)	72,5
maïs	68,5	40,3	10.5 (5-19)	74
Pomme de terre	74,9	30,2	8.3 (4-14)	72,5
soja	60,0	37,0	7.5 (5-16)	79,7

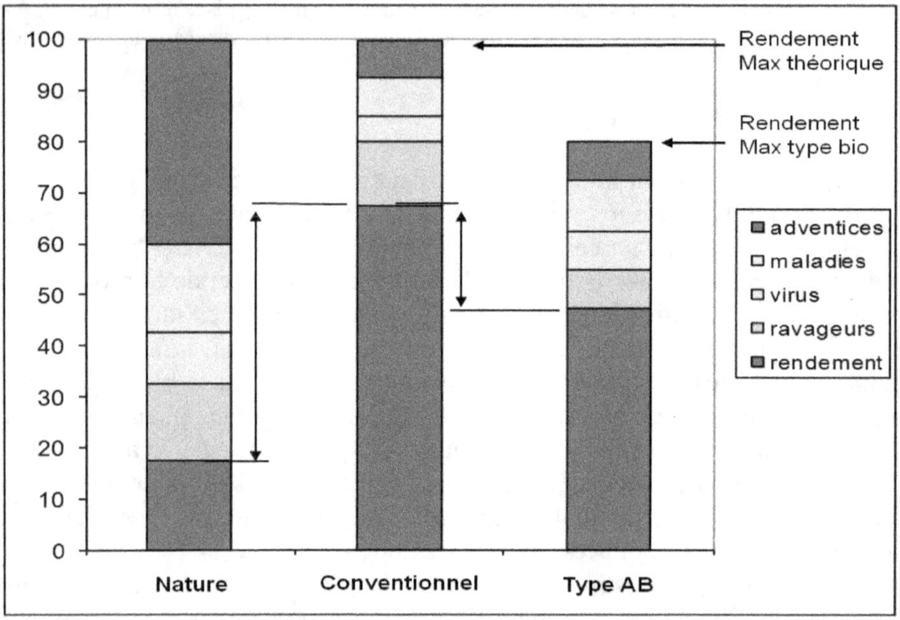

Figure III — 1 Comparaison entre les rendements théoriques (Nature) et les pertes en grandes cultures avec pesticides (Conventionnel) ou sans (type AB) (d'après Örke, 2006).

La nuisibilité des adventices est en fait plus complexe, car agissant à plusieurs niveaux (Cordeau *et al.*, 2018). Elle est d'abord d'ordre primaire, c'est-à-dire le résultat de perturbations pendant la croissance de la culture.

Comme cela a été régulièrement observé, cette nuisibilité primaire est directe à cause de la compétition qu'exercent les adventices, mais aussi indirecte, en raison de toute une série d'effets susceptibles d'affecter la qualité de la récolte. De plus, elle est aussi d'ordre secondaire par l'effet de l'augmentation du stock semencier d'adventices produit qui va tendre à augmenter les infestations des parcelles au fil du temps et de surcroit par le relais qu'elles assurent à plusieurs pathologies pour les années suivantes.

1— Nuisibilité primaire directe

« … pour conclure, ces herbes dernieres couppees & deracinees, par long & profond labour, doivent puis apres (principalement les chardons) estre rabatues & comminuees devant les premieres pluyes, si que rien d'elles non plus que du serpent venimeux, puisse puis apres progenier & recroistre, car leur naturel est si tost qu'elles reçoivent quelque peu d'humeur celeste, se joindre & attacher si fort au limon de la terre, qu'elles y entrent en telle possession… » (Estienne & Liebault, 1565).

Les adventices réduisent le rendement par leur concurrence, longtemps exprimée par le terme « étouffement », qui semble désigner la concurrence pour la lumière, puisque l'on a l'impression que cette nuisibilité disparaît lorsque la culture couvre complètement le sol. « Entant que bien souvent les meschantes herbes suffoquent les bleds, (…). Par ainsi ne faut s'esbahir si la pluspart des espis sont vuides, & sans grain quelconque, & si les autres ne viennent à leur perfection, & maturité. » (A. Gallo, 1572).

Il a fallu longtemps pour comprendre que cette concurrence peut s'exercer sur différents facteurs : la lumière, mais aussi l'eau et les nutriments. Le facteur de croissance le plus limitant, objet principal de la compétition entre plantes cultivées et chaque espèce d'adventices, n'est pas le même dans tous les sols, dans toutes les régions et pour toutes les cultures. Duhamel du Monceau considérait que c'est parfois la nutrition minérale. Aujourd'hui, c'est en particulier le cas en agriculture biologique lorsque la disponibilité en azote est limitée :

« Enfin si chaque Plante ne tiroit de la terre qu'un suc particulier qui lui soit propre, le ponceau, les chardons, les bluets, & c. qui font périr le blé, ne lui feroient aucun tort ; puisque chaque plante n'enlevant point les sucs qui conviennent au froment, il devroit aussi-bien profiter au milieu d'un gason, que dans une terre bien labourée. Qu'on ne dise pas que ce sont les tiges des Plantes qui nuisent au froment, & non pas les racines par les sucs qu'elles tirent ; car si l'on plante dans un champ de blé des branches de bois sec en assez grand nombre pour faire plus d'ombre que les plantes dont nous avons parlé, elles n'empêcheront pas le blé de venir. Ceux qui pensent que chaque

Plante tire un suc particulier de la terre, conviennent que les substances propres à la nourriture de chaque Plante, doivent être dissoutes dans une suffisante quantité d'eau pour passer dans la plante. Or si les mauvaises herbes absorbent toute cette eau, il n'en restera plus pour la nourriture de la plante qu'on cultive. » (Duhamel du Monceau 1762).

La concurrence pour l'eau peut principalement s'exprimer en conditions limitantes si les adventices sont déjà développées. Mais surtout, celles-ci seront d'autant plus concurrentes que la culture est irriguée.

Beaucoup d'études ont montré l'importance de la concurrence pour les éléments nutritifs. Dans certains cas, la perte de rendement peut aller jusqu'à 100 %, même avec des espèces apparemment peu agressives, lorsque les densités de levées des adventices sont très fortes (Lutman *et al.*, 2000). Dans les sols pauvres, les espèces les mieux adaptées détournent des éléments à leur profit, surtout l'azote. En revanche, en présence d'engrais, très vite, on s'est aperçu que les adventices en profitaient les premières. « Plus un agriculteur utilise des doses importantes d'engrais pour obtenir des récoltes abondantes, plus il doit être en mesure d'employer des moyens puissants pour lutter contre les mauvaises herbes, quelle que soit la nature des récoltes et des dites mauvaises herbes » (Angrand *in* Jussiaux et Péquignot, 1962). Dans certains cas, par exemple pour la stellaire intermédiaire, en présence de doses importantes d'azote, cette adventice continuera un développement végétatif même en présence de conditions favorables à la floraison.

Selon le stade d'une culture donnée, il existe une période de sensibilité maximale à la concurrence des adventices et parallèlement, souvent, des stades où elle peut, réciproquement, devenir étouffante pour celles-ci. Ainsi le stade deux — trois feuilles est particulièrement critique pour le blé, entrainant la nécessité de désherber avant le tallage afin de valoriser au mieux l'intervention. De ce fait, la folle avoine, dont la biologie est très proche de celle du blé, est très préjudiciable dès les premiers stades du développement de celui-ci. Par opposition, la moutarde est plus concurrentielle plus tard. La durée de contact est aussi très importante à prendre en considération. Dans une expérimentation sur une culture de lin à Fargo (Dakota du Nord) en 1965, 45 plantes/m² de folle avoine désherbées au stade quatre, cinq feuilles de l'adventice dans un lin haut de 15 cm n'a entrainé qu'une perte de rendement de 15,1 %, alors qu'un désherbage des folles avoines au stade floraison et la maturation de la capsule de lin a abouti à une perte de 74,9 % de rendement du lin (Bell et Nalewaja, 1968).

Certaines espèces adventices, même levées après la culture, ont un fort allongement des tiges et peuvent la dominer, comme le gaillet gratteron, ou avoir un taux de croissance très élevé comme chez la renouée à feuille de patience (*Persicaria lapathifolia*). Par opposition, toutes celles qui restent prostrées sont peu ou pas compétitives pour la lumière.

Ces observations ont amené à vouloir modéliser les pertes en fonction de la densité de l'adventice pour tenter de prédire la compétition pour une espèce et une culture donnée. Assez rapidement, des seuils d'intervention ont été définis. Un seuil économique peut être défini comme la limite où le coût du désherbage est équivalent à celui de la perte attendue. Cette valeur est difficile à fixer *a priori* car elle dépend de deux variables principales mal connues au moment du désherbage : le coût de l'intervention et surtout le prix de la tonne de la culture à la récolte. De ce fait, des valeurs ont arbitrairement été fixées pour une perte estimée à 5 % du rendement attendu. Ainsi des seuils définis par une densité précise (parfois un intervalle de densités) ont été largement diffusés pour chaque espèce d'adventice importante dans un type de culture donné. C'est malheureusement ignorer que, dans les cas limites d'infestations hétérogènes, des agriculteurs, pour éviter une intervention et économiser la dépense, puissent chercher à se convaincre que la densité de l'adventice à contrôler est inférieure, à l'unité près, de cette valeur fatidique. Ce comportement, par voie de conséquence, peut augmenter les risques de pertes excessives ultérieures dues à la multiplication des adventices épargnées. C'est surtout oublier, même s'il est possible d'estimer la forme de l'équation de la relation entre la densité et la perte de rendement pour chaque espèce d'adventice dans une culture donnée, que les valeurs seront très fluctuantes et dépendront fortement de plusieurs variables importantes. Par exemple, plus la date de levée de l'adventice sera proche de celle de la culture, voire la précèdera, plus elle présentera un danger pour la productivité de la culture. Si la distance entre les adventices et les rangs de la culture est variable ou si l'espèce est distribuée en taches, la concurrence sera très hétérogène. De la densité variable de l'adventice dépendra une concurrence elle-même très hétérogène. Par ailleurs, plus cette densité de l'adventice est élevée, plus elle peut héberger d'agents pathogènes de la culture qui viendront encore augmenter l'altération du rendement.

Le seuil dépendra également de la variété cultivée et de sa densité. Certaines variétés de céréales ont une reprise de végétation plus précoce en sortie d'hiver, d'autres occupent plus rapidement la surface pour étouffer les adventices. Un niveau élevé de fertilisation et de quantité d'eau dans le sol est généralement plus favorable aux adventices levées qu'à la culture. Selon le type de sol et surtout des pratiques culturales, les adventices auront des densités variables. Les conditions environnementales locales favoriseront les espèces proches de leur optimum écologique, en ce qui concerne leur croissance. Les conditions climatiques de l'année en cours, par exemple la rigueur de l'hiver ou la sécheresse printanière, moduleront fortement la distribution des espèces et leur densité. Enfin, dans ces modèles, la présence et la densité d'autres espèces sont rarement prises en compte. Dans un blé avec une forte densité de véronique à feuille de lierre (*Veronica hederifolia*), le vulpin des champs trouvera difficilement sa place pour lever. De plus, il est difficile de tenir compte des productions de semences des adventices épargnées par la décision de non-contrôle. Elles risquent d'augmenter pour longtemps le salissement de la parcelle en accroissant le stock semencier. Devant la diversité des variables influant sur la concurrence des adventices, il est donc illusoire, quelle que soit la situation géographique, le type de rotation ou l'année, que la décision de ne déclencher le contrôle d'une espèce qu'à la même valeur numérique de densité limite la perte maximale à 5 % du rendement.

Les résultats expérimentaux confirment les observations intuitives selon lesquelles toutes les espèces n'entrainent pas les mêmes pertes au même niveau de densité. Il serait plus réaliste de conseiller aux agriculteurs, pour une culture donnée et dans une situation particulière, par exemple le blé d'hiver, de contrôler impérativement des espèces potentiellement problématiques (la folle avoine, le gaillet...) et d'en négliger d'autres (la véronique à feuille de lierre, la pensée tricolore, le lamier pourpre (*Lamium purpureum*)...). Mais plusieurs espèces sont aussi à surveiller et à contrôler selon leur densité et les marges de manœuvre pour les contrôler dans les étapes suivantes de la rotation (le vulpin, le ray-grass, le coquelicot, la moutarde...).

Ces abaques sont établis uniquement pour des espèces annuelles. Or, les vivaces les plus préjudiciables sont toujours présentes et peuvent se développer dans des sols peu travaillés. Cela ne concerne pas non plus les espèces parasites, dont l'orobanche rameuse (*Phelipanche ramosa*) très envahissante depuis quelques décennies, et particulièrement préjudiciable jusqu'à la destruction totale de la culture. Cette orobanche est capable de parasiter le chanvre, le tabac, le colza, la pomme de terre, la tomate, l'aubergine, le céleri... et des adventices comme l'ammi élevé, mais aussi des fabacées, ce qui contribue à entretenir le salissement de la parcelle. (Moreau *et al.*, 2016). L'orobanche du tournesol (*Orobanche cumana)* quant à elle, tout aussi nuisible, semble cantonnée à la culture du tournesol.

2— Nuisibilité primaire indirecte

Malgré un niveau de concurrence toléré, la présence d'adventices à des stades phénologiques avancés peut perturber la récolte. Des graminées, comme le vulpin ou le ray-grass, peuvent entrainer la verse des céréales à paille, le gaillet, *bourrer* les machines de récolte et ainsi en ralentir la progression. La présence des graines d'adventices peut obliger à des tris supplémentaires, augmenter le taux d'humidité, donc réduire la qualité de la récolte et sa valeur marchande. Des cribles très fins sont nécessaires pour éliminer les graines de cuscute qui, quasi disparue après une prophylaxie sévère surtout pendant l'entre-deux-guerres, commence à réapparaitre, probablement introduite accidentellement dans des lots importés de semences de betteraves mal nettoyées.

Mais la nuisibilité la plus souvent sous-estimée réside dans le fait que des adventices ayant une longue histoire d'évolution dans les milieux cultivés sont porteuses de maladies, bactéries et virus pathogènes pour la culture tout en y étant, elles-mêmes, peu sensibles, voire insensibles. L'abondance d'adventices dans la parcelle est source de maladies transmissibles à la culture directement ou par le biais des insectes piqueurs. Une forte densité d'adventices en céréales maintient une hygrométrie importante qui est très favorable au développement de l'oïdium. Certaines espèces sont des relais de pathogènes des cultures : le vulpin et d'autres graminées sont hôtes des agents du piétin échaudage, du piétin verse ou des virus de la jaunisse nanisante de l'orge, et peuvent aussi héberger des virus sans présenter de symptôme. La stellaire intermédiaire est un porteur sain pour plus d'une dizaine de virus dont les viroses des jaunisses de la betterave ou du colza, du trèfle, de la tomate…

Les crucifères adventices sont des hôtes de nombreux insectes, de pathogènes (virus, nématodes…), très préjudiciables pour les cultures. Ainsi la capselle (*Capsella bursa pastoris*) héberge une vingtaine de virus, d'agents pathogènes de nombreuses cultures (betterave, chou, tomate, tabac, trèfle, luzerne, pomme de terre…). Beaucoup de ces virus contaminent la moutarde, qui est également la cible des thrips, méligètes, piérides, de maladies comme l'alternariose, le mildiou, la rouille blanche ou encore des nématodes généralistes comme les *Meloidogyne* présents dans beaucoup de cultures.

Le chénopode blanc est hôte réservoir principal de maladies, d'insectes, d'une pourriture bactérienne et surtout de nombreux virus notamment chez la betterave et certaines cultures maraîchères…

De plus, la majorité des adventices les plus fréquentes et abondantes, des laiterons (*Sonchus* spp), des séneçons (*Senecio* spp), la morelle noire (*Solanum nigrum*), des renouées (*Polygonum* spp), le pâturin annuel (*Poa annua*), des sétaires (*Setaria* spp), le ray-grass… et même des vivaces comme les rumex hébergent aussi bien des insectes que des pathogènes, des virus, des nématodes auxquels ils ne sont pas forcément sensibles, mais servent de *vecteurs* pour infester les cultures (Crop Protection Compendium s. d.).

Il existe une corrélation entre la présence des adventices et celle des *Fusarium* sur le maïs. Ces *Fusarium* sont susceptibles de produire des mycotoxines dont la dangerosité est de plus en plus démontrée (Reboud *et al.*, 2016). Les adventices créent des stress abiotiques : stress hydrique et nutritif qui vont favoriser aussi les champignons produisant des mycotoxines sur les céréales à paille (ANSES, 2009). Le développement des *Aspergillus* spp. toxicogènes est proportionnel au stress hydrique en période de floraison (Jones, 1986). La production de fumonisines (fusariotoxines du maïs) apparait stimulée par des échecs de désherbage en conditions sèches. Une étude récente sur plusieurs années (Reboud *et al.,* 2016) montre que le contrôle des adventices diminue fortement le risque d'observer des teneurs élevées en trichotécènes B, avec une efficacité supérieure à 90 % notamment en ce qui concerne le nivalénol, lors de la récolte de maïs. Parmi les causes possibles de cette production de mycotoxines figurent les stress nutritif et/ou hydrique. Des institutions de recherche agronomique aux États-Unis et en Italie citent la destruction des adventices comme un levier d'action pour gérer certains champignons toxicogènes du maïs et/ou du soja. Le désherbage est ainsi un moyen de gestion des aflatoxines sur maïs et/ou arachide (Cobb, 1979).

L'effet amplificateur de la présence d'adventices sur certains pathogènes peut prendre une importance particulière à l'instar des graminées adventices qui, dans les céréales à paille ou les cultures en rotation, hébergent l'ergot du seigle (*Claviceps purpurea*). Celui-ci contamine l'épi de plusieurs céréales à paille et rend dangereuses, pour l'alimentation animale et humaine, les farines trop chargées en alcaloïdes. Il a encore provoqué récemment de graves accidents sanitaires dans des troupeaux d'ovins consommant du fourrage issu de la récolte 2012 dans l'est de la France (Anderbourg *et al.,* 2013).

En France, l'ergotisme gangréneux (mal des ardents) a tué des dizaines de milliers de personnes jusqu'au XVIe siècle, et plus épisodiquement jusqu'au XIXe siècle, en périodes de disettes ou famines (quinze documentées au XVIIIe siècle (AE, 2009, Braudel, 1986)). Une telle toxicité vaut à l'ergot du seigle de faire l'objet de normes de teneur maximale pour la consommation humaine et l'alimentation du bétail. Il est admis par le *Codex alimentarius* de la FAO une teneur maximale de 0,5 g de sclérotes, la forme de conservation de l'ergot, par kilo de grains destinés à la consommation humaine. De nouvelles normes vont être édictées, elles seront fondées sur la teneur en alcaloïdes, même en l'absence de sclérotes visibles. Des alcaloïdes issus de sclérotes brisés peuvent contaminer la céréale, de la farine ou des produits transformés (collectif Codex, 2016). Cette évolution exigera une prise en compte plus importante de ce champignon dans les itinéraires techniques associés à la production de céréales à paille. La maladie de l'ergot est une cause de blocage des échanges internationaux avec deux importateurs majeurs de céréales européennes, l'Égypte et l'Inde. Ces deux pays exigent des lots totalement indemnes de ce champignon (Reuters, 2016).

La réglementation européenne a fixé la teneur maximale en sclérotes à 0,2 g/kg de céréales brutes à partir du 1er janvier 2022, sauf pour le seigle qui sera limité à 0,2 g/kg le 1er juillet 2024. Désormais, dès le 1er janvier 2022, les alcaloïdes de l'ergot seront limités à 400 µg/kg dans le gluten de blé et à 50 µg/kg dans les préparations de céréales pour les nourrissons. Les moutures de seigle pour le consommateur seront limitées à 500 µg/kg jusqu'au 30 juin 2024 et à 250 µg/kg au-delà. Les grains des autres céréales pour le consommateur seront limités à 150 µg/kg et la teneur maximale des moutures de ces céréales sera fixée à 150 µg/kg selon qu'elles présentent beaucoup de cendres ou à 100 µg/kg jusqu'au 30 juin 2024 puis à 50 µg/kg au-delà, si elles ont peu de cendres (RÈGLEMENT (UE) 2021). Cette réduction des seuils a entrainé au printemps 2022 de nombreux rappels de produits de la boulangerie dans la grande distribution pour dépassement de la somme des alcaloïdes de l'ergot (Rappel Conso 2022), malgré la destruction ou le détournement préventif de certains stocks de farines vers l'alimentation animale.

Des graminées adventices du blé, surtout le vulpin, mais aussi des bords de parcelle, fétuques (*Festuca* spp), bromes (*Bromus* spp), chiendent (*Elytrigia* sp)… sont des hôtes-relais du pathogène. Leurs épis peuvent porter des sclérotes qui deviendront des sources de contamination (Image III — 1). Une forte abondance de ray-grass, espèce-hôte intermédiaire moins efficace que le vulpin, peut également rendre très problématique la contamination des parcelles de blé par l'ergot (Romer *et al.,* 2013, Orlando *et al.,* 2013). Ces graminées adventices peuvent compromettre l'efficacité de la rotation dans la lutte contre l'ergot en assurant le maintien de l'inoculum d'ergot dans la parcelle, voire autour. Selon des études récentes, le colza est un précédent plus efficace que le blé pour expliquer les fortes teneurs en ergot de la récolte d'une céréale (Orlando *et al.,* 2015). En Angleterre, des observations mentionnent la présence fréquente d'ergot dans les récoltes de colza. Elle a été attribuée à des graminées, notamment vulpin et ray-grass, non détruites dans le colza (Farmer Weekly, 2016, Robert *et al.,* 2008).

Image III — 1 : Sclérotes d'ergot du seigle sur vulpin : A, phléole : B, ray-grass : C, dactyle : D, chiendent ; E (d'après Jacquin *et al.*, 2010).

Dans une région donnée, les espèces adventices les plus importantes coexistent avec un nombre, souvent important, de ravageurs et d'agents pathogènes avec lesquels elles sont plus ou moins en équilibre. Ces pathogènes sont rarement très spécifiques d'espèces végétales particulières. Ils s'attaquent à de nombreuses espèces, dont les cultures introduites, étrangères au milieu. Aussi, les adventices peuvent héberger un grand nombre d'organismes pathogènes, comme des bactéries et des virus auxquels les cultures sont souvent incapables de résister.

Par ailleurs, à la suite d'échanges intercontinentaux, l'introduction accidentelle d'une bactérie comme *Xylella fastidiosa,* dispersée par de nombreux insectes piqueurs, est génératrice de catastrophes par elle-même, mais aussi parce que des adventices annuelles peuvent l'héberger comme porteurs sains. Aujourd'hui, *Xyllela* a été observée chez une cinquantaine d'espèces d'adventices de nos régions occidentales tempérées (EFSA, 2015a). Des graminées importantes sont concernées : folle avoine, brome, chiendent pied de poule (*Cynodon dactylon*), digitaires (*Digitaria* spp), panics (*Echinochloa* spp), ray-grass, paspalum (*Paspalum* sp.), pâturin, sorgho d'Alep, et aussi des eudicotylédones parmi les plus répandues : ambroisie, liseron des champs, érigeron, geraniums (*Geranium* spp), laitue scarole (*Lactuca serriola*), plantain (*Plantago* sp.), les renouées, rumex, séneçon, morelle, laiteron, stellaire, pissenlit, orties (*Urtica* spp), véroniques (*Veronica* spp), lampourde (*Xanthium* sp.)…

Si les espèces adventices annuelles ou bisannuelles apparaissent comme des réservoirs moins efficaces, les plus préoccupantes sont des adventices pérennes, dont des légumineuses, comme la luzerne, porteuse asymptomatique de la bactérie. Toute politique de lutte contre de telles invasions s'attaquant à de très nombreuses espèces ligneuses cultivées, ornementales ou sauvages, peut être compromise par la présence d'adventices dans les cultures ou autour des parcelles. Ce rôle de réservoir de bioagresseurs qui amplifie l'épidémie ou la permet a lieu dans la parcelle cultivée, dans son environnement immédiat, les bordures mal entretenues ou les parcelles voisines. Cette nuisibilité primaire indirecte intervient aussi dans le temps au cours de la rotation, notamment lors d'alternances graminées-dicotylédones, utilisées pour neutraliser le cycle des bioagresseurs. La présence d'adventices dicotylédones, réservoirs dans les cultures de graminées, et l'inverse dans les cultures de dicotylédones, peut amoindrir fortement l'effet positif de la rotation. Les repousses de la culture précédente participent également à cet effet.

La récolte n'étant jamais parfaitement indemne de semences d'adventices, celles-ci étaient autrefois inévitablement consommées par les agriculteurs et les populations les plus pauvres, notamment dans les cas de disette ou de très mauvaises récoltes. Un bon nombre d'espèces gâtaient régulièrement la qualité des farines par la couleur et des mauvaises odeurs, mais surtout la toxicité de certaines pouvait être mortelle. En effet, plusieurs espèces annuelles donnent des graines toxiques, dont certaines qui étaient de surcroit difficiles à séparer du blé avant les trieurs mécaniques. Ainsi la nigelle des champs était appelée *nielle* par Duhamel du Monceau (1762), car ses graines noires, difficiles à trier, polluaient la farine et la faisaient ressembler à celle du blé niellé. Ce blé qui présentait des épis très réduits contenant une fine poussière noire était dit niellé parce que l'on croyait que cette maladie était due à la présence de brouillards (*niebba,* en italien) au moment de la floraison. En fait, le blé était contaminé par un nématode *Anguina tritici* très fréquent autrefois, disparu depuis environ 40 ans en France, grâce aux exigences sur la qualité des semences, mais encore présent dans des pays pauvres sur le seigle et le blé.

Mais la nielle des blés (*Agrostemma githago)* avait aussi pour conséquence la même dégradation de la qualité des farines (Image III — 2). Ces deux espèces rendaient le pain plus ou moins dangereux, voire mortel, en fonction de la proportion de leurs graines dans la farine. Le mélampyre était aussi difficile à trier et, jusqu'à la fin du XIXe siècle, ses graines rendaient violet et très amer le pain habituel de beaucoup de paysans, avec une odeur désagréable. Quand l'ail des vignes (*Allium vineale*) abondait, ses bulbilles se mêlaient au grain et donnaient un goût désagréable et une odeur aillée à la farine. Enfin le grain de l'ivraie enivrante, aujourd'hui quasi disparue,

Image III — 2 : Nielle des blés : plantes fleuries, fleur épanouie, graines mûres bloquées dans le calice durci (Gasquez J.).

également difficile à séparer, surtout du seigle, était très toxique à cause d'un champignon endophyte, *Neotyphodium coenophialum,* présent également dans d'autres graminées comme des fétuques, proche de l'ergot du seigle, dont la symbiose entraine la production d'alcaloïdes toxiques dont l'ergovaline. D'après Cornevin en 1887, le ray-grass pouvait également être atteint par ce champignon. Par ailleurs, beaucoup d'autres adventices comme la mercuriale annuelle (*Mercurialis annua*), le mouron des champs (*Lysimachia arvensis*), des adonis (*Adonis* spp), des renoncules (*Ranunculus* spp), le coquelicot, l'anthrisque commun, la petite cigüe… étaient souvent très toxiques pour les animaux qui les consommaient en vaine pâture sur les jachères, ou pour les volailles qui picoraient les balayures de greniers (Cornevin, 1887). « La paille que l'on donne à manger à ces animaux [*les chevaux*] (…), est la paille de froment ; la plus nourrissante & la plus appétissante est celle qui est blanche, menue & fourrageuse, c'est-à-dire mélangée de bonnes plantes : telles que sont la gesse, le fetu, la fumeterre, le grateron, le laiteron, le lisseron, le melilot, l'orobanche, la percepierre, la percefeuille, la tribulle, le pié-de-lievre, la valerianella, la scabieuse, la niele, les especes de psyllium, le rapistrum, la vesce, la bourse à pasteur, la velvote, le coquelicot, etc. Observons cependant que la bonté que ces genres de plantes communiquent à la paille, ne peut compenser le dommage que leurs graines causent au blé & à l'avoine » (Diderot, D'Alembert, 1757). Cette longue liste, même si les espèces citées ne se trouvaient certainement pas toutes à la fois dans les pailles, est une démonstration indirecte du degré de salissement des céréales à cette époque, même à la récolte.

Encore aujourd'hui, certaines espèces peuvent être involontairement consommées. Beaucoup produisent des molécules toxiques antibactériennes ou antifongiques pour se protéger des prédateurs. Ainsi des fruits de morelle noire peuvent se trouver dans des pois congelés ou dans les conserves. Cette espèce, comme beaucoup de Solanacées, contient des glyco-alcaloïdes qui entrainent des troubles digestifs sévères quand les fruits sont consommés. Quant aux animaux, ils restent prostrés en réaction aux ingestions de ces espèces. La moutarde et la ravenelle contiennent des glucosinolates caractéristiques des crucifères qui, outre une odeur désagréable, causent des goitres et des avortements chez les animaux. Parmi les fabacées, certaines espèces accumulent des toxines en grande quantité. Les pois et gesses sont responsables du lathyrisme provoquant des paralysies chez l'homme et des déformations squelettiques chez les animaux. Les vesces causent du favisme. Chez les humains déficitaires en glucose-6-phosphate déshydrogénase, des anémies hémolytiques apparaissent. La viscine engendre des troubles nerveux. Des lectines entrainent des gastro-entéropathie, des lésions hémorragiques sont produites par les haricots, les lentilles et le soja qui de plus accumule des phyto-œstrogènes connus comme perturbateurs endocriniens. Plusieurs Rosacées, mais aussi le manioc, le sorgho, le bambou contiennent des glycosides cyanogènes qui, par excès de consommation, peuvent conduire à des empoisonnements au cyanure. Cet ensemble de substances présentes dans les espèces sauvages en grande quantité a été réduit par la sélection des variétés cultivées modernes ou leur effet a été neutralisé par les traditions culinaires qui historiquement ont permis l'inactivation de ces toxines lorsque c'est possible.

Des plantes, riches en alcaloïdes, sont toxiques, qu'il s'agisse d'alcaloïdes du groupe des guanidines contenus dans des légumineuses, tel le galega officinal (*Galega officinalis)* ou des alcaloïdes pyrrolizidiniques contenus dans des Borraginacées : la bourrache officinale (*Borrago officinalis),* la consoude officinale *(Symphytum officinale*) des héliotropes (*Heliotropium* spp) et cynoglosses (*Cynoglossum* spp), des composées : le tussilage, l'eupatoire à feuille de chanvre *(Eupatorium cannabinum*) et différents séneçons, le séneçon du Cap, le séneçon jacobée (*Jacobaea vulgaris),* le séneçon vulgaire *(Senecio vulgaris*). Ces adventices sont davantage présentes dans les prairies mal entretenues, au même titre que la vipérine commune (*Echium vulgare*) (Gasquez et Délos, 2017 ; Délos *et al*., 2014). Ces toxines se retrouvent dans le lait, les œufs et surtout les compléments alimentaires et les miels obtenus à partir de séneçons, vipérine et eupatoires *(Eupatorium* spp*).* Des cas d'intoxications ont été cités avec des thés médicinaux à base d'espèces comme la bourrache et la consoude. Certaines de ces toxines sont particulièrement dangereuses, voire génotoxiques, causant des pathologies sournoises, des atteintes hépatiques et des tumeurs. En effet, par opposition aux plantes vénéneuses ou à la toxicité directe, ces dernières espèces, voire d'autres non encore découvertes, ont une action lente et silencieuse et souvent fatale. Des intoxications ont récemment concerné, dans différents pays, des porcs et des chevaux, espèces connues parmi les plus sensibles.

Les adventices riches en alcaloïdes tropaniques sont les plus redoutées sur des cultures sarclées. Ces alcaloïdes sont responsables d'une toxicité aigüe immédiate, plus visible, mais pas automatiquement plus nocive. Il s'agit principalement du datura, plante invasive qui se développe notamment dans des cultures estivales, le maïs par exemple (Image III — 3). Le datura cause régulièrement des accidents graves chez les ruminants consommant l'ensilage issu de parcelles insuffisamment désherbées. Les alcaloïdes issus du datura sont régulièrement détectés dans des farines de sarrasin issues de l'agriculture biologique servant à fabriquer des galettes. Ainsi le dernier accident d'importance identifié en 2019 a nécessité l'hospitalisation de 51 consommateurs selon *Santé publique de France*. En un an, le nombre d'hospitalisations a dépassé les 350. L'EFSA en 2013 a établi une référence aigüe de groupe de 0,016 µg/kg corporel, ce qui correspond à 1,12 µg pour un adulte de 70 kg. Or, une graine de datura contient en moyenne 28 µg d'alcaloïdes, soit 25 fois cette référence (Orlando *et al.*, 2019). Alors que le tournesol était la principale culture d'importance hébergeant le datura avant 2005, une augmentation progressive de sa présence dans les maïs a été observée, principalement dans le sud-ouest de la France. Jusqu'à 29 % des parcelles testées en 2017 contenaient plus de 15 µg d'alcaloïdes par kilogramme de grain de maïs (Orlando *et al.,* 2019). Cette évolution en agriculture conventionnelle a notamment fait suite à l'interdiction de l'atrazine, herbicide résiduaire très efficace sur cette adventice. Cette interdiction a aussi contribué à une présence plus significative d'une autre espèce envahissante, proliférant dans les cultures estivales, l'ambroisie à feuille d'armoise.

Image III - 3 : *Datura stramonium*, fleurs et jeunes fruits dans un maïs. (Arvalis)

Certaines adventices sont dangereuses lorsqu'elles sont récoltées avec la plante cultivée à l'instar des feuilles de datura dans des épinards, Il existe des espèces particulièrement allergènes, la plus dangereuse est l'ambroisie à feuille d'armoise. C'est une espèce envahissante en conditions rudérales dans presque toute la France, qui se développe désormais dans les cultures. Entre 6 % à 12 % de la population française est sensible à l'ambroisie, mais ces taux augmenteront avec la généralisation de la présence de l'adventice. Plus de la moitié de la population hongroise (53 %) est allergique en raison d'une présence massive et ancienne dans la région de Pannonie. Il suffit de cinq grains de pollen par mètre cube d'air pour que les symptômes apparaissent. Son pollen est parmi les plus allergènes. En 2016, cette allergie a coûté plus de 23 millions d'euros de frais médicaux à la région Auvergne-Rhône-Alpes (RNSA, 2006). Une extrapolation de la situation de cette région à l'ensemble de la France montrait qu'avec le même niveau de personnes sensibles soit

10 % de la population, ce serait plus de 5,3 millions de personnes qui consommeraient des soins en rapport avec l'allergie à l'ambroisie pour un coût total des soins proches de 329 millions d'euros. L'allergie à l'ambroisie entraine des réactions croisées avec d'autres espèces adventices allergènes telles que les pissenlit, armoise, chrysanthèmes (*Chrysanthemum* spp)... et avec des aliments allergènes.

Le contact avec d'autres espèces envahissantes, dont la berce du Caucase (*Heracleum mantegazzianum*), et comme certaines ombellifères adventices, peut s'avérer très dangereux parce que phototoxique au soleil. Cette liste n'est pas exhaustive, car de nombreuses espèces des bordures de parcelles, de bords de chemins et de zones arbustives sont connues pour leur toxicité vis-à-vis des animaux. De plus, il arrive toujours de nouvelles espèces dont certaines pourraient s'avérer toxiques. La morelle à feuille de Chalef qui est entrée par le sud de la France est tout aussi toxique que les autres morelles. Le raisin d'Amérique, envahissant dans plusieurs régions, est aussi très toxique.

Le cas de l'ambroisie est particulièrement instructif, car cette adventice, dite *envahissante*, préexistait depuis au moins un siècle en France, mais sa présence restait limitée à des zones ouvertes non cultivées. Cette extension actuelle peut être liée à un changement dans le mode de gestion des bords de route dès la fin des années 1990, broyage plutôt que désherbage, et parfois compostage des déchets ainsi obtenus. Les premières implantations d'ambroisie, dans des régions indemnes, se sont faites hors des parcelles agricoles cultivées ou dans les jardins de particuliers utilisant les composts municipaux (Chauvel et Cadet, 2011). À partir de 1992, avec l'obligation des jachères, des parcelles mal entretenues où l'armoise a proliféré ont aussi participé à cette extension. Cette adventice ne serait devenue réellement envahissante dans les champs cultivés qu'à la faveur de changement de pratiques par les gestionnaires des bords de routes et, aussi en cultures, la généralisation de l'irrigation, la réduction de l'usage des herbicides et l'exclusion de certains d'entre eux.

Ce sont ces risques pour la santé publique qui ont conduit l'Égypte, premier importateur de blé au plan mondial, à faire de l'ambroisie à feuille d'armoise un objet majeur de restriction pour ses importations de blé. Elle est considérée dans ce pays comme important organisme de quarantaine bien que le risque de sa présence dans les céréales d'hiver soit négligeable, parce qu'elles sont récoltées trop tôt par rapport au développement de l'espèce. Néanmoins, pour le tournesol, le soja, le maïs et l'ensemble des cultures estivales, le risque est d'autant plus important que le désherbage est insuffisant.

Si seules les nielles des blés, les crotalaires (*Crotalaria* spp.), le ricin (*Ricinus communis*) et le datura dont la graine est particulièrement toxique font l'objet de réglementations restrictives internationalement reconnues en lien avec la norme CODEX STAN 199-1995, chaque pays a renforcé sa réglementation phytosanitaire au cours des dernières années en intégrant diverses adventices non ou peu présentes sur leur territoire.

La présence de graines de ces adventices dans un lot de grains importé entraine, dans des cas extrêmes, comme l'Égypte, l'interdiction de déchargement du bateau qui aura parcouru des milliers de kilomètres. Celui-ci ne peut décharger entrainant une perte financière majeure pour l'exportateur, sans parler des effets environnementaux associés (gasoil et GES générés). Si l'Égypte a particulièrement ciblé l'ambroisie à feuille d'armoise, des bateaux chargés de céréales ont aussi été refusés au déchargement en raison de la présence de graines de coquelicot, et quelques autres espèces adventices également concernées par la législation de ce pays. La plupart des pays ont inscrit les plantes parasites telles que les cuscutes, orobanches, striga (*Striga* spp) dans ces listes de quarantaine entrainant le rejet des bateaux. Toutefois, des spécificités existent pour chaque pays importateur. Le chardon des champs est un organisme de quarantaine focal pour la République populaire du Vietnam, un pays importateur significatif de céréales, au plan mondial. Pendant de nombreuses années, ces normes d'importation excluaient les adventices communes qui n'étaient ni des plantes toxiques ni des plantes parasites. Depuis une dizaine d'années et la montée de la prise en considération des espèces exotiques envahissantes végétales par la convention internationale sur la protection des végétaux, un renforcement des réglementations des différents pays est en cours. Ceci confère un nouveau caractère de nuisibilité à de nombreuses espèces d'adventices lorsqu'elles sont présentes dans les lots exportés et rendent, malgré les phases de tri, leur présence particulièrement inopportune dans les lots récoltés (Gasquez *et al.*, 2019b).

Les adventices causent également des préjudices très graves dans des zones non cultivées. En séchant, elles sont susceptibles de déclencher des incendies le long des voies ferrées ou dans les zones industrielles, dont de nombreuses sont en friche. C'est ce préjudice qui a conduit la SNCF, en raison de l'importance du linéaire de voies ferrées, à être le premier consommateur d'herbicides de France. Le risque d'incendie en zones industrielles sensibles est un autre point noir d'interdiction des derniers herbicides totaux. L'interdiction totale des herbicides dans ces milieux pourrait avoir pour conséquence des incendies liés à la prolifération d'adventices sèches ou à des moyens de désherbage alternatifs qui font appel à une flamme. Dans les villes, leurs racines peuvent provoquer des dégradations en déformant les trottoirs, les chaussées ou en obstruant des canalisations. Elles sont aussi capables de dégrader les vieux monuments en poussant entre les pierres ou détériorer la qualité des greens du golf. L'abondance de la gesse tubéreuse (*Lathyrus tuberosus*) en Lorraine attire les sangliers qui retournent les parcelles à la recherche des tubercules.

3— Nuisibilité secondaire

Dès lors que les adventices arrivent à fructifier, elles produisent des semences, mais en nombre très variable selon les espèces. Leur production dépend beaucoup de l'environnement. Dans une céréale, quelques espèces comme la véronique de Perse et la véronique à feuille de lierre ne génèrent guère plus de 100 semences par plante. Le lamier pourpre atteint environ 500. La folle avoine peut en porter de 500 à 650. Le séneçon commun et le gaillet atteignent environ 1 000 semences par plante. Une majorité d'espèces, comme la pensée des champs, en produisent environ 2 500, le vulpin et le ray-grass de 1 500 à 3 000 par plante. Plusieurs grandes espèces sont capables d'en produire des dizaines de milliers : de 25 000 pour le laiteron rude (*Sonchus asper),* à 50 000 - 60 000 pour le coquelicot et environ 70 000 pour le chénopode blanc. Les amarantes (*Amaranthus* spp) peuvent atteindre 90 000. Mais ce sont les espèces parasites qui, à cause de leur biologie particulière, doivent produire plusieurs centaines de milliers de semences. Par ailleurs, en jachère spontanée dans le sud-ouest de la France, la véronique de Perse peut porter jusqu'à 7 000 semences, la folle avoine jusqu'à 4 000, le séneçon jusqu'à 18 000, le vulpin jusqu'à 10 400 et le ray-grass 16 700, le maximum de 200 000 étant atteint par le coquelicot (Rodriguez, 2018). Il existe également une très grande variabilité intraspécifique de production de semences en fonction des conditions de croissance de la plante. Un chénopode blanc placé en jour court ou soumis à forte concurrence ne dépasse pas 10 cm et produit moins de 10 semences, mais cela en quelques semaines.

Les espèces annuelles sont les plus fréquentes et perdurent dans les sols par le biais des semences. Celles-ci ont une germination échelonnée, grâce à des dormances variables et des mécanismes de levée de dormance différents, avec généralement une sensibilité au froid dans nos régions. Plus elles resteront longtemps dans le sol, plus les dormances s'estomperont et plus elles germeront facilement dès lors qu'elles rencontreront des conditions environnementales favorables. Au fil du temps, ces espèces demeurent beaucoup plus longtemps invisibles à l'état de semences plus ou moins dormantes dans le sol, qu'elles n'apparaissent à l'état de plantes fleuries. Les plantes développées peuvent être vues comme d'éphémères manifestations des espèces concernées, strictement consacrées à la réalimentation du stock de semences.

D'après Schribaux (rapporté par Rabaté, 1927), les terres à betterave de Seine-et-Oise à la fin du XIXe siècle contenaient entre 14 500 et 45 600 graines/m^2. Il apparait clairement que les parcelles à cette époque étaient envahies de semences d'adventices, quels que soient les sols et les systèmes de culture. Chaque parcelle était donc fortement envahie de plantules, dès que les conditions étaient favorables, avant et même après toute intervention humaine dans la conduite de la culture. Les taux de levée sont variables d'une espèce à l'autre, selon les cultures et en fonction du niveau d'enfouissement par le travail du sol. En moyenne, ils correspondent à 10 % du stock selon Barralis *et al.*, (1988). Ces valeurs de stock reportées correspondraient donc, par campagne de culture, à plusieurs milliers de germinations potentielles par mètre carré.

Les adventices peuvent être dispersées par l'agriculteur, dès lors qu'il sème les semences de sa production :

« Aussi, quand le bon grain est accompagné de vesse, yvroie, & autres herbes nuisibles (...) non seulement trois charges de tel bled & metail ne montent pas à deux de grain pur, & net, ains, qui pis est, les champs où telle semence est esparse ne produisent pas la moitié que sont ceux auxquels on seme les grains bien purgez, & criblez, & separez de telle vilenie, & semence dommageable » (Gallo, 1572).

Ainsi dès le XVIIIe siècle, des essais pour pallier ce problème consécutif aux écueils techniques du nettoyage de la récolte sont réalisés :

« L'usage assez constant de nos Fermiers est (...) d'acheter par préférence le blé des glaneuses ; comme il a été ramassé épi à épi, il est très-net de mauvaises graines » (Duhamel du Monceau, 1750).

Toute production de semences contribue à infester le sol et donc risque de créer une invasion au cours des années suivantes. Cette observation est illustrée en Grande-Bretagne par un apophtegme connu de longue date :

« One year's good weeding
Will prevent seeding
But one year's seeding
Make seven year's weeding »

(Griggs, of Kelvedon, 1794)

Les espèces vivaces, aussi, dispersent des graines et peuvent devenir problématiques. Ainsi, aux termes de la loi du 24 décembre 1888, complétée par celle du 21 juin 1898, les préfets peuvent prendre un arrêté prescrivant l'échardonnage (Rabaté 1927). Ces arrêtés, mis en œuvre à l'échelon municipal, étaient complètement tombés en désuétude dans la pratique avec le développement des herbicides de synthèse, mais maintenus dans l'arrêté national du 31 juillet 2000 établissant la liste des organismes nuisibles aux végétaux cultivés soumis à des mesures de lutte obligatoire. Depuis quelques années, avec les limitations réglementaires et les parcelles ou zone (s) excluant totalement tout herbicide systémique efficace, les préfectures ont, sur la base de cet arrêté national, pris à nouveau des arrêtés préfectoraux imposant la lutte mécanique ou chimique pour la destruction des chardons des champs. Cependant, depuis 2020, cette espèce n'est plus soumise à cette obligation.

Par ailleurs, beaucoup d'espèces émettent des semences ayant des dispositifs de dispersion pour coloniser d'autres parcelles. Ce sont principalement des Astéracées (Composées), tels le cirse des champs (*Cirsium arvense*), les laiterons, le pissenlit qui génèrent des semences transportées par le vent grâce à des aigrettes. Une fois sur le sol, les semences peuvent être entrainées par les eaux d'orages ou d'inondations, d'irrigation et, dans les rizières, elles pourront rester dans les sédiments déplacés et apparaitront quand ces sédiments seront repris et mis en culture. Ce sont les disséminations par les animaux et surtout par l'homme qui déplacent le plus loin les semences des adventices. Elles peuvent être emportées grâce à leurs dispositifs de fixation (gaillet gratteron, renoncule des champs (*Ranunculus arvensis*)) ou simplement dispersées après passage dans le tube digestif des oiseaux, mais aussi des animaux d'élevage, par le biais des fumiers. Les pneus des véhicules entrainent particulièrement les fruits de morelle. Les moissonneuses-batteuses sont très efficaces pour disperser les semences dans la parcelle, mais aussi dans d'autres qui sont parcourues par les mêmes outils. Cela est d'autant plus marqué lorsque des entreprises récoltent de nombreuses parcelles dans une région. C'est le cas des entreprises de récolte des carottes dans les Landes qui sont responsables de la dispersion de digitaires résistantes à un herbicide.

4— Usage des adventices

Selon les espèces et la situation socio-économique du producteur, les adventices pouvaient ainsi être détruites, tolérées, encouragées, voire cultivées et même consommées en périodes de famines. Des adventices qui finalement évoluèrent en plantes cultivées durent d'abord être perçues comme utiles avant d'être domestiquées (Gade, 1972). Grâce à l'augmentation des rendements, l'attention soutenue vis-à-vis des possibilités de culture des adventices est une des activités agricoles secondaires qui a maintenant disparu des régions industrialisées.

Dans la plupart des pays, en périodes de disettes ou de famines, les plus pauvres épargnaient des adventices qu'ils étaient contraints de manger et en détruisaient d'autres pour améliorer la qualité de la culture. Mais dans les régions durablement pauvres, les petits agriculteurs pauvres devaient utiliser tous les moyens pour survivre. En Amérique du Sud, la langue *quechua* n'a pas de terme spécifique pour les *mauvaises herbes*, employant le mot *qhora* qui désigne les plantes herbacées de manière générale (Bentley *et al.*, 2005). Toutes les plantes adventices présentes dans un champ n'ont pas toutes la même valeur pour le paysan. Certaines doivent être considérées comme *cultures associées*, et d'autres comme *mauvaises herbes*, cependant la limite entre ces catégories est floue dans les *minifundios* andins. Selon l'usage que les agriculteurs en font, quatre classes d'utilisation peuvent être déterminées. Les espèces cultivées semées et récoltées sont celles qui sont habituellement considérées comme des cultures. Les espèces cultivées non semées, mais récoltées, proviennent des semences de la culture restées en terre après la récolte et qui repoussent l'année suivante. Un *minifundiste* va les récolter, mais pas un agriculteur moyen qui les assimile à des mauvaises herbes. De nombreuses espèces adventices non semées, mais récoltées, sont utilisées par les paysans pauvres, le plus souvent comme fourrage, voire comme des plantes médicinales. Elles ne sont donc pas vraiment des *mauvaises herbes*, puisque valorisées par les *minifundistes*. Enfin, les adventices non récoltées sont les véritables mauvaises herbes, sans intérêt, qui devraient être éliminées. Mais les *minifundistes* n'ont pas assez de terres pour avoir des prairies temporaires ou des cultures fourragères, ils ne peuvent donc élever du bétail, notamment les bovins de labeur, qu'en valorisant tous les fourrages disponibles, y compris ces mauvaises herbes.

Hill et Ramsay, (1977) dressent une liste des rôles potentiellement positifs des mauvaises herbes : protéger le sol contre l'érosion en le couvrant ; abriter des auxiliaires ; par leurs racines profondes, ouvrir la voie à celles des cultures et faciliter le drainage ; remonter à la surface des oligo-éléments. Dans les agricultures de subsistance, elles serviront de fourrage ou de plantes médicinales. Elles peuvent être indicatrices des conditions du sol, ce qui en permet une meilleure gestion. Tous ces points peuvent être relativisés : elles ne sont pas très efficaces pour couvrir le sol sans être trop préjudiciables à la culture, elles abritent également de redoutables agents pathogènes. Les annuelles n'ont pas de racines très profondes ; seules les vivaces sont dans ce cas, mais sont aussi très concurrentielles… Elles peuvent assurer le rôle de ressource alimentaire pour la biodiversité : papillons, insectes, oiseaux qui consomment leurs graines au même titre que celles issues de la culture (Holland *et al.*, 2006 ; Marshall *et al.*, 2003 ; Wilson *et al.*, 1999).

5— Conclusion

D'un point de vue écologique, l'introduction d'une espèce cultivée étrangère dans un groupement végétal ne garantit pas qu'elle puisse naturellement être apte à rivaliser avec les espèces indigènes et produire un bon rendement. Elle ne pourra vraiment s'exprimer sans l'aide de l'agriculteur qui la protègera des espèces propres à cet écosystème particulier. De surcroit, parmi celles-ci, la question se pose de savoir si certaines pourraient même être favorables à cette culture introduite parce que, fortuitement, elles hébergeraient des prédateurs de ses ravageurs. Il y a peu de chance que cette espèce étrangère trouve instantanément, voire progressivement, une niche au détriment des adventices, au point qu'elle puisse s'y maintenir. Dans un tel cas, elle risquerait de devenir envahissante, car bien adaptée et sans, *prédateurs concurrents*.

Seul devrait se développer le semis d'espèces choisies pour un rôle d'accompagnement bien identifié avec des effets adverses limités sur la culture, et ce, à condition de fortement réprimer les adventices pour garantir la déplétion du stock de semences. Il est alors question de plantes compagnes. Leur présence, dûment choisie pour assurer un rôle positif pour la culture (concurrence inférieure à celle des adventices écartées), ne doit rien au hasard comme les plantes compagnes semées dans le colza et détruites par le gel. Elles sont semées à cette fin après de longs travaux de recherche ayant conduit à identifier un bénéfice technique pour l'agriculteur. C'est le cas de *Desmodium* dans les pays ravagés par la chenille légionnaire d'automne (Midega *et al.*, 2018).

Quand bien même ce commensalisme aurait lieu, quelle serait son importance en termes de préservation de la culture de la concurrence des adventices ? Pendant des millénaires aucun traitement chimique n'a appauvri la flore adventice. Les céréales semées à la volée, moins denses malgré les fumiers, étaient régulièrement la proie d'infestations, parfois totalement destructrices, de ravageurs et d'épidémies de pathogènes qui n'ont réellement régressé qu'avec les traitements chimiques. De même, si les consommations par les granivores, insectes, oiseaux ou rongeurs, limitaient suffisamment les infestations d'adventices, en conséquence les cultures n'auraient pas eu à souffrir particulièrement de leurs concurrences au point, d'être elles-mêmes anéanties.

La question se pose de savoir quel devrait être le degré de naturalité du milieu agricole. En d'autres termes, il s'agit de déterminer s'il pourrait y avoir un équilibre entre flores adventices et cultures qui, moyennant un travail raisonnable, permettrait de garantir un rendement, une récolte saine et propre de telle manière qu'une parcelle ne se salirait pas au fil des ans à cause de l'augmentation des adventices. Cela paraît très peu réalisable sans renoncer à, au moins, un de ces points évoqués ou à imaginer des systèmes nouveaux. De plus, depuis les débuts de l'agriculture, aucune pratique n'a réussi à contrôler suffisamment les adventices au point d'éviter le salissement régulier des parcelles, jusqu'à la mise au point du désherbage avec des herbicides sélectifs à partir de 1950. La baisse globale, pour la première fois, du stock semencier des adventices est la conséquence de l'utilisation devenue systématique de ce moyen de lutte. La gestion sur le long terme des *mauvaises herbes* reste, dans l'inconscient collectif du monde agricole, une impérieuse nécessité dont le besoin de répéter constamment cette lutte renvoie manifestement au mythe de Sisyphe et de son rocher. Ce mythe est redevenu réalité pour nombre d'entre eux qui ont trop simplifié leurs itinéraires, notamment ceux qui ont abandonné la diversité des leviers agronomiques assurant la gestion des adventices.

Pour imaginer Sisyphe heureux, il paraît donc indispensable, quel que soit le type d'agriculture, de faire appel à toute la diversité des leviers de gestion des adventices. Cependant, cette complexité de gestion doit rester une complexité technique et non réglementaire, à l'instar des conséquences de l'avis de l'ANSES publié le 8 février 2019 qui interdirait à un agriculteur d'utiliser des fongicides ou des insecticides si des adventices étaient susceptibles de fleurir. Paradoxalement, cela ne deviendrait possible qu'avec la destruction préalable totale des adventices.

ENCADRE : *Les repousses de culture sont des mauvaises herbes dans la culture suivante souvent difficiles à gérer :*

« Au commencement de Juin, il faut esseigler les blés purs, c'est-à-dire, en arracher le seigle qui y pousse malgré toutes les précautions possibles. Il faut éviter deux inconvéniens, l'un d'esseigler trop tôt, l'autre d'esseigler trop tard ; dans le premier cas, il repousse du seigle après l'opération faite, et il faut la recommencer quinze jours après, ce qui foule de nouveau le blé ; ou bien il faut laisser le seigle, ce qui suffit pour gâter le blé destiné à faire de belle semence : dans le second cas, le blé est si haut et si épais, qu'on casse le tuyau, en y marchant, et qu'on y fait un grand dommage. Il faut donc savoir prendre un juste milieu entre ces deux inconvéniens. On choisira un beau soleil pour esseigler, afin de mieux distinguer les épis, et on ne partira qu'après la rosée, si on ne veut pas s'exposer à être tout mouillé et à gâter davantage le blé, qui étant plus faible, se courbe plus facilement. Pour ne pas laisser du tout de seigle et moins gâter le blé, on ferait bien de prendre plusieurs hommes, qu'on placerait dans la pièce à égale distance, et qui auraient ordre de marcher droit et toujours sur la même ligne, pas plus vite l'un que l'autre, et de ne laisser aucun épi entre-deux. Afin de s'assurer si l'opération est bien faite, le maître doit aller avec eux et traverser sans cesse, derrière eux, le blé qu'ils auront esseiglé, pour arracher les épis qui leur auraient échappé, et réprimander ceux qui seront moins attentifs. Un moyen de bien voir s'il n'y a pas de seigle d'oublié, est de se baisser, de tems en tems, jusqu'à la superficie du blé, pour examiner s'il n'y a pas quelques épis de seigle qui dominent. » (Chrestien de Lihus, 1804.)

IV.
Invention de la notion d'herbicide sélectif

> « … Ne serait-il pas possible de trouver des engrais qui en faisant périr les mauvaises herbes fissent profiter le froment ? »
>
> Duhamel du Monceau, *Éléments d'Agriculture*, 1762

Dans le contexte de la fin du XIXe siècle, avec un machinisme peu accessible en France et des rendements trop faibles par rapport aux autres pays européens, la chute des prix mondiaux favorisait les importations américaines et ukrainiennes. Dans ces conditions d'agriculture trop peu performante, les adventices pouvaient devenir très envahissantes, d'autant plus qu'il y avait un début d'usage des engrais et que la main-d'œuvre agricole décroissait constamment. Les céréales étaient tellement envahies par des moutardes et des ravenelles que toute la récolte pouvait être perdue. Il fallait soit couper les tiges à la faux, soit utiliser des machines *essanveuses* pour tenter de détruire les inflorescences des adventices dépassant la culture afin d'éviter, au moins réduire, leur multiplication. Cette situation compromettait profondément la production et il devenait urgent d'inventer de nouveaux moyens de destruction plus efficaces et moins coûteux, soit mécaniques, soit chimiques.

Depuis longtemps, des produits toxiques pour les plantes étaient connus. Dans l'Antiquité, certains peuples du Moyen-Orient salaient la terre des cités vaincues pour la stériliser. La légende voulait que les Romains l'aient fait à Carthage après la Troisième Guerre punique.

En agriculture, très tôt, des traitements ont été recommandés, voire empiriquement pratiqués : « Et au cas que ces moyens ne soyent suffisans, sera bon d'espandre de la chaux sur la terre labouree sur la fin de Fevrier : car outre qu'elle engraisse grandement, elle nettoye encore tout terroir, & y fait mourir toutes les herbes meschantes & dangereuses, d'où vient que la cueillette en est plus abondante, que de tous fiens qu'on y sçauroit meslanger. » (Estienne & Liebault, 1572 ; Gallo, 1572 ; O. de Serres, 1604).

Home, expérimentateur anglais du XVIIIe siècle, rapporte une anecdote à propos d'un gentilhomme à qui on avait préconisé du tartre vitriolé (sulfate de potassium) pour détruire les herbes de sa cour. Ce qui fut fait, mais il en conclut, qu'au contraire, elles s'en étaient trouvées renforcées (Home, 1757).

À la fin du XIXe siècle, du tan, de la sciure de chêne, du mâchefer, du pétrole, des huiles lourdes de houille, du chlorate de soude, de la soude, du sel, de l'arsénite de soude étaient utilisés pour les allées, les cours, les trottoirs et les rues pavées… (Rabaté, 1927). L'arsénite de soude a causé des accidents graves chez des enfants dès 1912 dans les jardins publics, et fut interdit en 1916 (Gasquez, 2015). Des gaz issus de la guerre comme le chlore et la chloropicrine, l'ypérite, la palite ont été, un temps, testés malgré leur toxicité élevée. Le sénateur Victor Vermorel, fabricant de matériel agricole, dont le pulvérisateur dorsal créé pour la bouillie bordelaise a même construit un appareil, ancêtre du désherbage thermique, le *flamivore*, qui fonctionnait comme une lampe à souder pour brûler les plantes (Rabaté, 1927).

L'existence de produits sélectifs, c'est-à-dire capables de détruire certaines espèces, si possible des adventices, et d'en épargner d'autres, telle la culture en place, restait ignorée. Pourtant, déjà au XVIIIe siècle, par analogie avec le chaulage permettant la culture du blé dans les sols trop acides réservés au seigle et qui s'avéraient toxiques pour beaucoup d'adventices adaptées à ces milieux, Duhamel du Monceau rêvait à l'existence de tels engrais sélectifs (Duhamel du Monceau, 1762).

1— Découverte de l'action sélective du sulfate de cuivre et d'autres produits minéraux

Le 12 décembre 1896 se produisit un coup de théâtre, lorsque Louis Bonnet, régisseur d'un vignoble à Murigny près de Reims, fit, devant le Comice de Reims, une communication à l'origine d'une véritable révolution. Il avait remarqué quelques années auparavant dans ses vignes que, si le sulfate de cuivre, la bouillie bordelaise utilisée comme fongicide, touchait en quantité suffisante une ravenelle ou une moutarde, la zone touchée était détruite en 24 heures et la plante condamnée. À l'opposé, les folles avoines n'étaient pas affectées. Au printemps précédent, un de ses champs d'avoine était tellement envahi de moutardes qu'il craignait de le perdre totalement. Il décida donc de tenter de détruire les adventices. Intuitivement, il testa, sur une petite surface, une solution à 2 % appliquée à 4000 l/ha. Après 24 heures, les feuilles de moutarde étaient détruites, mais pas les inflorescences ni les ravenelles. Il tenta alors 4 % et 6 % et, 48 heures plus tard, tout était détruit ou en voie de dessèchement. L'avoine était intacte. Il traita donc toute la parcelle à 6 % et après trois jours, l'avoine était propre et produisit un bon rendement.

Il terminait sa communication en se demandant si, au lieu de traiter à un stade tardif, proche de la floraison, il ne serait pas possible de réduire les doses en traitant des plantes plus jeunes excessivement tendres dont les tiges plus petites seraient plus facilement détruites. Il concluait par : « cette expérience ouvre les portes d'un champ d'essai à tous les chercheurs ; il serait en effet intéressant de connaitre d'autres cultures dans lesquelles les sels de cuivre trouveraient leur application sans nuire à la plante cultivée ; espérons que l'année 1897 nous permettra d'enregistrer d'autres essais concluants, rendant ainsi le sulfate de cuivre un véritable auxiliaire du cultivateur » (Bain *et al.*, 1995).

Le compte-rendu du comice fut publié le 16 février 1897 et aussitôt plusieurs essais furent conduits sur des infestations de moutarde. Dès le printemps, des présentations furent faites à l'Académie d'Agriculture de France, rapportant des résultats qui confirmaient l'expérience de Louis Bonnet. D'autres essais furent conduits sur plusieurs autres cultures et aussi avec du sulfate de fer ou de l'acide sulfurique. Parallèlement, dès cette année-là, des recherches ont tenté de comprendre la raison de cette différence d'efficacité selon les espèces, différence qui ne faisait pas encore référence au principe de sélectivité. Girard (1897) montra que le sulfate de cuivre était absorbé par la moutarde, mais pas par l'avoine. Très rapidement, des questions quant aux conséquences des épandages sur « le bon fonctionnement des infiniment petits de la terre arable » ont été posées. Il s'agissait des microorganismes du sol.

Après les essais du printemps dans de grandes fermes du nord de la France, la méthode fut exportée en Allemagne, en Suisse et même en Russie, puis en 1898 en Angleterre et d'autres pays européens, et aussi aux USA. Parallèlement, cette explosion des essais entraina l'essor de la création des pulvérisateurs : Vermorel produisait dès fin 1897 un appareil de 300 litres qui pouvait débiter 1 000 l/ha) (Rabaté, 1927).

La vulgarisation fut rapidement développée dans les bulletins des comices, puis dans des périodiques, comme le Journal d'agriculture pratique (Hitier, 1897). Dès 1898, la Société d'Agriculture de Meaux avait demandé aux instituteurs de l'arrondissement de tester le sulfate de cuivre sur les moutardes en fournissant une notice explicative et la quantité nécessaire de produit pour traiter un are (Journal d'Agriculture 1898). Pendant plusieurs années, les fermes des premières expériences furent régulièrement visitées.

Indépendamment de leurs prix parfois très élevés et de leur solubilité plus ou moins difficile dans l'eau, de nombreux produits acides ou basiques toxiques furent testés avec des résultats très inégaux. Ainsi, Rabaté en 1927

Image IV — 1 : Champ de blé envahi par des ravenelles en fleurs et traité à l'acide sulfurique à 10 % : À gauche, partie traitée ; à droite, partie non traitée. 15 avril 1912. (Rabaté, 1927)

concluait en disant « les recherches méthodiques sur les poisons des plantes sont à peine ébauchées ». En effet, malgré les doses très importantes nécessaires, les sulfate et nitrate de cuivre n'ont pas donné des résultats constants et homogènes, soit par manque d'efficacité, soit parce que toxiques aussi pour les cultures. Dès 1898, l'acide sulfurique avait été testé et n'avait pas été retenu à cause de sa toxicité, mais surtout, parce qu'on n'avait pas connaissance de la notion des stades de la culture et de ceux des différentes espèces adventices. De 1906 à 1911, Rabaté mit au point la méthode de désherbage (méthode Rabaté) fondée sur l'acide sulfurique (environ 140 l/ha d'acide à 60° Baumé dans 1 200 l d'eau/ha) qui put progressivement s'imposer et perdurer jusque dans les années 1960 (Image IV — 1).

Rabaté a été le premier à chercher à comprendre et préciser « les époques d'emploi, les doses d'acide, les précautions dans la préparation et l'épandage ». Il a ainsi modulé les doses en fonction du stade phénologique de la céréale, des différentes espèces adventices et de leurs stades, mais aussi des conditions environnementales. Il étendit, avec plus ou moins de réussite, ces tests à plusieurs cultures (lin, luzerne, vigne, orangers et oignons, échalotes, poireaux…). Ses observations amenèrent à découvrir des morphologies différentes des plantes susceptibles d'avoir des réactions différentes. Examinant précisément l'action de l'acide sulfurique, il remarqua que les feuilles recouvertes de cires et, surtout celles dont les points végétatifs sont protégés, soit par des gaines (peigne de Vénus), soit comme les graminées au fond d'un fourreau, ne sont pas affectées par l'acide. Il en déduisit qu'il n'était pas nécessaire de tout arroser, mais seulement, d'atteindre les collets et les points végétatifs à l'aisselle des feuilles. En fait, selon la dose, la quasi-totalité des dicotylédones annuelles est sensible, même le chardon et les rumex sont très touchés. Les graminées et les liliacées à bulbe ne sont pas affectées. Par ailleurs, l'action corrosive de l'acide, en détruisant les plus vieilles feuilles contaminées, protège partiellement le blé de la rouille et des piétins. La généralisation de l'usage de l'acide sulfurique, outre son efficacité, permit de libérer du temps de travail (Image IV — 2). Alors qu'il fallait environ une semaine de travail pour une femme pour désherber un hectare de blé, désormais, deux hommes et un cheval le traitaient en deux heures (Rabaté, 1927). Le traitement (acide, main-d'œuvre et amortissement du pulvérisateur et du cheval) coûtait environ un quintal de céréales et en faisait gagner près de quatre en moyenne.

Image IV — 2 : Traitement à l'acide sulfurique : Pompe pulvérisateur Vermorel (Rabaté, 1927)

Par la suite, pendant trois décennies, l'exploration expérimentale des produits minéraux existants pour leurs propriétés herbicides a été le fait d'agriculteurs éclairés et de responsables techniques ou d'écoles d'agriculture. Dans l'entre-deux-guerres se constituèrent des groupes industriels, chimiques pour la production d'engrais, de colorants... Leurs chercheurs commencèrent alors à éprouver leurs produits, également pour la protection des cultures.

Bien que synthétisés par l'industrie chimique, tous ces produits minéraux sont considérés par certains comme naturels parce qu'ils peuvent exister dans la nature. Ils sont corrosifs et toxiques, pas seulement pour les plantes, mais aussi pour les animaux et les humains. De plus, bien que réputés non polluants, ces produits utilisés à de très fortes doses (plus de cent kilos par hectare) ne sont pas sans effet sur les sols, les lombrics et les microorganismes. Comme l'acide sulfurique, ils ont tendance à acidifier les sols. Les sulfates de cuivre et de fer s'accumulent dans les sols. Le chlorure de sodium modifie la structure du sol et s'accumule aussi (sauf très fort lessivage). Le chlorate de sodium est très toxique, très persistant dans le sol et, s'il est lessivé, perdure dans les eaux.

ENCADRE

Produits naturels, produits de synthèse

La sémantique appliquée à ces produits, comme pour la distinction entre agriculture conventionnelle et agriculture biologique, a tendance à créer des classes entre des produits qui seraient bons, parce que supposés naturels et des produits dits de synthèse, non naturels, donc suspects de dangerosité inconnue et potentiellement grave.

Un produit naturel est une substance chimique originellement disponible dans la nature ou produite par un organisme vivant, même si pour son utilisation, elle est totalement produite par synthèse. *A priori*, la liste ne doit pas être close.

Les produits, surtout minéraux et certains organiques, expérimentés dans la première moitié du XXe siècle pour leurs propriétés herbicides, considérés par beaucoup comme naturels, ont essentiellement une activité corrosive. Ce sont des produits de contact à action rapide qui ne sauraient être encore autorisés aujourd'hui.

De plus, récemment, deux produits non sélectifs ont été homologués en France, l'acide acétique et l'acide pélargonique, qui renouent avec la notion de produits de contact corrosif et, bien qu'industriellement synthétisés, sont considérés comme naturels parce que pouvant se trouver dans la nature. L'acide pélargonique est essentiellement obtenu par oxydation chimique de l'acide oléique de l'huile de colza. Sa toxicité et son devenir dans l'environnement ne sont pas forcément sans risque.

Les produits homologués à partir de 1946, dits de synthèse, sont en fait, en raison de leur activité plus lente, des produits *anti-métaboliques des plantes*. Ils interfèrent avec, au moins, une étape métabolique entrainant, plus ou moins rapidement, la mort de la plante sensible. Parce qu'ils ne sont pas naturels, ils doivent satisfaire à de très nombreux tests qui sont considérés comme non pertinents pour les produits présents naturellement, mais qui n'en ont pas moins une certaine dangerosité. L'acide pélargonique est soumis à une réglementation (CE 1107/2009), mais n'est pas utilisé en AB, car cette agriculture n'accepte pas encore de produit herbicide (l'acide pélargonique est classé H314, car il provoque des brûlures de la peau et des lésions oculaires graves).

En 1932, le jardinier Georges Truffaut et le chimiste Isaac Pastac proposent, comme herbicide sélectif des céréales, puis du lin, la première molécule issue de la chimie organique, le DNOC (dinitro ortho crésol) (Truffaut et Pastac, 1932), appelé aussi colorant jaune Victoria, initialement commercialisé comme amaigrissant et également utilisé dans l'industrie des explosifs, au même titre que le chlorate de soude, qui l'était déjà comme insecticide et fongicide.

Aussi devant l'explosion anarchique de ces nouvelles pratiques, c'est en 1943 que l'administration a tenté de réglementer cette activité qui, depuis près d'un demi-siècle, faisait manipuler des quantités énormes de produits minéraux toxiques. Ainsi le 2 novembre 1943 fut promulguée, en France, la loi organisant le contrôle des produits antiparasitaires à usage agricole. La mise en place d'une homologation avait essentiellement pour but de protéger les agriculteurs des contrefaçons et aussi de définir des règles d'utilisation des produits devant la multiplication anarchique des formulations. Aussi, dès le début de 1944, 12 produits herbicides furent homologués : un acide (sulfurique), un engrais (cyanamide calcique), deux sels de sodium (chlorate et chlorure), trois phénols (DNP [dinitrophénol], DNOC et TCP [trichlorophénol]), trois sulfates (aluminium, cuivre et fer) et deux nitrates (cuivre et zinc).

ENCADRE

Définition de quelques termes relatifs à la protection des cultures.

Tous les produits chimiques utilisés en agriculture sont des *produits de protection des cultures*, des *produits phytosanitaires* ou des *produits phytopharmaceutiques*.

Il existe toute une série de termes terminés en *cide* qui vient du latin *caedere* : frapper, abattre, tuer.

Ces mots commencent, pour les plus fréquents, avec la référence aux organismes qu'ils combattent :

– fongicides, contre les maladies fongiques dues aux champignons pathogènes

– herbicides, contre les plantes adventices (=*désherbants*)

– insecticides, contre les insectes ravageurs,

– mais aussi des acaricides contre les acariens, nématicides contre les nématodes parasites, rodenticides contre les rongeurs, taupicides contre les taupes, corvicides contre les corvidés, molluscicides contre les mollusques…

Un terme très répandu dans les médias est transposé de l'anglais : pesticide formé sur *pest* : insecte ou plante nuisible, parasite.

Ce terme généraliste désigne en réalité de très nombreux produits toxiques utilisés contre différents organismes dans toute la société : agriculture, industrie, traitements des locaux et des maisons, des animaux domestiques, des parasites externes, notamment des enfants et des insectes combattus par le public…

Le terme *pesticide* est souvent mal défini, soit parce que, dans un contexte particulier, il n'est pas précisé de quel type de produit il s'agit (insecticide, fongicide, herbicide...), soit parce qu'il y a, par choix conscient, volonté de généraliser à tous les types de produits l'effet observé pour un seul type, voire d'un seul produit, possiblement le plus dangereux.

2— Les produits de synthèse actifs sur le métabolisme des plantes

Entre le coup de tonnerre lié à la découverte de la sélectivité du sulfate de cuivre et l'homologation des premières phytohormones, il s'est écoulé un demi-siècle durant lequel la même idée a prédominé : tester tous les produits corrosifs, mais aussi toxiques parmi les produits minéraux existants. L'introduction des colorants nitrés a permis l'extension de cette recherche aux molécules organiques. Il ne pouvait être imaginé de contrôler les adventices sans les brûler et/ou les dessécher. Cette méthode, parfaitement définie et conduite par Rabaté, avec l'acide sulfurique, n'avait qu'un seul objectif : débarrasser les céréales des crucifères et éventuellement d'autres dicotylédones sans trop considérer la dangerosité et les conséquences sur l'environnement. Pour ce seul acide, la Compagnie bordelaise a transporté dans sa région, lors de la campagne 1926 - 1927, 3 500 tonnes d'acide sulfurique à 65° Baumé, ce qui correspondait seulement au traitement d'environ 25 000 ha. Saint-Gobain a fourni plusieurs milliers de tonnes dans le Midi. En 1949, on estimait la disponibilité pour le désherbage à environ 45 000 tonnes (pour le désherbage d'environ 320 000 ha). Ce volume d'acide sulfurique fumant appliqué sur quelques hectares est à comparer avec la totalité des substances herbicides utilisées aujourd'hui sur la vingtaine de millions d'hectares de surface agricole utile (SAU).

Le 2,4 - D (acide 2,4 dichlorophénoxy acétiques) et le MCPA (acide 4 - chloro -2 - phénoxy-acétique), dont les brevets avaient été déposés pendant la Seconde Guerre mondiale respectivement en Grande-Bretagne et aux USA, n'ont été enregistrés comme herbicides en France qu'après la guerre, en 1946. L'apparition du 2,4 - D et du MCPA a marqué les débuts de la révolution dans la recherche des produits et les techniques de désherbage chimique. Avant la Seconde Guerre, la qualité d'un herbicide était appréciée par son pouvoir de nécrose, le plus rapide possible, en quelques heures. Ces deux produits n'ont pas de causticité et exercent des actions biologiques sur la plante en provoquant des troubles physiologiques et morphologiques, au point d'application et ailleurs dans la plante qui se déforme du fait de la perturbation de ses méristèmes de croissance, jusqu'à causer sa mort. Leurs effets se produisent beaucoup plus lentement, jusqu'à deux semaines. Les doses d'emploi sont de moins du centième de celles des produits minéraux : un kilogramme/ha. La découverte des propriétés herbicides de ces produits est une conséquence des recherches pour tenter de comprendre les phénomènes physiologiques de la croissance des plantes. À la suite des travaux sur la découverte des phytohormones ou auxines, ces nouveaux produits et les suivants de la même famille se comportent comme des hormones de synthèse et ont été appelés à tort phytohormones. Ces stratégies de recherche sur la physiologie des plantes guideront désormais les recherches ultérieures dans les décennies suivantes.

2—1 Types de modes d'action herbicide

Lorsque des molécules mimétiques de l'auxine ont été découvertes, la recherche s'est mobilisée pour étudier différents mécanismes physiologiques végétaux et trouver des produits susceptibles de les perturber. Parallèlement, il devenait plus utile, pour un usage au champ, de synthétiser des molécules pas forcément les plus puissantes, mais les plus stables et sélectives.

Précisément pour parler des herbicides, plusieurs termes sont utilisables, qui ne sont pas toujours complètement synonymes. *Herbicide* est le terme général indéfini pour nommer tout produit chimique ayant un effet toxique sur les plantes, au même titre que le terme un peu vieilli de *désherbant*. Pour nommer la molécule synthétisée qui a une activité inhibitrice sur un métabolisme végétal, les termes *molécule* ou *substance active* seront utilisés de manière indifférente. Le terme, très général, *produit*, parfois utilisé abusivement comme un synonyme d'herbicide, correspond au produit commercial à appliquer sur les cultures. Il est composé d'une ou plusieurs substances actives et de différents adjuvants facilitant la stabilité, la pénétration et l'activité de ces molécules. Le terme de *bouillie* utilisé dans cette discipline définit ce que l'agriculteur pulvérise : la quantité autorisée de produit commercial, éventuellement additionnée d'un adjuvant, dispersé dans un volume d'eau très variable, depuis quelques dizaines de litres jusqu'à plusieurs centaines par hectare, selon les produits et les cultures.

Afin d'écarter le plus possible les risques d'intoxication liés aux produits corrosifs, les cibles recherchées ont rapidement été exclusivement des métabolismes strictement végétaux. Ainsi la photosynthèse, emblématique des végétaux, a été un des mécanismes parmi les plus étudiés, dès le départ. Dès le début des années 1950, plusieurs familles de molécules capables d'inhiber la photosynthèse ont été homologuées, comme les urées substituées (le diuron ou DCMU, le plus représentatif). Parallèlement, les recherches sur les herbicides ont fortement contribué à la connaissance de la physiologie des plantes : ainsi, certains comme le diuron ou le 2,4 - D sont toujours des inhibiteurs utilisés en recherche académique.

Les herbicides actuellement utilisés sont spécifiquement dirigés contre les principaux métabolismes propres aux végétaux : photosynthèse, synthèse d'acides aminés et de lipides exclusivement produits par les métabolismes végétaux… Ils sont regroupés en familles chimiques homogènes qui se caractérisent par le fait que, dans chacune, toutes les molécules ont le même mode d'action spécifique vis-à-vis d'une cible particulière. En 2021, en France, les herbicides appartiennent à une cinquantaine de familles actives sur moins de 20 cibles végétales différentes.

2—2 Découverte d'une nouvelle substance active

Les molécules qui sont découvertes, synthétisées et commercialisées par des firmes doivent donc, au départ, être une source de profits. Il faudra, en plus des charges sociales, rembourser les dépenses de recherche (synthèse et production), d'homologation (études des aspects toxicologiques et écotoxicologiques) et développement (vulgarisation et commercialisation). La firme doit aussi générer un bénéfice pour entreprendre une nouvelle recherche. De ce fait, la firme va chercher les meilleures conditions en choisissant un marché porteur (blé, riz, maïs, soja…) et en visant les espèces les plus problématiques, toujours sans solution, ou bien devenues résistantes aux produits actuels, ou encore de nouvelles espèces envahissantes… Dans tous les cas, la législation exige que le nouveau produit soit meilleur que l'existant ou, au moins, équivalent, plus efficace en moindre quantité, plus sélectif, moins dangereux pour la culture visée, l'homme, les animaux et l'environnement. De ce fait, une firme n'a pas spontanément intérêt à développer une molécule spécifique pour une petite culture. Celle-ci ne pourra être gérée que par des produits existants, plus ou moins adaptés. C'est ainsi le cas des légumes qui, en agriculture conventionnelle, sont un trop petit marché pour amortir les coûts de développement de produits phytosanitaires spécifiques, on parle de cultures *mineures.* La mise au point d'un produit s'étale sur environ dix ans entre le criblage initial de la molécule et son autorisation de mise sur le marché (AMM). Le coût de son développement a été en moyenne multiplié par dix en quelques décennies et approche un milliard d'euros (Rügg *et al.,* 2007). La durée moyenne de développement d'un produit, exception faite des délais pour l'homologation, variables selon les pays, est passée de 8,3 ans en 1995 à 11,3 entre 2010 et 2015 (McDougall, 2016). Les sociétés capables de mener des recherches de nouvelles molécules ont dû fortement se regrouper. Dès 2000, il n'en existait plus que six de niveau mondial pour faire face à cette situation qui a, aussi, contribué à la chute du nombre de brevets (divisé par trois depuis les années 1990). De plus, le niveau d'exigences de la réglementation (risques de toxicité sur l'environnement, la santé à court, moyen et plus long terme, risques de non-spécificité…) aboutit à ne retenir qu'une molécule sur plus de 160 000 testées, en moyenne (Tissut *et al.*, 2006). Devant la difficulté de faire homologuer une nouvelle molécule qui satisfasse à toutes les exigences agronomiques et réglementaires, il est devenu plus rapide, plus facile et beaucoup moins coûteux de développer des résistances génétiques dans la plante cultivée, à un très bon produit déjà existant, mais initialement non sélectif de cette culture. Cela permet de contrôler des espèces difficiles à maîtriser, voire de réduire toute la gestion des adventices à un seul traitement : par exemple, avec le glyphosate ou le glufosinate désormais interdit en Europe. C'est la problématique des plantes OGM résistantes aux produits, tel le glyphosate. Une situation qui tend à conduire les principales productions agricoles avec un nombre très limité de molécules, ce qui fragilise d'autant la stratégie herbicide.

Par la suite, après plusieurs années d'utilisation, cette molécule tombera dans le domaine public et, si elle s'avère toujours utile, elle sera développée par différentes sociétés à travers le monde sous forme de génériques d'autant plus nombreux que son intérêt est plébiscité. En 2021, 24 formulations de glyphosate sont encore autorisées en France sur un total de plus de 700 (Ephy, 2021). Enfin, elle disparaitra progressivement si elle devient obsolète à cause de l'arrivée de nouvelles solutions. En quelques années, elle peut également perdre son intérêt à cause de l'apparition de résistances chez un nombre croissant d'espèces adventices devenues incontrôlables par cet herbicide ou par suite de risques environnementaux liés à un usage excessif ou à un mésusage. Enfin, la réglementation européenne évolue par l'exigence de nouvelles études relatives à la toxicologie ou l'écotoxicologie plus contraignantes que lors de l'homologation initiale ou au fur et à mesure de la découverte éventuelle d'impacts sur la santé ou l'environnement. La firme risque alors de l'abandonner pour ne pas engager des dépenses concernant une molécule hors brevet ou en fin de course qui ne lui assurerait aucun retour sur investissement.

Il existe plusieurs voies de recherche pour aboutir à la sélection d'une molécule herbicide. La recherche a tout d'abord été faite en exploitant le simple fait du hasard d'une molécule devenue disponible à cause du rejet de son usage initial. Certains produits en sont très représentatifs. Le DNOC est un vieux produit découvert comme colorant alimentaire (jaune Victoria), également utilisé comme amaigrissant. Il a ensuite été testé avec succès comme insecticide, fongicide puis herbicide. Il est désormais interdit à cause d'une certaine toxicité. L'ioxynil, très récemment interdit, avant d'être adopté comme herbicide intéressant, était un produit vétérinaire contre la douve du foie. L'isoxaben appartient à une famille de neuroleptiques et, dans la famille des sulfonylurées, il existe des stimulateurs de sécrétion d'insuline. Le premier herbicide de la famille des tricétones, la nitisinone permet de traiter la tyrosinémie I (maladie génétique due à un déficit enzymatique dans la synthèse de la tyrosine). Enfin le glyphosate a initialement été breveté comme un élément chélateur de métaux de la famille des phosphonates (US patent 1964), produits utilisés comme anticalcaire dans les détergents domestiques et industriels ainsi que dans les liquides de refroidissement (qui tous se décomposent en AMPA, comme le glyphosate).

Il a longtemps été intéressant de partir de structures chimiques déjà connues comme plus ou moins toxiques pour trouver une molécule et ensuite synthétiser de nombreux dérivés présentant des variations dans la stabilité, la sélectivité, l'efficacité, la vitesse de dégradation, la toxicologie et l'écotoxicologie. Cette stratégie s'est avérée particulièrement efficace pour les triazines, les urées, les sulfonylurées. Des techniques très complexes et coûteuses sont fondées sur la modélisation moléculaire en déterminant les structures de molécules susceptibles d'interférer sur le fonctionnement de voies métaboliques par le biais de l'inhibition, généralement, d'enzymes. La recherche tend à identifier soit des molécules capables de se fixer sur l'enzyme et perturber son activité, soit des molécules ayant pour le site actif de l'enzyme une affinité plus forte que le substrat. On parle de QSAR pour *Quantitative Structure-Activity Relationships* en anglais. La chimie combinatoire par le tri robotisé de molécules ou de structures apparentées conduit à former des molécules aux propriétés nouvelles sur des groupes de cibles enzymatiques. Parfois, l'imitation de la nature a débouché sur des modes d'action nouveaux. Le glufosinate est le sel d'ammonium de la L — phosphinotricyne, un acide aminé produit par une souche de *Streptomyces* isolée d'un sol camerounais. La découverte de la production, par les racines de *Callistemon citrinus,* plante australienne, de leptospermone toxique pour les plantes, a permis de trouver la mésotrione, inhibiteur de la 4-hydroxy-phényl-pyruvate dioxygénase (4HPPD), une des enzymes de la synthèse des caroténoïdes.

Les propriétés herbicides sont déterminées par des *screening* successifs, c'est-à-dire des tests sous serre sur des plantules d'espèces *modèles* (deux ou trois dicotylédones et graminées) qui, lorsque les résultats sont positifs, sont progressivement ajustés à la culture retenue et aux adventices cibles. Il faut, à la fois, avoir une bonne activité sur les adventices et une forte sélectivité vis-à-vis de la culture, sinon la molécule est abandonnée. Avec cette stratégie, il est très rare de trouver un herbicide total actif sur toutes les angiospermes.

Selon les espèces et les caractéristiques physiques et chimiques de l'herbicide et en fonction des modes de pénétration dans les plantes, de nombreux types de sélectivités ont été trouvés pour assurer l'efficacité du produit sur les adventices et sa totale innocuité vis-à-vis de la culture concernée. Les principales sélectivités retenues seront décrites dans le chapitre suivant.

Puis, le type de traitement le plus adapté (prélevée ou post-levée) est mis au point sous serre et en station expérimentale. Pendant ce temps, les dossiers de toxicologie, d'écotoxicologie et de comportement dans l'environnement sont constitués. Puis, si la molécule satisfait aux exigences réglementaires, des essais d'efficacité au champ sont conduits par comparaison avec un produit de référence dont l'activité est connue comme comparable. Il s'agit également de vérifier l'absence de phytotoxicité sur la culture et les cultures de remplacement, de même que la non-persistance d'effet sur la culture suivante.

Si cette innovation correspond aux objectifs requis et rencontre le succès escompté, le produit sera déployé et pourra devenir une référence. Après la chute du brevet, la durée de vie des nombreux génériques qui en seront issus sera variable selon l'intérêt de la molécule pour des firmes qui se sont spécialisées dans le développement de génériques. Elle finit ensuite par être abandonnée, d'abord dans nos pays et parfois dans le monde entier (Tissut *et al.*, 2006).

2—3 Les modes d'action actuellement homologués en France

Pour une meilleure utilisation des produits et une meilleure compréhension de leur activité, et ce, depuis l'apparition des résistances, le groupe international Herbicide Resistance Action Committee (HRAC) réalise le classement et la mise à jour des substances actives par type de mode d'action, classement qui attribue à chacune des lettres de l'alphabet un mode d'action différent (Tab. IV — 1 et Fig. IV — 1) (Heap, 2021).

2-3-1 Perturbation de la photosynthèse

Perturbation du mécanisme de la photosynthèse (groupes C et D)[2]

Une grande diversité de substances actives contre la photosynthèse, strict métabolisme du monde végétal pour ce qui concerne les organismes eucaryotes, a été homologuée dès les années 1950. L'inhibition du fonctionnement du photosystème II par blocage de transfert énergétique a été la première activité révélée pour un tel herbicide : environ 10 familles de produits connues, mais de moins en moins de molécules encore autorisées. Le blocage du transfert d'électrons empêche le retour de la chlorophylle à son état fondamental et conduit à la production d'oxygène singulet réagissant fortement avec les membranes des thylacoïdes. Les thylacoïdes, puis les chloroplastes se désintègrent. Les feuilles, d'abord les vieilles, jaunissent et la plante se nécrose rapidement. Une seule famille, les bipyridiles, dont le dernier, le diquat (D), a été définitivement interdit en France en 2020, bloque le photosystème I en court-circuitant le transfert d'électrons vers le coenzyme NADP (nicotinamide adénine dinucléotide phosphate), conduisant également à l'accumulation d'oxygène singulet (Hess 2000). Les feuilles deviennent flasques et brunissent rapidement entrainant rapidement la mort de la plante.

---

[2] Les noms des herbicides seront suivis de la lettre leur correspondant entre parenthèses (X). Les familles ou groupes de produits seront suivis par la parenthèse (groupe X).

Perturbation de la synthèse des pigments (groupes E et F)

Les herbicides plus récents empêchent la synthèse de pigments impliqués dans le fonctionnement de la photosynthèse. Ainsi, cinq familles bloquent la synthèse des chlorophylles (groupe E) en inhibant la protoporphyrinogène oxydase, enzyme de la voie de biosynthèse des chlorophylles aboutissant à l'accumulation de protoporphyrine IX. Cette inhibition entraine une photo-oxydation des chloroplastes dont les membranes sont brisées, et induit donc une nécrose des tissus. Les feuilles jaunissent avec un arrêt de végétation d'une semaine avant la mort de la plante.

La synthèse des caroténoïdes, pigments qui protègent les chlorophylles en évacuant l'oxygène singulet, est bloquée au niveau de trois enzymes de la voie de biosynthèse (groupe F) : cinq familles inhibent la phytoène-désaturase, quatre familles, la 4-hydroxy phénylpyruvate dioxygénase (4HPPD) et trois se fixent sur une enzyme encore inconnue. Dans ces cas, l'action des molécules actives dégrade les membranes des chloroplastes par oxydation et entraine un blanchiment des tissus avant la mort de la plante.

2-3-2 Blocage de la synthèse d'acides aminés synthétisés par les plantes

Synthèse des acides aminés ramifiés (leucine, isoleucine, valine) (groupe B)

Un grand nombre de substances actives, parmi les plus utilisées, sont dirigées contre la synthèse d'acides aminés indispensables, c'est-à-dire que l'Homme ne sait pas synthétiser et qu'il trouve dans son alimentation. Ces synthèses relèvent strictement du monde eucaryote végétal. Quatre familles (dont une très importante, les sulfonylurées [groupe B], composée de près d'une vingtaine de produits) bloquent la synthèse des acides aminés ramifiés (valine, leucine et isoleucine) en inhibant l'acétolactate synthase (ALS) entrainant l'accumulation de deux composés intermédiaires de la chaine de biosynthèse, toxiques pour les cellules, ainsi que le tarissement du flux et de l'accumulation des acides aminés nécessaires *(* Schloss *et al.,* 1988*)*. En une à deux semaines, la plante est atrophiée et chlorotique avant la mort. Parfois seule la croissance est bloquée, les adventices sont alors dominées par la culture.

Synthèse des acides aminés aromatiques (tryptophane, phénylalanine et tyrosine) (groupe G)

Le glyphosate (G) est le seul représentant de cette activité. Il inhibe l'énol-pyruvyl-shikimate 3-phosphate synthase (EPSP synthase) (Amrhein *et al.,* 1980). Cette inhibition bloque la synthèse protéique et, par voie de conséquence, celle de beaucoup d'autres molécules. Cette voie est à l'origine de 20 à 35 % des substances carbonées d'un végétal. Les plantes jaunissent, d'abord les feuilles jeunes, pendant plusieurs semaines avant un brunissement et la mort.

Synthèse de la glutamine (groupe H)

On y trouvait une seule molécule, le glufosinate (H), le sel d'ammonium de la phosphinotricine, directement dérivé du bialaphos produit par *Streptomyces hygroscopius*. Elle inhibe la glutamine synthase. Ce blocage empêche la formation de glutamine dans le chloroplaste à partir de l'ion ammonium qui s'accumule de manière toxique pour les cellules, entrainant une rapide chlorose puis une nécrose totale. Mais, l'interdiction du glufosinate (H) est devenue effective en France en 2019 parce qu'il est, désormais, classé comme reprotoxique présumé pour l'être humain.

2-3-3 Interférence dans la synthèse des lipides

Synthèse des acides gras (groupe A)

L'acétyl-coenzyme A carboxylase (ACCase) catalyse la première étape de la synthèse des acides gras. Elle est inhibée par trois familles de molécules qui se sont avérées être spécifiques pour le contrôle des graminées. Elles ne sont actives que sur une forme particulière de l'ACCase spécifique à certaines graminées. Cet effet se manifeste par des chloroses, des nécroses et une réduction de croissance, puis progressivement par la mort de la plante.

Élongation des lipides. (groupes N et K3)

Une famille du groupe N, mais une seule substance active autorisée en France, l'éthofumésate (N), inhibe des élongases qui conduisent à des acides gras à longue chaine, précurseurs des cires et de la subérine. Une seconde famille du même groupe et les trois familles du groupe K3 inhibent aussi des élongases et des enzymes de cyclisation du géranyl-géranyl phosphate conduisant aux gibbérellines. Ils entrainent des pertes de cires et des altérations des membranes plasmiques et finissent par limiter la croissance des plantes. En général, l'action porte sur les germinations qui sont rabougries et les feuilles crispées.

2-3-4 Blocage de la division cellulaire (groupes K1, K2 et I)

Blocage de la formation du fuseau achromatique (groupe K1)

Les produits de deux familles se fixent sur la protéine structurelle des microtubules, l'α tubuline. Cela empêche la polymérisation en microtubules et donc la migration des chromosomes. Ainsi les divisions ne peuvent se produire, bloquées en prophase, ce qui finit par faire mourir la plante après des germinations rabougries, des bas de tige renflés et des colorations rouges ou violettes.

Blocage des centres organisateurs des microtubules (MTOC) (groupe K2)

Ces produits désorganisent le fuseau achromatique en bloquant le centre nécessaire à l'initiation de la polymérisation des tubulines. Les divisions sont également bloquées, de la même façon. Le tout conduit progressivement à la mort de la plante.

Le blocage des MTOC et de l'acide folique (groupe I)

Une substance active, l'asulame (I) supprimé en 2013 en France, inhibe la 7-8 di-hydroptéroate synthase conduisant à la synthèse de l'acide folique. Ce dernier est nécessaire à la production des bases puriques et pyrimidiques. Il en résulte que l'asulame (I) inhibe les mitoses, ce qui arrête la croissance des plantes qui finissent par mourir.

2-3-5 Perturbation de la régulation de l'auxine (groupe O)

Bien que les premiers produits de ce type soient les plus anciens, des produits plus récents de quatre familles différentes perturbant la régulation de l'auxine ont été homologués. Ils ont le même effet que l'IAA (Indole-3-Acetic Acid) et, à forte dose, les plantes ne peuvent plus réguler leur concentration d'auxine. Cela entraine toute une série de manifestations morphologiques et de déformations qui finissent par conduire à la mort de la plante.

Enfin une seule molécule (isoxaben (L)) inhibe la synthèse de la cellulose de la paroi des cellules, conduisant indirectement à la mort de la plante, généralement en bloquant la levée.

2-3-6 Modes d'action écartés

Au fil du temps, des familles de produits agissant sur des mécanismes qui se sont révélés non exclusivement végétaux ont été interdites. Certains ont été interdits de longue date, des découplants, par exemple. Ils perméabilisent les membranes des mitochondries végétales et animales, ce qui détruit les cellules.

Par opposition, ces dernières années, très peu de produits nouveaux ont été homologués, et ce, seulement pour des modes d'action connus. Le dernier mode d'action apparu, les tricétones (groupe F2), date de 1994. En revanche, il a été récemment introduit deux produits corrosifs non sélectifs qui doivent être utilisés à fortes doses : l'acide acétique et un acide gras, l'acide pélargonique (dont le surcoût induit limite l'usage à des surfaces réduites).

Ainsi sur l'ensemble des 260 substances actives homologuées dans le monde en 2021, réparties en 25 modes d'action, dont quatre groupes Z,

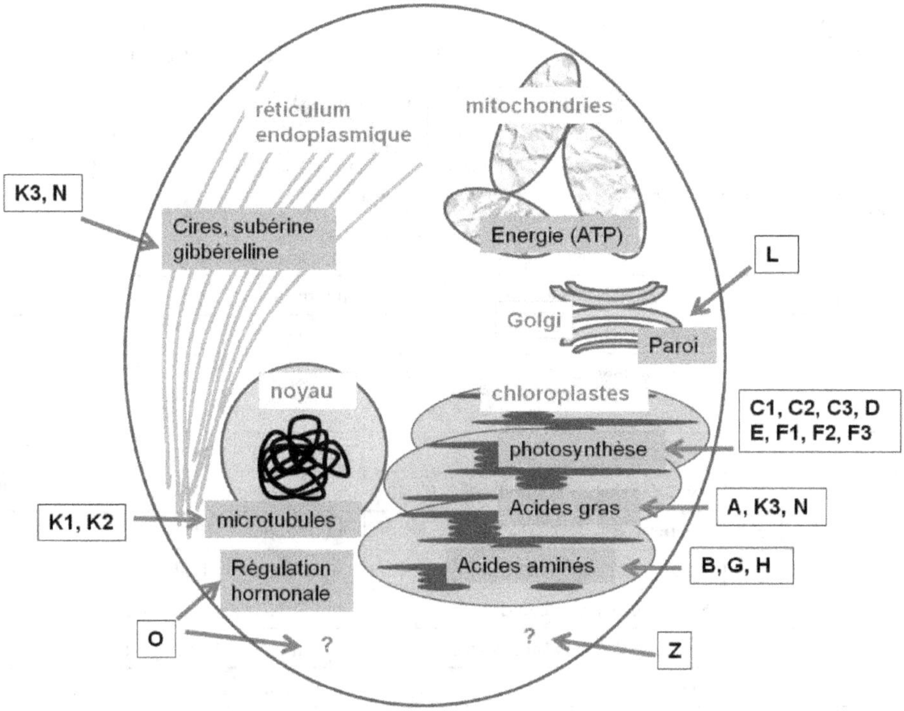

Figure IV — 1 : Localisation des sites d'action des herbicides dans les organites cellulaires.

Ainsi sur l'ensemble des 260 substances actives homologuées dans le monde en 2021, réparties en 25 modes d'action, dont quatre groupes Z, seulement 93 de 17 modes d'action sont autorisées en France (tableau IV — 1). Depuis peu, deux acides au mode d'action mal défini (groupe Z) qui sont corrosifs ont été récemment autorisés. Si les substances des groupes A, B et O sont bien représentées en France, très peu agissant sur la photosynthèse (groupes C, D, E, F) ont été ou sont encore autorisées. Il en est de même pour celles qui agissent sur la division cellulaire ou l'élongation des lipides (groupes K, N). Mais, pour la première fois, une triazine (groupe C), la terbuthylazine C1) interdite en 2004 (à la suite de l'atrazine [C1] qui se trouvait en excès dans les eaux) a été à nouveau autorisée en 2019.

De très loin, le chloroplaste est l'organite qui réunit le plus de cibles d'herbicides, depuis les molécules qui affectent la photosynthèse (groupes C et D) jusqu'à celles qui bloquent des synthèses cruciales (groupes A, B, E, F, G et H) qui s'y déroulent (Fig. IV — 1). Le fait que la très large majorité des molécules ait de plus en plus pour cible des sites ou des enzymes spécifiques du chloroplaste apporte *a priori* une garantie d'innocuité vis-à-vis des animaux et de l'homme en particulier, à l'exclusion, bien sûr, d'intoxications non spécifiques dues à l'ingestion, volontaire ou non, de quantités très élevées.

Tableau IV — 1 : Nombre d'herbicides homologués en 2019 dans le monde (M) et en France (F), classés par mode d'action selon les groupes HRAC (MA) et site d'action. NC : inhibition non compétitive, C : inhibition compétitive. * supprimé en 2019.

MA	M	F	Métabolisme inhibé	Site d'action
A	9	9	Synthèse des acides gras	Inhibition de l'ACCase +/— NC
B	56	23	Synthèse des acides aminés ramifiés	Inhibition de l'ALS NC
C1	24	7	Photosynthèse	Blocage du psII
C2	20	2	Photosynthèse	Blocage du psII
C3	6	3	Photosynthèse	Blocage du psII
D	2	1	Photosynthèse	Blocage du psI
E	29	5	Synthèse des chlorophylles	Inhibition de la PPO C
F1	7	5	Synthèse des caroténoïdes	Inhibition de la PDS NC
F2	13	4	Synthèse des caroténoïdes	Inhibition de la 4HPPD C
F3	3	2	Synthèse des caroténoïdes	Inhibition d'une enzyme inconnue
G	2	1	Synthèse d'acides aminés aromatiques	Inhibition de l'EPSP synthase C
H	2	1*	Synthèse de la glutamine	Inhibition de la Glutamine Synthase C
K1	14	4	Division cellulaire :	Polymérisation des tubulines
K2	4	2	Division cellulaire :	Blocage du fuseau achromatique
K3	23	7	Élongation des lipides et gibbérellines	Inhibition d'enzymes de cyclisation
L	6	1	Synthèse paroi pecto-cellulosique	Inhibition de la cellulase
N	19	3	Élongation des lipides et la subérine	Inhibition des enzymes élongases
O	18	13	Perturbation des auxines	Inhibition de la régulation des auxines
Z	18	2	Modes d'action inconnus	Ou produits corrosifs

La prépondérance au fil du temps des cibles enzymatiques assure une grande spécificité vis-à-vis des mécanismes physiologiques visés, mais aussi la possibilité de réduire les quantités appliquées. Il suffira généralement d'une quantité infime de substance active pour inhiber les faibles quantités d'une enzyme dans une plante. Cependant, bien qu'il existe des milliers d'enzymes dans une plante, moins d'une vingtaine sont actuellement des cibles d'herbicides. En fait, seule une minorité d'entre elles pourra être une cible. Il faut en effet qu'elles soient très peu abondantes, impossibles à contourner par d'autres voies et participent à un métabolisme vital. Une autre possibilité réside dans le fait que leur inhibition entraine l'accumulation d'un métabolite qui peut soit créer des déséquilibres ou des inhibitions, soit même s'avérer toxique pour la cellule végétale par son accumulation (Gressel, 2002).

3— Durée de vie des produits sur le marché

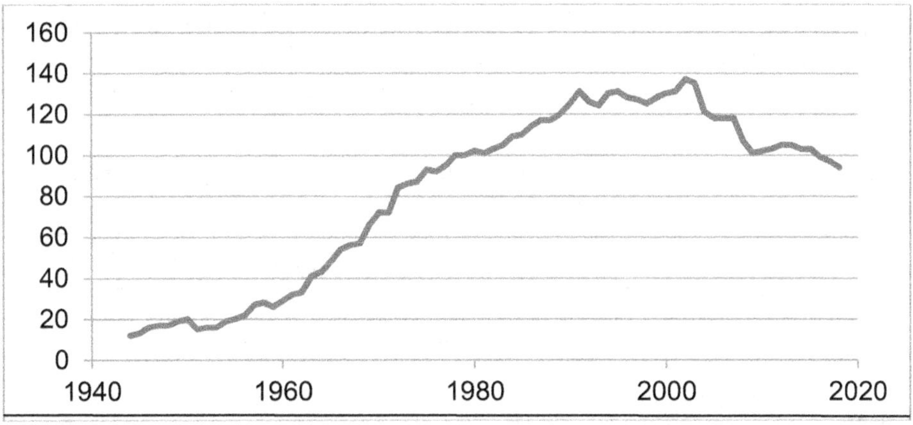

Figure IV — 2 : Nombre de substances homologuées depuis 1944 en France (Chauvel *et al.,* 2012).

Depuis 1944 plus de 230 substances actives ont été successivement homologuées en France puis, pour beaucoup, retirées (Fig. IV — 2). Leur nombre n'a cessé d'augmenter jusqu'aux années 1990, années au cours desquelles environ 130 substances étaient homologuées. Depuis le début du XXIe siècle, leur nombre diminue régulièrement et en 2020, moins de 100 parmi ces substances étaient encore homologuées pour contrôler les adventices de plus de 100 cultures différentes ; aussi bien en métropole, qu'en milieu tropical d'outre-mer (Chauvel *et al.,* 2012). La première molécule du dernier mode d'action homologué l'a été en 1994, la sulcotrione (F2) et il ne semble pas qu'il y ait un mode d'action nouveau annoncé pour un horizon proche, sauf si un ancien produit susceptible de remplacer des produits ayant sélectionné des résistances et dont le mode d'action est désormais élucidé était finalement homologué en France. Le nombre de molécules homologuées est voué à diminuer progressivement, ce qui porte en germe l'obsolescence de cette stratégie de gestion des adventices.

Parmi les premières substances actives mises sur le marché, beaucoup n'ont été exploitées que dix, voire vingt ans (Tableau IV — 2). Pendant la première décennie du XXIe siècle, un grand nombre de substances a été écarté, surtout celles homologuées dans les années 1960 et 1970 pour des raisons de toxicité ou d'efficacité inférieure aux nouveaux produits et de réhomologation trop coûteuse entre 1980 - 1990 (Fig. IV — 3) (Chauvel *et al.,* 2012). Les substances d'introduction récente sont logiquement encore plus utilisées, mais il reste encore trois substances utilisées qui ont été homologuées il y a plus de 70 ans (2,4-D (O), 2,4-MCPA (O) et 2,4-MCPB (O) et six depuis plus de 60 ans. Cela atteste de leur intérêt toujours réel, mais aussi de profils écologique et toxique plutôt favorables dans leurs conditions d'usage. Directement lié à l'importance du marché, le plus grand nombre de produits autorisés s'applique aux cultures majeures que sont le blé et les autres céréales, le maïs, le colza. Pour certaines cultures *mineures*, il n'y a très peu, voire pas du tout de produits autorisés.

Tableau IV — 2 : Durée de vie des molécules selon leur décade d'homologation [en 2016].

Durée [an]	<1950	50-60	60-70	70-80	80-90	90-00	00-10
1-10	4	4	5	8	1	1	1
10-20	6	3	6	9	6	3	2
20-30	1	1	5	2	11		
30-40	2	1	6	8	1		
40-50	3	2	17	2			
50-60	1	7					
60-70	0						
Encore utilisées	3	6	10	13	24	20	19
Total	20	24	49	42	43	24	22

4— Conclusion

La découverte que plusieurs produits chimiques pouvaient, à certaines doses, détruire de manière discriminante beaucoup d'espèces végétales adventices, tout en respectant les plantes cultivées a complètement révolutionné la gestion des adventices et donc la conduite des cultures. Il est devenu enfin possible de nettoyer une culture dès les premiers stades de développement des adventices, avant que s'exerce toute concurrence. En plus de la suppression de la compétition des adventices vis-à-vis des plantes cultivées qui décuple les rendements, ces produits répondaient aux besoins de la Société en ne nécessitant plus la main-d'œuvre de femmes et d'enfants qui s'éloignaient de plus en plus de ces tâches ingrates.

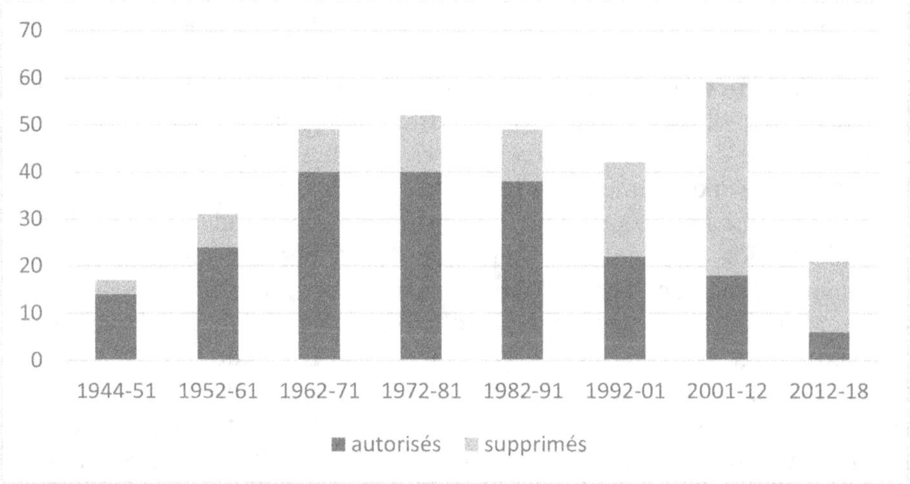

Figure IV — 3 : Nombre d'herbicides autorisés et supprimés par décennies depuis 1944 [Chauvel *et al.,* 2012].

En un siècle, la gestion des adventices par des produits chimiques est devenue une branche mature de la protection des cultures. Après plusieurs décennies de tâtonnements à partir de produits minéraux corrosifs connus, la recherche s'est systématiquement dirigée vers des inhibiteurs de métabolismes essentiels propres aux eucaryotes végétaux. En effet, les premiers produits *naturels* peu sélectifs, utilisés à très fortes doses et dangereux, ont été d'abord peu à peu délaissés puis définitivement interdits. La recherche s'est progressivement dirigée vers des produits inhibiteurs d'enzymes. Aujourd'hui, la majorité des cibles des produits les plus récents concerne des enzymes clés de métabolismes importants. Outre, la grande spécificité d'un produit strictement inhibiteur d'une enzyme qui peut également accroitre sa sélectivité, cette caractéristique permet de détruire une plante avec des doses d'autant plus faibles que l'enzyme visée est présente en quantité réduite dans des tissus de taille limitée. Ainsi, quelques molécules d'un produit ayant une stricte affinité pour une enzyme clé d'un métabolisme non contournable située exclusivement dans les quelques cellules des méristèmes peuvent bloquer la croissance de la plante et entrainer sa mort. Il suffit parfois de moins de dix grammes d'inhibiteurs de l'ALS [groupe B] par hectare pour éliminer certaines espèces d'adventices. De surcroît, cette exceptionnelle réduction de dose par rapport aux produits *naturels* n'implique pas que ces herbicides sont d'autant plus toxiques, au contraire.

Cependant, toute substance active n'est pas sélective de toutes les cultures, elle n'est également pas efficace sur toutes les espèces adventices à la fois. Cela sous-entend que seul un petit groupe de substances actives est adapté à chaque culture et que, dans la plupart des cas, pour réussir le contrôle de toutes les adventices susceptibles de se développer dans une culture, il faudra recourir à plusieurs substances actives.

Une réglementation européenne interdisant tout produit toxique non dégradable dans le sol a conduit à une liste de produits de plus en plus sûrs, utilisés à doses de plus en plus réduites, c'est-à-dire, avec le recul, de plus en plus adaptées à la dose efficace minimale. Mais plus un produit est utilisé, plus des dangers rares risquent d'être détectés et peuvent conduire à leur retrait. Cependant, dès lors que les herbicides sont des produits systémiques inhibiteurs de métabolismes variables, ils sont soumis aux mêmes lois de la sélection naturelle responsable de l'évolution de la biologie des plantes. Ainsi tout stress agissant sur des organismes vivants conduit à la sélection d'individus, issus de la variabilité génétique naturelle, moins sensibles, voire insensibles à ce stress. Un des gros enjeux réside dans le fait qu'en l'absence de nouveaux modes d'action, et donc en ne faisant que reprendre la palette de produits existants, il est généré une liste de produits similaires qui deviendront progressivement obsolètes. Ainsi à terme, les produits les plus efficaces et donc, les plus utilisés, devraient disparaitre sans espoir de se voir remplacés.

V.

Caractéristiques des substances actives

> « It is becoming increasingly evident that treatment of plants with herbicides… appears to resemble the situation of other biotic or abiotic stresses that are known to induce, either directly or indirectly, a broad array of defense mechanisms generating plant resistance to such stresses. »
>
> Hatzios K. K.. *Weed Science*, 2004

Un produit chimique de synthèse, minéral et/ou naturel peut être toxique pour un grand nombre d'êtres vivants ou seulement pour les végétaux. Aux doses appliquées, il peut en tuer la totalité ou seulement quelques-uns. Bien que discutée au regard de certains mécanismes des perturbateurs endocriniens (Pascal, 2018), la relation dose-effet reste le socle de l'évaluation en toxicologie y compris par extension en écotoxicologie ou en protection des cultures.

La découverte des propriétés sélectives du sulfate de cuivre, produit chimique minéral, comme substance active herbicide, ouvrit cette dernière possibilité. Pour le désherbage, en agriculture, la sélectivité se définit comme la propriété d'un produit susceptible de détruire les adventices, mais en général pas toutes, et d'épargner la culture, aux doses homologuées et conditions d'usage. En d'autres termes, il sera un herbicide d'autant plus sélectif et pratique d'usage que l'écart entre la dose capable de détruire les adventices visées et celle, plus élevée, qui pourrait commencer à affecter la culture traitée, sera plus important. Sans aucun risque pour la culture, il pourra être appliqué une dose nocive pour tous les individus des adventices visées. Quel que soit le produit il existe, pour chaque dose, toute une gamme de comportements, depuis des espèces instantanément et totalement détruites, certaines plus longues à disparaitre, d'autres dont seulement quelques individus sont plus ou moins affectés et enfin toutes celles qui ne sont absolument pas touchées.

Dès l'introduction du sulfate de cuivre, il a été découvert qu'il contrôlait les espèces très dominantes, mais en épargnait d'autres, dont la culture, qui profitaient de l'espace ainsi libéré. Afin d'atteindre le désherbage complet, un seul produit ne suffisait pas. Dans les situations où il était difficile de revenir au désherbage manuel ou mécanique, il devenait nécessaire de trouver d'autres substances qui élargissent le spectre d'adventices contrôlées. Aujourd'hui, la panoplie de molécules disponibles représente la somme de tous les produits adaptés à chaque culture. Dans la pratique, pour une culture, seules quelques substances sont sélectives. Très fréquemment, elles ne sont actives que sur certaines adventices. La gestion complète de toutes les espèces adventices d'une culture exige plusieurs substances, seules ou réunies dans une association, souvent en plusieurs applications à des périodes différentes adaptées aux stades de sensibilité des adventices visées. Pour certaines espèces mal contrôlées, il peut être possible de parfaire le contrôle l'année suivante avec un herbicide plus efficace utilisable sur une autre culture de la rotation. De plus, une substance utilisable dans plusieurs cultures n'est pas nécessairement toujours homologuée à la même dose et, de ce fait, ne contrôlera pas les mêmes espèces. Les doses homologuées sont fixées à la plus faible valeur permettant de contrôler toutes les espèces visées par la firme détentrice du produit. Par ailleurs, dans les bordures traitées des parcelles il ne peut être exclu un chevauchement entre deux passages de traitement, aussi il est convenu arbitrairement que le double de ces doses ne doit pas altérer la croissance de la culture. Des doses plus élevées se révèleront, en général, préjudiciables à la culture.

Si l'usage des herbicides est très réglementé, le coût des produits formulés va aussi conduire à une utilisation la plus restreinte possible, au risque, en retour, de baisses excessives rendant le traitement insuffisamment efficace si la réduction de dose concerne l'ensemble de la parcelle de façon uniforme et non pas un traitement à pleine dose limité aux parties plus infestées. À cause de l'encadrement réglementaire, du coût et du risque de manque de sélectivité, depuis de nombreuses années, les agriculteurs ne risquent pas d'augmenter les quantités appliquées pour pallier une efficacité médiocre, ils changent plutôt de substance active ou de mode d'action. De plus, à l'usage, l'expérience permet de déterminer précisément la dose suffisante pour chacune des espèces principales. Les agriculteurs, plus techniques depuis le début des années 1990 et après la fin des prix garantis, utilisent, dans la très grande majorité des cas, strictement ce qui est nécessaire pour les espèces présentes dans chaque parcelle, mais à condition de mettre la dose efficace contre l'espèce visée la moins sensible, tout en respectant la culture.

La principale contrainte spécifique à la France dans le monde depuis son entrée en application en 2002 reste une réglementation très contraignante sur les mélanges de produits phytopharmaceutiques pas toujours très étayée sur le plan scientifique. La possibilité de mélanger dans la cuve des spécialités monosubstances actives dans des proportions optimales par rapport à la flore de la parcelle, a été restreinte. Cela a favorisé l'usage de spécialités associant des proportions fixes de plusieurs substances actives, pas forcément adaptées à la flore de la parcelle. Il s'agit d'un exemple de réglementation ne favorisant pas une réduction de l'utilisation de produits phytopharmaceutiques, nuisible à la protection de l'environnement et aux coûts induits par le désherbage. La France reste, depuis près de 20 ans, le seul pays dans le monde à avoir adopté cette réglementation. Dans le contexte d'un principe de précaution guidant l'évaluation, il n'a pas été possible d'en discuter l'utilité ni de procéder à une révision pour aider à l'optimisation de l'emploi des herbicides, donc à la réduction des doses utilisées.

À l'exception des acides acétique et pélargonique, il y a très peu d'herbicides totaux sélectifs d'aucune culture parmi les produits actuellement autorisés. Les techniques de recherche de l'activité des molécules synthétisées se fondent sur le caractère de sélectivité, en testant simultanément l'effet sur les adventices et la culture à désherber. À part des herbicides qui nécessitent de très fortes doses pour neutraliser durablement beaucoup d'espèces, notamment les vivaces, seul le glyphosate (G) présente la caractéristique d'être total. C'est le seul herbicide pour lequel il n'a pas été possible de trouver une dose de traitement *en plein,* c'est-à-dire dispersée sur tout le feuillage, sélective d'une quelconque culture. Son usage, dans des cultures pérennes par exemple, impose de ne toucher aucune partie chlorophyllienne, principale voie de pénétration dans les plantes.

1— Types de sélectivité

L'objectif de contrôler le maximum d'espèces et de disposer de produits sélectifs pour la plupart des cultures conduit à rechercher des molécules parfois très différentes. Par exemple, on a pu obtenir des pénétrations différentiées dans les tissus. Les substances actives ne possèdent pas non plus le même type de sélectivité aux doses les plus basses. Les différences de sensibilité entre plantes d'une part, le besoin d'obtenir des molécules plus efficaces à doses et toxicité les plus faibles possible d'autre part, exigent une homologation indépendante pour des substances actives chimiquement très diverses. Cela conduit *de facto* à la recherche de types de sélectivités différents et aboutit parfois à l'impossibilité d'en trouver. Dans ce cas, si le produit est très efficace et respecte toutes les contraintes réglementaires, il peut devenir un herbicide total.

Il existe de nombreuses situations qui peuvent donner lieu à une certaine forme de sélectivité. Les herbicides minéraux nécrosaient les parties du végétal qu'ils touchaient. La sélectivité reposait, une fois la plante atteinte, sur la capacité de rétention de la feuille et l'accessibilité aux organes vitaux que sont les méristèmes. L'activité des herbicides utilisés actuellement dépend d'au moins cinq étapes : l'accessibilité aux organes de pénétration de la plante par les feuilles ou les racines, la pénétration non destructrice à travers des cires et l'épiderme, le transport dans les vaisseaux du xylème et/ou du phloème jusqu'aux cibles, l'esquive des enzymes de détoxication ou d'excrétion active, et enfin s'il arrive à la cible, son niveau d'activité (Gauvrit, 1996, Tissut *et al.*, 2006)). À noter qu'au-delà de la variabilité de ces étapes, dans certaines plantes, la cible peut porter naturellement des mutations qui modifient fortement sa sensibilité au produit.

La sélectivité différentielle entre la culture et les adventices peut dépendre de différences de comportement plus ou moins importantes pour au moins une de ces étapes, mais aussi des caractéristiques des herbicides et de leurs capacités de pénétration dans les plantes. Beaucoup d'herbicides, très peu hydrosolubles, sont dits de post-levée ou de contact et pénètrent par les feuilles. Ils sont donc actifs seulement sur les parties aériennes des plantes avec lesquelles ils viennent en contact. Un certain nombre d'autres produits, souvent anciens, sont dits de prélevée ou racinaires, parce qu'en formulation hydrosoluble ils sont absorbés uniquement *via* les racines, dissous dans l'eau. Ils sont appliqués sur le sol préventivement contre les espèces susceptibles de lever afin d'éviter le contact avec la culture. Ces produits sont plus ou moins adsorbés sur le complexe argilo-humique. Ils sont libérés progressivement dans la solution du sol. Cela assure une certaine persistance d'action en empêchant, jusqu'à plusieurs semaines ou mois, la levée de la plupart des espèces dont les racines et radicelles entreraient en contact avec le produit. Leur efficacité est favorisée par des taux d'argile et de matières organiques assez faibles et un sol humide. Enfin certains produits peuvent, dans des proportions variables, pénétrer à la fois par les racines et les feuilles.

1—1 Sélectivité de position

C'est la seule sélectivité assurée par l'absence de contact entre la culture annuelle et le produit. Les herbicides de prélevée sont appliqués sur un sol généralement nu. Les herbicides comme les urées substituées et les triazines (groupe C) sont préférentiellement absorbés par les racines. Ils restent localisés près de la surface du sol en raison d'une faible solubilité dans l'eau en équilibre avec leur forte capacité d'adsorption sur le complexe argilohumique. La majorité du produit se trouve adsorbée sur les argiles et la matière organique qui servent de stock. Celui-ci alimente progressivement la fraction aqueuse au fur et à mesure du déplacement de l'équilibre par l'absorption racinaire ou la dégradation du produit par les micro-organismes. Cela assure une persistance des quantités solubilisées dans la solution de sol, et ce, de manière plus ou moins constante tant qu'il en reste sous forme adsorbée. Ce mécanisme permet de détruire les nombreuses adventices qui germent près de la surface, tant que les quantités solubilisées sont suffisantes. La sélectivité dite *de position* tient au fait que, si la culture est semée profondément ou a déjà des racines profondes, celles-ci ne seront quasiment pas au contact de l'herbicide, quelle que soit la sensibilité de la culture. Cela est valable pour des cultures annuelles comme le maïs ou le pois et, surtout, pour les cultures pérennes.

1—2 Sélectivité morphologique

Elle est due d'abord à des niveaux variables de rétention par des feuilles plus ou moins mouillables, selon que leurs surfaces sont plus ou moins velues, glabres avec plus ou moins de cires. Plus il reste d'herbicide sur la feuille, plus il peut en pénétrer. Les différences entre les feuilles fines, dressées et peu mouillables des graminées, moins sensibles à l'acide sulfurique que des dicotylédones à feuilles larges, planes et plutôt mouillables sont typiques de ce critère. Mais, à quantités égales de rétention, il peut aussi exister des cas de nets écarts de pénétration. La morphologie de la plante conditionne la rétention, elle intervient par des différences entre les feuilles selon leur position dans l'espace. Si les méristèmes sont bien exposés au sommet de la plante comme chez les dicotylédones, les phytohormones (groupe O) seront plus efficaces que sur les graminées dont les méristèmes sont enfouis au niveau du plateau de tallage au fond des gaines des feuilles (Gauvrit, 1996).

1—3 Sélectivités physiologiques et biochimiques

En général, que les produits entrent par les racines et soient transportés vers les feuilles par le xylème ou qu'ils soient absorbés par les feuilles et transportés vers les méristèmes aussi bien par le xylème que le phloème, les espèces sensibles à un produit le transportent mieux et plus rapidement vers la cible. Mais il existe toute une gamme de niveaux de transport selon les types de vaisseaux, d'une espèce à l'autre. C'est principalement le genre de sélectivité sur lequel vont s'appuyer les définitions des doses utilisées.

1-3-1 Sélectivité liée à une différence de métabolisme

La sélectivité de la plupart des herbicides est due à une différence de métabolisme entre plantes sensibles et tolérantes. Tous les herbicides, relevant de la chimie organique, sont dits de synthèse et, à ce titre, considérés comme étrangers aux organismes vivants et particulièrement aux plantes qui, par voie de conséquence, seraient incapables de les métaboliser. En fait, les cellules d'un organisme vivant disposent d'un grand éventail d'enzymes de dégradation de molécules organiques étrangères, comme de très nombreuses mono-oxygénases à cytochrome P450 (P450) ou des glutathion S transférases (GST). Dès que l'organisme rencontre une de ces molécules, par réaction, la synthèse des formes plus ou moins spécifiques de différentes enzymes est activée. Ainsi, le métabolisme des herbicides dans les plantes comprend des séries de réactions conduisant généralement à la dégradation quasi totale des molécules actives utilisées. Cette caractéristique est désormais exigée pour l'homologation d'une nouvelle substance.

La plupart des espèces végétales dégradent bien les herbicides. La sélectivité dépendra du niveau d'intensité et de rapidité de la dégradation par les espèces jusqu'à des molécules totalement sans effet. Par opposition, certaines espèces dégradent l'herbicide par des voies différentes, conduisant à des produits dérivés encore un peu actifs, ou à des équilibres entre molécules actives et inactives. Le glyphosate (G) est un des rares cas d'absence quasi complète de métabolisation.

Lorsque la molécule active a une forme acide hydrophile entraînant une mauvaise pénétration, le produit sera formulé sous forme d'un ester plus lipophile pour une meilleure pénétration, mais généralement sans activité herbicide. La sélectivité sera alors fondée sur le fait que certaines espèces possèdent une estérase capable d'hydrolyser l'ester, et ainsi de générer la forme active acide. Ces plantes seront sensibles. Celles qui métaboliseront directement l'ester selon une autre voie, ne révèleront jamais la forme active et ne seront pas affectées (Gauvrit, 1996).

1-3-2 Sélectivité liée à une différence de sensibilité de la cible

Si l'herbicide peut atteindre la cible en quantité suffisante, il peut y avoir des différences de sensibilité de la cible selon les espèces et même parfois au sein de la même espèce. Aucune plante ne peut être totalement résistante à un herbicide. Sauf exception, toutes les espèces possèdent la cible d'un herbicide qui sera toujours atteinte par la molécule. C'est la raison pour laquelle la notion de sélectivité est si importante. Il existe un cas particulier de résistance de la cible entre les espèces. Les graminicides spécifiques (groupe A) inhibent la synthèse des acides gras en bloquant l'ACCase de certaines graminées. Chez les eudicotylédones (sauf quelques *Erodium* et *Pelargonium*), l'ACCase se présente sous une forme différente qui les rend naturellement résistantes. Tout se passe comme si la cible de ces herbicides n'existait pas chez ces plantes. Parmi les graminées, il existe de rares espèces, comme le pâturin annuel, qui, bien qu'ayant la forme sensible, sont résistantes. Le gène de l'enzyme a subi, une mutation naturelle, fixée dans toute l'espèce, et, ce, bien avant l'introduction de l'herbicide. Il s'agit de la même mutation que celle qui a été sélectionnée chez des graminées adventices devenues résistantes après des usages répétés de l'herbicide (Délye *et al.*, 2013).

1—4 Sélectivité assurée par les safeners

Quelques molécules sont commercialisées avec un antidote ou *safener*. Ainsi des graminicides inhibant l'ACCase comme le fénoxaprop éthyl (A) ont d'abord été homologués en cultures de dicotylédones parce qu'ils ne sont pas suffisamment détoxiqués par le blé dont la cible est sensible. Or, des molécules, sans activité herbicide, se sont avérées capables d'activer, voire d'accélérer la synthèse des enzymes de détoxication (P450, GST et glucosyltransférases) du blé impliquées dans la métabolisation des fops (groupe A) et des sulfonylurées (groupe B). Ces molécules antidotes appelées *safeners* n'agissent pas différemment de nombreux stress biotiques ou abiotiques (Hatzios, 2003). Les attaques parasitaires, les blessures par les ravageurs, les métaux lourds, les chocs thermiques et les conditions environnementales provoquent des stress oxydatifs qui activent l'expression de gènes codant pour des enzymes de défense des plantes. Bien que les *safeners* ne soient pas très sélectif, ils peuvent agir de manière différentielle selon les espèces de graminées. Grâce à des approches expérimentales, il a été possible de déterminer, pour un *safener* particulier et un herbicide donné, la proportion relative entre les deux produits requise pour activer suffisamment la détoxication chez le blé sans trop la stimuler chez les graminées adventices. La culture, en absorbant également l'herbicide et le *safener*, va, à cause de ce stress, produire de plus grandes quantités d'enzymes que lorsqu'elle n'absorbe que l'herbicide. Elle pourra détoxiquer beaucoup plus vite l'herbicide, et sera capable de supporter des doses plus élevées. Ainsi, le fénoxaprop éthyl (A) comme le clodinafop (A) ont pu être autorisés sur blé, permettant d'assurer un très bon contrôle des graminées adventices qui y sont les plus abondantes, comme le vulpin et le ray-grass. En France, les *safeners* les plus utilisés sont pour les antigraminées sur céréales à paille des groupes A et B, le cloquintocet-méxyl de Syngenta et le méfenpyr-diéthyl de Bayer et pour le maïs, le bénoxacor de Syngenta et l'isoxadifen-éthyl de Bayer pour le foramsulfuron (B) et la tembotrione (F2).

1—5 Modification de la sensibilité de la culture

À côté de ces sélectivités fondées sur diverses différences, les traitements répétés ont sélectionné chez les adventices des plantes résistantes par mutation de cible ou par amplification héréditaire de détoxication. Les progrès de la génétique et l'expérience acquise avec les adventices ont permis de rechercher ces caractéristiques chez des cultures, soit par sélection, soit par transfert de gène muté. Cette approche permet de créer une sélectivité, potentiellement très importante, chez une culture pour l'herbicide désiré, et en fonction des espèces à contrôler.

Ainsi des variétés rendues tolérantes aux herbicides (VRTH) ont été produites afin qu'elles portent une résistance généralement due à une mutation de la cible de l'herbicide. De rares mutants naturels dans des populations sauvages ou des espèces proches peuvent également être recherchés, puis la mutation transférée par des techniques classiques de sélection. La mutagenèse, technique de sélection éprouvée de longue date, peut être utilisée afin de repérer des mutations directement dans le matériel testé. Enfin, la transgenèse peut être appliquée, par transfert de gène à partir d'un autre organisme. Il existe également les techniques nouvelles d'édition des génomes dont les cibles sur le génome sont de plus en plus précises pour isoler la mutation désirée.

Les mutations naturelles aléatoires qui apparaissent régulièrement à des fréquences basses peuvent être ponctuelles, une à quelques paires de bases, ou beaucoup plus importantes avec de grandes insertions, délétions, remaniements chromosomiques importants, doublage chromosomique… en perturbant plusieurs gènes. Elles peuvent être provoquées par des rayonnements naturels, des composés naturels oxydants ou liées à des transpositions d'éléments mobiles, des erreurs de réplication ou de réparation de l'ADN. La technique de mutagenèse, connue depuis plus d'un siècle a permis, au cours des 60 dernières années en provoquant, chimiquement ou par des rayonnements, des mutations aléatoires, de produire plus de 2 250 variétés chez plus de 100 espèces cultivées (Ahloowalia *et al.*, 2004) de grandes cultures, de maraîchage, de l'arboriculture et de l'horticulture, utilisées largement par tous les types d'agriculture, même en AB (HCB, 2020). Une fois sélectionnées, les mutations retenues sont intégrées dans les cultivars choisis par simple croisement, puis rétrocroisements sur plusieurs générations. Par la similitude des procédés d'obtention, les mutations naturelles ou induites, ne peuvent être distinguées.

Les sélections de mutations naturelles ou provoquées ont fourni des résistances à plusieurs produits ayant différents modes d'action, surtout au sein des herbicides des groupes A et B. Ce sont des produits sélectifs, mais, à l'origine, pas de toutes les cultures. De plus, particulièrement ceux du groupe B ont un très large spectre d'action sur des adventices. Des mutants naturels de maïs se sont avérés résistants à deux inhibiteurs de l'ACCase, le cléthodime (A) et le cycloxydime (A). Chez le colza, une mutation qui confère la résistance à l'atrazine (C1) a été utilisée au Canada, où elle a été trouvée, et, en Australie, dans des situations impliquant la présence de nombreuses adventices, surtout des crucifères. Des VRTH résistantes à des herbicides du groupe B (imidazolinones) sont commercialisées pour deux cultures : des mutations spontanées ont été trouvées chez le colza, chez le tournesol annuel sauvage des mutations ont été simplement transmises par croisement au tournesol cultivé. De même dès son homologation, le chlortoluron (C2) n'a été utilisable que sur des variétés de blé capables de le détoxiquer directement en des métabolites sans effet herbicide.

Par mutagenèse, des mutations équivalentes ont été obtenues chez beaucoup de cultures (blé, luzerne, tabac, orge, riz...). Ainsi sont commercialisés, aussi bien des VRTH de colza ou de tournesol portant des mutations spontanées ou induites, car ces deux cultures ne pouvaient pas être désherbées avec des herbicides du groupe B. Ces résistances vont surtout être utilisées pour résoudre des problèmes difficilement solubles, comme la lutte contre des espèces botaniquement très proches de la culture. C'est également le principal moyen de contrôler actuellement, en complément de la génétique, les orobanches parasites, en culture de tournesol et de colza. Dans certaines régions, les tournesols peuvent être envahis par l'ambroisie, plante très allergisante dont la neutralisation est imposée par la réglementation. La résistance de la culture aux inhibiteurs de l'ALS est actuellement le moyen le plus simple et le plus efficace de lutte contre cette adventice dans cette culture particulièrement exposée par son cycle estival.

Le premier végétal dans le monde issu de la transgenèse (OGM) en 1983 est un tabac et, en 1985, est apparu le premier cultivar de tabac résistant à un insecte grâce à un gène de *Bacillus thuringiensis*. Le recours à cette technologie n'est pas autorisé à la culture en France et dans la plupart des autres pays en Europe. Cette interdiction vise de fait exclusivement les végétaux cultivés, mais ne concerne pas les micro-organismes en milieu confiné puisque des médicaments, comme l'insuline, et de nombreux adjuvants de notre alimentation (chymosine...) sont produits en fermenteur par des bactéries et des levures dont le matériel génétique a été modifié d'une manière qui ne s'effectue pas naturellement par multiplication et/ou par recombinaison naturelle (directive 2001/18/CE).

Dans le règne végétal, ce sont les herbicides qui ont été les premiers concernés par une utilisation commerciale de la technique avec le soja tolérant au glyphosate (G), la technique a ensuite surtout été utilisée pour transférer des résistances au glyphosate (G) puis à plusieurs autres herbicides à très large spectre, seules ou associées à d'autres traits. Les surfaces concernées dépassaient 191,7 Mha en 2018 à travers le monde (54 % dans 21 pays en développement et 46 % dans neuf pays industrialisés), surtout chez le soja, le coton, le maïs et le colza ou le canola, colza de printemps à faible teneur en acide érucique. Mais il est probable que ces chiffres sous-évaluent la réalité, dans la mesure où de grands pays agricoles pourraient être également concernés par la culture de ces variétés sans qu'un recensement précis soit réalisé, comme l'Ukraine officiellement sans OGM (Krinke, 2018) ou la Chine qui ne communique pas sur ses propres productions d'OGM (Noisette,

2014). Les chiffres officiels et vérifiables correspondaient en 2018 respectivement à 78 %, 76 %, 30 % et 29 % de la production mondiale des cultures de soja, coton, maïs et colza. Aux USA, en moyenne, 93 % de la production de soja, maïs, coton et canola sont génétiquement modifiés. Au Brésil, ces cultures représentent également une moyenne de 93 % du maïs, du soja et du coton. En Argentine, c'est près de 100 % du maïs et du soja qui sont transformés et au Canada, c'est environ 92,5 % du canola. Les résistances aux herbicides, quasi exclusivement au glyphosate (G), seules ou associées à des résistances à des insectes représentaient 88 % du total des variétés OGM commercialisées à travers le monde (ISAAA, 2019).

La différenciation entre variété issue de la mutagenèse et variété mutante, quelle que soit l'origine de la mutation, risque d'être rendue plus complexe que pour les variétés OGM obtenues par transgenèse. Le développement rapide de nouvelles techniques de mutagenèse ciblée utilisant notamment l'approche CRISPR-Cas9 n'introduit pas de gène extérieur à la plante. Dans ce cas, la variété végétale qui en résultera portera, selon les cas, une courte délétion ou une mutation unique, qui ne pourra plus techniquement être distinguée d'événements spontanés de délétions ou de mutations.

La frontière, du moins la frontière identifiable, entre la diversité génétique spontanée chez les espèces cultivées et l'amélioration génétique via les biotechnologies est progressivement en train de s'estomper. La recherche de cette distinction fait l'objet d'un débat intense entre scientifiques favorables et scientifiques hostiles. Il semble exister un nombre important d'espèces naturelles dont le matériel génétique est issu de transferts horizontaux de gènes par le biais *d'Agrobacterium* qui seraient des « OGM » naturels. Dès 2012, cela a été montré chez l'adventice, la linaire commune (*Linaria vulgaris)* (Matveeva *et al.*, 2012) et dans le même temps, chez le tabac, puis en 2015 chez la patate douce (Kyndt *et al.*, 2015). En 2019, Matveeva et Otten, en recherchant dans une base de données compilant les génomes de 631 dicotylédones et 205 monocotylédones, ont trouvé des gènes d'*Agrobacterium* chez 39 dicotylédones, aussi bien des espèces sauvages que cultivées. Mais chez les monocotylédones, seulement une espèce de banane et une d'igname apparaissaient posséder de tels gènes. Plus récemment, la comparaison des génomes de 17 espèces de graminées a montré que des gènes fonctionnels ont été transférés entre des espèces cultivées et sauvages très éloignées (Hibdige *et al.*, 2021). C'est d'ailleurs un fait reconnu que les génomes des organismes, dont l'homme, contiennent des séquences originaires d'autres organismes (Crisp *et al.*, 2015).

Indépendamment de ces observations et considérations très techniques, la Cour de Justice de l'Union européenne (CJUE) en juillet 2018 a bloqué l'évolution des avancées biotechnologiques par modification des génomes pour l'agriculture européenne. Toutes les techniques de modification génétique postérieures à 2001, par conséquent, ne sont pas ou plus autorisées hors cadre de la directive 2001/18/CE et des évaluations réalisées par l'EFSA parce qu'elles produiraient des OGM. Seules des techniques antérieures et considérées comme traditionnelles, *à la sécurité avérée,* d'après la CJUE pourront être appliquées. En sus de cet avis, chaque pays de l'UE reste libre de soumettre les événements antérieurs autorisés à la culture par l'EFSA, à des obligations *nationales* particulières. Ces termes de droit échappent, dans leur logique, à l'agronome qui n'identifie pas ce qui aurait été fondamentalement différent dans les techniques de transgènes avant et après cette date, sauf l'emploi de techniques moins affinées et sécurisées entre 1950 et 1990. L'agronome avait aussi noté le fort encouragement par la FAO à voir les différents pays investir dans la production de variétés plus résistantes aux bioagresseurs et plus productives grâce à la mutagenèse (FAO, 2000 a et b). Cet encouragement explicite n'a plus été mis en avant dans les années suivantes.

Dans les faits, sauf rare exception ou changement de la législation, aucune variété nouvelle moderne ne pourra être cultivée en Europe et tout particulièrement en France en lien avec un refus sociétal de la technologie pour sa mise en œuvre sur le territoire. Cette décision importante rend plus complexe l'évolution des approches actuellement conduites en Amélioration des plantes, défense des cultures, contrôle des adventices... C'est un choix différencié par rapport aux autres régions les plus productives de la planète qui se sont pleinement approprié ce champ d'investigation en utilisant largement ces nouvelles technologies et, de plus, nous fournissent en aliments du bétail, y compris certaines qui, sur le plan déclaratif, s'opposent à la technologie. C'est le cas de la Russie où des incertitudes demeurent sur l'adoption ponctuelle de soja tolérant le glyphosate (G) (USDA, 2020). Le choix fait par l'Europe, à la suite de l'avis de la CJUE, lui impose de rechercher d'autres solutions pour tenter de rester compétitive du point de vue agricole, nourrir sa population majoritairement avec sa propre production et assumer son ambition de souveraineté alimentaire... Les auteurs de cet ouvrage s'interrogent sur les conséquences de l'interdiction de solutions techniques dont les risques ne sont pas pleinement avérés, alors que le reste du monde les a adoptées sans dommage apparent depuis des décennies.

L'Europe peut-elle complètement interdire les OGM par transgenèse et abandonner le sujet de la sélection de nouvelles variétés, notamment par les nouvelles techniques de création de mutations ciblées ? De toute évidence, certainement si la demande citoyenne largement majoritaire l'exige. Mais cela nécessite de bien expliquer préalablement les conséquences de ce choix à moyen et long terme, notamment, sur la souveraineté alimentaire et la dépendance vis-à-vis d'autres régions du monde pour assurer le bien le plus vital qui soit avec l'air et l'eau, plus rare aussi : l'alimentation. Cette explication ne nous parait pas avoir été faite correctement ou avec suffisamment de clarté.

Nous identifions aussi dans le cadre de cette décision comme un paradoxe qui supposerait, dans l'absolu, si l'interdiction des techniques de mutagenèse antérieures à 2001 s'appliquait, qu'une très large majorité des variétés autorisées en AB devraient certainement bénéficier de dérogations pour perdurer. De ce fait, celles-ci devraient être assimilées à des *OGM* parce qu'elles incorporent des mutations induites ou sont issues de croisements non naturels : le triticale (Cauderon, 1993), mais aussi le blé *Renan* et ses descendants *Hendrix* et *Skerzzo*… (Gallais, 2015 et 2021). Ceci les apparente à des génomes modifiés.

2— Comportement des cultures et des adventices vis-à-vis de différents herbicides

À cause de la très grande diversité de sélectivités vis-à-vis des différentes espèces végétales, tous les herbicides ne peuvent être utilisés sur toutes les cultures. Aucune substance active, à l'exception du glyphosate (G) depuis la fin des années 90, sélectif des seules cultures GM, n'est capable de contrôler toute la flore potentielle. Historiquement, en cultures céréalières, les tout premiers produits ont été dirigés contre les espèces les plus fréquentes, des crucifères et, par extension, contre les principales espèces annuelles, majoritairement des dicotylédones. Après quelques années de réussites, les dicotylédones ont régressé et les graminées ont occupé la place libérée. Il a alors fallu rechercher des antigraminées.

Certaines espèces dicotylédones sont très sensibles à la plupart des herbicides, surtout à ceux qui sont appliqués sur céréales, comme la valérianelle ou les matricaires et surtout les crucifères : arabette (*Arabidopsis thaliana*), capselle, cardamines (*Cardamine* spp), draves (*Draba* spp), moutarde, rapistres (*Rapistrum* spp), ravenelle, sisymbres (*Sisymbrium* spp) et thlaspis (*Thlaspi* spp). En revanche, pour la plupart des espèces, seules quelques substances actives se révèlent efficaces en cultures céréalières. Enfin, certaines adventices restent très difficiles à contrôler, aussi bien en culture de céréales que dans la plupart des autres cultures de la rotation. Ce sont, en particulier, des vivaces : l'armoise, le chardon des champs, le laiteron des champs, la prêle, la renoncule rampante, la renouée amphibie (*Persicaria amphibia*), les rumex, le tussilage, et la plupart des graminées adventices. Les ombellifères sont également très mal contrôlées : l'ammi, l'anthrisque, le peigne de Vénus, la carotte sauvage (*Daucus carota*), la petite cigüe, le torilis des champs (*Torilis arvensis*)). Le gaillet, les géraniums, le chrysanthème des moissons (*Chrysanthemum segetum*), l'ambroisie et les bromes ne sont vraiment sensibles qu'à très peu de matières actives utilisées actuellement (Mamarot et Rodriguez, 2003).

C'est la raison pour laquelle la plupart des produits phytopharmaceutiques intègrent plusieurs matières actives. Soit un antigraminée et un antidicotylédone associés qui permettent de couvrir un plus large spectre d'espèces contrôlées en un seul traitement, soit deux produits de même type : deux hormones (groupe O) ou deux sulfonylurées (groupe B)) assurent, à plus faible dose, un meilleur et plus régulier contrôle des espèces sensibles.

La sole cultivée la plus vaste en France étant couverte de céréales à paille et en premier lieu de blé, une large gamme de substances actives relevant de dix modes d'action différents est disponible pour contrôler la quasi-totalité des adventices. Néanmoins, elles n'ont pas toutes les mêmes niveaux d'efficacité et ne sont donc pas toutes également utilisées. Plusieurs substances de trois modes d'action (groupes A, B et O) sont, de loin, les plus utilisées. En conséquence des résistances y sont apparues, ce qui disqualifie leur utilisation contre certaines espèces dans plusieurs régions (tableau V 1).

Tableau V — 1 : Distribution des molécules homologuées en cultures céréalières en France en 2017, selon leur mode d'action (dont en *italiques*, les molécules concernées par la résistance en France).

	A	B	C2	E	F1	K1	K3	L	N	O	total
Antigraminées	4 (*3*)										4 (*3*)
Antigraminées Faibles antidicotylédones			2		2						4
Antigraminées Antidicotylédones		6 (*5*)					1		1		8 (*5*)
Antidicotylédones faibles antigraminées											0
Antidicotylédones		6 (*4*)		2	2	1		1		6 (*2*)	21 (*6*)
Total	4 (*3*)	12 (*9*)	2	2	4	1	1	2	1	8 (*2*)	37 (*14*)

À titre d'exemple, l'usage des principales substances utilisées sur blé a évolué. Entre 2011 et 2014, les mêmes 12 substances ont été utilisées, mais leurs proportions relatives ont évolué (tableau V — 2). Cette évolution peut être la conséquence de la progression des résistances aux inhibiteurs de l'ALS (groupe B), bien que les deux sulfonylurées (groupe B) les plus utilisées aient encore un peu progressé. Ainsi, dès 2014, d'autres molécules, surtout le diflufenicanil (F1), le florasulam (B) et le pinoxaden (A), ont pris une grande importance pour contrecarrer les résistances. Cela s'est précisé en 2017 avec la baisse du iodosulfuron (B) et du mésosulfuron (B). Le flufénacet (K1) et surtout le prosulfocarbe (N) sont de plus en plus utilisés, en raison de la suppression de l'isoproturon (C2), des contraintes réglementaires sur les sols drainés et des dispositifs végétalisés permanents. Cela explique, pour partie, l'augmentation des tonnages d'herbicides utilisés lors de la dernière décennie. Chaque herbicide du groupe B, utilisé à quelques grammes par hectare, est remplacé par un ou plusieurs produits qui le sont à quelques centaines de grammes par hectare.

Tableau V — 2 : Pourcentage des substances utilisées à plus de 10 % en 2017 comparées à leur usage en 2011 et 2014.

Groupe	Substances	2011	2014	2017
F1	Diflufenican	28,8	36	52,1
B	Iodosulfuron-methyl-sodium	45	55	41,6
B	Mesosulfuron-methyl	43,5	54	41,1
K3	Flufénacet	5,4	10	29,7
B	Metsulfuron methyle	17,4	25	29,6
B	Florasulam	20,1	32	28,2
N	prosulfocarb	5,2	7	25,8
A	Pinoxaden	2,1	15	16,1
O	Fluroxypyr	12,1	13	14,2
C2	Isoproturon	14	19	13,7
B	pyroxsulame	10,7	14	11,3
A	clodinafop	5,2	5	11,2
B	Tribenuron-methyle	9,2	14	10,6
B	Thifensulfuron-méthyle	11,6	14	9,6

Dans les principales cultures, céréales et maïs, les adventices dominantes ne sont pas toutes sensibles à tous les produits sélectifs. En céréales et en blé d'hiver en particulier, les trois principales graminées annuelles, vulpin, ray-grass et pâturin annuel, sont contrôlées exclusivement par des antigraminées des groupes A et B, du triallate (N) et des urées substituées (groupe C) avant leur interdiction, soit, en tout, une dizaine de produits. Toutefois, beaucoup de populations d'adventices sont déjà résistantes à plusieurs produits des deux groupes A et B (Tableau V — 1). Sur les 14 principales dicotylédones annuelles, six sont très sensibles à la plupart des molécules autorisées sur blé (à l'exception des antigraminées du groupe A) : la stellaire, la matricaire inodore (*Tripleurospermum inodorum*), la véronique de Perse et les crucifères : capselle, moutarde et ravenelle. Le coquelicot, le séneçon vulgaire et le chénopode sont plus ou moins bien contrôlés par la majorité des produits, mais jamais complètement. Les renouées liseron (*Falopia convolvulus*) et des oiseaux (*Polygonum aviculare*) sont faiblement sensibles à plusieurs produits, sauf aux produits du groupe B qui les contrôlent bien. Le gaillet, désormais très fréquent dans les cultures céréalières, n'est contrôlé que par l'amidosulfuron (B), le fluroxypyr (O) et le florasulam (B).

Avec le maïs, bon exemple de culture d'été, depuis le retrait de l'atrazine (C1), seule la stellaire, relativement peu abondante, est très sensible à la plupart des produits. Les chénopodes, amarantes et morelle, beaucoup plus fréquents et abondants, sont sensibles à beaucoup de substances actives, sans que cette efficacité soit très bonne. Les renouées liseron, persicaire et des oiseaux sont peu sensibles. Ces adventices sont seulement sensibles à quelques substances actives et sont donc, dans l'ensemble, mal contrôlées. Les graminées les plus abondantes sont les digitaires, sétaires et panic pied-de-coq (*Echinochloa crus galli*). Leur contrôle est suffisant avec la plupart des produits, principalement, parce qu'elles sont les cibles majeures des herbicides en culture de maïs ayant fait en amont l'objet d'une recherche spécifique d'herbicides efficaces. Des espèces adventices des céréales, initialement très bien contrôlées par l'atrazine (C1), sont en recrudescence dans les maïs assolés avec du blé. De même, le datura profite de la réduction de produits efficaces sur maïs pour gagner de nouvelles régions (Orlando 2019).

Quelles que soient les cultures, un certain nombre d'espèces ont toujours été et restent très mal contrôlées, voire très difficilement : les prêles, par exemple. Il en est ainsi de la plupart des ombellifères annuelles, de l'ammi élevé, de l'anthrisque, du peigne de Vénus, de l'éthuse ou du torilis, ainsi que de la carotte sauvage, une espèce bisannuelle. D'autres espèces, récemment observées comme étant en augmentation, sont plus difficiles à maîtriser, l'érodium et surtout l'ambroisie dans certaines rotations.

Par définition, il a été longtemps quasi impossible de faire disparaitre les espèces vivaces qui n'ont été souvent que limitées dans leur croissance, par l'utilisation régulière de la substance active herbicide adéquate. Parmi les dicotylédones, l'achillée millefeuille (*Achillea millefolium*), l'armoise, les chardons, le liseron des champs, les rumex sont les plus fréquentes. Il faut également citer la renoncule rampante, le tussilage, le liseron des haies (*Convolvulus sepium*)... Les graminées vivaces comme les agrostis, chiendents ou le sorgho d'Alep sont plus ou moins bien contrôlées dans les cultures dicotylédones. Elles sont relativement sensibles aux antigraminées du groupe A. Toutes les vivaces sont bien contrôlées, voire détruites, uniquement par le glyphosate (G) et seulement ou principalement en interculture. L'existence désormais de zones non traitées en bordure de cours d'eau permanents a créé des réservoirs pour ces espèces, en sus des bordures de parcelles à partir desquelles elles recolonisent les parcelles et imposent cette gestion permanente.

3— Herbicides totaux

Très peu de molécules s'avèrent être de véritables herbicides totaux. Le paraquat (D), interdit en 2008, et le diquat (D), interdit en 2018, étaient des produits de contact non sélectifs. Au-delà des produits sélectifs contrôlant beaucoup d'espèces à très fortes doses comme l'aminotriazole (F3), interdit en 2017, les deux seuls sont le glufosinate (H), interdit en 2018, et le glyphosate (G) menacé à très court terme. De fortes doses de certaines hormones (groupe O) peuvent également être utilisées comme des débroussaillants. Parce que sa cible est présente dans toutes les parties de la plante et qu'il est capable de migrer aussi dans les racines puis de revenir dans les tiges feuillées l'année suivante, le glyphosate (G) reste l'herbicide le plus efficace pour contrôler les espèces vivaces, et donc le plus utilisé dans le monde depuis son apparition. C'est un herbicide dont l'usage s'est étendu, du traitement total dans les vergers et les zones non cultivées, voies ferrées, routes, zones industrielles… au traitement des annuelles en interculture pour permettre les semis directs ou développer des agricultures de conservation des sols, plus économes en carburant et moins polluantes, notamment pour cet aspect, mais aussi pour l'émission de particules de sol lors de son travail.

Une très grande proportion des herbicides est utilisée pour l'agriculture. Certaines de ces molécules pouvaient être utilisées par les particuliers et les jardiniers amateurs pour nettoyer leurs gazons ou leurs allées et cours. Il ne reste plus aujourd'hui que l'acide acétique et l'acide pélargonique commercialisé souvent sous le nom de *round up*, préparation qui n'a rien à voir avec le glyphosate (G) formulé par Monsanto, tous deux utilisés à fortes doses, mais moins efficaces et plus coûteux. Aujourd'hui encore, beaucoup d'entreprises et institutions possèdent des surfaces artificialisées, parfois très importantes, à tenir exemptes de végétation, comme les voies ferrées, les zones industrielles… Elles utilisent préférentiellement le glyphosate (G) pour ses qualités techniques, son impact considéré comme limité avant l'avis du CIRC de 2015 et son faible coût. Les alternatives possibles passent par des mélanges à fortes doses de plusieurs autres substances, plus polluantes et pas forcément aussi efficaces sur l'ensemble des espèces ciblées. Il suffit d'observer les voies ferrées, jusque dans les gares, pour y voir prospérer de plus en plus d'espèces : surtout le séneçon du Cap, mais aussi même du colza. Certaines sont vivaces et peuvent couvrir des surfaces importantes comme l'arbre aux papillons ou l'ailante glanduleux (*Ailanthus altissima*)) ou même l'herbe de la Pampa (*Cortaderia selloana*) notamment dans les gares de Bretagne. Les espèces vivaces sont les plus concurrentielles et les plus difficiles à contrôler par quelque moyen que ce soit, et, ce, quels que soient les milieux. Lorsque le glyphosate (G) sera interdit, aucun herbicide disponible actuellement, suffisamment efficace, peu polluant et peu coûteux ne sera capable d'assurer cette fonction d'herbicide polyvalent et performant. D'autres substances actives utilisées en vignoble ou arboriculture comme le flazasulfuron (B), voire la flumioxazine (E) contrôlent beaucoup d'espèces, mais pas vraiment les vivaces. Ces espèces envahiront immanquablement beaucoup de milieux. À ce jour, les méthodes de désherbage mécanique envisagées ne permettront pas vraiment de les empêcher de prospérer, au-delà des inconvénients inhérents, notamment la fragilisation des supports et l'émission de poussières qui gagnent l'atmosphère et sont loin d'être sans danger.

4— Conclusion

La particularité des herbicides dits de synthèse, fruits d'une sélection très précise et très draconienne, est leur sélectivité uniquement pour les cultures pour lesquelles ils sont homologués. Cette efficacité doublée de la sélectivité fait appel à des mécanismes très variés qui permettent de contrôler même des espèces botaniquement très proches des cultures. Cependant, un herbicide ne contrôle pas seul toutes les espèces colonisant une culture, obligeant fréquemment l'usage de plusieurs molécules associées ou en programme. Plutôt que de s'investir uniquement dans de longues recherches aléatoires, les grands groupes de l'agrochimie possédant des molécules prometteuses parmi les plus efficaces (large spectre, faibles dosages et toxicité réduite), mais de sélectivité réduite, préfèrent rendre ces molécules, déjà homologuées, sélectives d'une gamme de cultures la plus large possible, via des mutations préexistantes ou induites qui rendent les variétés commerciales résistantes.

L'extraordinaire réussite des herbicides dans la gestion des adventices a pu donner l'impression que les *mauvaises herbes* ne représentent plus un risque sérieux pour la production agricole. Il semble que, pour certains groupes d'opinion, plusieurs adventices, *herbes folles*, devraient être préservées. Ces opinions peuvent viser à imposer à terme une interdiction de la totalité des herbicides issus des processus de synthèse industriels. Elles sont fondées sur une représentation de l'état de nature selon laquelle seuls des produits dits *naturels* n'entraveraient pas un retour à un état d'équilibre. Cet état dit d'équilibre fait aussi l'objet d'un débat au sein de ces groupes d'opinion. Pour certains, il s'agirait de la période d'avant la chimie de synthèse, situation que nous avons abordée dans les chapitres précédents. Les plus originaux imaginent même la civilisation avant l'invention de l'agriculture et de l'élevage, lorsque les humains étaient de simples chasseurs-cueilleurs, période impossible à traiter, faute de données historiques. Enfin, les plus réalistes envisagent plutôt une voie intermédiaire, consciente de la dynamique des milieux, en conservant quelques herbicides les moins polluants et toxiques pour des usages ponctuels et ciblés sur des systèmes plus respectueux de l'environnement, susceptibles de respecter la biodiversité.

A notre connaissance, il n'existe actuellement aucun produit naturel qui soit un herbicide sélectif d'une culture. Le désherbage passe donc, dans une évolution vers l'AB, obligatoirement par d'autres méthodes, notamment le retour régulier au travail du sol. Nous nous sommes posé la question de savoir quelle serait l'évolution du développement qualitatif et surtout quantitatif des adventices si tous les herbicides de synthèse étaient retirés ? En l'absence de moyens de lutte très efficaces et après plusieurs années, les invasions d'espèces vivaces ou d'annuelles fréquentes et envahissantes pourraient devenir inévitables, voire même, difficiles à juguler. La mise en œuvre exclusive des seuls itinéraires techniques associés à des rotations variées de cultures ou des couverts semés, pourrait rappeler, pour les adventices, des situations proches de celles du début du XXe siècle. On peut se demander dans quelle mesure, après plusieurs mauvaises campagnes, quelques molécules pourraient être réhomologuées, comme c'est le cas dans certains pays. Cependant, la reprise en main des dommages des adventices pourrait alors être laborieuse pour revenir à des densités acceptables, proches des densités actuelles. Ce serait probablement difficile, en raison de l'évolution des adventices et des éventuelles nouvelles espèces invasives.

C'est la raison pour laquelle la voie de la protection intégrée des cultures et de l'agroécologie pratique, celle énoncée par Stéphane Le Foll en 2012, parait la plus réaliste (Le Foll, 2013). Il s'agit bien de réduire significativement l'utilisation globale des herbicides par une mise en œuvre de tous les leviers dont disposent les agriculteurs, développée dans le rapport de Marion Guillou (Guillou, 2013). Cette agroécologie fait également appel au développement de l'agriculture de précision qui suppose de n'utiliser une substance active herbicide spécifique que dans les seules parties du champ qui en justifient l'emploi, du fait de la densité et de la nature de l'enherbement. La totalité du champ pouvant en recevoir, mais avec des équilibres différents. Il s'agit aussi, par des dispositifs adaptés et notamment le retour des zones tampons humides artificielles (réinvention des antiques mares, mais dans une version moderne) au sein ou en bordure des parcelles, de filtrer l'eau qui sort des parcelles pour que les particules de sol ayant adsorbé des herbicides se déposent dans ces zones tampons, assurant une eau parfaitement propre avant qu'elle ne regagne le ruisseau (Carluer et Gouy, 2020).

Cette évolution suppose une surveillance continue de l'état d'enherbement de la parcelle, doublée d'une prévision de son évolution, d'une adaptation des équipements. Les outils de surveillance pour y parvenir peuvent être des observations au niveau du sol ou depuis le ciel et une modélisation du risque en fonction de la nature du sol et des pratiques culturales.

VI. Les herbicides et l'environnement

« Toutes les choses sont poison, et rien n'est sans poison ;
seule la dose fait qu'une chose n'est pas poison. »

Paracelse, *Sieben defensiones*, 1538

« Que signifient les campagnes qui cherchent à nous alerter à la moindre présence d'un produit dangereux sans faire référence au risque encouru ? Il est vrai qu'il est plus facile d'éliminer tous les dangers que d'informer sur la réalité du risque et les moyens qui peuvent être mis en œuvre pour le réduire et le rendre admissible, dans une démarche qui prend en compte les risques et les bénéfices pour la population dans son ensemble. »

David Zaruk. *Risk-monger*, 2015

Au même titre que l'ensemble des produits phytopharmaceutiques, les herbicides sont des molécules qui ont été introduites récemment dans les milieux agricoles. Inventé au début du XXe siècle c'est à partir de 1950 que le désherbage des céréales à paille s'est généralisé avec des herbicides de synthèse, au moins 20 ans avant les fongicides et les insecticides appliqués en végétation. Dès les systèmes agraires d'abattis-brûlis, les agriculteurs ont largement modifié les paysages en érodant des zones importantes, en détruisant et brûlant des forêts… Pendant plusieurs siècles, l'agriculture a modifié les sols par des apports (fumures, marnages…) et en exportant des éléments minéraux. Dans la première moitié du XXe siècle, sur près d'un cinquième de la SAU, dans les plus grosses exploitations surtout au nord de la France, pour aider au désherbage, des tonnes de produits minéraux ont été dispersées (Rabaté, 1927). Les premiers herbicides comme l'acide sulfurique, transition vers les molécules issues de la chimie organique, étaient appliqués à plus de 100 l/ha d'acide concentré. Les herbicides de synthèse des années 1950, 1960 et 1970 l'étaient à quelques kg/ha. Aujourd'hui, les herbicides sont utilisés à quelques centaines, voire des dizaines de grammes par hectare. Mais surtout, par opposition aux apports des périodes antérieures où on manipulait sans précaution des produits très dangereux et toxiques (acides, arsenic…), les herbicides de synthèse sont soumis, avant usage, à des législations strictes concernant la toxicité pour les organismes vivants et vis-à-vis de leur transfert dans l'environnement (eaux, sols, air, parcelles voisines…), puis font l'objet d'une surveillance post-homologation quant à leurs effets non intentionnels qui peut conduire à une adaptation de leur utilisation ou une interdiction.

Désormais en Europe, tout produit phytopharmaceutique manufacturé, qu'il soit synthétique ou issu de produits naturels, voire lui-même naturel, doit être évalué avant d'être dispersé dans l'environnement s'il doit être utilisé sur une culture. Au-delà de la confirmation que l'objectif assigné peut être rempli, sa toxicité pour d'autres organismes et sa persistance dans le sol, l'eau et l'air sont estimées *a priori*. À l'usage et avec le temps, comme pour les médicaments, de plus en plus de critères sont pris en compte pour garantir la santé des utilisateurs et des consommateurs, mais aussi de l'environnement.

Il n'était pas possible de faire l'économie dans un tel ouvrage des conséquences de l'usage des herbicides sur l'environnement. Cependant, il n'est pas non plus dans les propos de cet ouvrage de développer et détailler les indicateurs et les procédures d'évaluation de toxicité et de dangerosité, éléments ne relevant pas directement de l'expertise des auteurs qui ont néanmoins consulté pour présenter les définitions des principaux index et les données nécessaires à l'écriture de ce chapitre. Le lecteur désirant obtenir plus d'informations précises et actualisées en trouvera un grand nombre, entre autres, tant pour la France avec l'ANSES, que pour l'Europe avec l'EFSA sur les sites Internet cités dans ce chapitre.

1— Procédure européenne d'évaluation des produits phytopharmaceutiques

L'évaluation, avant mise sur le marché, des produits phytopharmaceutiques et des substances actives qui les composent est strictement encadrée et harmonisée au niveau européen par le Règlement (CE) n° 1107/2009 « mise sur le marché des produits de protection des plantes : conditions de mise sur le marché et d'utilisation des produits phytopharmaceutiques », lui-même accompagné de règlements d'exécution. Elle se décompose en deux étapes.

La première étape, réalisée au niveau européen, porte sur l'évaluation des dangers et des risques liés aux substances actives entrant dans la composition des produits phytopharmaceutiques. Cette phase est coordonnée au niveau européen par l'Autorité Européenne de Sécurité Alimentaire (EFSA) qui s'appuie sur l'évaluation collective et partagée réalisée par les États membres, l'ANSES pour la France. Au-delà des substances actives utilisables, elle détermine les cultures sur lesquelles la substance active peut être utilisée et établit les grandes lignes des conditions d'utilisation.

La seconde étape évalue les intérêts et les risques liés aux préparations commerciales et est réalisée depuis juin 2011 au niveau de zones géographiques, la France se situant dans la zone Sud (ANSES, 2019a).

Trois zones ont été définies dans l'Union européenne. La France appartient à la zone Sud avec la Bulgarie, la Grèce, l'Espagne, l'Italie, Chypre, Malte et le Portugal. Au sein d'une même zone, les industriels souhaitant demander l'autorisation de mise sur le marché d'une préparation phytopharmaceutique peuvent déposer leur dossier auprès de n'importe quel État membre de la zone. L'évaluation réalisée par l'État membre sollicité s'applique ensuite aux autres pays de la zone sans que cette extrapolation soit automatique. L'autorisation reste de compétence nationale, avec des différences significatives dans les autorisations entre États membres d'une même zone. Dans la pratique pour la France, l'évaluation par l'ANSES reste la procédure dominante pour ce qui relève de l'attribution des autorisations, avec une exigence très sensiblement supérieure à celle des autres États membres de la même zone.

En France, les industriels déposent auprès de l'ANSES une demande d'autorisation de mise sur le marché comportant, notamment, tous les éléments scientifiques nécessaires et leur validité pour mener l'évaluation des risques liés à l'usage des produits. La procédure d'autorisation consiste à vérifier que les produits sont composés de substances autorisées pour l'usage spécifié et que, dans les conditions normales d'utilisation, ils sont efficaces et n'exercent aucun effet inacceptable sur la santé humaine ou animale, et sur l'environnement, selon les critères fixés par la réglementation européenne. Cette procédure inclut également des exigences concernant l'emballage et l'étiquetage. L'évaluation de ces demandes est réalisée dans le cadre d'expertises collectives, pluridisciplinaires et contradictoires. Elle se traduit par l'élaboration de rapports d'évaluation et par la publication d'avis scientifiques. Sur la base de ces rapports et avis, l'Agence prend, depuis le 1er juillet 2015, les décisions relatives à l'autorisation de mise sur le marché des produits phytopharmaceutiques. Ces rapports d'évaluation sont par ailleurs mis à disposition des autres États membres dans le cadre de l'évaluation zonale. L'évaluation des risques concerne la sécurité pour l'homme : applicateurs, travailleurs, personnes présentes près des lieux d'épandage, mais aussi les consommateurs, à travers des résidus dans les aliments et l'eau, mais aussi l'environnement : eaux de surface et eaux souterraines, l'air, le sol et la faune et la flore. Pour ce faire, elle fait intervenir les équipes d'évaluateurs scientifiques multidisciplinaires de l'Agence et deux comités d'experts spécialisés sur la base de critères de compétence et d'indépendance en réponse à des appels à candidatures publics. Elle établit enfin les conditions d'emploi de la spécialité pour son utilisation dans des conditions sécurisées. Elles s'imposent à l'utilisateur. Leur non-respect constitue une infraction sanctionnable.

Chaque année, l'ANSES traite un peu plus de 300 dossiers, essentiellement des préparations commerciales d'un nombre plus réduit de matières actives. Il s'agit de demandes d'autorisation de nouveaux produits phytopharmaceutiques ou de demandes de renouvellement après réexamen qui font l'objet d'une évaluation approfondie. Sur la base des données 2010, les évaluations réalisées conduisent à un avis défavorable dans un quart des cas. Par ailleurs, les avis favorables sont très majoritairement assortis de restrictions d'usage par rapport à la demande initiale du pétitionnaire. Les avis rendus par l'Agence, ainsi que l'ensemble de ses travaux, sont systématiquement rendus publics et sont consultables sur son site Internet https://www.anses.fr/fr.

Ces autorisations sont généralement données pour une durée de dix ans. Cependant, tout manquement aux conditions définies lors de l'autorisation risque d'entrainer un retrait immédiat. Au-delà de la durée d'utilisation accordée, chaque molécule repasse à travers le processus d'évaluation éventuellement dans le cadre de critères mettant en œuvre les nouvelles méthodes disponibles.

1—1 Exemples de toxicités

ENCADRE : *Exemples de référence*

Des organismes officiels compilent les données du dossier d'homologation de chaque molécule. Ci-dessous quelques exemples européens, français et d'une université anglaise présentant un maximum de données avec leurs références.

EFSA, 2015b :
https://efsa.onlinelibrary.wiley.com/doi/epdf/10.2903/j.efsa.2015.4302
IUPAC, 2020 :
https://sitem.herts.ac.uk/aeru/iupac/atoz.htm
EU, 2020 :
http://ec.europa.eu/food/plant/pesticides/eu-pesticides-database/public/?event=homepage&language=EN
ANSES, 2020 :
http://www.agritox.anses.fr/php/donnees-essentielles.php

Pesticide manual : https://www.bcpc.org/product/the-pesticide-manual-18th-edition
Toutes les valeurs citées dans cet ouvrage sont issues de ces sites.
De plus, l'INRS par ses fiches toxicologiques et ses formations apporte beaucoup d'informations sur le sujet.
INRS, 2018 : www.inrs.fr › dms › ficheTox › PDFAccueil Bijaoui, 2017 : www.centres-antipoison.net/paris/DIU_Tox_Med_2016_2017/20170428/DIU_Tox_Med_2016_17_A_Bijaoui_Sources_informations_tox.pdf

Pour comparer la toxicité aigüe de très nombreux produits de synthèse ou naturels, la valeur de la DL50 (dose, administrée en une seule fois, létale pour 50 % de la population) par ingestion au rat, exprimée en mg/kg de l'animal, est évaluée. Il ne s'agit pas de considérer que ce serait la même valeur pour les humains, mais cela permet des comparaisons relatives.

Parmi la centaine d'herbicides autorisés en France en 2020, les DL50 s'échelonnent pour près de la moitié entre 190 mg/kg et 5 000 mg/kg, soit dans des valeurs comparables à beaucoup de produits consommés régulièrement (tableau VI — 1). Plus de la moitié ont une DL50 supérieure à 5 000 mg/kg, voire supérieure à 10 000 mg/kg, c'est-à-dire qu'ils sont au-delà des quantités maximales que l'on peut faire absorber en une fois à l'animal (tableau VI — 1).

Tableau VI — 1 : DL50 par ingestion pour le rat : distribution des herbicides homologués en 2017 par comparaison avec des produits de consommation courante.

DL50 (mg/kg)	Nombre d'herbicides	Produits courants (mg/kg)	
<190	0	Nicotine	50
190-500	3	Caféine	192
500-1000	8	Pipérine	514
1000-2000	8	Aspirine	1 200
2000-3000	13	Paracétamol	2 400
3000-4000	9	Sel de cuisine	3 300
4000-5000	4	Vitamine B6	4 000
5000—10 000	46	Éthanol	7 060
>10 000	6	Aspartame	>10 000

En matière de toxicité, ces produits sont très différents de véritables toxiques naturels comme l'arsenic dont la DL50 est de 1 mg/kg, plusieurs centaines de fois inférieure aux plus faibles des herbicides. Ceux-ci, entrant dans la catégorie des pesticides, sont soumis, seulement en Europe, au seuil unique de 0,1 µg/l d'eau potable. Le seuil admissible de l'arsenic dans l'eau est, en Europe comme dans le reste du monde, de 10 µg/l d'eau. Malgré sa toxicité avérée, l'explication d'un seuil cent fois plus élevé tient au fait que l'arsenic est naturellement présent dans la roche mère et sa présence dans l'eau résulte de sa dégradation naturelle alors que la présence de substances pesticides agricoles dans l'eau résulte d'une intervention humaine. Seuls les pesticides agricoles sont réglementés, les médicaments également retrouvés dans l'eau ne font pas l'objet de restrictions réglementaires. Il s'agit là d'un paradoxe régulièrement abordé par l'Académie de Pharmacie (Académie nationale de Pharmacie, 2008).

ENCADRE : *estimations et mesures des toxicités*

Pour déterminer *a priori* les toxicités des différents produits susceptibles d'être consommés volontairement ou involontairement, il existe plusieurs index d'estimation permettant la comparaison et le classement des produits (AFIS, 2016).

— La première estimation est la toxicité aigüe qui permet de comparer les dangerosités des différentes substances (pesticides, médicaments, toxines naturelles…).

La dose mortelle médiane DL50 est en général mesurée à partir d'une absorption orale par des rats ou des souris. L'absorption cutanée peut également être mesurée. La plus faible dose entrainant 50 % de mortalité, après une seule prise, est recherchée.

— La mesure de toxicité chronique est plus susceptible de représenter des situations correspondant à la réalité.

Pour les pesticides, on définit la NOAEL (No Observed Adverse Effect Level) ou DES (Dose Sans Effet) en français.

Pour des produits habituellement consommés, seule est déterminée fréquemment une LOAEL (Lowest Observed Adverse Effect Level) qui est la plus faible dose responsable de modifications quelconques dans le métabolisme, pouvant provoquer des maladies, voire la mort (probablement supérieure à une DES pour des comparaisons de produits). Toutes ces mesures sont d'autant plus précises que les groupes d'animaux pour les NOAEL et humains pour les LOAEL étudiés sont plus importants.

Pour utiliser ces résultats, on déduit, en France, la DJA (Dose Journalière Admissible) qui correspond à l'ADI (Acceptable Daily Intake) de l'Union Européenne (équivalente à la RDA, Recommended Dietary Allowance, aux USA), déterminée par l'autorité européenne de sécurité des aliments, l'EFSA (European Food Safety Authority). Elle correspond également à la TDI (Tolerable Daily Intake) pour les contaminants non intentionnels comme l'arsenic.

Ainsi, la DSE est déterminée de manière expérimentale sur des lots de l'espèce animale la plus sensible et la plus représentative. Elle représente la quantité maximale de la substance qui peut être ingérée par un animal quotidiennement, pendant toute sa vie, sans troubles physiologiques, exprimée en mg/kg de poids corporel.

La DJA est déterminée en divisant la DSE par des facteurs d'incertitude : d'abord par dix pour tenir compte de l'extrapolation des valeurs d'études sur les animaux, puis encore par dix pour tenir compte de la variabilité de la population humaine. Cela signifie que la DJA est normalement égale à 1 % de la DSE et même à 1 ‰ pour les substances qui pourraient présenter un risque non avéré, mais suspecté. Comme la DES, la DJA est exprimée en mg/kg de poids corporel/jour. C'est donc la quantité la plus élevée qui peut être consommée tous les jours pendant toute la vie sans induire aucun effet. Par comparaison, pour les produits habituellement consommés, il n'y a pas de marge de sécurité appliquée à la LOAEL.

D'autre part, pour chaque produit agricole consommé, il faut déterminer la limite maximale de résidus (LMR) au-delà de laquelle la commercialisation ne sera plus autorisée. Des essais dits « résidus » sont conduits dans différentes régions de l'Europe et sous plusieurs conditions de BPA sur les cultures qui peuvent être traitées, pour mesurer le niveau de résidus et au final choisir la BPA qui permettra de rendre la quantité de résidus suffisamment basse, soit en réduisant les doses, soit en augmentant les délais avant récolte selon la région. L'autorité (EFSA) examine la validité des résultats de ces essais *résidus* conduits dans les différentes zones de l'UE.

Ainsi, pour chaque pesticide, une LMR est déterminée puis proposée comme LMR provisoire pour chaque production végétale. Désormais, les LMR sont harmonisées au niveau européen comme les cultures sur lesquelles une substance active peut être utilisée pour avoir un AJMT homogène sur le marché unique qui est la somme des LMR correspondant aux différents aliments normalement consommés selon différents régimes alimentaires (Règlement CE n° 396/2005, et actualisations disponibles par le Journal Officiel de l'Union Européenne). Dans l'UE, chaque pesticide a une LMR pour toutes les cultures traitées et, à défaut pour des cultures non concernées par le pesticide, la LMR est fixée à la LoQ (limite de quantification).

Enfin, un apport journalier maximum théorique (AJMT) des résidus d'un pesticide est calculé par substance active selon différents régimes alimentaires (habitudes des différents pays, adultes, enfants, végétariens…) en additionnant les LMR de chaque aliment en fonction des quantités ingérées qui peuvent être modulées en fonction des conditions de consommation selon que l'aliment est épluché ou non. Dans tous les cas, ces valeurs d'AJMT théoriques doivent être inférieures à la DJA. Dans le cas contraire, l'usage du pesticide devra être modifié (BPA) ou supprimé dans certains aliments.

Dans l'UE, l'EFSA établit pour chaque substance active un AJMT adapté à chacun des 26 régimes alimentaires de référence correspondant à différents pays, avec des modèles adultes et des modèles enfants dans chaque pays. L'AJMT et la LMR ne font pas, à ce stade, référence à la toxicologie de la substance active, c'est uniquement de la métrologie pour mesurer l'exposition à des résidus.

L'AJMT est une approche maximaliste de l'exposition, car elle prend en compte une présence systématique dans l'ensemble des aliments sur lesquels la substance active peut être appliquée et, même, des productions non traitées, mais susceptibles d'être cultivées à proximité de cultures traitées. Ainsi, la quantité de résidus va dépendre des habitudes alimentaires d'un consommateur moyen adulte (poids standard de 60 kg) représentatif d'une population, mais aussi des enfants qui peuvent avoir des habitudes alimentaires différentes et surtout consommer plus par rapport à leur poids, qui varient selon les pays et selon les produits consommés en fonction de différents régimes alimentaires.

Les denrées importées de pays non européens soumises aux valeurs du *Codex alimentarius* font l'objet de pratiques différentes et sont donc potentiellement davantage susceptibles de contenir des quantités de substances actives différant des LMR de l'UE ou des substances actives non autorisées dans l'UE. Dans ce cas, ce sont les LMR du *Codex alimentarius* qui s'appliquent. Elles sont obtenues par le même type de calcul avec référence à des AJMT basées sur des régimes alimentaires plus divers, mais avec un nombre moindre de cultures concernées, ce qui limite le panel de denrées alimentaires entrant dans le calcul. Toutes les cultures ne se voient pas affecter une LMR au Codex, seulement celles pour lesquelles une demande a été faite par les pays exportateurs et pour les pesticides qui tracent appliqués peu de temps avant la récolte ou pouvant se retrouver dans la récolte.

L'apport journalier maximum théorique (AJMT) de résidus est fondé sur une évaluation standard de l'ensemble des aliments consommés quotidiennement par un individu moyen et donc une évaluation de la somme des résidus de pesticides contenus dans chaque aliment. L'AJMT doit être inférieur à cette DJA. Si le produit agricole n'est pas consommé à l'état brut, il faut également prendre en compte les possibles transformations (épluchage, cuisson…) qui peuvent diminuer les teneurs initiales des résidus de pesticides. Par exemple, le fait de consommer une orange ou une pomme pelée diminue la quantité de résidus réellement ingérée. Dans ce cas, on parle d'AJE (apport journalier estimé). L'AJE comme l'AJMT, doit être inférieur à la DJA (Regnault-Roger, 2014).

À titre d'exemple, la détermination de la DJA d'un pesticide, par exemple un herbicide, est la résultante de la synthèse de nombreuses études chroniques. Ainsi, pour le glyphosate (G), l'EFSA disposait, à partir de très nombreuses expérimentations de très longues durées, de la NOAEL pour le rat et le chien à 100 mg/kg/j, mais aussi celle de lapines gestantes de 50 mg/kg/j. C'est donc cette dernière valeur qui a été retenue, réduite au centième pour fixer la DJA à 0,5 mg/kg/j (EFSA, 2015 c). Le nombre élevé d'études ne nécessitait pas d'évaluer un ordre de grandeur d'incertitude supplémentaire.

Par comparaison, pour la caféine, l'EFSA a compilé de nombreuses études de consommation de produits contenant de la caféine et a conclu qu'il est possible de consommer jusqu'à 200 mg/j de caféine sans effet secondaire notable (la LOAEL moyenne est affichée pour des personnes en bonne santé). Cependant, des doses de 100 mg/j, prises peu avant l'endormissement, peuvent affecter la durée de sommeil. La valeur de DRI a finalement été fixée à 3 mg/kg/j (200 mg/60 kg).

Dans la pratique, les herbicides ne sont pas retrouvés dans les denrées alimentaires produites en Europe en raison de traitements qui interviennent avant la formation des organes reproducteurs. Le glyphosate est une exception, car il était historiquement utilisé sur céréales à paille, colza et protéagineux dans le nord de l'Europe, mais le reste toujours de façon systématique hors UE dans le nord des États-Unis, au Canada et dans les pays dont la récolte intervient en fin de période estivale. Cette utilisation a principalement pour objet d'accélérer la maturité et la récolte par dessiccation avant des périodes plus humides préjudiciables pour la qualité du grain en favorisant l'installation de champignons dont certains toxicogènes (*alternaria*...) sur les épis. Sur 156 pesticides recherchés en Europe, 120 ont été trouvés dont 47 ont été quantifiés dans au moins 1 % des échantillons. Le glyphosate est présent toujours en dessous de la LMR dans 8 % des échantillons (EFSA, 2017a).

Les Valeurs Toxicologiques de Référence (VTR) sont utilisées ***a posteriori*** pour caractériser le risque alimentaire sur la base d'expositions réelles observées. Elles sont issues d'une base de données ORP qui recense, dans l'avis de l'ANSES de juillet 2013, 540 pesticides avec information détaillée sur la DJA. Cette base est mise à jour régulièrement à partir des dernières conclusions de l'EFSA (EFSA, 2015a), de la base « *EU Pesticides database* » (Commission européenne, 2013a), ainsi que des monographies du JMPR (WHO, 2012) et d'autres sources bibliographiques internationales.

L'alimentation représente 99 % de l'apport de résidu de pesticides selon l'ANSES. L'apport de l'eau de boisson est négligeable, comme celui de l'air respiré en matière d'AJMT pour une substance active donnée (ANSES, 2019).

Les DJA des herbicides se distribuent entre 1 mg/kg/j et 0,001 mg/kg/j. La majorité des DJA se situe entre 0,01 mg/kg/j et 0,09 mg/kg/j (Tableau VI — 2). Pour certains, elle est même plus élevée : celle de l'imazamox (B) est fixée à 9 mg/kg/j. À titre d'exemple, il faudrait, pour un individu de 70 kg, en absorber environ 630 mg pour atteindre cette DJA, tout en restant, chaque jour pendant toute sa vie, au plus, au centième de la plus faible dose provoquant un effet observable. La détermination de valeurs de DJA pour les herbicides qui sont rarement absorbés, permet de définir la qualité sanitaire des aliments, même si la Société est persuadée qu'on ne doit absolument pas en consommer. L'opinion publique exige de la part de l'évaluateur et du gestionnaire du risque, des précautions extrêmes pour la présence de substances issues de la chimie de synthèse. En revanche, la DJA pour des substances naturelles est atteinte assez rapidement par les consommateurs, cela repose le paradoxe de la tolérance vis-à-vis des toxiques naturels. On l'a vu pour l'arsenic dans l'eau, ingestion involontaire, mais c'est également le cas pour des produits ingérés volontairement.

Pour tous les herbicides autorisés en France en 2017, les LMR dans les produits frais et les céréales s'échelonnent entre 0,01 mg/kg et 20 mg/kg et, compte tenu de leur distribution, la LMR d'un produit frais *moyen* est de 0,072 5 mg/kg. Dans près de 98 % de produits frais européens, les LMR ne sont pas atteintes, même, dans près de 50 %, rien n'a pu être quantifié (EFSA, 2017b). Dans tous les cas, la LMR dans le produit frais est très exceptionnellement atteinte.

Tableau VI — 2 : Comparaison des doses journalières acceptables entre les herbicides autorisés en 2017, en France, et des exemples de produits de consommation.

DJA (mg/kg/j)	Herbicides	RDA Produits courants (mg/kg/j)
1< <9	3	caféine 3 — vanilline 10
0,1< <0,9	27	hydroxyde d'aluminium 0,14 — sulfate de cuivre 0,5
0,01< <0,09	44	cyanure des fruits 0,01 — paracétamol 0,09
0,001< <0,009	12	plomb 0,007
0,000 4	1	nicotine 0,000 8 _ mycotoxine T2 0,00002

À titre d'exemple, la DJA de la tembotrione (F2) est de 0,001 mg/kg/j et sa LMR est de 0,02 mg/kg de produit frais. Ainsi un homme de 70 kg pourrait, par hypothèse, manger 3,5 kg de ce produit frais moyen par jour pendant toute sa vie sans effet adverse. Pour le glyphosate (G) la DJA est de 0,5 mg/kg/j et la LMR de 0,1 mg/kg, ainsi le même homme pourrait, aussi par hypothèse, absorber 35 mg/jour de glyphosate (G) sous réserve d'être en mesure de consommer plus de 350 kg/jour de ce produit frais *moyen* pendant toute son existence. Bien évidemment une telle exposition relève d'hypothèses qui maximisent le risque direct, à l'exclusion des dangers inconnus, afin de vérifier qu'il est négligeable dans la pratique. Elle n'est évidemment pas recherchée, c'est plutôt le contraire. S'agissant d'herbicides de grandes cultures, leur utilisation très tôt dans le cycle du végétal conduit à ne pas les retrouver dans les produits consommés, du moins à un niveau quantifiable, exception faite de l'usage du glyphosate en pré récolte dans les pays hors UE avec des productions largement importées et consommées en France.

1—2 Approche a posteriori et actualisation des indicateurs de risque

L'ANSES vérifie en continu les expositions chronique et aigüe de la population française. Les substances à surveiller en priorité sont identifiées en tenant compte du risque de dépassement des valeurs toxicologiques de référence (VTR) et de l'incertitude de l'estimation. Une échelle de hiérarchisation des pesticides a été proposée par l'ANSES en vue d'identifier les actions à conduire en priorité pour l'évaluation ou la gestion du risque alimentaire (Nougadère *et al.*, 2014). Les couples pesticide-denrée prioritaires en matière de surveillance sont ensuite identifiés en fonction de leur contribution potentielle aux dépassements de VTR.

Tableau VI — 3 : Matières actives candidates à substitution. ADI : dose journalière admissible, ARfO : dose de référence aigüe, AOEL : dose admissible pour l'opérateur. PBT : persistant, bioaccumulable, toxique. TR : reprotoxique. PE : perturbateur endocrinien. Carci : cancérigène. Fin : date d'expiration de l'homologation.

Matière Active	ADI – ARfO — AOEL faibles	PBT (2/3)	TR 1	PE	Carci 1	Carci 2	Fin
Aclonifen		X			–	X	2020
Chlortoluron		X		X	–	X	2020
Diclofop	X				–		2022
Diflufénicanil		X			–		2020
Flufenacet		X			–		2020
Flumioxazine			X		–		2020
Fluometuron	X				–		2024
Haloxyfop	X	X			–		2023
Imazamox		X			–		2024
Lénacile		X			–	X	2020
Métribuzine		X			–		2020
Metsulfuron		X			–		2023
Nicosulfuron		X			–		2020
Oxyfluorfen		X			–		2024
Pendiméthaline		X			–		2024
Propyzamide		X			–		2025
Prosulfuron		X			–		2024
Sulcotrione	X				–		2022
Triallate		X			–		2021

Suite à la saisine n° 2013-SA-0138, l'ANSES a montré que, considérant le régime alimentaire total, les indicateurs de risque actualisés à partir des niveaux de contamination pour 524 pesticides, mettent en évidence des dépassements des valeurs toxicologiques de référence pour sept pesticides en exposition chronique et 17 en exposition aigüe, mais aucun herbicide. Au total, sur 59 pesticides dont les niveaux d'exposition théoriques excèdent les valeurs toxicologiques de référence, 26 sont actuellement non recherchés et pour les 33 autres, leur recherche devrait être élargie à d'autres denrées potentiellement contributrices afin d'accroître la couverture du régime alimentaire. Parmi les herbicides qui font partie du groupe des produits non recherchés, seuls trois devraient l'être : le flufénacet (K3), le métazachlore (K3) et l'oxyfluorfène (E) (ANSES, 2014a).

Plus récemment (ANSES 2020 a), dans le cadre de l'actualisation des indicateurs du risque alimentaire lié aux résidus de pesticides et à partir des fiches de la base de données européenne sur les pesticides, le tableau V — 3 présente les principaux critères pris en compte pour aider à l'analyse de l'autorisation des substances et déterminer celles qui seraient candidates à substitution au terme de leur période d'autorisation, sauf s'il n'y avait aucune alternative.

ENCADRE : *indicateurs des fiches de la base de données européenne sur les pesticides*

Dans le cadre du règlement REACH (Registration, Evaluation, Authorisation and Restriction of Chemicals) qui évalue toutes les molécules chimiques, les pesticides et les herbicides en particulier doivent satisfaire à un certain nombre de critères.

1— Les ADI (=DJA dose journalière admissible), ARfO (acute reference dose), dose de référence aigüe, quantité maximale ingérée sur une courte période sans effet dangereux et AOEL (acceptable operator exposure level) dose acceptable d'exposition de l'opérateur. Une substance ayant, pour au moins un de ces critères, une valeur trop basse, donc plus dangereuse, par rapport aux autres produits est éligible à la substitution.

2— Les PBT (persistance, bioaccumulation, toxique). Si une substance a des valeurs supérieures pour deux des trois critères, elle est éligible à la substitution :

— Persistance. Il suffit d'un seul cas supérieur soit à une demi-vie de dégradation de 60 j en eau de mer soit 40 j en eau douce, soit 180 j dans des sédiments marins, soit 120 j dans des sédiments d'eau douce ou du sol.

— Bioaccumulation. Lorsque le facteur d'accumulation de la substance dans les espèces aquatiques est supérieur à 2000, la substance est éligible à la substitution.

— Toxicité. Une substance remplit le critère de toxicité (T) pour être substituable dans l'un des cas suivants :

a) lorsque la concentration sans effet observé (CSEO) à long terme ou

CE10 pour les organismes marins ou d'eau douce est inférieure à 0,01 mg/l
b) lorsque la substance remplit les critères de classement comme cancérigène (catégorie 1A ou 1B), mutagène sur les cellules germinales (catégorie 1A ou 1B), ou toxique pour la reproduction (catégorie 1A, 1 B ou 2) conformément au règlement (CE) n° 1272/2008.
c) lorsqu'il existe d'autres preuves d'une toxicité chronique identifiée, par la substance remplissant les critères de classement comme spécifiquement toxique pour un organe cible à doses répétées (STOT RE catégorie 1 ou 2), conformément au règlement (CE) n° 1272/2008.

3— Les PE (perturbateurs endocriniens). Une substance phytopharmaceutique ou biocide est identifiée comme perturbateur endocrinien si :
— la substance a un mode d'action qui altère les fonctions du système endocrinien ;
— elle produit un effet indésirable chez un organisme intact ou ses descendants ;
— l'effet indésirable est une conséquence de ce mode d'action.

4— Les TR (reprotoxiques) du groupe 1, toxicité pour la reproduction humaine présumée ou avérée. Tout herbicide figurant dans cette catégorie est candidat à la substitution.

Sur la centaine de matières actives herbicides autorisées en France, 19 sont concernées en 2020 par au moins l'un de ces critères (EU, 2020). Aucune n'entre dans la catégorie des cancérigènes de groupe 1 (cancérigène pour l'homme) et seulement trois dans le groupe 2 (cancérigène probable ou possible pour l'homme). Un seul herbicide autorisé actuellement est soupçonné, en l'état actuel de l'évaluation, d'être un perturbateur endocrinien et un autre d'être reprotoxique. Quinze sont classés, essentiellement sur la base de persistances dans l'environnement jugées trop longues. Quatre ont des valeurs jugées trop basses pour au moins un des ADI, ARfO et AOEL. Parmi ces herbicides, l'autorisation de huit d'entre eux aurait dû expirer fin 2020, mais ils restent autorisés en 2022. La gestion des adventices des céréales serait complexifiée par une disparition du diflufénicanil (F1) et surtout celle du chlortoluron (C2) qui déroge aux critères des PBT, PE et cancérigène 2 (tableau VI — 3).

2 Présence dans la biosphère et les milieux

Les herbicides sont quasi exclusivement toujours pulvérisés. La pulvérisation vise de moins en moins le sol (présemis, prélevée), et davantage soit une végétation éparse et basse en post levée précoce, soit plus fréquemment une couverture quasi totale du sol par l'ensemble de la végétation de la culture et des adventices avec une rampe à environ 50 cm au-dessus du sol, condition idéale pour éviter le transfert d'herbicides hors de la parcelle. Les applications sont généralement réalisées à des stades précoces de la plante cultivée.

Les valeurs élevées des premières études expérimentales d'herbicides (de 10 % à 70 % dans le sol et de 30 % à 50 % dans l'air [Voltz *et al.*, 2005]) pour des produits qui pénétraient moins bien dans les plantes, avec des équipements moins efficaces que ceux d'aujourd'hui peuvent également s'expliquer par des conditions climatiques d'applications moins encadrées avant 2003. La limite maximale du vent à *force trois* (petite brise, maximum 12 à 18 km/h) pour un traitement n'a été adoptée qu'en 2006. Suivant les cas, certains auteurs estiment désormais que la part de produit herbicide de post levée qui n'atteint pas la cible ne représente que quelques pour cent. Pour l'application d'herbicides, des conditions climatiques sont privilégiées pour favoriser leur pénétration dans les plantes : une hygrométrie élevée (60 % à 95 %), souvent la nuit (la rosée n'est pas exclue) et des températures inférieures à 20 °C qui limitent également la perte par volatilisation. Ces procédures sont très différentes de ce qu'ont pu être les pratiques avant la fin des années 1990 notamment avec des herbicides de prélevée du maïs appliqués en plein après-midi d'une journée caniculaire et sur sol chaud.

2—1 Présence dans les eaux

Dans l'Union européenne, pour l'eau potable, tous les pesticides sont soumis à une limite unique de 0,1 ppb (soit 0,1 µg/l) par produit phytosanitaire et 0,5 µg/l pour l'ensemble, quelle que soit les valeurs trouvées. Depuis quelques années, les principaux métabolites potentiellement toxiques qui, généralement, n'ont aucune activité herbicide ou cible connue sont aussi pris en compte. Les données publiées font état de nombreux produits quantifiés. La valeur correspondant à la quantification pour la plupart des produits, soit la dose la plus faible que l'on peut effectivement mesurer avec une bonne sécurité sur le résultat, est très inférieure de plusieurs ordres de grandeur au seuil légal de 0,1 ppb (de 10 à 1 000 fois moins selon les molécules et l'évolution de la sensibilité des tests). Elle n'a pas de sens réglementaire puisqu'inférieure à la valeur de 0,1 µg/l, elle-même inférieure aux valeurs déterminées en fonction du danger réel de la molécule ailleurs dans le monde. Les résultats sont très souvent exprimés en pourcentages d'analyses dans lesquelles un produit a été quantifié par rapport à toutes les analyses de l'étude. Cela ne présage absolument pas d'un quelconque dépassement des normes produit par produit. L'objectif de ces rapports officiels est uniquement de montrer les produits trouvés et leur fréquence, c'est la lecture de ces données et leur interprétation qui peut laisser envisager qu'il y a danger dès lors que la plus infime trace d'un pesticide de synthèse a été découverte. Lorsque plusieurs produits ont été quantifiés, quelles que soient les valeurs mesurées, l'interprétation d'éventuels *effets cocktail* renforce encore cette crainte.

Ces rapports peuvent être d'autant plus source d'interprétations abusives que les limites de qualité pour les eaux brutes des cours d'eau destinées à l'eau potable sont fixées à 2 µg/l pour un produit et à 5 µg/l, pour l'ensemble des produits trouvés. Par exemple, les rapports des analyses des eaux de surface circulantes, eaux les plus susceptibles d'être *polluées*, de 2007 à 2009, montraient qu'au moins un pesticide, sur 516, a été quantifié dans 92 % des points de mesure. En réalité, 80 % de ces quantifications étaient inférieures à 0,5 ppb tous produits confondus et seulement 0,9 % étaient dites supérieures à 5 ppb (limite pour les eaux brutes) (CGDD — SOeS, 2010).

Parmi les molécules recherchées dans les eaux, les herbicides sont les plus fréquents, car ils sont appliqués, soit sur sol nu, soit sur des plantes jeunes, ce qui favorise des pertes du produit dans le sol et son ruissellement. Dans les annexes issues de ces mêmes analyses 2007-2009, publiées ultérieurement (CGDD — SOeS, 2011), les données étaient difficilement interprétables. Dans un seul tableau, les données portaient sur des moyennes d'au moins quatre analyses par an en un lieu donné pour les 11 herbicides les plus fréquemment trouvés dans les eaux brutes circulantes de surface. Six de ces produits dépassaient la norme dans moins de 1 % des points en 2007 et 2008 et leurs valeurs décroissaient chaque année pour être toutes inférieures à la norme en 2009, sauf pour l'isoproturon (C2) qui la dépassait encore dans 1,66 % des points en 2009. Cinq ne la dépassaient jamais.

Par ailleurs, durant la période de 2009 à 2013, des données concernant 15 produits dans les eaux circulantes ont été regroupées en fonction des taux de détection (CGDD, 2015). Ces valeurs ont été détectées dans certaines analyses, mais la signification en reste méconnue. Les comparaisons interannuelles ou intersites sont délicates. Pour la seule année 2013, les valeurs observées ont été reportées sur un graphique et s'avèrent très inférieures au seuil des eaux des cours d'eau de 2 µg/l (Figure VI — 1). Malgré les grandes variations pour le glyphosate (G) et le métolachlore (K3), les valeurs moyennes pour 14 produits sont très faibles, certaines proches de zéro.

ENCADRE : *Seuils légaux de présence de pesticides dans les eaux européennes*

La législation européenne fixe, pour tout minéral ou organique de synthèse trouvé dans l'eau, des seuils modulés en fonction de la toxicité de chacun, sauf pour les produits phytopharmaceutiques auxquels elle attribue le même seuil, quelle que soit la molécule, indépendamment de la toxicité. Elle a retenu pour l'eau potable une limite unique de 0,1 ppb (soit 0,1 µg/l) pour tout produit phytosanitaire (sauf quatre d'entre elles, pour lesquelles la limite est de 0,03 µg/l) et 0,5 ppb pour l'ensemble, quel que soit le nombre de produits trouvés.

Ailleurs dans le monde, la norme est fixée à partir des recommandations de l'OMS définissant les seuils de toutes les molécules en fonction de la toxicité de chacune, quelle qu'elle soit. Ainsi pour l'OMS, les seuils pour les herbicides homologués en France se distribuent entre 10 et 100 µg/l (sauf deux extrêmes, 2 µg/l pour le MCPA et 900 µg/l pour le glyphosate).

En 1988, les politiques européens ont décidé que les eaux devaient être « exemptes de pesticides ». Cette décision a été définie par la Directive 98/83 CE du 3 novembre 1998. Elle a été mise en œuvre en France par le décret 2001 - 1220 du 20 décembre 2001 (Sénat, 2020).

En 2001, contrairement à la réglementation fixée en 1989, ces seuils s'appliquent désormais non seulement aux molécules mères utilisées, mais aussi à leurs sous-produits, les métabolites, ainsi qu'aux produits de dégradation. Ces seuils s'appliquent aux eaux destinées à la consommation humaine et non aux eaux des cours d'eau, pour lesquelles les seuils sont de 2 µg/l par substance et 5 µg/l pour le total.

À l'époque, la limite de quantification de ces molécules, c'est-à-dire « la plus faible concentration d'un produit à analyser dans un échantillon qui puisse être quantifiée avec une précision et une exactitude acceptables dans des conditions expérimentales définies », se situait environ à 0,1 ppb dans l'eau. C'est donc cette valeur qui a été déterminée comme le seuil légal (Directive n° 98/83/CE du 03/11/98). Ainsi les analyses dépassant le seuil légal étaient par définition celles pour lesquelles le produit était quantifié. Tout produit non quantifié était donc considéré comme potentiellement absent. Avec l'évolution de la sensibilité des techniques de détection utilisées, les limites de quantification sont 100, voire 1000 fois inférieures et peut-être plus basses dans l'avenir. Il y a donc de plus en plus de produits quantifiables. Pour ceux qui l'étaient déjà, on ignore si des réductions de quantités importantes ont pu être observées pendant ces dernières décennies, puisque seule la présence est régulièrement notée.

Cependant, les résultats des analyses des eaux présentés dans les rapports sont toujours des quantifications, apparaissant correspondre à une prise de position visant à se rapprocher de l'affirmation de l'absence du produit. Pour la plupart des produits, les limites de quantification, d'ailleurs parfois de valeurs différentes selon les techniques utilisées, divergent significativement de la limite légale qui, elle, n'a pas changé. La confusion de départ perdure en présentant de moins en moins les valeurs supérieures au seuil légal. Les eaux sont décomptées et stigmatisées de telle manière qu'à partir du moment où un produit y a été mentionné, elles peuvent être considérées comme dangereuses et dans l'illégalité. Il s'agit donc moins d'un choix de santé publique ou de respecter une norme légale que d'assumer un choix politique et environnemental qui est que, dès lors que dans l'état naturel, il n'y a pas de pesticide agricole et de synthèse dans l'eau, il ne doit pas y en avoir non plus dans les eaux de consommation.

Les notations de quantification ne peuvent pas être comparées d'une manière absolue. À cause des différences chimiques et des techniques de dosage, d'un produit à l'autre, la limite de quantification est nécessairement différente. Selon les analyses conduites avec des degrés de précision différents, cette valeur peut être variable pour un même produit et même différer entre deux prélèvements au même point d'analyse selon les laboratoires qui ont conduit les analyses.

D'autre part, les valeurs publiées sont de plus en plus souvent exprimées exclusivement en pourcentage de quantification. Il s'agit du nombre d'analyses où un produit a été quantifié par rapport au nombre total d'analyses, mais sans préciser les valeurs et le nombre d'analyses qui pourraient ou non dépasser le seuil légal. Ce pourcentage de quantification n'a qu'une signification limitée puisqu'il repose sur des valeurs fluctuantes avec des significations variables d'une campagne à l'autre et entre les produits. En revanche, la valeur du seuil, seule limite légale commune à tous les produits, compte tenu de la précision des analyses, n'est pas susceptible d'incertitudes liées aux techniques d'analyse. On ne peut donc pas savoir facilement si des progrès sont faits dans la qualité des eaux au fil des années.

Par opposition, les teneurs moyennes en AMPA apparaissent très disproportionnées par rapport aux quantités de glyphosate (G) (Figure VI — 1). Le glyphosate est *a priori* peu mobile dans les sols, mais soluble dans l'eau. Du fait de son utilisation généralisée, agricole ou non, sur le territoire, il est fortement présent dans les cours d'eau. Le glyphosate (G) se dégrade dans l'environnement sous forme d'acide amino-méthyl phosphonique, dit AMPA, et de glyoxylate. L'AMPA est très présent dans les cours d'eau, dans des proportions supérieures à celles du glyphosate, trois fois plus en moyenne. Les recherches, à ce jour, ne parviennent pas à différencier la part provenant de la dégradation du glyphosate de celle des phosphonates très abondamment utilisés dans les détergents domestiques, industriels et dans les circuits de refroidissement industriels pour éviter des entartrages, mais aussi de plus en plus utilisés comme fongicides de biocontrole, principalement contre le mildiou de la vigne en substitution du cuivre. D'où une certaine prudence à affecter les détections d'AMPA à une origine spécifique.

Même si les herbicides se retrouvent d'abord dans les eaux circulantes qui les transportent, soit dissous, soit surtout adsorbés sur des particules de sol, ils peuvent aussi atteindre les eaux souterraines. Les deux tiers de l'eau potable proviennent des eaux souterraines à partir de 96 % des captages. Le tiers restant provient des captages d'eaux superficielles circulantes ou stagnantes.

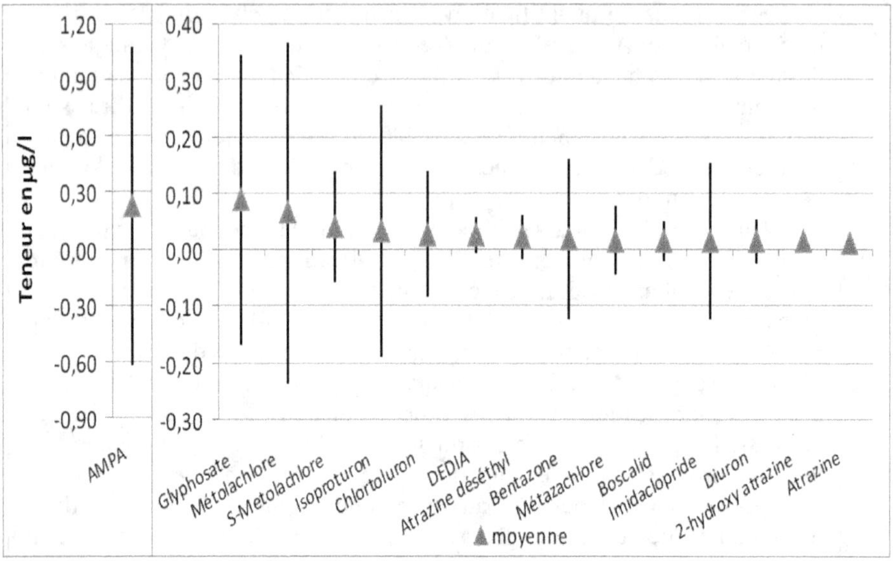

Figure VI-1 : Teneur moyenne des 15 principaux pesticides dans les eaux circulantes en 2013. (Seuil pour les eaux brutes destinées à l'eau potable : 2 µg/l) (CGDD, 2015).

Les eaux potables sont distribuées en quatre classes de qualité en fonction de la quantité des produits phytosanitaires mesurés. Ainsi lors des deux dernières années de mesures publiées, 2018 et 2019 (Santé et Environnement 2019), plus de 90 % de la population ont pu consommer des eaux classées dans le groupe C (C : eaux conformes à la législation, car sans aucun produit supérieur à 0,1 µg/l). Entre 3,5 % et 4,7 % ont disposé d'eaux du groupe NC0 (NC0 : eaux non conformes, mais sans danger, parce que certains produits peuvent être mesurés ponctuellement à moins de 30 jours/an toujours entre 0,1 µg/l et 0,2 µg/l). Les 4,6 % suivants ont reçu des eaux du groupe NC1 (NC1 : eaux non conformes, mais sans danger, car ces produits ont été quantifiés après plus de 30 jours/an sans dépasser 0,2 µg/l). Les eaux de ces deux derniers groupes restent sans danger et sont normalement utilisées pour la consommation après épuration. En revanche, de 10 000 à 20 000 personnes auraient pu recevoir une eau déclarée impropre à la consommation parce qu'un produit pouvait être quantifié au moins une fois à plus de 0,2 µg/l (groupe NC2) (tableau VI — 4).

Tableau VI — 4 : Conformité des eaux au robinet du consommateur vis-à-vis des pesticides en 2018 et 2019 (UDI : unité de distribution dans laquelle sont effectuées les mesures ; N : nombre de personnes concernées) (d'après Santé et Environnement, 2019).

Qualité des Eaux		UDI				Population x 10^6				Situation
		2018		2019		2018		2019		
		N	%	N	%	N	%	N	%	
Sans risque	C	17 882	92,6	17 407	93,4	59,39	90,6	60,38	91,9	conforme
Sans risque	NC0	461	2,4	357	1,9	3,11	4,7	2,29	3,5	non conforme
Sans risque	NC1	940	4,9	854	4,8	3,03	4,6	3,02	4,6	non conforme
Impropre	NC2	19	0,1	23	0,1	0,01	0,01	0,02	0,03	non conforme
	Total	19 302		18 641		65,54		65,7		

Dans la figure VI — 2 qui présente les molécules les plus fréquemment quantifiées, bien que les 0,1 % des unités de distribution (UDI) classées en NC2 ne soient pas en principe utilisées pour fournir de l'eau potable et sans que l'on sache quel herbicide en est la cause, elles ont été associées aux UDI en NC1. Quoi qu'il en soit, dans ces UDI, sur les dix premiers produits à l'origine du classement, ainsi que l'atrazine (C1), huit sont des métabolites de dégradation d'herbicides. Si l'atrazine (C1) n'est presque plus quantifiée (environ 1 ‰ de tous les points de mesure), deux de ses métabolites sont encore trouvés dans 15 % à 20 % des UDI NC1 et NC2. Un métabolite du métolachlore (K3) interdit depuis 2003 est le plus fréquent. Cependant, celui-ci a été remplacé par le S métolachlore (K3) toujours autorisé et il n'est pas possible de distinguer les métabolites issus des deux molécules. Deux métabolites du métazachlore (K3) très utilisé, essentiellement contre les graminées depuis le développement des résistances aux antigraminées dans plusieurs cultures dicotylédones, dont le colza, sont observés entre 3 % et 15 % des UDI. Le seul herbicide autorisé est la bentazone (C3) retrouvée dans moins de 3 % de ces UDI. Dans les mesures de ces deux dernières années, seules celles issues de 7 % des UDI, correspondant ponctuellement à des zones de cultures, ne sont pas conformes, sans être dangereuses, ne nécessitant que des traitements ponctuels pour respecter la limite de 0,1 µg/l. Les reliquats de pollutions anciennes ne devraient que diminuer et les efforts actuels dans la conduite des cultures pourront encore faire diminuer ce nombre d'UDI à surveiller.

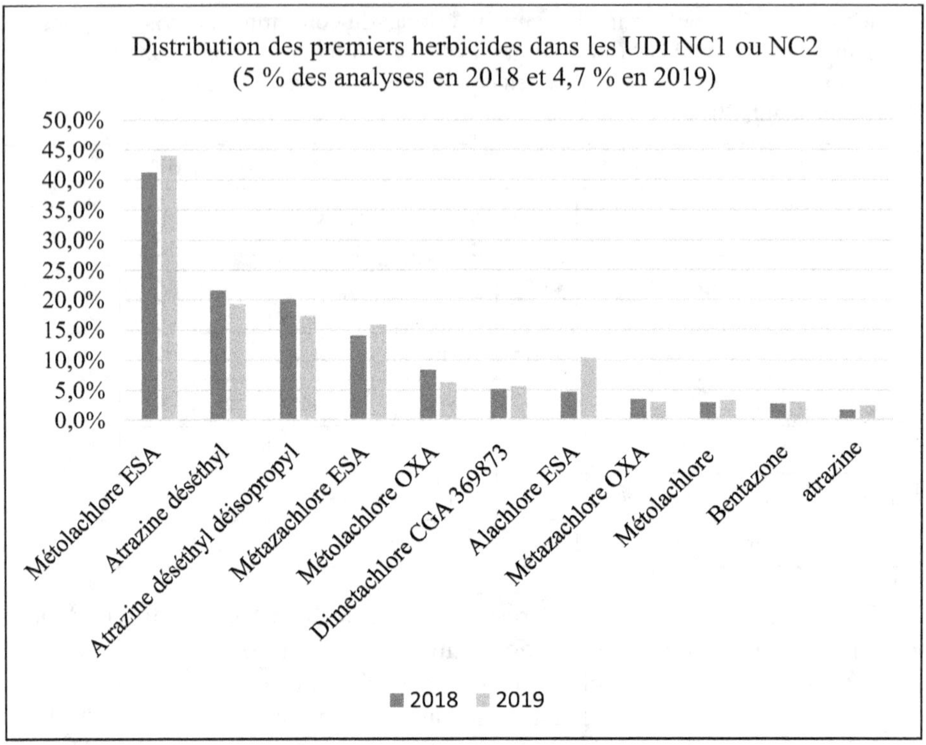

Figure VI — 2 : distribution des premiers herbicides responsables des classements NC1 ou NC2 en 2018 et 2019. (d'après Santé et Environnement, 2019)

Contrairement à l'Europe, la plupart des autres pays du monde suivent les normes de l'OMS (Tableau VI — 5). Puisqu'il s'agit de rechercher la présence de molécules susceptibles d'être toxiques, celles-ci sont déterminées en fonction de la toxicité de chaque substance. Ce devrait être le cas en France pour des contaminants industriels ou des médicaments très préoccupants dont les détections mériteraient des attentions plus marquées (Académie nationale de Pharmacie, 2008). Pour l'atrazine (C1) interdite en France à cause de sa présence systématique dans les eaux et, encore aujourd'hui, rarement dans les eaux souterraines qui gardent la mémoire de pratiques anciennes et de ses effets que certaines études décrivent comme *faiblement* perturbateurs endocriniens, la valeur de l'OMS est de 2 µg/l soit vingt fois supérieure au seuil européen de 0,1 µg/l. Pour la plupart des autres produits, la norme est encore au moins d'un ordre de grandeur supérieur.

Tableau VI — 5 : Normes de l'OMS pour l'eau potable en µg/l de quelques herbicides (pour la plupart interdits en France, souvent parce que présents dans l'eau au-delà de 0,1µg/l). (OMS, 2017).

Molécule	Seuil OMS en µg/l
Alachlore	20
Atrazine	2
Bentazone	non pertinent
Chlortoluron	30
2,4 — D	30
2,4 — DB	90
Dichlorprop	100
Isoproturon	9
MCPA	2
MCPB	non pertinent
Mecoprop	10
Métolachlore	10
Molinate	6
Pendimethaline	20
Propanyl	non pertinent
Pyridate	non pertinent
Simazine	2
Trifluraline	20

2—2 Présence dans les sols

Le sol cultivé est en position d'interface dans l'environnement. Il reçoit des pollutions accidentelles véhiculées par l'air (fumées, particules). Avec le débordement des rivières, divers polluants en solution ou adsorbés sur des limons se déposent sur les berges lors des inondations. Des déblais et remblais deviennent des sols cultivés et des boues des stations d'épuration épandues dans les parcelles agricoles. C'est enfin le réceptacle des intrants agricoles, fertilisants minéraux comme le phosphore et organiques, divers pesticides.

Paradoxalement, la préoccupation sur la contamination des sols par les pesticides a essentiellement pour origine les persistances d'une ancienne famille d'insecticides, abandonnée depuis plus de 20 ans, les organochlorés, et qui génère une préoccupation de premier plan dans les DOM où la culture de la banane était développée. En métropole, lors de rares tests pour des substances d'origine industrielle, comme des dioxines, des PCB, des HAP,

des Cucurbitacées, seules plantes capables d'absorber ces produits, peuvent présenter des traces de ces insecticides, pas forcément d'origine agricole.

Ce pourrait également être le cas du cuivre, fongicide non intégré dans ce calcul puisque mettant en œuvre un métal. Le cuivre est présent à l'excès dans certains sols viticoles ou anciens sols viticoles, notamment ceux du sud de la France rendus impropres aux cultures, voire à la vigne elle-même. Le cuivre constitue une préoccupation très actuelle en matière de pollution des sols par des substances fongicides et potentiellement herbicides agricoles (Brun, 1998). Il est également présent dans les eaux circulantes où il s'avère un puissant algicide, actif même en conchyliculture.

Dans cet ensemble de polluants de tous ordres, les herbicides ne constituent qu'une faible fraction. En 2018, ils représentaient environ 33 000 tonnes de substance actives épandues sur les 27 millions d'hectares de SAU métropolitaine en intégrant les surfaces en prairies permanentes et parcours (environ 1,2 kg/ha). La première substance active, le glyphosate (G), plus de 20 %, n'était pas seulement utilisée en agriculture, comme la SNCF, premier utilisateur de glyphosate non agricole. Principalement les fractions des substances actives herbicides qui ne touchent pas une plante, rejoignent le sol avant de se dégrader ou, pour partie, de migrer éventuellement vers d'autres compartiments de l'environnement.

Quels sont leurs comportements dans les sols ? Les herbicides présents dans le sol sont sujets à des réactions chimiques qui modifient leur structure moléculaire et conduisent généralement à leur totale dégradation (Calvet *et al.,* 2005). Une majorité de ces herbicides peut être ionisée. Environ 40 % des produits sont acides et près de 60 % basiques. De nombreux produits sont très fréquemment hydrolysés par le biais de réactions avec de l'eau. Tous les herbicides peuvent être dégradés par oxydoréduction, en conditions anaérobies. Enfin, la plupart de ces produits sont totalement dégradés en composés minéraux qui sont ensuite distribués dans les sols.

Quand les herbicides entrent dans le sol, ils sont plus ou moins retenus par adsorption. Certaines molécules sont tellement fortement adsorbées qu'elles sont stabilisées quasi définitivement (diquat, paraquat [groupe D]). D'autres sont très peu libérées dans les eaux (glyphosate [G], pendimethaline [K1], bifenox [E], diflufenicanil [F1], flumioxazine [E], isoxaben [L]). L'isoproturon (C2) a un comportement intermédiaire. À part le piclorame (O), il ne reste plus de substances au risque élevé de transfert dans les eaux. Les autres ont été retirées du marché pour cette raison.

Une fois dans le sol, plus ou moins en équilibre entre la phase aqueuse et l'adsorption sur les argiles et la matière organique, les herbicides sont progressivement dégradés. Cette dégradation s'opère soit de manière abiotique par hydrolyse, oxydoréduction, photochimique sous l'effet des UV, soit le plus fréquemment, de manière biotique par des bactéries ou des champignons, mais généralement toutes les possibilités interviennent en parallèle. Ces organismes métabolisent les herbicides directement et les utilisent comme source d'énergie aboutissant à une minéralisation complète. Les champignons peuvent aussi, par le biais d'un co-métabolisme, dégrader les produits sans forcément les utiliser pour leur croissance. Ceci s'apparente à la fonction de dégradation antitoxique des plantes.

La moitié des herbicides ont une demi-vie (DT 50) de photo-dégradation inférieure à 100 jours. Pour la plupart, elle se situe entre un et dix jours. Les DT 50 d'hydrolyse sont très variables, de 24 h à plus d'un an. Les plus fréquentes se situent entre 10 et 100 jours. Celles des sulfonylurées (groupe B) et des dinitro anilines (groupe K) sont extrêmement réduites, de l'ordre de quelques jours. Les molécules stabilisées ont une DT 50 très élevée, supérieure à une année. Par opposition, les dégradations biotiques sont généralement bien plus rapides et dépendent directement de la quantité d'organismes les dégradant. Parallèlement, toutes les molécules peuvent être transférées, soit simplement dans les microorganismes ou dans les plantes qui les dégradent dans les parcelles, mais surtout dans les bandes enherbées par les plantes pérennes, ou dans des zones tampons avec des roseaux, des saules ou des peupliers.

Les transferts dans le milieu sont d'autant plus importants que les quantités appliquées sont élevées. De 0 % à 15 % peuvent être entrainés sous forme dissoute par ruissellement ou, s'il pleut immédiatement après le traitement, par érosion des particules sur lesquelles ils sont fixés. Dans les eaux souterraines, seulement 1 % à 5 % risquent d'être entrainés par lixiviation ou associés à des composés organiques. De même, selon les molécules, des proportions variables peuvent être entraînées par volatilisation dans l'atmosphère lors de l'application ou par érosion éolienne de particules fines de sol.

La dissipation d'un produit est le résultat combiné de tous ces évènements de nature chimique et métabolique qui président à la vie d'un herbicide dans le sol. La DT 50 de dissipation effective dépend de la nature chimique de l'herbicide, mais surtout des conditions environnementales. Elle dépend essentiellement de l'activité de la microflore. Sa vitesse va croître avec l'aération du sol et la teneur en matière organique, dans des sols proches de la capacité au champ et entre 25 et 30 °C.

Les deux tiers, environ, des herbicides ont une DT 50 inférieure à 100 jours. Pour plus du tiers de ces produits, il en est détecté moins de 1 % après un an. Des DT 50 très élevées conduisant à une persistance qui peut devenir excessive peuvent être observées. Cela pose des problèmes à certaines cultures suivant la culture qui a été traitée, essentiellement quand les quantités apportées excèdent les capacités de dégradation du sol. Par opposition, une dégradation trop rapide peut conduire à un manque d'efficacité dans des sols.

Dans des parcelles du nord de la France majoritairement conduites en céréales traitées par de l'isoproturon (C2), le développement de certains microorganismes rendait l'herbicide inefficace en quelques jours (El Sebai *et al.*, 2004). La répétition de l'usage d'une même molécule peut enfin avoir sélectionné et multiplié des souches de microorganismes très adaptées à sa dégradation. Cette dernière se réalise alors de plus en plus rapidement.

En plus du type de sol, des conditions climatiques, de la culture et des techniques de travail du sol, les pesticides peuvent influer sur les populations de lombrics. De ce point de vue, les herbicides viennent très loin derrière les insecticides, nématicides, molluscicides, cuivre ou désinfectants du sol. Ainsi, les herbicides encore autorisés et utilisés sont classés comme présentant très peu de toxicité. La quasi-totalité est classée neutre pour les vers (moins de 10 % de mortalité), mais il manque des données sur l'ensemble des organismes vivants du sol comme les microalgues eucaryotes et les cyanobactéries procaryotes (Crouzet *et al.*, 2015).

Parmi tous les contaminants qui atteindront les sols agricoles, volontairement ou non, certains sont potentiellement bien plus préjudiciables pour la santé humaine que les herbicides. Ces contaminants sont présents dans les échantillons de sols de tous les sites analysés, même dans ceux où ils n'ont manifestement jamais été épandus (anciens insecticides, métaux lourds, dioxines...).

Au cours des années 1960, les herbicides auxiniques ont fait l'objet d'une mise en cause à propos d'une pollution aux dioxines. L'association de ces contaminants ubiquitaires avec les herbicides 2, 4, 5-T (O) et 2,4 - D (O) a une stricte valeur historique qui fait uniquement référence à leur emploi par les Américains comme défoliant (agent orange) lors de la guerre du Vietnam (au total, 45 000 t d'herbicides). Ces produits étaient pollués par environ 0,37 ‰ de dioxines (TCDD, très toxique et cancérigène), sous-produits d'une synthèse de mauvaise qualité, liée à la destination militaire de ces produits. Aujourd'hui, quelle que soit l'origine des produits, les produits utilisés doivent satisfaire aux contraintes réglementaires et ne peuvent plus présenter de tels sous-produits de synthèse.

2—3 Présence dans l'air

L'atmosphère reçoit un ensemble de polluants liés à l'activité humaine. Dans l'histoire des Hommes, la qualité de l'air extérieur a d'abord été affectée par le recours massif aux incendies nécessaires à l'agriculture du néolithique pour aider à défricher la forêt, forme de désherbage thermique primitif. Cet impact a été longtemps notable en France, malgré une ordonnance de 1669, confirmée par le code forestier de 1827. Les contraintes notamment imposées par l'évolution du code forestier ont progressivement réduit les excès liés à l'écobuage sans annuler totalement l'impact sur les feux de forêt. Le brûlage des pailles déjà cité par Xénophon (350 av. J.-C.) restait en France une pratique courante avant des restrictions qui deviendront interdictions dans le cadre des bonnes pratiques agricoles et environnementales à partir de 2005. Le brûlage participait aussi à la destruction des semences d'adventices, donc au désherbage physique. Les raisons de cette interdiction sont multiples : éviter l'extension du feu, préserver la matière organique, mais surtout éviter la pollution massive de l'air par des substances dangereuses (HAP, benzène, dioxines, microparticules...) et stocker le CO_2 fixé par la plante cultivée. L'air peut être également pollué par les conséquences des pratiques agricoles lorsque le sol, laissé nu par son travail, est soumis à une érosion par le vent. Ces particules constituent un contaminant majeur de l'air avec une incidence particulièrement dommageable lors des fameuses tempêtes de poussière en Amérique du Nord entre 1930 et 1940.

S'agissant de pesticides agricoles, les traces significatives détectées issues des pratiques agricoles, à côté d'autres polluants industriels, appartiennent essentiellement à des contaminations historiques par des insecticides volatils. Les herbicides n'étaient que très peu, voire pas concernés du tout. La contamination de l'air par les pesticides agricoles est devenue, depuis, un phénomène mineur, même si elle a fait l'objet d'intenses débats médiatiques en 2020 lorsqu'il a été repris par la presse généraliste la présence d'une cinquantaine de molécules pesticides dans l'air extérieur (Le Parisien, 2020). Un avis de l'ANSES a permis d'éclairer les dangers et risques induits (ANSES, 2019).

Lors de la pulvérisation d'un herbicide, il est possible que des particules restent en suspension dans l'air, minuscules gouttelettes d'aérosols, mais aussi qu'une partie du spray de pulvérisation s'évapore, se volatilise. La bouillie déposée sur le support végétal peut aussi partiellement s'évaporer. De plus, dans les heures qui suivent la pulvérisation, la solution du sol contenant les herbicides fraichement appliqués peut être soumise à évaporation.

Lorsqu'il est fait référence à la contamination de l'air par les pesticides agricoles, il s'agit exclusivement de la présence de substances actives présentes sous forme particulaire ou gazeuse pendant un certain temps et non pas de dérives instantanées de pulvérisation de gouttelettes de bouillie qui peuvent se déplacer hors de la parcelle et se déposer sur un support non destiné à les recevoir. Il ne sera donc traité dans ce chapitre que du passage de substances actives herbicides dans l'air sous forme gazeuse ou particulaire.

Peu documentée comparativement à d'autres milieux, la contamination de l'air extérieur par les pesticides agricoles est, depuis le début des années 2000, une composante mineure, de la pollution atmosphérique. Ainsi, il n'a pas été fixé à ce jour de valeur réglementaire sur la contamination en pesticides dans les différents milieux aériens aussi bien ambiant qu'intérieur. Depuis 2000, des mesures de pesticides dans l'air ont été réalisées par les Associations

Agréées de Surveillance de la Qualité de l'Air (AASQA) afin d'établir un état des lieux de la présence de ces substances dans l'atmosphère sur le territoire national. Les mesures se sont ensuite intensifiées, permettant d'obtenir une couverture géographique nationale à l'exception des DOM. Plus de 450 000 mesures ont ainsi été réalisées entre 2002 et la fin 2017. La mise en ligne récente de la compilation de toutes les détections de pesticides agricoles dans les AASQA françaises a permis de faire la synthèse des détections des pesticides considérés comme plus fréquemment trouvés (Data.gouv. 2020).

Sur ces 450 000 mesures, 6 097 situations ont permis de détecter un pesticide agricole à une teneur de plus de 0,9 ng/m^3, pris comme seuil par convention. Parmi lesquelles, 5 071 mesures sont comprises entre un et 10 ng/m^3. Sur les 1 026 mesures à plus de 10 ng/m^3, deux herbicides détectés ne dépassent qu'exceptionnellement et faiblement 100 ng/m^3. Il s'agit d'une mesure de la pendimethaline (K1) et de deux mesures du prosulfocarbe (N). Aucun herbicide ne présente de valeur supérieure à 200 ng/m^3 (tableaux VI — 6 a et VI — 6 b).

Ainsi, parmi les nombreux pesticides détectés, 22 herbicides autorisés en 2020 apparaissent à des valeurs supérieures à 0,9 ng/m^3 d'air sur les captures des particules totales en suspension, souvent ponctuellement dans le temps ou l'espace (tableau VI — 6). Deux seulement ont été quantifiés au-delà de 10 ng/m^3. Onze herbicides ne sont quantifiés au-dessus de 0,9 ng/m^3 que dans un à quelques points,durant une ou quelques années avant 2015. Onze ont encore été détectés en 2017 au-dessus de 0,9 ng/m^3. Trois ne sont observés qu'en un point en 2017, le 2,4 - D (O) et le MCPA (O) et le dimétachlore (K3). Un seul, le chlorprophame (K2) a été observé en un seul point de 2014 à 2017.

Sept herbicides sont retrouvés plusieurs années avec des pics pendant des périodes courtes et à des valeurs faibles à variables. Quatre, l'aclonifen (F3), le diméthénamide (K3), l'éthofumésate (N) et le métazachlore (K3) sont quantifiés en quelques points pendant les quelques semaines correspondant aux périodes de traitement. À cause de leur faible volatilité, les valeurs sont très faibles, généralement inférieures à 2 ng/m^3. Le triallate (N) est détecté pendant environ quatre mois, seulement à une moyenne de 2,17 ng/m^3 malgré une certaine volatilité, principale cause de l'obligation de son incorporation lors du traitement. En revanche, parce qu'ils sont utilisés dans de nombreuses situations et sur de grandes surfaces et qu'ils sont plus volatils, la pendiméthaline (K1) et le prosulfocarbe (N) sont retrouvés en plus grandes quantités avec des pics plus marqués au printemps et à l'automne, en période d'utilisation : une moyenne de 3,13 ng/m^3 pour la pendiméthaline (K1) (avec une unique valeur extrême de 117,3 ng/m^3) et 6,1 ng/m^3 pour le prosulfocarbe (N) (quatre mesures autour de 100 ng/m^3 en octobre 2017 dans un point d'Eure-et-Loir). L'usage de ce dernier herbicide est devenu une solution

Tableau VI — 6 a : Nombre de quantifications dans le réseau des AASQA entre 2002 et 2017 des herbicides autorisés en 2020 et année finale de quantification.

herbicides	Quantification ng/m3									Année
	<1	1	2	3	4	5	6	7	8	finale
2,4 — D	18	1	1			1				2012
2,4 - D (esters)	8	1								2017
2,4 — MCPA (esters)	10					1				2017
Aclonifen	187	21	3	1	1			1		2016
Chlortoluron	25	1								2002
Clomazone	63	1	1							2015
Diflufenicanil	54		2							2005
Dimetachlore	5	1	1							2017
Dimethenamide (P)	199	14	7	3				1		2017
Ethofumesate	108	12	3							2014
Flazasulfuron	5			1						2014
Flurochloridone	7									2009
Isoxaben	5	3	5		1					2002
Lenacil	9									2016
Mecoprop p (tous)	1	1	1							2012
Metamitrone	16									2016
Metazachlore	194	10	5	2	1					2017
Oryzalin	3	1								2014
Pendimethaline	1943	300	67	36	23	11	14	7	1	2017
Propyzamide	166	3								2013
Prosulfocarbe	488	93	52	37	29	17	14	10	7	2017
Terbuthylazine	177	14	2							2014
Triallate	241	33	5	4	1		1	1		2017

alternative majeure pour les vulpins et ray-grass résistants aux antigraminées. Tous les herbicides quantifiés, même ponctuellement, sont mesurés à des valeurs moyennes basses toujours inférieures à 10 ng/m^3 (tableau VI — 6 a). La détection des herbicides (à plus de 10 ng/m3) est quasi exclusivement le fait de situations de mesures insérées au cœur de zones céréalières, notamment en pleine Beauce, et ne concernent que très marginalement les zones urbaines, il s'agit de pics très ponctuels de faible ampleur à la période de l'application de deux herbicides, la pendiméthaline (K1) et le prosulfocarbe (N) selon les conditions climatiques (tableau VI — 6 b).

Cette détection est fonction des propriétés physicochimiques de l'herbicide et de son volume d'utilisation dans la zone de mesure qui peut varier en fonction de l'époque. Par exemple, le glyphosate, premier herbicide utilisé en France, n'a pas été détecté dans l'air lors de ces campagnes de mesures. Enfin, l'adéquation entre les conditions météorologiques favorables à la présence de l'herbicide dans l'air sous forme vapeur ou particulaire et sa période d'utilisation est un critère complémentaire essentiel.

Tableau VI — 6 b : Nombre de quantifications dans le réseau des AASQA entre 2002 et 2017 des deux herbicides les plus quantifiés.

Herbicides	**quantification ng/m3**								
	9	10	11—14	15—19	20-30	31-40	41-50	51-100	100-140
Pendimethaline	6	2	14	4	4				1
Prosulfocarbe	3	4	11	9	15	2	4	3	2

Depuis l'abandon des organochlorés, il n'a pas été défini, pour l'air, de valeurs seuils pour la présence de pesticides agricoles et les herbicides en particulier. Ces contaminants sont généralement considérés par les toxicologues comme très mineurs, en quantité et en dangerosité, comparativement à des substances beaucoup plus volatiles, très abondantes et infiniment plus dangereuses : benzène, HCB, PCB, HAP…

ENCADRE : *Problèmes liés à la comparaison des fréquences de quantification.*

Indépendamment de la nécessité de connaitre la présence d'une substance active, les résultats sont contraints par les techniques d'analyse et donc les valeurs des limites de quantification (LQ). L'expression plus synthétique des résultats en fréquences de quantification (FQ) et donc la tendance à leur comparaison est source de confusions. En effet, les contraintes chimiques liées aux différentes substances font que les LQ peuvent différer de plusieurs ordres de grandeur. Ainsi sur 27 herbicides et l'AMPA analysés dans l'air ambiant, deux (glufosinate [H] et glyphosate [G]) ont une LQ de 0,009 ng/m^3 d'air. Les LQ de l'AMPA et de 11 herbicides sont comprises entre 0,01 et 0,09 ng/m^3 et celles de 14 herbicides sont supérieures à 0,1 ng/m^3 d'air (tableau VI — 6 a). Il est donc difficile de comparer les FQ du glyphosate (G) (LQ= 0,009 ng/m^3) et de la pendiméthaline (K1) (LQ= 0,06 ng/m^3). Par exemple, si la LQ du glyphosate (G) était de 0,01 ng/m^3, sa FQ serait, au lieu de 56,4 %, de 26,2 % (médiane = 0,01 ng/m^3). Mais si sa LQ était supérieure à 0,1 ng/m^3, sa FQ serait nulle ! C'est peut-être la raison de l'absence de la présence du glyphosate (G) dans les analyses des années antérieures.

À la suite de ces observations avec des techniques différentes sur plusieurs années, dans des conditions et des périodes variables, une campagne nationale exploratoire des mesures de résidus de pesticides dans l'air ambiant a été décidée. Elle a été menée sur 12 mois (de juin 2018 à juin 2019) de façon synchronisée sur 50 points du territoire définis selon des profils, agricoles ou non et rudéraux ou citadins, avec des protocoles communs. Sur 74 substances actives et l'AMPA, neuf ont des fréquences de quantification (FQ) supérieures à 20 %, dont cinq herbicides (glyphosate [G], pendiméthaline [K1], prosulfocarbe [N], S-métolachlore [K3] et triallate [N]) (LCSQA, 2020).

Sur l'ensemble des herbicides suivis, seuls cinq ont une fréquence supérieure à 20 %, un seul entre 10 % et 20 % et un entre 5 % et 10 %. Parmi ces sept substances actives, trois ont une médiane de 0 ng/m^3 ; deux médianes sont de 0,01 ng/m^3 et 0,014 ng/m^3 et une seule est de 0,138 ng/m^3 (tableau VI — 7). Quant à l'AMPA quantifié seulement dans 1,3 % des analyses, étrangement les concentrations rapportées sont toutes inférieures à la LQ (0,074) et même à la LD (0,022) (le quartile 99 % est de 0,009 ng/m^3).

Tableau VI — 7 : concentrations en ng/m^3 des herbicides les plus fréquents dans l'étude normalisée en 2018-2019.

	LQ	FQ	Médiane	Quart. 75 %	Quart. 90 %	Quart. 95 %	Quart. 99 %
	ng/m3	%	ng/m3	ng/m3	ng/m3	ng/m3	ng/m3
diflufénicanil	0,03	8,4	0	0	0	0,05	0,15
glyphosate	0,009	56,4	0,01	0,027	0,054	0,088	0,2
pendiméthaline	0.06	63.67	0.138	0.5	1.8	3.4	8.6
propyzamide	0.06	15.37	0	0.03	0.096	0.194	0.59
prosulfocarbe	0,149	34,9	0	0,54	5,84	14,47	52,7
S-métolachlore	0,03	34,75	0,014	0,084	0,299	0,536	2,41
triallate	0,06	39,87	0,03	0,21	0,79	1,55	4,1

Il n'apparait pas d'herbicides exclusivement liés à des cultures, même si certains sont davantage associés à certaines cultures. Le prosulfocarbe (N), la pendiméthaline (K1) et le triallate (N) sont plus associés aux céréales. Le S-métolachlore (K3) apparait préférentiellement d'avril à août en grandes cultures, surtout en maïs. Tous ces produits sont trouvés aussi dans les sites sans profil agricole, ainsi que le glyphosate. En grandes cultures, les produits apparaissent toute l'année, mais avec des pics en octobre-décembre et en avril-juin. En maraichage, les produits sont présents toute l'année ainsi qu'en élevage dans lequel il y a un petit pic en hiver. En bonne corrélation avec les données antérieures qui étaient ponctuellement plus élevées, ce qui pourrait être lié à de nombreuses raisons (conditions de traitements, échantillonnage, localisation du poste...), les valeurs normalisées de cette étude confirment des concentrations très faibles.

À titre de comparaison, l'objectif de qualité considérée satisfaisante de l'air pour le benzène (CMR1, cancérigène avéré et responsable de leucémies notamment chez l'enfant en lien avec sa présence dans l'air) est une teneur moyenne annuelle comprise entre 1 000 et 5 000 ng/m^3. Cela représente en 2018-2019 pour le seul prosulfucarbe (N) plus de 40 fois plus que l'unique pic maximum et plus de mille fois les valeurs moyennes des herbicides.

Dans la pratique, la végétation peut être affectée par la présence d'herbicides dans l'air. D'une part, un transfert horizontal vers une culture voisine pendant la pulvérisation pourrait entrainer une certaine phytotoxicité. Les herbicides auxiniques, plutôt sensibles à la volatilisation, ont été particulièrement concernés par ce risque avec les premières formulations du 2,4 - D (O) avant 1950 qui mettaient en œuvre des esters légers très efficaces, mais trop volatils. Au fil des années et des accidents sur les cultures voisines, le risque est devenu quasi nul grâce aux formulations à partir d'esters lourds, puis des sels pour éviter la formation de vapeurs à partir de la pulvérisation.

D'autre part, la dérive de produit à l'état de vapeur ou de particules en suspension, d'une parcelle traitée vers une parcelle voisine peut tomber sous le coup de la réglementation. Des traces infinitésimales de la substance, sans aucun effet, peuvent atteindre la culture d'une parcelle pour laquelle aucune autorisation d'emploi, parce que sans intérêt, n'existe pour la substance et laisser de très faibles résidus quantifiables sur le produit récolté et consommé. Dans ce cas, la réglementation UE est stricte et définit une LMR égale à la LQ. Toute production végétale sur laquelle des traces de l'herbicide impliqué seront retrouvées, sera considérée comme non conforme, quelle que soit la réalité toxicologique liée à cette présence. Ce type de phénomène concerne actuellement le prosulfocarbe (N) dont l'usage s'est fortement développé depuis 2010 en lien avec la gestion des graminées hôtes de l'ergot du seigle dans les céréales à paille. Son utilisation à l'automne en céréales, s'il y a des vergers voisins récoltés très tardivement, peut laisser de très faibles résidus sur des pommes. Au printemps, avec des conditions climatiques encore plus favorables, il peut être retrouvé, mais pour des surfaces beaucoup plus limitées, sur les légumes de plein champ cultivés à proximité de champs de pommes de terre. Alors qu'aucun problème n'avait été signalé, cette situation est apparue lorsqu'une évolution de la technique de détection de la molécule en 2016 a abaissé la LQ du prosulfocarbe (N) d'un facteur 10.

3— Conclusion

Quel que soit le produit, dès lors qu'il est utilisé en grande quantité sur de longues périodes dans le monde, il se retrouvera en quantités variables suivant ses caractéristiques et ses conditions d'utilisation dans différents compartiments de l'environnement. Ce sera particulièrement le cas dans le sol s'il est peu dégradable comme le cuivre, ou si les usages sont inappropriés ou supérieurs aux capacités de métabolisation des milieux dans lesquels il est utilisé. Les herbicides, bien que normalement métabolisés dans les sols, sont, par leur usage, les plus susceptibles de se trouver dans les eaux. D'autres produits chimiques directement consommés peuvent y être observés en quantités non négligeables, bien qu'ils ne soient pas systématiquement recherchés (Académie Nationale de Pharmacie, 2008).

En Europe et en France en particulier, la Société Civile attend que les eaux potables et même les eaux brutes circulantes soient d'abord exemptes de produits phytosanitaires de synthèse bien avant d'autres produits anthropiques pourtant, *a priori,* plus préoccupants. Cela conduit à décompter, signaler et dénoncer chaque quantification dans les cours d'eau, quelle qu'en soit la valeur. En revanche, les eaux seront *a priori* jugées *pures* de tous les produits qui ne sont pas recherchés.

Au niveau individuel, l'acceptation du recours à des produits de synthèse, voire de ceux qui sont régulièrement consommés, est directement liée à la sensation recherchée, quels que soient les risques potentiels et les mises en garde à propos de leur dangerosité.

Pour d'autres domaines comme l'agriculture, dans la Société, chaque individu ignore et même va jusqu'à nier l'existence d'un quelconque bénéfice lié à l'action des produits phytosanitaires. Il leur est reproché des externalités négatives inacceptables comme la pollution ou l'action sur la biodiversité et surtout ils sont jugés potentiellement ou même systématiquement trop toxiques par certains acteurs, dès lors que chacun ne se sent pas directement concerné. Progressivement, s'installe alors dans la Société l'idée du sophisme de la *solution parfaite* qui tend à rejeter toute nouvelle solution, produit ou action, au prétexte qu'elle a ou peut avoir un défaut, même minime, réel ou supposé. Cela est un argument majeur pour soutenir le besoin d'expliquer la notion de bénéfices/risques : pourquoi utilise-t-on des herbicides, qu'est-ce qu'ils apportent, quelle est leur dangerosité ou leurs coûts pour l'environnement, afin que le public comprenne en quoi il est concerné et pourquoi il devrait assumer ce qui relève d'un choix de Société.

La pollution de l'air par les herbicides en raison des caractéristiques de leur utilisation et grâce à l'amélioration constante, tant des règles d'évaluation des spécialités que des conditions d'application, n'a jamais été, du point de vue objectif des toxicologues, une source de préoccupation sérieuse. La pollution de l'air infiniment plus élevée par d'autres polluants réglementés, à la dangerosité avérée et issus de la chimie de synthèse (benzène, HCB, HAP…), demeure en revanche une réalité sanitaire beaucoup plus préoccupante, focalisant logiquement l'attention des agences compétentes. En revanche, l'utilisation de pesticides biocides, principalement insecticides, dans les milieux intérieurs, pose, elle, potentiellement des problèmes aux toxicologues qui, très rationnellement, se focalisent sur la réduction de l'exposition à ce niveau. Elle peut être la principale source d'imprégnation des populations par des molécules insecticides, mais avec une origine biocide ou médicamenteuse et non agricole (Santé et Environnement, 2019).

La réduction actuelle des produits phytopharmaceutiques de synthèse utilisés par les agriculteurs, liée à un renforcement des réglementations européennes ou à des non-renouvellements des autorisations ou encore à des interdictions anticipées de produits phytosanitaires, tend à augmenter les coûts de production. Dans le cadre d'une concurrence internationale avec des marchés ouverts aux importations à moindre coût, cela peut rendre impossible pour un grand nombre d'agriculteurs la production de certaines denrées dans l'espace de l'UE ou au sein des pays membres qui imposent une application plus stricte de ces réglementations. En France, pour des produits de protection des plantes normalement homologués, à la demande de l'agence chargée de l'évaluation et de la gestion, les pouvoirs publics peuvent être conduits à imposer des limitations supplémentaires à visées sanitaires, mais, susceptibles de générer des distorsions de concurrence pour les agriculteurs y compris entre pays de l'UE. Une augmentation des interdictions de substances actives herbicides de plus en plus importante par rapport aux grands pays agricoles hors Europe pourrait être de nature à menacer notre indépendance alimentaire. Un accroissement de la proportion d'aliments importés depuis des régions hors d'Europe serait alors à craindre avec des conditions de production moins satisfaisantes et des charges en résidus supérieures à ce qui pourrait être produit en France. Il semble difficile de limiter ce risque sans un extrême durcissement des contrôles à l'import ou espérer que des accords sur des qualités exigées pour les produits puissent un jour être signés avec les pays exportateurs.

Ce risque est réel, car entre 2009 et 2012, en France, l'indicateur d'exposition alimentaire des populations aux résidus de produits phytosanitaires, l'AJE (apport journalier estimé), essentiellement composé d'insecticides de post-récolte et de stockage pour les céréales et très faiblement de rares herbicides, a augmenté de plus de 50 %. Comme la valeur de l'AJE des produits alimentaires nationaux, les plus importants en proportion, n'a pas évolué, cette augmentation doit être attribuée à l'augmentation des importations de produits, surtout en provenance de pays extérieurs à l'Europe dont l'AJE est double de celui des produits nationaux (OEB, 2014).

En aucun cas, l'objectif de ce chapitre n'a pu être de faire une présentation de l'écotoxicologie et produire toutes les mesures des valeurs des herbicides. Notre ambition était plutôt de fournir au lecteur un minimum d'éléments sur les marqueurs définis en écotoxicologie et d'exemples de données pour qu'il soit à même de mieux comprendre ce qu'il peut trouver dans les médias ou sur Internet. Il est parfaitement nécessaire de multiplier les recherches pour caractériser des critères de plus en plus précis capables de déterminer la dangerosité de ces molécules et de nous préserver du risque de leur assimilation. Il reste cependant le risque qu'ils interfèrent trop avec la biodiversité des milieux agricoles.

ENCADRE : *Désherber avec des produits biologiques*

En l'état actuel de la recherche et des autorisations, il n'existe aucun herbicide *naturel* sélectif d'aucune culture en AB en France.

Bien que non issus du vivant, deux produits actuellement homologués en biocontrole qui pourraient être utilisés en AB sont l'acide acétique utilisé à 100 kg/ha et l'acide pélargonique à 31 kg/ha. Le coût de revient du traitement (entre 350 et 600 €/ha d'un traitement en plein en 2020) les cantonne donc à des usages limités sur des petites surfaces et pour des productions à forte valeur ajoutée. Ces herbicides proposés détruisent leur cible, pourvu que le produit soit assez concentré ou appliqué en grande quantité sur des adventices, plutôt dicotylédones annuelles et préférentiellement à l'état de plantules.

Les produits de synthèse sont en revanche soumis à une obligation de résultat. Chaque nouveau produit, outre le fait qu'il doit satisfaire à toutes les contraintes réglementaires de sécurité, doit être meilleur que la référence, voire équivalent, mais alors avec d'autres propriétés favorables. Les produits utilisés en AB répondent seulement, aujourd'hui, à une obligation de moyens propre à cette filière : ne pas être d'origine de synthèse. Le résultat est dans ce cas moins essentiel. Quel que soit le produit naturel, il ne peut être ni inoffensif, s'il a une certaine efficacité, ni sans danger dans un milieu dont il était naturellement absent.

En jardineries ou sur Internet, sont offertes pour désherber, ce qui relève plus de recettes individuelles que de méthodes éprouvées, toutes sortes de propositions allant des eaux de cuisson du riz ou de pommes de terre, de l'eau très chaude ou très salée, à des purins d'ortie, d'angélique ou des huiles essentielles de basilic ou citrus… Ces préparations diluées au gré de l'utilisateur ont des efficacités relatives, dépendant de beaucoup de conditions d'utilisation et d'application. Elles sont, par définition, réservées à de très petites surfaces, sans aucune garantie d'efficacité. La plupart du temps, elles enfreignent même la réglementation dans la mesure où les huiles essentielles proposées ne sont pas reconnues dans la liste des substances peu préoccupantes, ce qui interdit *de facto* leur application.

La gestion des adventices de grandes cultures, en AB, repose dans la pratique, au-delà de la prévention recherchée par de longues rotations et des préparations répétées du sol, sur le désherbage mécanique ou thermique de l'entre-rang, et reste peu efficace sur le rang. Ces deux techniques sont consommatrices d'énergie (gasoil et gaz naturel, producteurs de gaz carbonique) et donc polluantes. Le complément de travail manuel est toujours nécessaire, mais ne correspond plus aux standards d'activité recherchés par les populations d'un pays développé comme la France, au-delà du simple déclaratif. Ce complément fait beaucoup appel à de la main-d'œuvre temporaire, souvent étrangère. Il augmente très fortement le coût d'une production en raison des niveaux de salaires pratiqués dans l'hexagone, coût qui peut rarement être répercuté sur le prix payé au producteur français.

VII.
Étapes dans l'évolution des herbicides

> « Le produit fait sa carrière, mais, plus ou moins rapidement, d'autres produits le dépasseront et, dans cette éternelle course au mieux, il finira par tomber, victime de la supériorité des autres ou, dans certaines situations, victime de son propre succès. »
>
> Michel Tissut. *Plantes, herbicides et désherbage.* 2006

Avec la découverte de la sélectivité chimique des herbicides, en un siècle, de très nombreuses molécules ont été proposées, utilisées, finalement abandonnées et remplacées par d'autres pour le désherbage des céréales, puis progressivement d'autres cultures. Depuis l'introduction des produits de synthèse, après cinq décennies de tests hasardeux de produits minéraux, voire organiques, près de 200 molécules de différentes familles chimiques inhibant des métabolismes des plantes en une vingtaine de sites différents ont été successivement autorisées en France, pendant des durées variables. Cette diversité a toujours eu pour objectif de contrôler, de mieux en mieux et avec de plus faibles doses, le spectre le plus large possible d'adventices dans toutes les grandes cultures et accessoirement dans des cultures mineures, tout en respectant des règles législatives de plus en plus exigeantes. Aujourd'hui, elles ont atteint un niveau d'efficacité, de qualité et de sécurité, encore perfectibles, qui, néanmoins, permettent en France, outre l'autosuffisance alimentaire en grandes cultures enfin atteinte et maintenue, d'envisager des évolutions vers des agricultures modernes recourant de moins en moins à leur usage pour gérer les adventices.

En agriculture, les produits phytosanitaires et particulièrement les herbicides sont aujourd'hui au cœur d'un débat passionnel qui est un des éléments d'un mouvement général de défiance vis-à-vis de tout produit chimique utilisé dans nos Sociétés au profit de la préconisation de pratiques naturelles. Cependant, dans le cadre de la présentation des principales étapes de l'histoire de la gestion des adventices et pour comprendre l'emprise de celle qui s'est imposée au XXe siècle, il est nécessaire de présenter comment et pourquoi cette stratégie a évolué et dominé jusqu'à aujourd'hui, absolument sans présager de son avenir, compte tenu des défauts des herbicides.

D'abord, partant de produits corrosifs, minéraux et même organiques, le désherbage des céréales est devenu de plus en plus généralisé et efficace pendant la seconde moitié du XXe siècle avec les molécules de synthèse. Dans cet ensemble, quelques molécules ou familles ont été et sont toujours remarquables parce qu'elles ont, chacune à leur tour, représenté soit une étape nouvelle, soit une vraie révolution dans la gestion des adventices. Chacune a constitué un progrès dans l'évolution de cette stratégie. Elles ont permis à l'agriculture de sortir des contraintes quasi insolubles des siècles précédents et de permettre une production suffisante par rapport aux besoins de l'ensemble de la population.

1— L'acide sulfurique

Dès le début du XXe siècle, l'acide sulfurique, le premier herbicide dont l'utilisation a permis de définir les bases d'une mise au point expérimentale, a montré la possibilité d'une gestion sélective des adventices. Il est emblématique d'une première étape, même s'il restait beaucoup de défauts : spectre d'espèces contrôlées limité, faible sélectivité, produit corrosif, dangereux et coûteux parce qu'utilisé à très forts tonnages, ce qui était certainement cause de pollution par acidification des sols et toxicité vis-à-vis des organismes présents.

Par opposition au désherbage manuel de l'époque, la généralisation et l'engouement pour l'acide sulfurique ont été dus à sa grande efficacité dans un temps court impliquant peu de main-d'œuvre. À la fin du XIXe siècle comme au siècle précédent, un minimum de cinq à sept journées d'au moins dix heures d'une femme était encore nécessaire pour désherber un hectare de blé à la main. À cela pouvaient s'ajouter les essanvages et échardonnages généralement confiés aux hommes (Duhamel du Monceau, 1762). Au cours d'un traitement à l'acide sulfurique avec un pulvérisateur à dos, un ouvrier pouvait traiter un hectare en deux jours. Avec un appareil tracté, deux hommes et un cheval traitaient un hectare en deux heures.

Le coût du désherbage manuel dépendait fortement du fait qu'il était fait appel ou non à de la main-d'œuvre extérieure. Le coût du traitement avec le cheval, la main-d'œuvre, l'amortissement du matériel et le prix de l'acide correspondaient environ à la valeur d'un quintal. Le gain moyen de ce traitement était de trois à quatre quintaux et parfois plus, résultat considérable, sachant que le rendement moyen était alors de l'ordre de 15 q/ha (Rabaté, 1927).

Les traitements à l'acide sulfurique dilué entre 7 % et 14 % définis et normalisés dès 1920 ont été largement développés dans les grandes fermes des régions céréalières. Il est le principal représentant de la catégorie des herbicides sélectifs agissant par corrosion, détruisant ainsi les plantes qu'ils touchent en les brûlant. Dès 1933, le produit était légalement préconisé et faisait partie des 12 premières molécules homologuées en 1944. Il a été listé dans l'index des produits phytosanitaires de l'ACTA jusqu'en 1979, mais dès 1960, il n'était plus très utilisé, sauf ponctuellement en Bretagne. L'acide sulfurique a été très largement utilisé (45 000 t/an à la fin de la Seconde Guerre mondiale) parce qu'efficace sur les dicotylédones très abondantes dans les céréales, surtout les crucifères, dont il est assez sélectif, mais aussi parce qu'il n'avait pas de véritable concurrent. Pendant près d'une décennie autour de la Seconde Guerre entre 1939 à 1948, les matières premières sont devenues progressivement impossibles à trouver et l'usage des pesticides et des herbicides en particulier a été totalement interrompu.

Mais le défaut majeur de l'acide sulfurique est certainement sa dangerosité de mise en œuvre. Il est particulièrement corrosif pour les pulvérisateurs. Pour le manipuler, il était conseillé, soit de se graisser les mains, soit de porter des gants en caoutchouc. Les yeux, très sensibles, devaient être protégés par des lunettes. Il fallait travailler dans le sens du vent ou perpendiculairement et éviter de marcher dans les zones traitées. Des vêtements de laine, moins attaqués, des sabots de bois ou des vieux souliers, et des molletières sans valeur étaient recommandés. De même, pour les traitements avec un cheval, celui-ci devait être caparaçonné de cuir. Il était aussi préconisé d'avoir des réservoirs d'eau au bout du champ pour parer à tout accident (Rabaté, 1927). Les grandes quantités, généralement plus de 100 l/ha, devant être mises en œuvre, entraînaient un coût assez élevé. L'apparition, après la dernière guerre, du premier herbicide de synthèse, le 2,4 - D (O), ni corrosif, ni dangereux et utilisable à faible dose (environ un l/ha) dans moitié moins de bouillie, avec sensiblement le même spectre d'efficacité et une meilleure sélectivité vis-à-vis des céréales, en fît un redoutable concurrent.

Depuis le début des années 2000, la vague de retour à la naturalité et l'absence de nouveaux modes d'action a favorisé l'homologation d'acides, malheureusement non sélectifs. L'acide acétique (1000 l/ha), bien que moins dangereux que l'acide sulfurique, a le même genre d'activité en brûlant les plantules. De même, l'acide pélargonique (31 kg/ha), obtenu par fractionnement chimique de l'huile de colza, n'est peut-être pas totalement inoffensif. De ce fait, ils ne sont utilisés que pour le défanage de pommes de terre ou l'épamprage de la vigne, voire le désherbage total de petites surfaces, malgré les coûts élevés liés aux doses importantes nécessaires.

2— Le 2,4 - D

Une véritable révolution au milieu des années 1940 s'est produite avec l'arrivée de molécules de synthèse agissant au niveau des voies métaboliques des plantes. La première, toujours utilisée plus de 70 ans après son homologation, est le 2,4 - D (O). Ce fut le premier représentant des familles d'hormones (Kearney et Kaufman, 1975), le point de départ de la seconde étape de l'usage des herbicides à l'origine des produits interférant spécifiquement avec la physiologie des plantes. Ils sont précisément actifs sur des métabolismes strictement propres au monde végétal. Ce produit s'est montré efficace, sélectif, sans révéler de toxicité ni de pollution de l'environnement. Seul le MCPA (O) est homologué depuis aussi longtemps. Les rares autres produits anciens encore autorisés sont apparus dans les années 1950-1960.

Le 2,4 - D (O) a été introduit en 1946, à une époque où on n'utilisait que des produits corrosifs à fortes doses dispersés dans d'énormes volumes d'eau. Il assurait une meilleure sélectivité dans les cultures de céréales. Pour détruire les dicotylédones, sa mise en œuvre était sans danger avec seulement 1 kg/ha. Outre son faible coût, il présente une toxicité sur certaines dicotylédones vivaces, ce qui, à l'époque, était novateur. Afin d'étendre le spectre des espèces sensibles et régulariser leur contrôle, le 2,4 D (O) fut le point de départ de plusieurs familles de molécules présentant le même mode d'action. Ce produit est rapidement dégradé par les microorganismes du sol (Calvet *et al.*, 2005). En dépit des quantités utilisées, il n'est que très peu détecté : quantifié dans 7 % des analyses d'eaux circulantes en 2003 et à moins de 1 % en 2013, mais pas dans les eaux souterraines. Son usage encore très important actuellement, par opposition à de nombreux produits plus récents, tient au fait que très peu de résistances ont été identifiées chez de rares espèces, parmi toutes celles que ce produit contrôle.

Par opposition à l'acide sulfurique, réservé aux grands domaines à cause de son coût et de sa dangerosité, l'introduction du 2,4 - D (O) a permis à la quasi-totalité des agriculteurs de gérer chimiquement les adventices de leurs céréales. L'efficacité de ces traitements et leur répétition a entraîné un remplacement des espèces présentes, passant de la dominance de plusieurs dicotylédones à celle de certaines graminées. Ces dernières ont envahi progressivement l'espace laissé libre. En quelques années, dès le début des années 1960, leur expansion a nécessité de tester, mais sans succès, de faibles doses de simazine (C1) ou d'atrazine (C1) au début du tallage du blé d'hiver contre le vulpin, ce dernier étant devenu envahissant. Cette évolution de la représentativité des adventices, en réponse aux traitements, a nécessité une recherche difficile pour la mise au point d'antigraminées spécifiques et sélectifs vis-à-vis des céréales.

3— Les urées substituées

Dès la fin de la Seconde Guerre mondiale, les recherches se sont concentrées autour du concept d'un mode d'action prédéfini. À partir d'un motif moléculaire particulier ayant une certaine activité biologique, de nombreuses molécules sont produites avec des substitutions différentes et forment une ou plusieurs familles chimiques. Les différentes caractéristiques chimiques des dérivés introduisent une gamme de variations de niveau d'activité, de persistance, de solubilité et de sélectivité. Alors qu'après le 2,4 - D (O) seuls quelques produits apparentés ont été développés et utilisés, le motif phénylurée a été à l'origine de très nombreuses urées substituées (groupe C) qui ont été utilisées pendant plusieurs décennies, et ce, avant l'apparition des triazines (groupe C).

Dans les années 1950, face à la très grande abondance d'adventices très diverses, l'objectif était de nettoyer le terrain, le mieux et le plus longtemps possible avec un minimum d'interventions. Des molécules persistantes, adsorbées sur les argiles et la matière organique en équilibre avec la phase aqueuse, favorisant l'absorption racinaire, ont alors été privilégiées.

À cette période, des traitements d'assurance ont été systématiquement recherchés avec des produits de prélevée ayant une certaine persistance. C'était surtout pour les zones non cultivées et dans les cultures pérennes. Dans les cultures annuelles, les urées substituées (groupe C), appliquées en prélevée, ont également correspondu à cette demande, surtout en céréales. Cette famille représente le premier exemple d'une très importante stratégie de recherches, autour d'un motif chimique connu, dans le but d'obtenir une certaine activité (Kearney et Kaufman, 1975). Ces produits ont perduré entre deux à cinq décennies, selon la molécule et les régions. Les urées substituées (groupe C), généralement associées à une bonne sélectivité des céréales, ont constitué la première famille de produits, active sur beaucoup de dicotylédones, apportant également, pour la première fois, une activité appréciable sur certaines graminées adventices en extension. Ceci les a rendues presque indispensables *en pratique*.

Elles ont finalement été écartées à cause de l'obsolescence des exigences de désherbage de l'époque de leur création. En effet, près d'un demi-siècle plus tard, les adventices, surtout annuelles, sont moins diverses et moins abondantes. Les objectifs, aujourd'hui, se bornent à ne détruire que ce qui est levé. Ces molécules ont donc été supplantées par des produits de post-levée, introduisant des qualités supplémentaires nouvelles comme des doses plus réduites, une faible persistance, une action antigraminées plus spécifique…

Pour certaines, comme l'isoproturon (C2), l'usage excessif a conduit aux mêmes problèmes que ceux connus avec l'atrazine (C1). L'isoproturon (C2), adsorbé sur des argiles, était entraîné avec celles-ci lors de fortes pluies intervenant peu de temps après le traitement. Malgré l'augmentation des capacités de métabolisation des microorganismes du sol, la répétition de fortes doses a parfois dépassé les capacités de rétention du sol. Localement, le produit en solution a été entraîné non seulement dans les eaux circulantes, mais aussi dans les eaux profondes. Par ailleurs, l'isoproturon (C2) et certains de ses métabolites présentent des profils écotoxicologiques dangereux pour les organismes aquatiques (IUPAC, 2020) et de plus, l'isoproturon (C2) et ses métabolites ont notamment été soupçonnés d'être cancérigènes (IUPAC, 2020). C'est la raison pour laquelle il n'est plus autorisé depuis 2018.

Pourtant, les échecs liés à l'apparition de résistances génétiques aux produits qui leur ont succédé ont nécessité de réfléchir à des programmes de désherbage associant des traitements de pré et de post levée, en combinaison avec des produits aux modes d'action différents. Ces derniers incluent, par exemple, des urées substituées (groupe C), dont il ne reste plus que le chlortoluron (C2), pour lesquelles aucune espèce n'est résistante en France. Malgré les réductions de doses et du nombre de traitements, la quasi-totalité de ces molécules ont été interdites à partir des années 2000 et surtout pour le linuron (C2) et l'isoproturon (C2) depuis 2018. Cela réduit la diversité des modes d'action et des conditions de traitement, diminuant, de ce fait, les possibilités de gérer les graminées dans ces cultures et parallèlement les résistances.

4— L'atrazine

À la fin des années 1950, l'atrazine (C1) (Kearney et Kaufman, 1975) a été le premier herbicide ayant eu une utilisation mondiale pendant plusieurs décennies, grâce à sa sélectivité des cultures de maïs. L'atrazine (C1) a notamment favorisé l'extension très importante de cette culture. Son usage exclusif et excessif a été à l'origine de l'apparition des premières résistances génétiques sur un grand nombre d'espèces d'adventices dans de nombreuses régions maïsicoles du monde entier où il a été appliqué. Sa réussite et les grandes quantités utilisées ont dépassé les capacités de sa dégradation dans les sols. L'atrazine (C1) a tellement été utilisée qu'elle a été retirée du marché en Europe, à cause de sa présence dans les eaux au-delà du seuil réglementaire dans certaines régions. Cette molécule reste encore par exemple très utilisée aux USA, au Canada comme en Australie.

L'atrazine (C1) est un herbicide qui a marqué une étape majeure. Il a été utilisé aussi bien dans de nombreuses cultures que dans des zones non cultivées pour un désherbage plus ou moins total. Par son efficacité, cet herbicide a permis d'étendre très largement les aires de la culture de maïs et fortement contribué à l'augmentation des rendements en association avec les progrès génétiques liés à la construction des maïs hybrides. Au début des années 1960 en France, les rendements du maïs grain plafonnaient à environ 25 q/ha et très rapidement, ils ont augmenté linéairement jusqu'à environ 85 q/ha l'année du retrait de l'atrazine (C1). Cet herbicide, utilisé seul, est à l'origine du développement du maïs ensilage qui a rapidement atteint une superficie de 1,5 Mha en France. Parce que l'atrazine (C1) était autorisée en Europe, et l'est toujours dans d'autres parties du monde, sur le maïs, une des premières cultures mondiales, sur d'autres cultures et en zones non cultivées, elle a été la molécule la plus vendue au monde, pendant plusieurs décennies. À cause de sa très grande efficacité, son usage exclusif a conduit à la sélection et l'identification de la première résistance par mutation de cible, à l'échelle mondiale, chez un grand nombre d'espèces adventices. Indirectement, la compréhension et l'origine de ce mécanisme de résistance ont montré la faisabilité de création de variétés résistantes, par voie génétique et biotechnologique. Cette évolution, inconnue jusqu'alors, a obligé pour la première fois à recourir à des mélanges de produits ou des programmes pour tenter de rétablir la qualité du contrôle des adventices.

C'est la première fois qu'un herbicide a été interdit en Europe en 2004, non pas parce qu'il était dangereux et toxique, mais parce que, à la suite des très grandes quantités utilisées, il se retrouvait à dépasser, dans certaines régions, le seuil unique fixé pour tous les pesticides dans les eaux. Cela ne signifie pas qu'il s'agissait d'une pollution toxique similaire à celle des métaux lourds, mais que l'usage par son intensité et sa permanence a dépassé les capacités de dégradation des milieux. Pourtant, il est connu de longue date et pour beaucoup de molécules (Suett *et al.,* 1996), que plus une parcelle a reçu au fil des ans le même produit de pré levée, mais aussi de post levée, plus les gènes de métabolisation de la molécule active se répandent parmi tous les microorganismes (Calvet *et al.*, 2005).

La Commission européenne justifie le retrait des herbicides à base d'atrazine (C1) par le motif suivant, précisé dans la Décision 2004/248/CE, (2004) : « Il ressort des évaluations effectuées que les informations fournies ne sont pas suffisantes pour démontrer que, dans les conditions d'utilisation envisagées, les produits phytopharmaceutiques contenant de l'atrazine (C1) satisfont d'une manière générale aux exigences fixées à l'article 5, paragraphe 1, points a) et b), de la directive 91/414/CEE. En particulier, les données disponibles en matière de contrôle étaient insuffisantes pour démontrer que sur de grandes superficies, les concentrations de la substance active et de ses produits de décomposition ne seront pas supérieures à 0,1 µg/l dans les eaux souterraines. En outre, il ne peut être garanti qu'une utilisation continue sur d'autres superficies permettra une reconstitution satisfaisante de la qualité des eaux souterraines où les concentrations sont déjà supérieures à 0,1 µg/l dans les eaux souterraines. Ces niveaux de la substance active sont supérieurs aux limites fixées à l'annexe VI de la directive 91/414/CEE et auraient une incidence inacceptable sur les eaux souterraines. Il n'y a donc pas lieu d'inclure l'atrazine (C1) à l'annexe I de la directive 91/414/CEE. »

Bien que le retrait ne concerne que l'atrazine (C1), à la suite des trop grandes quantités utilisées dépassant les capacités de métabolisation de l'environnement, l'interdiction a été étendue aux autres triazines (groupe C), qu'elles aient ou non été quantifiées dans les eaux. Cette extension a été prise sous le prétexte que le retrait de l'atrazine (C1) risquait d'entraîner l'augmentation de l'usage des autres triazines (groupe C). Aujourd'hui il est envisagé la réhomologation de certaines de ces molécules : la terbuthylazine l'a été en 2019.

5— Les inhibiteurs de l'ACCase

Après une première molécule à la fin des années 1970, une décennie plus tard, sont arrivées les substances actives des premières familles d'antigraminées réellement spécifiques, les *fops* (groupe A) et les *dimes* (groupe A) (Kearney et Kaufman, 1988). Ces molécules ont représenté une vraie solution, à l'époque, au problème de l'extension des graminées. Leur cible biochimique est une forme de l'acétyl coenzyme A carboxylase (ACCase) des graminées que ne possèdent pas les dicotylédones. Cette caractéristique est particulièrement bien adaptée pour lutter contre les graminées en culture de dicotylédones. C'est plus tard qu'apparurent des molécules sélectives des céréales, parfois grâce à l'aide de *safeners*. Toutefois, en particulier les produits sélectifs des céréales, ont été à la source de l'apparition de très nombreuses résistances, dues à des pratiques agronomiques non raisonnables. Les produits de cette famille sont globalement peu dangereux pour l'environnement, car le niveau de leur toxicologie reste limité. Ils possèdent une faible volatilité et une mobilité très réduite dans le sol (Kearney et Kaufman, 1988, Calvet *et al.*, 2005). Ils ont une courte demi-vie dans le sol et l'eau. Ils sont utilisés à des doses plutôt basses : généralement de quelques dizaines de grammes par hectare à quelques centaines.

Ces familles d'herbicides et en particulier les *fops* (groupe A) représentent le seul cas de sélectivité absolue pour lequel, de manière naturelle, des espèces ne sont pas affectées par les produits. C'est parce que leur cible n'est pas reconnue par les herbicides. C'est comparable à ce qui est recherché avec les variétés rendues tolérantes aux herbicides (VRTH). Cela leur donne une importance majeure puisqu'ils fonctionnent comme de réels et stricts antigraminées. Les céréales, bien que sensibles, peuvent acquérir une sélectivité suffisante grâce à des *safeners* qui activent leur potentiel de détoxication.

Ces nombreux avantages ont conduit les agriculteurs à les utiliser à l'excès, à l'exclusion de tout autre produit, contre les graminées adventices parce qu'ils étaient les meilleurs. Beaucoup d'agriculteurs ont encore une fois reproduit le même malheureux exemple des triazines sur les adventices du maïs : rotations réduites, usage d'un seul produit, à trop faible dose. Cela a rapidement entraîné la sélection de très nombreuses résistances au sein des principales graminées adventices (cf. chapitre XI). Dans plusieurs régions, les agriculteurs se sont trouvés dans l'incapacité de contrôler ces espèces, devenues envahissantes.

Découvertes par hasard, quelques années plus tard, de nouvelles molécules ont été développées avec un autre mode d'action (groupe B) et se sont rapidement avérées efficaces. Ce fut tellement concomitant que certains ont pu croire qu'il s'agissait de la réponse des industriels de l'agrochimie à leurs demandes pressantes pour résoudre les cas de résistance. Mais ce n'était pas le cas. De la découverte à la mise sur le marché d'une substance, il faut au moins une décennie. Les recherches pour ces nouvelles molécules avaient donc commencé bien des années avant que ne soit découverte l'existence de résistances génétiques aux *fops* (groupe A). Peut-être en raison de la persistance de cette *croyance* d'une capacité de réaction rapide des firmes, le monde agricole a reproduit le même usage exclusif de ces nouveaux produits, sans en tirer de leçon.

6— Les inhibiteurs de l'ALS

Dans les années 1980, sont apparus les inhibiteurs de l'acétolactate synthase (ALS), une enzyme de la chaîne de synthèse des acides aminés ramifiés (Kearney et Kaufman, 1988). Ils avaient d'abord été utilisés comme antidicotylédones. Les sulfonylurées (groupe B) sont la famille comptant le plus grand nombre de molécules encore homologuées en 2020. Elle réunit les molécules les plus utilisées pour le plus grand nombre de cultures, aussi bien des antidicotylédones que des antigraminées. Ce sont des produits très peu toxiques et actifs à de très faibles doses : quelques grammes par hectare, voire seulement 4 g/ha pour le metsulfuron (B). Ils ne sont pas détectés dans les eaux. Le défaut majeur de cette famille tient à la très grande facilité de sélection de résistances génétiques résultant de la présence de nombreuses mutations du gène de la cible. De plus, ces molécules sont métabolisées par les mêmes enzymes de détoxication que les *fops* (groupe A). Ceci a pour conséquence, chez les graminées, un risque d'apparition de résistances croisées aux molécules des deux modes d'action (voir chapitre XI). Cette famille pourrait représenter le type d'herbicide théorique idéal. Elle présente une toxicité très faible, elle est active à très faibles doses, rapidement dégradée dans les sols, et non détectée dans les eaux. La large gamme de substances homologuées permet de contrôler la quasi-totalité des espèces adventices et rend cette famille sélective de presque toutes les cultures. En l'absence de nouvelles homologations, elle tend à être la seule utilisée contre certaines adventices. Encore une fois, l'arrivée opportune de molécules pour contrôler les graminées résistantes aux inhibiteurs de l'ACCase (groupe A) a poussé les agriculteurs à répéter leur usage, seules contre les adventices, dans de nombreuses cultures et à des doses réduites.

Parmi toutes les familles d'herbicides très utilisées, c'est dans cette famille que sont apparues très rapidement les plus fortes fréquences de mutations du gène de la cible, chez le plus grand nombre d'espèces à travers le monde (Heap, 2021). Ainsi les sulfonylurées (groupe B) et toutes les molécules inhibitrices de l'ALS, qui auraient pu être considérées comme les herbicides de l'avenir, vont devenir rapidement obsolètes si, au moins, il n'est pas prêté une sérieuse attention à la manière de les utiliser.

7— Conclusion

À la suite de la découverte de l'effet du sulfate de cuivre sur les crucifères, sans affecter les céréales, a commencé une nouvelle ère dans la conduite des cultures, le désherbage chimique. En cherchant à reproduire l'action du sulfate de cuivre, toute une série de produits toxiques connus a été testée. Pendant près d'un demi-siècle, cette stratégie fondée sur des produits de contact, corrosifs, tuant les adventices en quelques jours a perduré. Le défaut majeur de ces produits, bien que *naturels*, tient à leur dangerosité et à leur degré de pollution. L'acide sulfurique est devenu le principal, voire quasi exclusif pendant plusieurs décennies grâce à Rabaté (1927) qui a jeté les bases des expérimentions nécessaires au développement d'un herbicide sélectif. L'acide sulfurique a été Le Produit de cette première stratégie du désherbage chimique. Il a été le principal et souvent le seul produit utilisé pendant plusieurs décennies, essentiellement dans les cultures céréalières des régions les plus productives (jusqu'à plus de 45 000 t/an pour seulement environ 320 000 ha [Bernard 2008]).

Dès la fin de la Seconde Guerre mondiale a commencé la seconde phase du désherbage chimique qui a rendu les produits précédents totalement obsolètes. Des molécules ont été synthétisées pour leur capacité à inhiber des métabolismes strictement végétaux. Ces produits doivent pénétrer dans les tissus végétaux, et y être transportés pour atteindre leur cible généralement unique. Ils risquent d'ailleurs d'être détoxiqués avant d'inhiber leur cible. Grâce à leur spécificité, les doses d'utilisation sont plus, voire extrêmement, réduites, mais l'existence de toutes ces étapes fait que, malgré des symptômes visibles, les adventices ont été plus longues à disparaitre. Il a donc fallu habituer les agriculteurs à cette nouvelle approche du désherbage.

La première étape de cette phase est représentée par des molécules mimétiques des hormones végétales récemment découvertes. Elles illustrent parfaitement le changement définitif de stratégie, conduisant à l'abandon des pulvérisations avec des quantités énormes de produits corrosifs et dangereux pour l'applicateur. En revanche, par opposition à l'instantanéité de la brûlure par les acides, leur inhibition peut durer plusieurs semaines avant de tuer l'adventice. Ce sont des antidicotylédones, toujours utilisés, sans effet sur les graminées et donc sélectifs des céréales.

Devant le degré d'envahissement des sols par les adventices, la demande était de contrôler toutes les plantes susceptibles de lever. La stratégie était alors fondée sur des molécules ayant, d'une part, une efficacité sur un maximum d'espèces, annuelles ou vivaces, et d'autre part, assez persistantes pour qu'un traitement précoce reste actif pendant toute une campagne et laisse le sol le plus propre possible, pendant le plus longtemps possible. La deuxième étape a introduit dans les années 1950 une stratégie de recherche, toujours d'actualité, consistant, à partir d'un motif plus ou moins toxique, à tester toutes les substitutions chimiques possibles pour déterminer celles, voire une seule, qui satisfont aux critères exigés à l'époque.

La troisième étape peut être définie par la domination d'une seule molécule, longtemps la plus vendue au monde, utilisée dans de très nombreuses situations qui a permis une exceptionnelle extension de la sole cultivée en maïs. Pour la première fois, l'usage exclusif et répété du même produit a été à l'origine de l'apparition et du développement de résistances génétiques chez de nombreuses espèces adventices et à l'échelon mondial. La connaissance et la compréhension du mécanisme de cette résistance peuvent être considérées comme le point de départ de l'idée de la création de plantes recombinantes ou génétiquement modifiées (OGM). Au début des années 2000, l'interdiction de l'atrazine (C1) en Europe a été directement la conséquence de son trop grand succès, entraînant, par voie de conséquence, l'augmentation du nombre de produits appliqués sur le maïs.

Pendant toutes ces années, les modes de gestion ont peu évolué, fondés sur le désherbage chimique contre les dicotylédones qui a fortement réduit les infestations dues à ces espèces. Depuis les années 2000, les objectifs ont évolué en visant à éliminer uniquement ce qui est levé et en privilégiant les traitements de post-levée par absorption foliaire. Cependant, les caractéristiques des antidicotylédones utilisés pendant des décennies, ont entrainé l'extension et la dominance des graminées dans les céréales.

Principalement dans les années 1980 sont apparues des molécules très peu toxiques, utilisables à faibles doses, ce qui réduit beaucoup le risque de les trouver dans les eaux. Par ailleurs, elles représentent un cas unique qui a révélé que la cible des graminées est différente de celle des dicotylédones. Les graminées adventices sont parfaitement éliminées dans les cultures dicotylédones, colza, tournesol, betterave… qui se comportent vis-à-vis de ces molécules comme des plantes naturellement tolérantes. Leur important succès, leur usage exclusif et trop souvent répété ont contribué à la sélection et au développement de populations résistantes chez beaucoup d'espèces de graminées adventices.

Enfin, le groupe d'herbicides qui a explosé dans les années 2000 représente la dernière étape. Ils sont extrêmement peu toxiques, utilisés à des doses encore plus faibles, très rapidement métabolisés et donc non encore trouvés dans les eaux. Ce groupe est composé de nombreuses molécules actives sur différentes espèces, et sélectives de beaucoup de cultures. Cette grande diversité permet de résoudre la quasi-totalité des problèmes posés par les adventices, surtout annuelles, dans presque toutes les cultures. Le défaut majeur de ce groupe répondant à presque tous les critères de référence pour un produit herbicide tient à l'existence chez la plupart des adventices, de nombreuses mutations sur le gène de la cible. Ainsi, l'usage exclusif de cette famille a rapidement sélectionné de nombreuses populations résistantes.

Dans la seconde moitié du XXe siècle, les propriétés des molécules herbicides ont fortement évolué sur le plan environnemental grâce à une plus rapide dégradation dans les sols et une pollution plus réduite des eaux due aux très faibles quantités utilisées. Les familles apparues le plus récemment sont les plus prisées et les plus utilisées. Dès lors qu'une pression de sélection est appliquée sur un processus biochimique, il faut s'attendre à trier les individus selon leur niveau de sensibilité. Il est donc apparu des phénomènes de résistance à la suite de traitements répétés sur les mêmes espèces, toujours avec le même produit à des doses limitées. La première explosion de résistance a été largement commentée et les conditions pour, sinon complètement éviter, au moins fortement réduire une résistance, ont été expliquées (voir chapitre XI). Tout s'est passé et se passe toujours comme si cela n'avait pas été dit, écrit et commenté, face à des intérêts de court terme. Longtemps, l'industrie a proposé régulièrement des produits toujours meilleurs, et par conséquent le besoin d'avoir un usage réfléchi, *en pratique* ne s'imposait pas à la profession agricole. Il était plus simple de reproduire ce qui était connu en n'utilisant exclusivement que le produit, souvent le dernier, le plus efficace au moindre coût. Ce comportement réducteur a successivement ruiné, très rapidement, plusieurs modes d'action dans une période où les homologations sont devenues très limitées. C'est l'usage inconséquent des produits qui a fait apparaitre les premières résistances. C'est moins le danger spécifique des herbicides que la négligence des exigences des règles de l'agronomie qui a créé beaucoup de problèmes liés à leur mésusage.

Désormais, après plus d'un siècle de désherbage chimique, le développement de nouvelles molécules avec des modes d'action nouveaux se trouve très contraint. Les raisons en sont surtout liées aux conditions d'homologation, de plus en plus strictes du point de vue réglementaire. Au-delà de l'ignorance des conditions d'une gestion efficace des nuisibilités des adventices, la peur des herbicides peut être fondée sur le souvenir de la dangerosité des anciennes molécules qui, d'ailleurs n'étaient généralement pas des herbicides, et le fait que les autorités interdisent régulièrement de vieux produits. Cela peut conduire à la déduction que, puisque de nombreux herbicides utilisés de longue date se sont avérés plus ou moins dangereux, il en serait de même pour ceux qui restent. Une généralisation hâtive conclura que tous les herbicides sont dangereux et poussera à vouloir les voir tous interdits. Par ailleurs, le réel risque lié à l'usage des herbicides tient à leur capacité à polluer le milieu et aux dommages qu'ils pourraient causer à la biodiversité.

Les interdictions successives de produits, jusqu'à l'abandon complet des solutions herbicides pour gérer les adventices, quelles qu'en soient les raisons, représenteraient certainement un défi majeur pour les Sociétés occidentales. En effet, l'espoir d'atteindre, dans les meilleures conditions, une production nécessaire à l'alimentation de toute la population apparaitrait alors très difficile en grandes cultures sans introduire de nouveaux systèmes agraires ni augmenter les surfaces et sans imposer une profonde modification de l'alimentation et de son coût pour toute la société. Aussi, faut-il s'interroger sur la possibilité de mettre en place d'autres moyens de raisonner et de limiter les usages des herbicides. Cependant, il ne faut pas oublier l'évolution permanente des espèces et des milieux, constamment en réaction aux pressions de sélection, particulièrement celles imposées par des modifications des conduites agronomiques en grande culture. C'est aussi oublier, parce que les adventices sont aujourd'hui assez bien contrôlées, que beaucoup sont toxiques et sources de nombreuses pathologies (ergot et mycotoxines…) (voir chapitre III). Rien ne prouve que des systèmes tolérant la présence d'adventices dans les cultures n'exposeraient pas à des problèmes agronomiques ou à la répétition d'accidents de santé publique d'ampleur préoccupante.

VIII.
Le cas du glyphosate

« La vérité est si obscurcie en ces temps et le mensonge si établi, qu'à moins d'aimer singulièrement la vérité, on ne saurait la reconnaitre. »

Blaise Pascal. *Les Pensées*, 1670

« Les convictions sont des ennemis de la vérité plus dangereux que les mensonges. »

F. Nietzsche. *Humain, trop humain*, 1888

Par opposition aux herbicides sélectifs qui se sont succédé pendant un demi-siècle pour une meilleure efficacité et sélectivité en réaction à l'évolution des situations, le glyphosate (G) a été directement introduit comme un herbicide total. Il représente donc un cas particulier dans cette stratégie d'usage de produits chimiques qui dépasse largement le milieu agricole. Homologué en 1974, en France en 1975, le glyphosate (G) est le produit phytosanitaire le plus vendu au monde, plus de 800 000 t/an depuis 2010 et toujours très largement utilisé dans beaucoup de pays. Ce produit représente 25 % du marché mondial des herbicides. Dans le domaine public depuis 2000, il est désormais produit aux États-Unis essentiellement par Monsanto (environ 200 000 t/an) et en Chine par plusieurs firmes dont les neuf premières produisent environ 650 000 t/an (Xie et Xue, 2021). Il est encore vendu par Monsanto, mais surtout à 80 % par plus de 90 firmes : 53 de Chine, neuf d'Inde, cinq des États-Unis et plus de 25 d'autres pays. C'est un produit très peu toxique aux doses d'usage (voir. encadré, toxicité du chapitre VI), le seul herbicide non sélectif d'aucune culture, actif sur toutes les espèces annuelles et vivaces. Avec la production de plantes génétiquement modifiées depuis près de trois décennies, cette molécule a rejoint, hors de France, l'utopie des agriculteurs : désherber complètement, en un seul passage, une culture en toute sécurité parce qu'elle est suffisamment résistante, avec le moins d'interventions possible et au moindre coût. Cependant, certains se sont convaincus que les OGM pourraient dispenser du respect élémentaire des règles de base de l'agronomie. L'application exclusive toute l'année, de manière répétée, plusieurs années consécutives, de trop faibles doses a abouti à la sélection de populations d'espèces résistantes à la molécule.

Les qualités du glyphosate sont à l'origine d'une évolution vers une vraie économie d'intrants, d'énergie, et de travail, aussi bien dans l'agriculture conventionnelle que pour l'agriculture de conservation des sols (ACS). Elles assurent une grande qualité de la gestion des adventices. Devant cette diversité d'aspects positifs et malgré sa très faible toxicité, le glyphosate est la cible préférentielle de nombreux opposants. Pendant plusieurs décennies, le glyphosate a permis de faire régresser les adventices vivaces et aidé à réduire les densités d'adventices dans les intercultures sans poser de problèmes particuliers. Un faible niveau de résistance est apparu chez le ray-grass en Australie en 1996 par suite de traitements à trop faibles doses (Heap, 2021). Puis dès 1996, aux États-Unis, des cultures génétiquement modifiées (PGM) ont été commercialisées, suivies par un déploiement quasi linéaire jusqu'à plus de 191,7 Mha, dans 30 pays en 2018 (ISAAA, 2019). Les pays en développement correspondent à 54 % des surfaces et donc 46 % seulement se trouvent dans neuf pays industrialisés. Quatre cultures représentent 99 % des surfaces : le soja 50 % (78 % du soja mondial), le maïs 31 % (30 % du maïs mondial), le coton 13 % (76 % du coton mondial) et le colza 5 % (29 % du colza mondial). En 2018, 88 % des surfaces de ces cultures PGM distribuées dans le monde possèdent une résistance au glyphosate (G), seule ou en association à d'autres caractéristiques introduites (ISAAA, 2019).

Cette caractéristique a conduit, surtout aux États-Unis, à développer une agriculture très simplifiée. Que ce soit en coton, habituellement conduit en monoculture pendant près de 10 ans ou dans la rotation maïs-soja, le travail du sol devient quasi inexistant. Le sol est maintenu à l'état nu, hormis la culture, par des traitements répétés avec du glyphosate (G), pendant toute l'année. Cette façon de procéder, associée à la recherche du profit maximal, avec réduction continue des doses d'herbicide, est à l'origine, en moins de 10 ans, de l'apparition de génotypes résistants chez plusieurs espèces adventices. En plus de 20 ans d'usage avant les OGM, un seul cas de résistance très limitée chez le ray-grass avait été signalé en 1996 en Australie (Heap, 2021). En 2019, 45 espèces adventices dans 30 pays avaient au moins une population résistante au glyphosate (G). La quasi-totalité des résistances identifiées a été sélectionnée lors de cultures PGM (17 aux USA [Heap, 2021]).

L'existence de ces deux périodes dans l'usage du glyphosate (G) montre bien que l'herbicide est, à la base, un produit sûr et peu propice à la sélection de résistances. Comme pour beaucoup d'activités humaines, c'est son usage dévoyé qui est à l'origine des problèmes. C'est une utilisation inconsidérée et exclusive du glyphosate (G), avec la même pression de sélection toute l'année, très affaiblie par la répétition de faibles doses, qui conduit à la sélection de résistances chez de nombreuses adventices. En conséquence, des variétés de maïs portent à présent des résistances jusqu'à trois herbicides : glyphosate (G), glufosinate (H) et sulfonylurées (groupe B) ou dicamba (O) (ISAAA, 2019) qui peuvent être utilisés au cours d'une même saison selon les caractéristiques des adventices présentes.

1— Pratiques habituelles d'utilisation du glyphosate

1—2 Surfaces concernées

Dans les régions sans plantes génétiquement modifiées (PGM) cultivées, en France par exemple, le glyphosate (G) fait l'objet d'usages très diversifiés, associés aussi bien à tous types de contexte de cultures qu'à de nombreuses zones non cultivées. Il a même été développé pour les surfaces des particuliers (usage interdit depuis 2019) en général, peu familiers des meilleures conditions d'utilisation.

En France, il est autorisé pour une grande gamme de traitements : gestion des broussailles, dévitalisation des souches, entretien des zones cultivées après récolte, des grandes cultures, de la luzerne, des vignes, des arbres fruitiers, des cultures légumières, des cultures forestières, des cultures ornementales, des pépinières, des plantations d'arbres, des cultures florales et productions horticoles, des jachères semées ou spontanées, des zones non agricoles (zones industrielles, voies ferrées…), des espaces verts… Dans tous les cas, les doses et conditions d'emploi sont modulées en fonction des espèces bien développées en pleine végétation et du but recherché, destruction ou limitation de croissance. Les dispositions réglementaires évoluent constamment : les doses maximales ont été réduites pour chaque type d'usage. Dans le cadre des bonnes pratiques d'utilisation, les buses à dérive limitées et les adjuvants marqués *limitation de dérive* sont recommandés. Les traitements près des fossés en eau doivent être évités. En grandes cultures, le glyphosate (G) est utilisé, généralement en une seule fois à tout moment après la récolte de la culture précédente, mais principalement avant le semis de la culture suivante. Le glyphosate est un herbicide total et systémique d'absorption foliaire. De ce fait, pour les cultures en rotation, il est appliqué en l'absence de la culture à désherber ou encore, dans certains pays européens autres que la France, dans les jours qui suivent le semis, juste avant la levée de la culture pour les cultures annuelles. L'objectif est de détruire efficacement et définitivement toutes les adventices présentes, y compris les vivaces. Le sol ne sera retravaillé qu'avant le semis de la culture suivante. Cela limite fortement toute nouvelle levée d'adventice. Dans les régions à climat sec ou à pluviométrie irrégulière comme l'Australie, l'absence de travail du sol contribue au maintien de l'humidité et permet de limiter les conséquences d'une faible pluviométrie dans les mois qui suivent le semis.

La destruction des couverts végétaux implantés entre deux cultures peut nécessiter l'emploi du glyphosate (G) dans certaines conditions difficiles pour les techniques mécaniques, des gels hivernaux insuffisants ou des espèces difficiles à détruire sans herbicide. Le couvert végétal bien qu'implanté volontairement est alors assimilé à une plante indésirable lorsqu'il doit être détruit pour effectuer le semis de la culture principale. L'utilisation du glyphosate (G) est donc principalement l'alternative au labour avec retournement, ou des pratiques de travail du sol profondes sans retournement. Il existe en Europe trois possibilités d'usage sur des cultures en place, en plus de cette utilisation quasi exclusive, pour accompagner le non-labour et l'agriculture de conservation.

Le désherbage en prérécolte sur céréales à paille en place est autorisé entre 20 jours et une semaine avant la récolte, DAR (délai avant récolte), une semaine en France. Ce DAR définit la période où la systémie de l'herbicide est devenue nulle et l'application sans risque pour la plante cultivée qui est proche de la maturité. Cette pratique est en forte régression en France jusqu'à environ 1 % des surfaces depuis 10 ans, bien qu'indispensable pour gérer de fortes infestations d'adventices vivaces qui rendent la récolte très difficile. C'est aussi le cas en présence de graines ou de fragments de plantes qui seraient toxiques pour les consommateurs si elles étaient associées au grain récolté. Une destruction précoce des ray-grass infestant les blés ou les orges devrait aussi accélérer la chute des sclérotes de *Claviceps purpurea*, agent de l'ergot du seigle. Dans les parcelles où le chiendent est encore présent, cet usage se justifie toujours pour éviter la multiplication de l'ergot. Cette pratique peut aussi améliorer la lutte contre l'ambroisie grâce à une destruction précoce, avant dispersion du pollen allergène dans la céréale et d'autres cultures.

Dans des pays au climat frais où les céréales sont moissonnées vers la fin août, voire courant septembre (Allemagne, Royaume-Uni, Canada, pays d'Europe Centrale et de l'Est…), cette pratique est mise en œuvre pour pousser à une maturité synchronisée et regrouper les récoltes des cultures (près de 70 % des blés au Saskatchewan). Le but est alors une dessiccation qui peut aussi avoir un intérêt sanitaire en limitant le développement de champignons de fin de cycle, notamment des *Alternaria*. Ceux-ci noircissent les épis et sont aussi à l'origine de la production de différentes mycotoxines (alternariol…)

dont l'incidence sanitaire est en cours d'étude et laisse entrevoir des effets délétères sur la santé du consommateur. Ce risque a beau être *très naturel*, il n'en est pas moins préoccupant. Cette pratique n'a pas lieu en France et dans les pays du sud, du fait du climat et des récoltes précoces qui s'échelonnent de juin à mi - août.

La lutte contre les plantes parasites, cuscute et orobanches, impliquant de très faibles doses de glyphosate (G) appliquées sur les luzerne ou trèfle, est uniquement utilisée en production de semences. Cette pratique, très performante qui mériterait d'être maintenue, tend à être remplacée par d'autres substances actives plus chères, mais pas plus efficaces. Enfin, il est utilisé sur les jachères à doses très réduites pour freiner la végétation spontanée ou semée dans le cadre de l'entretien. Il ne s'agit pas ici de détruire la végétation, mais seulement de ralentir sa croissance.

1—2 Utilisation du glyphosate en cultures

Le glyphosate (G) est utilisé sur environ 80 % des parcelles de cultures en rotation, à l'exclusion des parcelles d'agriculture biologique. Son utilisation se substitue au labour ou éventuellement complète le labour dans la lutte contre le reverdissement des sols, donc son usage est adapté chaque année, en fonction de l'itinéraire technique choisi. Son emploi se concentre principalement avant les cultures d'hiver, céréales à paille et colza principalement, sur environ 50 % des 8,5 millions d'hectares couverts par ces cultures, soit entre quatre et cinq millions d'hectares. L'utilisation du glyphosate est réduite sur les cultures de printemps, maïs grain et maïs fourrage, tournesol, betteraves, parce que leur implantation tire davantage profit du labour (fig. VIII — 1). L'ensemble des pratiques de travail du sol assèche toutefois prématurément le sol. L'adaptation au changement climatique en cours pourrait renforcer l'intérêt du recours à des traitements herbicides pour réduire au minimum le travail du sol, particulièrement dans le sud de la France. Ceci pourrait être partiellement pallié par la constitution de réserves d'eau pendant l'hiver pour assurer un apport d'eau suffisant pour l'irrigation.

En France, le volume de glyphosate (G) utilisé en grandes cultures était estimé en 2016 à environ 7 000 tonnes de substance active, en fonction des surfaces à couvrir d'une année à l'autre. La dose moyenne appliquée, selon Agreste 2014, était de l'ordre de 700 à 800 grammes de substance active par hectare avant un blé, une orge ou un colza. En pratique, elle apparaît beaucoup plus faible, entre 100 et 150 g/ha à l'exception du tournesol (figure VIII — 1), si les traitements ciblent préférentiellement les taches de végétation dense dans une parcelle, pour un bon usage en post levée des adventices.

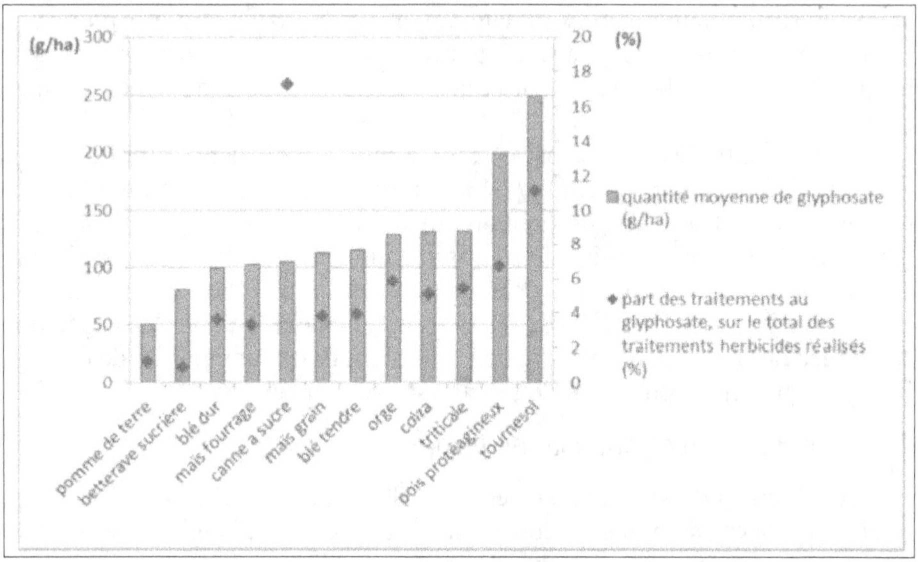

Figure VIII — 1 : Quantité de glyphosate utilisé par culture et part du glyphosate sur le total des traitements herbicides (21 000 parcelles en 2014). D'après : *Usages et alternatives au glyphosate dans l'agriculture française*. Rapport INRA, Reboud *et al.*, 2017

En considérant que l'utilisation de glyphosate (G) se substitue de plus en plus à la pratique du labour, il est possible d'avoir une assez bonne représentation de cet usage avec la valeur complémentaire des surfaces labourées. Le blé étant labouré pour 59 % des surfaces en 2014, la surface susceptible de recevoir du glyphosate (G) aurait représenté les 41 % restant. Le maïs grain n'aurait reçu du glyphosate (G) que sur 22 % des surfaces, puisque 78 % ont été labourés. En revanche avant 2006, le glyphosate (G) pouvait être utilisé systématiquement pour lutter contre le reverdissement des labours et donc même la parcelle labourée recevait du glyphosate (G), pratique largement abandonnée avec la limitation de la dose par hectare et par an (JO, 8/10/2004). Le blé dur, essentiellement cultivé dans le sud de la France et en particulier la zone très vallonnée du Lauragais, est davantage concerné par le recours au glyphosate (G), suite à l'abandon du labour. Toutefois, les parcelles où le labour a été totalement abandonné dans la rotation sur 10 ans restent limitées. Le pourcentage de parcelles non labourées entre 2014 et 2017 représentait 17 % pour le blé tendre, 21 % pour le blé dur, 23 % pour le colza, 20 % pour le tournesol et 23 % pour le pois protéagineux, cultures qui supportent mieux le non-labour, à l'exception du tournesol. Les façons superficielles mises en œuvre par ces agriculteurs ne suffisent pas pour la destruction des adventices dans l'interculture. Le semis direct n'était mis en œuvre en 2011 que sur 4 % des surfaces en blé. En fait, l'adoption de ce système est très progressive, depuis l'abandon régulier du labour systématique parcelle par parcelle jusqu'aux rotations diversifiées et aux couverts végétaux, pour aboutir au semis direct sous couvert, assisté à plus de 95 % par du glyphosate (Derrouch *et al.*, 2020).

2— Intérêts et limites de l'utilisation du glyphosate

2—1 Intérêts et limites agronomiques

Les caractéristiques du glyphosate (G), sa polyvalence, son effet sur les vivaces accompagnent depuis 1975 le développement d'une agriculture qui permet à une UTH (unité de travail humain) de cultiver des surfaces bien plus importantes qu'avant et de lutter efficacement contre les phénomènes d'érosion hydrique ou éolienne des sols. Ces phénomènes sont bien plus significatifs sous climat tropical ou subtropical que sous climat atlantique. Ils posent néanmoins problème dans différentes régions françaises, comme le pays de Caux, les coteaux du Lauragais, le sud de l'Alsace… L'agriculture de conservation qui s'est particulièrement développée dans ces zones est totalement dépendante d'herbicides totaux, donc du glyphosate (G). Le bénéfice pour la lutte contre l'érosion des sols est aussi notable dans des milieux moins exposés. La dépendance au glyphosate (G) y est moindre du fait qu'une pratique du labour aurait moins de conséquences négatives.

Aussi, le retrait du glyphosate (G) ou l'introduction de fortes contraintes à son utilisation auront des conséquences importantes. Le passage d'outils mécaniques est efficace, à condition de se limiter aux quelques jours respectant des conditions météorologiques contraignantes. Le temps de travail est plus important en stratégie de compensation. Cela entraîne des difficultés à positionner les interventions aux moments les plus pertinents (aspect socio-économique qui engendre un impact agronomique). Ces stratégies de désherbage ont une efficacité incertaine sur le développement de plantes vivaces telles que chiendent, liseron, chardons… Ils engendrent des risques de perte de rendement, car leur maitrise n'est devenue réellement effective et complète que grâce à l'usage du glyphosate (G). Son retrait représente une perte majeure de diversité des solutions herbicides, ce qui devrait favoriser une augmentation des phénomènes de résistance aux quelques produits de remplacement qui seront encore davantage utilisés.

2—2 Intérêts et limites socio-économiques

La limitation de l'usage, voire l'interdiction, du glyphosate, dans la situation actuelle, aura pour conséquence, selon ce que nous pouvons juger, une augmentation des charges de production, avec un recours systématique à davantage de travail du sol et de labour en particulier. En 2019, des calculs estiment en moyenne pour les céréales ce coût à 70 €/ha supplémentaires (de 50 à 150 €). Les coûts des passages mécaniques et des désherbants sélectifs sur la culture en place sont en effet bien supérieurs au simple traitement avec du glyphosate (G). Ainsi, en stratégie de compensation, les temps de travail sur le tracteur sont plus importants. Cela fait appel au travail du sol, ce qui entraîne moins de disponibilité et une fatigue accrue pour les agriculteurs concernés (Fugit et Moreau, 2019), le surcoût pourrait être partiellement pris en charge par une aide selon les régions ou compensé par un crédit d'impôt. En 2020, d'autres calculs statistiques à partir de plusieurs scénarios selon le niveau d'automaticité de recours au labour, le surcoût varierait de 80 € à 94 € pour les agriculteurs actuellement en semis direct et iraient de près de 10 € à moins de 20 € pour ceux qui labourent régulièrement (Carpentier *et al.*, 2020). Ces scénarios reposent exclusivement sur le recours au labour, ce qui ne correspond pas vraiment à ce qu'il faudrait faire pour réduire les émissions de GES et de particules fines.

2—3 Intérêts et limites sanitaires et pour l'environnement

L'abandon du glyphosate (G) et un recours accru au labour et/ou au travail du sol pourront favoriser une augmentation des phénomènes d'érosion des sols, des coulées de boues plus fréquentes. Les sols en pente ou soumis à des aléas climatiques importants, vents violents, épisodes orageux, à faible teneur en argile ou en matière organique, sont les plus exposés aux phénomènes d'érosion. L'impossibilité de labourer en suivant les courbes de niveau entraîne une érosion accélérée du sol. Aujourd'hui, l'abandon du labour impose quasi exclusivement l'utilisation du glyphosate (G).

L'agriculture de conservation des sols, une des bases de l'agroécologie, prône l'abandon du labour et la réduction autant que possible des combustibles fossiles. Même si le recours aux herbicides est discuté selon les variantes des définitions de l'agroécologie, il reste toujours une solution difficilement contournable. Cet état de fait tient principalement à la facilité d'usage du glyphosate. À l'exclusion de l'introduction d'autres herbicides, une piste consisterait à rechercher des couverts d'intercultures adaptés dont la destruction sans herbicide serait facilement et complètement assurée par le froid ou des outils qui demandent encore à être améliorés. Ces solutions restent encore à développer.

L'usage du glyphosate (G) permet, en l'absence de la culture, la gestion des plantes toxiques comme l'ambroisie dans les chaumes de blé, ou le datura en interculture et/ou en bordure de parcelle. Les techniques alternatives, principalement le travail du sol, mettent vraisemblablement davantage en danger la santé des utilisateurs ou des riverains proches, voire plus éloignés, que le glyphosate (G) lui-même (voir chapitre XII). La mise en cause du glyphosate (G) n'est effective que pour le travailleur exposé, sans que les parts liées à la substance active, aux principaux coformulants voire à des coexpositions à d'autres molécules soient parfaitement établies et relativisées. La focalisation sur les risques liés à la manipulation de spécialités contenant du glyphosate (G) est seule médiatisée, alors que dans une approche rationnelle, le véritable débat devrait être : que se passe-t-il quand le glyphosate (G) est utilisé ? Que se passera-t-il quand il sera interdit ?

Les techniques de travail du sol font appel à des couples/puissance des moteurs diesel bien plus élevés que ce qui est nécessaire pour une simple pulvérisation et à des temps de travaux plus longs exposant le travailleur et les riverains à des particules nocives et des imbrûlés de diesel agricole, actuellement non ou mal filtrés. Chaque hectare cultivé suppose en moyenne la consommation et donc, la combustion de 100 litres de fioul agricole. Le travail du sol, en particulier le labour, représente plus de la moitié de cette consommation. L'abandon du labour permet d'économiser environ 30 litres, et le passage au semis direct, plus de 30 litres supplémentaires (rapport ARVALIS cité par Fugit et Moreau 2019).

Les pratiques culturales, dont le labour, entraînent l'émission significative de particules de sol dans l'atmosphère, d'autant plus que le sol est sec, et la vitesse d'avancement de l'attelage agricole élevée. Les poussières de sol participent de façon significative aux phénomènes de pollution de l'atmosphère. Les préfectures promulguent des recommandations afin de stopper ou limiter le travail du sol en cas d'épisode anticyclonique printanier favorable au phénomène (agriculture.gouv., 2014).

Sur des sols en pente, la réalisation du travail profond ou le labour peut mettre en danger les agriculteurs qui risquent davantage le retournement du tracteur que lors de la pulvérisation. La pulvérisation permet un passage plus rapide et surtout d'éviter les zones les plus à risque en jouant sur la largeur de la rampe du pulvérisateur.

L'utilisation du glyphosate (G) va dans le sens de la participation de l'agriculture à la lutte contre les émissions de GES (gaz à effet de serre) et au plan climat. La mise en œuvre des pesticides de l'usine de fabrication à la sortie du pulvérisateur représente 1 % du coût énergétique d'un hectare cultivé en grandes cultures contre 20 % à 30 % pour la mécanisation et la consommation de fioul agricole principalement *via* le travail du sol. Remplacer le glyphosate (G) ou tout autre herbicide limitant le travail du sol par davantage de labour ou même de travail du sol superficiel va entraîner une dégradation significative de ce paramètre.

3— Perspectives pour une meilleure utilisation du glyphosate

Les bandes enherbées riches en graminées sont souvent une source de contamination par l'ergot du seigle de la céréale cultivée dans la parcelle voisine. Ce phénomène, largement décrit en France et dans le monde, mais dont le risque de développement n'est pas toujours considéré, devrait, en l'absence de recherche systématique de l'ergot, imposer le fauchage précoce des bandes enherbées avant la fin avril. Le maintien des herbes hautes est certes favorable à la biodiversité, mais l'abondance de graminées favorise significativement la présence d'ergot du seigle dans la céréale récoltée.

Le glyphosate (G) peut être envisagé en appoint dans la lutte contre l'ergot du seigle pour provoquer une chute prématurée des sclérotes présents sur les graminées adventices dans ces milieux qui ne peuvent être fauchés précocement. Ces paramètres déterminent des bénéfices complémentaires du recours à des traitements de prérécolte pour la santé des consommateurs, en particulier les jeunes enfants, les plus exposés à ces contaminants naturels vu leur faible poids corporel. Dans les pays d'Europe du Nord et au Canada, le glyphosate (G) permet d'avancer la récolte. La réaction à une interdiction du glyphosate (G) dans ces pays serait de ne pouvoir cultiver que des variétés plus précoces, souvent moins productives, ce qui n'est certainement pas à l'ordre du jour.

La France devra continuer, pour sa consommation propre, à importer des céréales, blés spécifiques ou destinés à la correction des faibles teneurs en protéines des blés français dues à la limitation des apports en nitrates du fait d'une application littérale de la directive nitrate en France. Les années à forte récolte se traduisent par une teneur en protéines des blés inférieure aux standards internationaux, risquant de pénaliser des exportations et sources de difficultés pour leur utilisation française dans la panification, les viennoiseries et la pâtisserie sans mélange avec des blés de force importés. Le Canada est un de nos principaux fournisseurs structurels de blé. L'usage du glyphosate (G) y est presque systématique en prérécolte. C'est également le cas de la Roumanie ou de l'Ukraine qui sont des fournisseurs occasionnels, comme cela a été le cas en 2016, pour corriger la faible qualité de la récolte française. Le risque d'une augmentation des importations serait finalement contre-productif pour la protection du consommateur, les teneurs en glyphosate (G) des blés français étant actuellement 10 fois plus faibles que celles des blés importés.

L'avis du CIRC sur le glyphosate (G) comme molécule potentiellement cancérigène ne concerne que l'applicateur, ce qui est rappelé par l'OMS et la FAO. Dans tous les cas, le consommateur n'est pas concerné par une présence de glyphosate (G) sur les grains. Cette présence est inférieure aux LMR et est sans risque notable identifié (OMS, 2016). Accessoirement, il a également été montré que le glyphosate et l'AMPA inhibent la prolifération et, même, promeuvent l'apoptose de cellules de plusieurs cancers humains, sans affecter la croissance de cellules normales (Li *et al.,* 2013). Le risque sanitaire lié aux adventices toxicogènes est, en revanche, lui, bien réel avec une recrudescence rapide depuis la dernière décennie.

Comme la France utilise très peu le glyphosate (G) en désherbage tardif du blé, l'interdiction de cette pratique apparaît d'intérêt mineur, car elle ne concerne qu'un très faible pourcentage de parcelles en régression, inférieur à 5 %. Contrairement, en Allemagne ou au Royaume-Uni, 10 % à 15 % des surfaces reçoivent du glyphosate (G.

4— Quelles alternatives au glyphosate ?

4—1 Le travail du sol régulier

En premier lieu, le travail du sol régulier comprend le labour avec retournement suivi de conduites culturales variées pour gérer les *reverdissements*, les nouvelles levées d'adventices ou des départs de vivaces (Agreste la statistique agricole, 2014). Les faux semis sont efficaces sur certaines plantes annuelles, mais doivent être renouvelés deux ou trois fois, à condition d'avoir le temps entre les deux cultures, mais sans dépasser 70 % d'efficacité au total. Le travail du sol doit être effectué en conditions sèches pour être réellement efficace, les agriculteurs *bio* le savent bien. Les plantes annuelles ayant leurs racines à l'air vont d'autant plus se dessécher que le sol est sec en surface. Des travaux superficiels, en condition humide, permettent aux annuelles de se réenraciner et, de plus, facilitent la multiplication des vivaces, notamment des chiendents.

Le travail du sol en conditions sèches, surtout à grande vitesse de l'attelage mécanique, comme la herse étrille, émet beaucoup de particules de sol (surtout des PM10). Celles-ci vont polluer l'atmosphère et participer aux nuages de microparticules. C'est particulièrement vrai en cas de conditions anticycloniques. De plus, si le sol est pollué par des métaux lourds, des dioxines, des furanes, des PCB, des HAP, ensemble de polluants très préoccupants pour la santé du consommateur selon l'ANSES et l'EFSA, la principale voie de contamination des plantes dépend de la production de poussières et de particules de sol. En cours de végétation, dans la culture ou à partir d'une parcelle voisine, le travail du sol entraîne ces poussières et particules qui contaminent des plantes hautes comme le maïs. Dans de nombreux sols français proches de routes très fréquentées ou de centres urbains et industriels, ces particules de sol sont surtout contaminées par les métaux lourds, les PCB, dioxines et HAP. Les parcelles inondées régulièrement sont également exposées à la même contamination par certains métaux lourds comme l'arsenic. C'est aussi le cas dans les anciennes zones d'épandage d'eaux usées des grandes villes, où la culture du maïs est désormais privilégiée pour éviter les risques liés aux cultures basses.

4—2 La rotation des cultures

La rotation des cultures est souvent citée comme un bon moyen de réduire l'importance des mauvaises herbes. En aucun cas, le fait de changer de culture n'élimine des espèces, la rotation a plutôt tendance à en augmenter le nombre. Après quelques années, le sol de ces parcelles contient à la fois des semences d'espèces adventices des cultures d'hiver et de printemps. Le seul avantage de la rotation est d'éviter l'explosion de l'effectif des espèces les plus strictement adaptées à une culture conduite de manière répétée ou à des conditions extrêmes, vulpin pour des céréales d'hiver, amarantes ou morelle pour des cultures estivales. Seule l'introduction de plantes étouffantes, pratiquée principalement par l'AB, est efficace par elle-même, en empêchant les levées et en réduisant le stock de semences du sol et surtout en limitant son réapprovisionnement, par exemple après au moins trois ans de luzerne. Les systèmes avec prairies de longue durée sont également efficaces, mais seulement sur les espèces à stocks de semences peu persistants. En revanche, ces cultures fourragères, pour partie ensilées, pour partie fauchées, pour partie pâturées, tendent, dès lors qu'elles fleurissent, à maintenir et multiplier l'ergot du seigle et favoriser les ray-grass porteurs d'ergot, désormais un problème majeur dans les céréales installées après prairie.

Le décalage de cycle est cité comme moyen d'action sur les adventices, mais reste surtout valable pour l'alternance de cultures d'hiver semées à l'automne et de cultures de printemps semées au printemps. Cela ne vaut que pour des espèces soit à germination strictement automnale, soit estivale, jusqu'à ce que soient sélectionnés des génotypes moins stricts. Beaucoup d'espèces adventices comme le ray-grass sont maintenant présentes dans les cultures d'automne comme dans les céréales de printemps, voire les betteraves. Avec les successions d'hivers moins rigoureux, des espèces estivales peuvent perdurer dans les céréales en automne et y terminer leur cycle. Les mercuriales survivent désormais à l'hiver dans beaucoup de régions. En agriculture conventionnelle, c'est autant l'alternance de familles d'herbicides différentes appliquées à des cultures différentes que le décalage des dates de semis qui valorise l'effet de la rotation. L'alternance des herbicides permet de maximiser l'effet de la variation des conditions environnementales.

4—3 Les couverts végétaux denses

Des couverts végétaux denses peuvent être semés après la récolte ou plus efficacement en cours ou fin de la culture précédente. L'objectif est de limiter l'infestation par les adventices en interculture. Ces couverts sont parfois difficiles à implanter risquant d'affecter leur efficacité ou, au contraire, à détruire. Ils constituent aussi des sources de bioagresseurs, car ils interrompent l'effet de la rotation lorsqu'il s'agit de couverts de dicotylédones après des graminées ou l'inverse. La qualité de leur implantation suppose une pluviométrie très régulière, ou la capacité d'irriguer la parcelle. Ces couverts posent notamment problème en cas de disponibilité limitante en eau, sous climat sec. Leur destruction peut également être incomplète, sans usage d'herbicides. Ce n'est *a priori* pas actuellement une panacée malgré des atouts encore largement à conforter, très utilisé quand même comme anti-érosion ou pour fournir de la matière organique.

4—4 Herbicides de remplacement

Les deux herbicides totaux comparables au glyphosate (G), mais non systémiques et moins polyvalents, étaient le paraquat (D), interdit depuis 2007 dans la pratique en raison de sa toxicité avérée, contrairement au glyphosate (G) et le glufosinate d'ammonium (H) qui, bien qu'imitant une structure moléculaire naturelle issue d'une bactérie du sol, a été interdit en 2018. Le risque pour l'opérateur a été avancé pour cette décision. Il était aussi possible, dans certaines conditions, d'utiliser de l'aminotriazole (F3) à forte dose, interdit depuis 2016.

Des herbicides auxiniques (dicamba (O), 2-4 D (O), clopyralid (O), triclopyr (O) ou des inhibiteurs de l'ALS (groupe B) sont également utilisables dans la lutte contre les vivaces principalement dicotylédones, comme les chardons, sans les détruire complètement. Pour les graminées vivaces, il est nécessaire d'ajouter des antigraminées spécifiques. Les herbicides auxiniques (groupe O), parce qu'ils sont formulés avec des solvants organiques, relèvent vraisemblablement beaucoup plus des reproches faits au glyphosate (G) quant à un risque, réel ou supposé. Les lymphomes et en général les lymphomes non hodgkidiens sont générés, entre autres, par des solvants d'origine pétrolière comme les hydrocarbures aromatiques (benzène, toluène, xylènes…). Pour les inhibiteurs de l'ALS (groupe B), la durabilité de l'efficacité de cette famille d'herbicides apparaît très incertaine sur le long terme et dans les conditions actuelles d'utilisation, vu le nombre d'espèces devenues résistantes dans les cultures (Heap, 2021).

Le désherbage du lin après arrachage, en phase de rouissage, fait également appel au glyphosate (G). C'est actuellement le seul herbicide utilisé, essentiellement pour des raisons de simplicité, de polyvalence et de faible coût. La phase de rouissage ayant une durée moyenne de 15 jours, une efficacité limitée dans le temps serait suffisante pour détruire les adventices levant après une pluie d'été. Des cocktails d'herbicides auxiniques (groupe O) ou aussi d'autres modes d'action pour les dicotylédones associés à des antigraminées pourraient remplacer le glyphosate (G). Cependant, le coût, la pollution éventuelle du milieu et du lin due à la multiplication des produits et la complexité de l'opération seraient fortement majorés par ces alternatives. Au-delà de ses avantages de simplicité de mise en œuvre, de sa polyvalence et de son moindre coût, le glyphosate (G) apparaît relativement bien plus sûr à l'usage pour l'applicateur que les mélanges d'herbicides de substitution cités. Il est surtout le plus performant sur les plantes vivaces. Une publication récente (Brilisauer *et al.*, 2019) rapporte la découverte d'un sucre (7-déoxy-sédoheptulose) dans une cyanobactérie qui inhibe la synthèse des acides aminés aromatiques et apparaît pour les auteurs comme une alternative possible au glyphosate. Cependant, bien qu'il soit *naturel*, il y a loin de cette molécule à un produit assez stable, capable de pénétrer dans une plante, d'être transporté jusqu'à sa cible, de ne pas y être détoxiqué avant d'agir, de ne pas être toxique pour d'autres organismes et d'être assez rapidement détoxiqué dans les sols. Quand bien même tout cela serait surmonté, encore faudrait-il qu'il puisse être synthétisé et commercialisable à un coût raisonnable.

L'acide pélargonique peut être cité, mais ne peut constituer une solution de substitution généralisable en grandes cultures, étant donné les volumes importants requis et son efficacité limitée sur les vivaces : plusieurs dizaines de litres de la spécialité par hectare (contre un pour le glyphosate (G)) et son prix dix fois supérieur à ceux des herbicides bien plus performants. Il s'agit là de deux obstacles, pour l'instant rédhibitoires, pour des cultures qui couvrent des millions d'hectares. Il pourrait s'agir, au mieux, d'un complément pour accompagner des pratiques de travail du sol, réduites à de petites surfaces. En raison de son caractère particulièrement irritant, l'acide pélargonique n'est pas un herbicide sans risque non plus. Une évaluation affinée, sur la base d'enquêtes d'exposition des opérateurs, pourrait conduire à une décision de retrait. Cela suppose qu'il soit suffisamment utilisé dans le temps et l'espace pour pouvoir mettre en œuvre des études épidémiologiques qui, pour différentes raisons, ne risquent pas d'aboutir avant plusieurs années.

5— Conclusion

Sur une moyenne de 8 800 tonnes de glyphosate vendues chaque année de 2011 à 2017 en France, environ 3 000 tonnes concernaient les particuliers et des entreprises et correspondaient à d'autres utilisations qu'agricoles, comme l'entretien de zones industrielles, de parcs et jardins, de voiries, des voies ferrées… Ainsi, pour les différents usages décrits, les agriculteurs ne pulvérisaient (peut-être pas tout ce qui était acheté une année) pas plus de 5 500 t/an sur des millions d'hectares. Les quantités utilisées, aujourd'hui, en agriculture de conservation sont également loin d'être à l'origine des principales pollutions, d'autant plus qu'elles sont utilisées sur des supports très organiques et des sols biologiquement actifs, donc en capacité de forte dégradation de la molécule.

Les premières remises en question du round up, il y a une vingtaine d'années, ciblaient davantage la molécule de glyphosate (G) en tant que telle, surtout son emploi sur les plantes rendues résistantes. Avec la précision des analyses des résidus dans l'eau, c'est ensuite l'AMPA, le premier métabolite du glyphosate (G) qui a été mis en avant, car beaucoup plus présent et, en relatif, surtout plus toxique. Cependant, il a été prouvé de longue date que l'AMPA ne provient pas seulement de la dégradation du glyphosate (G), mais aussi largement des phosphonates qui ont remplacé les phosphates dans les lessives et ceux qui sont utilisés dans les installations industrielles, mais aussi ceux qui sont utilisés comme fongicides en vigne. Aujourd'hui, ce sont les surfactants, souvent des tensio-actifs, également présents dans les lessives, qui apparaissent comme les éléments les plus dangereux et qui sont rejetés directement dans les eaux usées.

Le glyphosate (G) a permis la minimisation, voire la suppression de tout travail du sol. En l'état actuel des techniques disponibles, le glyphosate demeure quasi indispensable en ACS bien qu'il reste sous le coup de sa prochaine interdiction. L'ACS est reconnue, par beaucoup, comme peu consommatrice d'intrants, d'énergie et même d'équipements. Paradoxalement, malgré une certaine convergence entre les groupes d'acteurs soutenant d'une part la suppression du glyphosate et d'autre part l'intérêt de l'ACS, cela conduirait, néanmoins, à limiter l'utilisation du glyphosate (G), comme de celle de beaucoup d'autres herbicides.

Le glyphosate (G) est, actuellement, l'outil pivot indispensable à l'agriculture de conservation des sols. Cette agriculture, même avec introduction partielle et ponctuelle de labour, permet de réduire l'érosion du sol, les coulées de boue, la consommation de carburants issus d'énergies fossiles. Elle favorise l'augmentation de la teneur du sol en matière organique. Par la réduction de la consommation d'énergie fossile et le stockage du carbone dans les sols, cette agriculture participe pleinement à la lutte contre les émissions de gaz à effet de serre et au plan climat, *via* notamment l'objectif 4 ‰. La réduction du travail du sol a des conséquences positives sur la baisse de la contamination de l'air par des particules liées au travail du sol ou encore par les produits de combustion et imbrûlés de diesel agricole. La mécanisation est davantage utilisée dans des systèmes ayant recours au travail du sol et au labour.

L'abandon du glyphosate (G), sans solution de remplacement rapide, est de nature à entraîner, à la fois des conséquences environnementales, mais aussi sanitaires par la mauvaise gestion des plantes toxiques, l'émission de particules de sol dans l'air, de produits de combustion et d'imbrûlés de diesel très préjudiciables. Dans l'état actuel des connaissances et sans remettre en cause d'autres éléments de conduite des cultures ou d'organisation des filières, le retrait du glyphosate entraînerait une augmentation des coûts de production, du temps de travail des agriculteurs, surtout de temps passé sur le tracteur pour labourer, source de fatigue et de troubles bien identifiés pour les agriculteurs contraints par le travail du sol (INRAe, 2020).

La volonté d'aboutir à cette interdiction paraît paradoxale de la part d'associations s'intéressant à l'environnement, puisque le principal objet d'une discussion entre agences sanitaires est le seul risque pour l'applicateur qui peut, lui, se protéger. En revanche, les bénéfices pour l'environnement, notamment l'érosion des sols, d'une agriculture raisonnée disposant du glyphosate (G) sont évidents et décrits depuis plus de 40 ans au plan mondial, notamment dans les régions aux sols les plus fragiles.

Il semble raisonnable de considérer que le glyphosate (G) a rendu et rend toujours de réels services aux agriculteurs et aux milieux. D'après les agences d'évaluation des risques au plan national, les agriculteurs conduisent différents types de cultures sans faire courir de risques inacceptables, ni à l'homme ni à l'environnement. Certains usages du glyphosate facilitent même, par rapport aux autres techniques traditionnelles, la mise en œuvre des types de cultures modernes. Elles ont été encouragées par les agences internationales et les autorités nationales soucieuses de promouvoir une agriculture durable avant le débat qui a pris plus d'ampleur après l'avis du groupe de travail du CIRC.

Dans le cadre du plan de sortie du glyphosate engagé par le gouvernement, l'ANSES a rendu publics en octobre 2020 les résultats d'une évaluation des alternatives non chimiques à cet herbicide (ANSES 2020b). L'usage de la substance est dorénavant restreint aux situations où le glyphosate n'est pas substituable à court terme. Les situations où le passage d'outils mécaniques est irréalisable, du fait de terrains caillouteux ou en forte pente, l'impossibilité de disposer à court terme sur le marché français de machines agricoles permettant le désherbage sous le rang en viticulture et en arboriculture, la destruction des adventices vivaces difficiles à éliminer ou encore l'agriculture de conservation. Les différents usages du glyphosate en zones non agricoles, les sites industriels, militaires, voies ferrées, autoroutes, aéroports, réseau électrique, conservation des monuments historiques ne peuvent être totalement substitués par des alternatives non chimiques sans avoir des conséquences importantes, notamment pour la sécurité des opérateurs et des utilisateurs de ces services. Ces restrictions sont désormais prises en compte par l'Agence pour délivrer des autorisations et les renouvellements de mise sur le marché des produits à base de glyphosate.

En l'état actuel des connaissances sur les techniques de désherbage et avant la mise au point de couverts d'intercultures parfaitement maitrisés, la solution de substitution moderne la moins pénible pour les agriculteurs serait utopique, car on peut douter que la recherche mondiale dispose de produits de biocontrole aussi polyvalents que le glyphosate (G)

Pour beaucoup de citadins et d'influenceurs préoccupés par l'écologie, l'agriculture est l'arbre qui cache la forêt. Il est surprenant que le devenir de l'augmentation de nombreux médicaments consommés chaque année par l'ensemble de la population ne soit pas l'objet de questionnement parallèle pour ces acteurs. Pourtant, beaucoup de ces substances actives se retrouvent dans les sols, notamment après épandages des boues et, même après épuration. Rares sont les dispositifs de traitement des eaux usées qui empêchent leur passage dans l'eau des rivières. L'impact environnemental des œstrogènes de synthèse utilisés en pharmacopée humaine a fait l'objet de nombreuses études qui n'ont pas été reprises avec la même vigueur par ces mêmes acteurs. Beaucoup d'études montraient pourtant qu'il s'agissait là de perturbateurs endocriniens infiniment plus puissants que les herbicides. Nombre de ces molécules médicamenteuses sont classées *cancérigène certain*, ce qui est toujours discuté pour les herbicides encore autorisés.

IX.
Objectifs et apports des herbicides

> « Un agriculteur n'utilisant aucun désherbant chimique comme cela peut encore se faire en Inde par exemple, passe les 2/3 de son temps à désherber. On dit aussi qu'en Afrique un agriculteur travaille un jour pour nourrir sa famille et un autre jour pour nourrir les ravageurs. »
>
> Pierre Yves Morvan. *Pour une écologie réaliste,* 2012

Le géographe et historien D. Faucher témoignait « Les travailleurs au bâton fouilleur ou à la houe primitive n'étaient guère favorisés. C'est par l'araire que va débuter sans doute la prolifération humaine et la densification des populations sur les terres susceptibles d'être labourées. L'araire, c'est une victoire de la vie sur la mort. Il est en même temps un facteur de sédentarité » (Faucher 1956). L'invention de l'araire, premier outil *efficace* marque la révolution de la fin du néolithique. L'invention du désherbage *chimique* avec le sulfate de cuivre marque celle du dernier siècle. Elle a permis de renvoyer au rang de difficultés secondaires les invasions des adventices dans les cultures alors que leur arrachage manuel mobilisait tous les membres de la famille jusqu'au début du siècle dernier. La généralisation de l'usage des herbicides pour la maitrise des adventices, avec la modernisation de l'agriculture au milieu du XXe siècle, est directement associée aux améliorations des équipements de la conduite des cultures, notamment pour l'application tardive d'herbicides. Il est remarquable d'observer la multiplicité des effets secondaires considérés comme positifs par des générations d'agronomes et aussi imprévus générés par cette innovation. Le développement de l'usage des herbicides a été progressif selon les régions. Dans certains départements français dont l'Aisne et la Marne, en 1964, seulement moins de 20 % des surfaces n'étaient pas traités et, dans d'autres comme le Cher, la Côte-d'Or ou la Mayenne, respectivement 60 %, 43 % et 76 % étaient conduits sans traitements (Sébillotte, 1969). Les surfaces non désherbées n'ont pas cessé de régresser de près de 5 % par an selon le niveau d'usage des produits (Sébillotte, 1969). Aujourd'hui, après une forte régression de la présence d'adventices dans les principales cultures, un mouvement d'opinion s'exprime pour réduire au maximum, voire interdire ce recours à la chimie de synthèse. Ayant, en son temps, rempli l'objectif d'une satisfaction des besoins nationaux en aliments majeurs qui lui avait été fixé, le contrôle chimique des adventices deviendrait alors inutile et préjudiciable à la biodiversité. L'atteinte à la biodiversité par l'usage d'herbicides est une réalité dans la parcelle cultivée dont le but est bien de laisser le maximum d'espace, de lumière, d'eau et des nutriments présents à la seule culture. La préservation de la biodiversité est réalisée en bordure de la parcelle, désormais non désherbée ou dans des espaces non agricoles, *naturels*. Pour minimiser pollution et réduction de biodiversité, il faut poursuivre l'effort de recherche sur l'évolution de l'agriculture. Certains agriculteurs ont fait le choix de la mécanisation dans le but de gérer les adventices sans désherbage chimique. Ces pratiques doivent cependant continuer à progresser elles aussi pour limiter leur empreinte environnementale et garantir une productivité suffisante et régulière. En agriculture, comme dans toute activité mettant en jeu des organismes vivants, rien n'est définitivement acquis et la balance-bénéfice/risque devrait aussi l'emporter, car la biodiversité peut aussi s'avérer hostile à l'Homme s'agissant de plantes adventices sources de toxicité de l'aliment ou de pollen allergène comme abordé au chapitre III.

1— Objectif premier : efficacité du désherbage

Tout le système de culture, y compris les rotations intégrant les céréales à paille, base de l'alimentation, s'employait à préparer les parcelles pour la gestion des adventices. À cause de leur abondance, les adventices annuelles et surtout les crucifères étaient très visibles et fortement concurrentielles. Elles devaient donc être éliminées par tous les moyens. Elles ont constitué la cible privilégiée des tout premiers herbicides. Ces substances chimiques se sont révélées très efficaces sur ces espèces, comparativement aux méthodes manuelles ou mécaniques. L'espace libéré dans les parcelles a alors été occupé par d'autres espèces, jusqu'à ce que les graminées adventices, préalablement concurrencées par les dicotylédones, deviennent une composante dominante de la flore adventice. Les traitements au sulfate de cuivre, à l'acide sulfurique, puis avec les herbicides de synthèse ont permis d'écarter de nombreuses espèces aujourd'hui oubliées. Les plus abondantes au début du XXe siècle n'ont cependant pas disparu. Tout en étant maintenues sous contrôle, elles peuvent ou pourraient redevenir problématiques. Les espèces semi-parasites et les parasites ont disparu des champs cultivés, surtout grâce à une prophylaxie draconienne. Néanmoins, certaines de ces dernières sont localement réapparues, à cause de manques de précautions dans le choix du pays d'origine des semences de certaines cultures.

Petit à petit, le désherbage chimique s'est étendu à la quasi-totalité des cultures. Cette technique a conduit à simplifier le contrôle des adventices, mais avec un haut niveau d'efficacité, en particulier de celles qui se développent dans des céréales semées à faible densité. Il s'agit des messicoles, très dépendantes des conditions steppiques sur des sols superficiels oligotrophes qui ne correspondent plus beaucoup aux situations actuelles.

Si les annuelles très abondantes et très visibles ont constitué les premières cibles, les vivaces, très nombreuses, étaient également très concurrentielles en raison de l'importance de leur développement. Les herbicides, surtout les produits de synthèse, ont permis, en quelques décennies, de repousser la quasi-totalité des vivaces vers les bordures, à l'exception du chardon, du liseron et des rumex. Certaines espèces ont disparu depuis tellement longtemps qu'il est difficile d'imaginer, pour l'observateur moyen, qu'elles n'aient jamais été des adventices : le sureau yèble, la bardane, la bugrane épineuse ou arrête-bœuf, le panais et la grande berce, etc. La graminée la plus abondante et la plus difficile à contrôler et aussi la plus dommageable, le chiendent rampant, nécessitait de nombreuses et pénibles interventions estivales. Une fois secs, il fallait brûler les énormes tas de rhizomes (Image IX — 1). Elle a fini par être contrôlée, essentiellement grâce au glyphosate (G). L'utilisation des herbicides est vite apparue très bénéfique pour les agriculteurs. Toutefois, cela n'a pas réellement permis d'éliminer toutes les vivaces des parcelles cultivées. Les chardons, rumex et liserons continuent à infester certaines parcelles, parfois dans des proportions considérables. Le contrôle des chardons, obligatoire depuis la fin du XIXe siècle et plus ou moins tombé en désuétude, a été réactualisé en 2010 à la suite de leur augmentation dans les zones non traitées (ZNT) en bordure de parcelles. Mais, cette lutte obligatoire n'est plus exigée depuis le 16 avril 2020 lors d'une révision des bioagresseurs soumis à lutte obligatoire qui exclut les plantes parasites et le chardon des champs (legifrance, 2020).

Ces pratiques ont amené les agriculteurs, depuis la diffusion des herbicides de synthèse, à intervenir de plus en plus tôt en saison parce qu'il est d'autant plus facile de contrôler les adventices qu'elles sont jeunes, et qu'elles n'auront pas encore exercé de concurrence. Ceci nécessite d'apprendre à reconnaitre la majorité des espèces, au stade plantule, le plus précocement possible. C'est le travail du malherbologue qui le distingue du botaniste qui, lui, détermine des plantes fleuries. En effet, le choix parmi les herbicides autorisés pour une culture dépend des espèces présentes.

Image IX — 1 : *Les mauvaises herbes*. Jules Breton (1868).

Le contrôle chimique, plus puissant que les pratiques antérieures de désherbage manuel, a permis de diminuer durablement l'abondance des adventices annuelles en réduisant les stocks de leurs semences dans les sols. Selon Schribaux (rapporté par Rabaté, 1927), les terres à betterave de Seine-et-Oise à la fin du XIXe siècle contenaient entre 14 500 et 45 600 graines/m^2. Barralis rapporte, en 1973, des séries d'estimations du stock semencier réalisées depuis le début du XXe siècle dans différents pays d'Europe, mais selon plusieurs méthodes d'étude. Dans une première série, des échantillons de sols avaient été mis à germer dans des conditions variables, pas nécessairement optimales pour toutes les espèces ni toutes les semences dormantes. Ces techniques tendent à sous-estimer la valeur réelle du nombre de semences aptes à germer. Sur la base de ces comptages de germinations, les valeurs rapportées étaient de 22 800/m^2 en Allemagne en 1912, 40 400 en France en 1924, 33 500 en Norvège en 1930, 85 900 au Royaume-Uni en 1966. Sur d'autres échantillons de sol, des comptages directs à la loupe, sans mise en germination, surestimant sans doute le nombre des semences réellement viables, avaient été réalisés. En Russie, dans différentes régions, 47 800 semences/m^2 avaient été dénombrées en 1912, 34 200 en 1943, 346 600 en 1953, en Roumanie, 39 000 en 1955 et 213 600 en Hongrie en 1960. Les comptages moyens, probablement sous-estimés, donnent des chiffres de 45 600 graines/m^2 en Europe de l'Ouest et de 136 000 graines/m^2

en Europe de l'Est. Les sols, à ces époques, étaient donc fortement envahis par des semences d'adventices, quels que soient les régions et les systèmes de culture. Si ces chiffres restent imprécis, ils donnent des ordres de grandeur et démontrent, malgré toutes les interventions applicables, que ces sols étaient susceptibles de porter plusieurs milliers de levées de plantules par mètre carré au cours d'une campagne, d'autant plus que le sol était remué. Cela rendait improbable la production suffisante d'une céréale.

Grâce aux efficacités des herbicides, depuis quelques décennies, ces stocks ont diminué vers des valeurs de l'ordre de 1 000 et 4 000 graines/m². Barralis et Chadoeuf en 1988 considèrent ces chiffres comme des valeurs planchers. Néanmoins, ce stock plancher est susceptible d'assurer chaque année de 100 à 400 levées/m² qu'il ne faudrait pas omettre de contrôler. Il suffit à exercer une concurrence préjudiciable, d'autant que toute adventice fleurissant peut reconstituer son stock semencier très rapidement.

Pour la première fois dans l'histoire de l'agriculture, avec l'introduction des herbicides au début du XXᵉ siècle, puis surtout au cours de la seconde moitié du siècle, il a été possible de réduire effectivement et de manière pérenne les stocks de semences des adventices annuelles et, par conséquent, ensuite, leur abondance. En libérant les agriculteurs de tâches pénibles et peu efficientes, cela a permis d'atteindre un niveau de contrôle suffisant, à condition de maintenir l'effort, afin d'assurer de plus en plus régulièrement les rendements escomptés. Cela a été acquis également grâce à une fertilisation précise, adaptée à la variété débarrassée des adventices, protégée des maladies et ravageurs. Cette situation ouvre désormais des possibilités à des agricultures nouvelles libérées des contraintes initiales dues aux adventices naturellement trop abondantes, car il devient nécessaire de réduire, voire éviter le recours systématique aux herbicides dont les différents usages ont révélé toute une série de défauts rédhibitoires.

2— Résultats induits

2—1 Évolution corrélative des herbicides et des adventices

Le désherbage chimique a été initié pour le blé et accessoirement d'autres céréales, à cause de l'importance de ces cultures. L'acide sulfurique a aussi été employé pour le lin, à cause de la grande difficulté de son désherbage, particulièrement le besoin d'un nettoyage parfait pour le lin fibre. Les autres grandes cultures, maïs, betterave, colza, n'ont reçu des herbicides qu'à partir du milieu des années 1950, et seulement en 1961 pour le tournesol. Pour ces dernières cultures, la très large majorité des produits homologués n'avait pas de spécificité particulière, ils étaient autorisés dans toutes les cultures.

Pendant un demi-siècle, dans les grandes exploitations céréalières, le blé a été désherbé chimiquement par l'acide sulfurique pour éliminer les crucifères, espèces largement dominantes au début du XXe siècle. Quelques autres espèces moins apparentes, comme les véroniques et la stellaire étaient aussi correctement contrôlées. Mais, la destruction de ces espèces a déplacé la dominance du peuplement vers des espèces qui n'avaient pas été touchées, coquelicot, anthémis (*Anthemis* sp.) ou peu affectées comme le bleuet, le chrysanthème, la matricaire, la pensée, voire les renouées.

Ainsi, dès les premières décennies du XXe siècle, les champs de blé ont cessé d'être jaunes de moutardes pour devenir progressivement et selon les cas et la période, rouges de coquelicots, bleus de bleuets ou blancs de matricaires jusque dans les années 1960-1970.

À partir de 1946, le 2,4 - D (O) et le MCPA (O), remplaçant l'acide sulfurique, ont maintenu le contrôle des crucifères. Ils ont étendu l'action à la plupart des nouvelles espèces annuelles dominantes dans un nombre croissant de parcelles. En revanche, les matricaires et la stellaire faiblement contrôlées, mais surtout le gaillet, la lampsane et le lamier pourpre quasi pas touchés, se sont multipliées. Le gaillet, de plus en plus dominant, ne commença à être contrôlé qu'avec l'arrivée du MCPP (O), en 1957. Au fil des années, la généralisation du désherbage chimique et la régularité des traitements ont réussi à faire correctement régresser la majorité des dicotylédones. Dès les années 1960, parce qu'elles n'étaient plus concurrencées par les dicotylédones, les graminées, folles avoines, vulpin et jouet du vent (*Apera spica venti*) se sont progressivement multipliés. La nécessité de trouver des produits spécifiques s'avéra urgente.

Les champs de blé ont commencé à perdre toutes les couleurs éclatantes des dicotylédones, sauf échec de traitement, et sont restés verts, mais, de plus en plus, dominés par des épis de graminées adventices jaunissant plus tôt que le blé.

Aucun produit n'avait une efficacité notable sur les graminées jusqu'à la fin des années 1960 quand apparurent les premiers produits dont l'action s'étendait aussi aux graminées. La simazine (C1) avait été testée, mais s'était révélée peu sélective du blé. C'est en 1969 qu'apparut la terbutryne (C1), puis l'année suivante le chlortoluron (C2), utilisable seulement sur certaines variétés de blé et, en 1973 et surtout en 1974, l'isoproturon (C2) qui s'est avéré être le plus efficace sur le vulpin, sans l'être totalement. Des produits essentiellement anti-graminée sont apparus en 1972 avec le benzoylpropéthyl (K2) et le triallate (N). La chimie avait effectivement permis un contrôle correct des dicotylédones, mais si des produits avec une certaine efficacité sur les graminées avaient été mis sur le marché, les graminées n'en étaient pas écartées pour autant. Les travaux de recherche ont permis d'homologuer le diclofop (A), le premier *fop* (groupe A) en 1978. Mais c'est une décennie plus tard que sont arrivés les produits les plus efficaces. En 1988, le tralkoxydime (A), et surtout le fénoxaprop-éthyl (A) en 1989, le meilleur anti-vulpin dont l'usage s'est très vite généralisé et en 1994, le clodinafop propargyl (A).

L'usage massif et exclusif de ces deux derniers produits a abouti à la sélection d'individus de vulpin résistants, puis également de ray-grass qui se propageait dans les blés (voir chapitre XI). En 2002, ont été homologuées les premières sulfonylurées (groupe B) efficaces sur les graminées et sélectives des céréales, le flupyrsulfuron (B) et le iodosulfuron (B), en 2003 le mésosulfuron (B) et en 2004 le propoxycarbazone sodium (B), associés à leur *safener*. La résistance à ces produits s'étant aussi développée, la lutte contre les graminées est devenue désormais de plus en plus complexe (selon la ou les résistances présentes dans la parcelle). D'autant plus que, associée à cette baisse du contrôle intraparcellaire, l'extension des zones non traitées autour des parcelles a favorisé le retour de l'ergot du seigle à partir de graminées adventices non fauchées avant floraison (Jacquin *et al.*, 2010). La gestion des graminées adventices nécessite de plus en plus, l'usage simultané de produits malheureusement moins efficaces et au spectre d'activité plus réduit, surtout depuis l'interdiction de l'isoproturon (C2). Les agriculteurs sont amenés à faire plusieurs traitements avec différents produits, dont le diflufénicanil (F1), le flufénacet (K3), le prosulfocarbe (N), le chlortoluron (C2)… tous à des doses bien supérieures à celles des sulfonylurées (groupe B).

Cette efficacité de désherbage des blés n'a pas écarté la présence de vivaces comme les chardons qui, en fin de saison, forment des taches violettes et les paquets de tiges de rumex qui brunissent en séchant.

Dans le même temps, le type de succession des produits pour répondre à l'évolution des adventices a suivi sensiblement le même processus pour le maïs. Celui-ci a commencé à être désherbé chimiquement en 1955. Les surfaces traitées se sont fortement accrues avec l'arrivée de l'atrazine (C1) en 1960. Celle-ci s'est avérée si sélective du maïs et si largement efficace qu'elle en a été l'herbicide exclusif pendant plusieurs années. Pour améliorer le contrôle des Panicoïdées qui commençaient à dominer, et à devenir de plus en plus difficiles à gérer, l'alachlore (K3) a été associé à l'atrazine (C1) en 1978. C'est également l'époque où a commencé à se développer la résistance aux triazines (groupe C). L'intérêt de l'atrazine (C1) a chuté. Face à l'extension des résistances, la bentazone (C3) et le pyridate (C3) ont été introduits en 1982. Finalement, l'interdiction définitive de l'atrazine (C1) en 2004 a abouti à la multiplication des traitements avec toute une série de nouveaux produits : des sulfonylurées (groupe B), la mésotrione (F2), le péthoxamide (K3), la tembotrione (F2) et même la réhomologation du S-métolachlore (K3).

Ainsi parce que chaque herbicide sélectif d'une culture a un spectre d'activité limité, souvent réduit à une ou deux espèces adventices dominantes pour lesquelles il a été sélectionné, il a fallu trouver et introduire successivement des molécules nouvelles pour contrôler l'expansion des espèces épargnées après la réussite de la gestion des espèces dominantes visées. Les systèmes évoluent et il faut à chaque fois adapter les produits à l'évolution des espèces, surtout dans le cas extrême de la résistance qui rend le produit inutile. Ceci montre la limite de la technique si, quelle que soit la culture, il n'est plus possible de trouver un produit efficace.

2—2 Réduction du travail, de la pénibilité, du coût

La première conséquence de la gestion chimique a été la réduction du besoin en main-d'œuvre, et la diminution de la pénibilité. Des équipes composées de femmes, enfants et vieillards occupées pendant des semaines, généralement non payées pour les membres des familles ou à peine pour les journaliers, furent rapidement remplacées par un homme seul ou deux avec un cheval tirant un appareil à pulvérisation. Parce que plus efficace et moins néfaste à la culture que les piétinements et les blés arrachés par mégarde, le traitement à l'acide sulfurique remplaçait avantageusement, en deux heures, près de soixante-dix heures de travail manuel pour une personne. En généralisant les herbicides à la plupart des cultures, le temps de travail de désherbage des cultures sarclées a rapidement été inférieur à 50 % de celui du binage et du démariage des betteraves (Sébillotte, 1969) et beaucoup plus dans les dernières décennies. La conscience de la pénibilité engendrée par les chantiers nécessaires à la propreté des sols a totalement disparu face à la rapidité des traitements. Le coût de cette tâche a été très réduit même si celui des produits requis reste important.

La réduction effective et surtout précoce de nombreuses espèces, en diversité et densité, a largement participé à l'augmentation des rendements. Cependant, les rendements moyens du blé, bien qu'en progression, sont restés limités, en dessous de 20 q/ha pendant la première moitié du XXe siècle. D'une part, les herbicides peinaient à s'imposer à cause du coût de l'équipement et des produits, et de la réticence de beaucoup d'agriculteurs dans les régions encore à l'écart. D'autre part, il existait de nombreux blés de ferme, peu ou mal fertilisés au rendement trop faible dans de trop petites exploitations. Les conditions climatiques reflétaient la fin des intempéries extrêmes (hivers glaciaux, étés froids et pluvieux, années sèches), dernières séquelles du petit âge glaciaire qui s'est achevé vers la fin du XIXe siècle. À partir de 1950, la modernisation de l'agriculture par l'accessibilité aux matériels et la multiplication de produits phytosanitaires disponibles a permis d'entrer dans une phase de croissance assez linéaire, avec une progression des rendements de 20 q/ha à 75 q/ha en quatre décennies (Fig. IX — 1). L'autoapprovisionnement en blé a été atteint entre 1956-1960 (109 %), pour l'orge (123 %) et pour le maïs (105 %), l'autosuffisance vraie, près de dix ans plus tard (Ravignan, 1980) (Fig. IX — 1). La seconde moitié du XXe siècle a été une période particulièrement stable et tempérée. En revanche, le XXIe siècle a débuté avec des variations climatiques dues à l'élévation des températures. Celle-ci a peut-être un effet sur la stagnation des rendements. Les fluctuations climatiques annuelles engendrent, comme l'avaient fait les conditions froides des siècles précédents, des situations d'autant plus dommageables que les cultures sont mal protégées du point de vue sanitaire, mal fertilisées et peu désherbées.

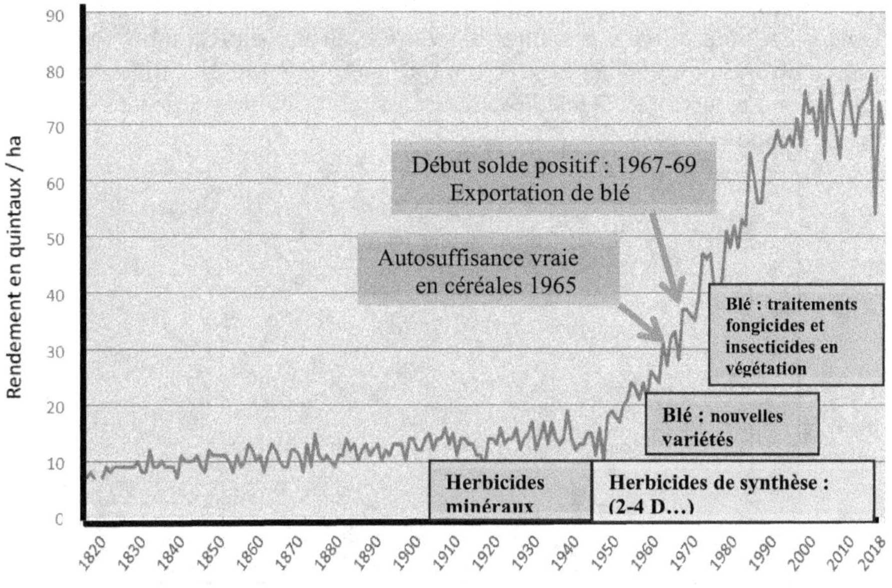

Figure IX — 1 : Évolution du rendement du blé en France sur deux siècles.

À compter de 1950, après des décennies de stagnation, une augmentation continue de l'espérance de vie des humains après 60 ans (Fig. IX — 2) a été constatée. La population française, mieux nourrie, a alors commencé à augmenter régulièrement à partir de cette période (Fig. IX — 3).

2—3 Amélioration de la qualité sanitaire

L'amélioration durable et effective de la qualité du contrôle des adventices a également permis de débarrasser les cultures de plantes dangereuses et toxiques conduisant à la disparition relative de la nielle et des autres espèces aux graines toxiques. Dans les cultures en vert de pois ou de haricot, les herbicides ont permis d'écarter des boutons floraux de matricaires ou de chardon, des baies de morelle, des graines, débris de feuilles ou tiges de datura. La fin de l'atrazine sur maïs a entrainé une forte augmentation du datura, espèce invasive, dans les productions de grain ou de fourrage et plus encore de maïs spéciaux, popcorn et doux, alors que l'adventice était limitée au tournesol, soja et, bien entendu, sarrasin qui reste la culture la plus à problème pour cette espèce. Un désherbage de qualité des parcelles et aussi un contrôle efficace des graminées adventices des bordures et bandes permettent d'éviter la contamination des récoltes de céréales par l'ergot du seigle. Dès que le contrôle diminue dans la parcelle et les bordures, les cultures sont à nouveau contaminées, surtout avec les printemps pluvieux. L'ambroisie à feuilles d'armoise s'étend de plus en plus dans les cultures, principalement les cultures estivales. Elle est très difficile à contrôler et exige une gestion très adaptée. En Suisse, dans le canton de Zurich, la législation a pu, en dernier ressort, obliger un désherbage chimique du maïs ou du tournesol pour contrôler cette espèce. Dans le cas contraire, la culture infestée doit être détruite (Popow, 2013).

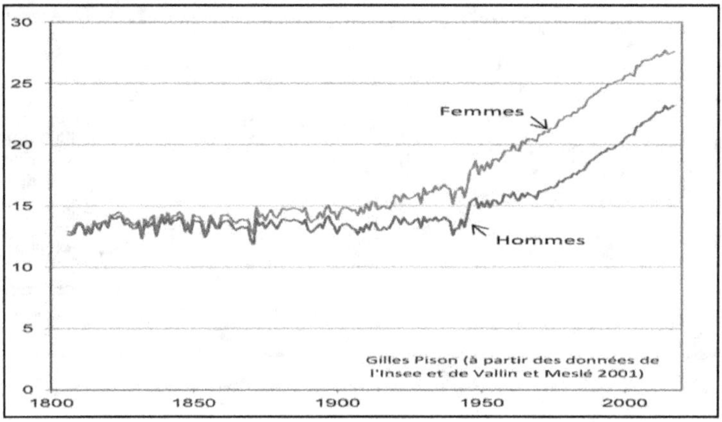

Figure IX — 2 : Évolution de l'espérance de vie à 60 ans en France.

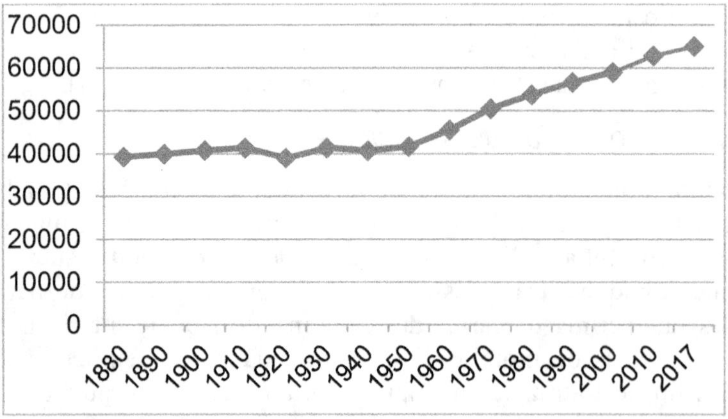

Figure IX — 3 : Évolution de la population française depuis 1880 (x1000).

Depuis la réglementation EU (Règlement (CE) No1881/2006 et Règlement (CE) n° 1126/2007), les mycotoxines en végétation font l'objet d'une prise en compte systématique. Cette réglementation va se renforcer prochainement avec un abaissement des seuils pour les récoltes commercialisables pour l'alimentation humaine. Il a été démontré sur maïs une relation entre la présence d'adventices et les stress induits, dont le stress hydrique, qu'elles provoquent et une augmentation de la teneur en mycotoxines. Si les publications scientifiques sur le sujet restent rares, aux États-Unis d'Amérique la communication sur la réduction des adventices pour lutter contre la teneur en aflatoxines et fumonisines dans les maïs est récurrente dans les conseils actuels des services techniques des universités. Ce stress est un élément de fragilisation de la plante cultivée, favorisant l'envahissement par les champignons toxicogènes et la teneur finale en mycotoxines. Des cultures peu ou mal désherbées sont ainsi susceptibles de devenir plus dangereuses pour la santé humaine en lien avec la teneur en mycotoxines sous contrainte de stress hydrique ou minéral.

3— Conséquences agronomiques induites

Avant l'usage des herbicides, certains agriculteurs répugnaient à apporter des engrais minéraux ou organiques pour obtenir un rendement proche du potentiel de la culture, car ils savaient par expérience que les engrais profiteraient d'abord aux adventices. Une valorisation effective de la fertilisation n'a été acquise qu'avec l'utilisation des herbicides assurant une réduction durable et importante des adventices. C'est ce moyen qui a permis de mieux valoriser les fertilisations rares, destructrices de l'environnement, lorsqu'il s'agissait de guano importé du Chili ou de lithothamne, jusqu'à la mise au point du procédé Haber-Bosch. Il est, ainsi, possible, grâce à la parcelle agricole presque réservée à la seule culture, d'apporter au cours de son cycle quasi exactement, successivement à chaque fois, les quantités justes et suffisantes à sa croissance optimale et à son développement définies par les agronomes et permettre des économies d'engrais entrainant un moindre impact sur l'environnement et la qualité des eaux.

L'usage des herbicides se généralisant aux principales cultures, il ne devenait plus nécessaire ou obligatoire d'introduire des jachères ou certaines cultures sarclées dans les rotations. Les rotations pouvaient se spécialiser, en fonction des régions et des sols, d'autant plus que l'autosuffisance n'était pas atteinte. Elles ont été adaptées, notamment dans le nord-est avec le colza en tête d'assolement, suivi du blé d'hiver et de l'orge. Cette dernière peut être alors remplacée ponctuellement par un second blé si la demande mondiale exige une production soutenue comme en 2012-2013 pour éviter une crise frumentaire. En fonction des besoins mondiaux et des marchés, cette rotation en mesure d'augmenter la sole annuelle de blé, comme la succession blé – maïs, ne serait pas possible dans un autre type d'agriculture. Les rotations longues n'en restent pas moins des outils de gestion des bioagresseurs, maladies, ravageurs et adventices, à condition de choisir des successions adéquates qui devraient assurer à l'agriculteur une marge brute suffisante. La gestion de tel ou tel bioagresseur peut exiger des rotations différentes. La simplification des rotations permise par les herbicides reste une sorte de *joker* à activer en fonction des tensions sur les marchés mondiaux pour éviter des ruptures d'approvisionnement, donc des disettes dans certaines régions du monde. Seule l'agriculture conventionnelle ayant recours aux herbicides de synthèse a cette souplesse de choix rapide de cultures dans les rotations.

À partir de 1950, les techniques culturales ont ainsi été modifiées, puis dès la fin des années 1990 a été introduite une réduction sensible du travail du sol et du labour, à la suite de ce qui était pratiqué en Amérique du Nord et en Amérique du Sud pour lutter contre l'érosion des sols qui menaçait aussi en Europe. Cette évolution a permis de réduire les effets négatifs du labour en jouant sur la distribution de la matière organique, la meilleure circulation de l'eau et la diminution du risque de compactage du sol par les sarclages répétés. Dans les années 1960, avec l'introduction de l'aminotriazole (F3) en 1958, du diquat (D) en 1961 et du paraquat (D) en 1963, herbicides à très larges spectres et très peu persistants, l'idée de semis direct, comme aux USA ou en Australie, a pu apparaître, même si elle a tardé à se développer (Sébillotte, 1969).

Aujourd'hui, les réductions extrêmes ou totales d'herbicides nécessitent d'introduire de plus en plus de cultures qui sont souvent moins rentables pour l'agriculteur. De plus, plusieurs années de luzerne, voire d'autres cultures étouffantes, sont principalement valorisables par l'alimentation animale, hors zones betteravières où l'amortissement des usines de déshydratation repose sur leur utilisation pour la luzerne et la pulpe de betterave. Cette augmentation du nombre de cultures différentes réduit automatiquement la surface annuelle de blé sur le territoire et sa valorisation éventuelle pour aider les pays confrontés à des handicaps naturels ou assurer une *diplomatie bienveillante*.

D'une part, la mise en place de rotations de cultures rentables qui exigent une protection importante et chimique des cultures va être responsable de la forte régression des insectes et des oiseaux et l'appauvrissement de la biodiversité végétale dans les champs. D'autre part, les cultures introduites, à la place des céréales, pour pallier ces effets négatifs sont moins valorisables, car essentiellement par des animaux d'élevage, diminuant le nombre d'années de blé, culture presque toujours la plus rentable. Pour rémunérer correctement les agriculteurs, ces systèmes devront rendre encore plus leur revenu dépendant de subventions et d'aides locales, gouvernementales, européennes ou entrainer un renchérissement de toutes les productions et donc pénaliser une bonne partie de la société, particulièrement environ 15 % en dessous du seuil de pauvreté.

4— Conséquences sociales induites

À partir de 2012, la contamination par l'ergot du seigle a été mieux appréhendée dans l'ensemble de l'Europe de l'Ouest, car le phénomène est plus généralisé et plus intense, après un printemps très favorable et à une croissance des niveaux d'infestation en graminées adventices hôtes. Cette présence est le résultat d'une recrudescence du champignon responsable, *Claviceps purpurea,* depuis un peu plus d'une décennie, alors que, pour la plupart des observateurs, il semblait avoir disparu. Au Canada et aux États-Unis d'Amérique, il demeurait un problème majeur durant cette éclipse apparente en Europe de l'Ouest. Les niveaux de détection plus élevés de ce bioagresseur peuvent être attribués au recul du labour depuis 2003, à la généralisation des bandes enherbées constituées de graminées et à la plus forte prévalence des graminées adventices dans les céréales à paille depuis 2008. Cette abondance est liée à la fois, à la suppression de plusieurs anciens produits efficaces, régulièrement utilisés et surtout à la généralisation des résistances de certaines adventices aux meilleures molécules contre les graminées. La régression de l'usage des herbicides, un des leviers les plus puissants contre l'ergot, est un bon indicateur de l'évolution de cette maladie. En effet, un avis de l'EFSA du 7 juillet 2017 (EFSAb, 2017) montre, malgré une forte confiance dans ces outils, les limites du tri post-récolte et la nécessité de réduire la contamination dès le champ, si nécessaire avec l'emploi d'herbicides de synthèse, outils difficilement contournables de la sécurité de l'alimentation. Le labour, outil efficace contre ce champignon, n'est, en effet, pas possible de façon aussi systématique que souhaité. Il s'agit de raisons pratiques, environnementales et de durabilité, dans divers sols et tous les systèmes de culture. La sélection variétale dans le but de limiter la sensibilité à l'ergot est une stratégie possible, mais restera longue à développer avec les réglementations européenne et française.

Cette contamination généralisée en Europe, avant même le constat de 2012, est attestée par une communication de l'EFSA en 2011 concernant la détection d'alcaloïdes dans les farines de blé et de seigle. C'était aussi le cas pour la récolte 2010, *a priori* moins contaminée. Cette communication rend compte de 86 % des produits céréaliers à base de blé, contaminés, 96 % pour ceux à base de seigle, avec une contamination au niveau du seuil d'un microgramme d'alcaloïde par kilogramme de farine (LOQ : Limit Of Quantification). Il s'agissait, le plus souvent, de traces d'alcaloïdes, sans conséquences connues pour la santé des consommateurs. Dans certains pays, les doses moyennes pouvaient être supérieures à 10 µg/kg de farine pour le blé et 100 µg/kg pour le seigle (Di Mavungu *et al.*, 2011). Selon l'EFSA en 2012, la dose journalière tolérable ((TDI) pour l'ensemble de toutes les toxines a été fixée à 0,6 µg/kg poids vif/j. Des personnes, surtout des enfants, consommant du seigle dans ces pays, auraient pu atteindre facilement cette TDI (EFSA, 2013).

Selon les pays, les seuils actuellement fixés pour la contamination des céréales récoltées vont de 0,02 % pour la Suisse, à 0,05 % pour l'Australie et l'Europe qui vise le seuil de 0,01 % (voir chapitre III), 0,05 % pour le blé et 0,1 % pour l'orge aux États-Unis. Depuis peu, le Royaume-Uni affiche une tolérance zéro (Tab. IX — 1) (Coufal-Majewski *et al.*, 2016). Pour l'alimentation humaine, les réglementations suivent en général celle du Codex Alimentarius (CODEX STAN 199-1995) qui définit un seuil maximum de 0,5 g de sclérotes/kg (0,05 %). À l'importation, la Chine aurait désormais placé un seuil à 0,1 g/kg (0,01 %) pour le blé importé. L'Inde, à l'instar du Royaume-Uni qui a servi de modèle, a une valeur, toujours pour le blé importé, égale à zéro. L'orge est proportionnellement moins contaminée par l'ergot du seigle ou le déoxynivalénol (DON). En revanche, l'orge semée au printemps, indispensable pour l'élaboration de la bière, peut être contaminée par des agents de fusarioses spécifiques qui, réactivés lors du maltage, produisent de redoutables toxines T2-HT2.

Tableau IX -1 : Seuils de contamination par l'ergot (% poids de sclérotes/poids du grain) dans les céréales pour l'homme et les animaux, dans différentes régions du globe (T, triticale ; B, blé ; S, seigle ; O, orge ; A, avoine). (d'après Coufal-Majewski *et al.*, 2016 modifié).

Région	Seuil dans les céréales pour l'homme	Seuil dans les céréales pour les animaux	Commentaires
Australie et Nouvelle-Zélande	0,05	Indisponible	0-0.1 (T)
Canada	0-0.05	0.10-0.33	Variable en fonction du blé
Union Européenne	0,05	0,10	
Suisse	0,02	Indisponible	0.05 grains pour farine
Japon	0,04	Indisponible	
Royaume-Uni	Tolérance zéro	0,001	
États-Unis	0.05 (B), 0,3 (S)	0.3 (B, S)	0.1 (A, O, T)

La dangerosité des mycotoxines dans l'alimentation est une préoccupation récente. L'ergot du seigle, dont les ravages avec toxicité aigüe dans les populations humaines sont connus depuis le haut Moyen Âge, fait partiellement exception à cette règle. Les intoxications liées aux différentes mycotoxines expliquent de grands pans de l'Histoire, pour tout ou partie, *via* des contaminants du seigle. Beaucoup de phénomènes épidémiques, voire sociétaux, peuvent trouver une explication dans la forte consommation de pain de seigle, souvent ergoté et aux années froides et pluvieuses, climat favorisant le développement des moisissures et la production d'autres toxines.

Pour la reconnaissance des autres mycotoxines, il faudra attendre les mortalités de masse dans les élevages de dindes en 1960 en Angleterre, suite à l'ingestion de tourteaux d'arachides contaminés par des aflatoxines (Dragacci *et al.*, 2011). Ceci a permis d'identifier un risque ancien, mais nouvellement pris en compte. La première mention pratique de l'ochratoxine A sur le végétal remonte à 1969. C'est aux USA dans un échantillon de maïs (AFSSA, 2009) que cette molécule a été incriminée, après avoir été identifiée au Danemark en 1965 comme agent de néphrites chez le porc.

D'autres champignons, notamment des genres *Penicillium* et *Fusarium* ont dû attendre les années 1970, pour voir leur dangerosité considérée. L'identification des mycotoxines produites a été effectuée en 1972 pour le déoxynivalénol ou DON sur de l'orge attaquée par *Fusarium graminearum*. Les symptômes de vomissements chez les porcs ont valu au DON le surnom de *vomitoxine* en 1973 aux États-Unis (Üno, 1988). Les conséquences de l'ingestion de zéaralénone (ZEN) ont été décrites à la fin des années 1970 avec une mise en cause dans des phénomènes de puberté précoce à Puerto-Rico entre 1978 et 1981 (Saenz de Rodriguez, 1984). Si la zéaralénone est bien caractérisée comme induisant des troubles de la reproduction chez les rongeurs et chez des animaux domestiques, ce lien, pour ce cas spécifique des phénomènes de puberté précoce à la fin des années 1970, apparaît désormais nettement moins évident, d'autres raisons pouvant l'expliquer (AFSSA, 2009).

Parmi les dernières mycotoxines identifiées comme très dangereuses dans la pratique et réglementées, les fumonisines également produites par des *Fusarium* sont à mentionner. Les effets, en matière de toxicité chronique, ont été démontrés à la fin des années 80, en Afrique du Sud. C'est le constat d'une forte prévalence de certains cancers dans la province du Transkei qui a permis d'identifier la fumonisine B1 (Gelderblom *et al.,* 1988). Cette molécule a aussi été associée à une mortalité fulgurante des chevaux ayant consommé des maïs contaminés (Marasas *et al.,* 1988).

À la suite du constat de taux de prévalence de maladies particulières chez les humains, les effets chroniques des mycotoxines et leur existence même, ont pu être établis, comme les fumonisines ou les aflatoxines sur les animaux. Si les aflatoxines, parmi les plus dangereuses, ont été réglementées au plan européen dès 1997 avec le règlement (CE) n° 194/97 et pour l'ochratoxine A avec le règlement (CE) N° 472/2002, il a fallu attendre 2006 pour voir les fusariotoxines : zéaralénone, déoxynivalénol et fumonisines faire l'objet d'une réglementation contraignante en Europe, où les normes réglementaires devraient encore baisser.

C'est le règlement européen 1881/2006 pour les produits bruts et les produits finis à destination humaine qui a fixé les premières *valeurs seuil* pour l'Europe alors que ces valeurs existaient dans d'autres pays développés, notamment aux États-Unis depuis 2003.

Ce règlement a cependant été modifié par le règlement 1126/2007. Les *valeurs seuil* pour la zéaralénone et les fumonisines, étaient trop basses, impossibles à respecter au vu des niveaux de contamination constatés dans les aliments produits en Europe. Comme pour d'autres contaminants naturels, dont les éléments trace métalliques, les *valeurs seuils* pour les mycotoxines tiennent compte de la réalité de la contamination des aliments et tolèrent des facteurs de sécurité plus réduits que dans le cas de contaminants volontaires, tels que les pesticides.

Les cocktails de mycotoxines constituent la règle dans un aliment contaminé. Ils ne font pas l'objet d'études poussées, même si des phénomènes de potentialisation ont été observés entre substances. Les doses journalières tolérables (DJA) établies restent des doses pour des mycotoxines isolées (Streit *et al.*, 2012 ; Alassane-Kpembi *et al.,* 2017). Il existe de nombreuses autres mycotoxines présentes dans les plantes, identifiées comme présentant un danger intrinsèque pour les animaux et potentialisant les autres mycotoxines associées, pour lesquelles des études toxicologiques suffisantes n'ont pas encore été réalisées (Scudamore *et al.*, 1998 ; EFSA, 2014c). Elles sont dans l'immédiat pratiquement ignorées.

Cette digression par les mycotoxines produites par les champignons se justifie par les interactions qui existent entre la présence d'adventices dans une parcelle, voire autour de la parcelle, et le développement des champignons toxicogènes. Les adventices peuvent se comporter comme hôte secondaire du champignon ou, plus souvent pour le maïs ou l'arachide, comme facteur de stress qui permet le développement de champignons toxicogènes dans le végétal cultivé. Le cas le plus classique est le phénomène de *popping* ou fissuration au niveau du grain de maïs qui facilite l'installation de divers champignons toxicogènes, dont les *aspergillus* producteurs d'aflatoxines.

Récemment des doutes sont apparus quant à la capacité des tests de détection globale de rendre compte de la présence des mycotoxines dans les produits céréaliers (Délos *et al.* , 2017 ; Berthiller *et al.*, 2013 ; EFSA, 2014b). De plus, l'évolution des pathologies dont elles sont responsables est très lente et leurs conséquences variables (ANSES, 2009 ; Délos *et al.*, 2019).

En parallèle avec les mycotoxines, il existe chez des adventices des phytotoxines, dont divers alcaloïdes, des pyrrolizidines de plusieurs espèces en extension, comme les séneçons vulgaires et de Jacob, la vipérine, l'eupatoire à feuille de chanvre, la consoude et la bourrache. Ces toxines naturelles produites par les plantes pour se protéger de tous leurs ennemis commencent à être reconnues comme responsables d'intoxications, de mortalités animales et de pathologies hépatiques chez les consommateurs de tisanes médicinales, voire de miels spécifiques (EFSA, 2011).

4—1 Gestion des sources des mycotoxines

Les moyens de gestion des bioagresseurs recommandés par la directive 2009/128/EC pour l'utilisation durable des pesticides constituent une bonne trame pour la gestion des contaminants naturels, dont les mycotoxines au champ.

– **La rotation des cultures** pour le maïs et les céréales à paille est utile, mais souvent insuffisante pour le maïs, les spores des *Fusarium voyageant* d'une parcelle à l'autre. La rotation est paradoxale pour les céréales à paille, puisque les cultures précédentes, maïs et sorgho, augmentent fortement le risque de fusarioses sur le blé qui suit, alors qu'elles sont recommandées pour prévenir les contaminations par l'ergot. Les cultures de tournesol, soja, betteraves, protéagineux de printemps sont à privilégier avant un blé. Cependant, l'ensemble des cultures d'hiver représente des superficies possibles pour les graminées adventices, notamment les vulpins et ray-grass, hôtes du champignon. Pour lutter contre ce champignon *via* la rotation, il faudrait favoriser les cultures de printemps, réduisant d'autant la superficie du blé. Dans tous les cas, même une rotation optimisée ne serait pas suffisante pour limiter la gestion nécessaire des mycotoxines pendant la culture.

– **Le labour,** souvent largement pratiqué en agriculture biologique, permet de lutter contre l'ergot du seigle en enfouissant les sclérotes et en réduisant les graminées, hôtes relais, mais pas toujours suffisamment. Il est également utile, pour limiter les fusarioses du blé ou du maïs, en enfouissant les résidus de la culture qui précède qui sont une source de contamination. Sans être aussi efficace que le labour, le broyage fin des résidus de maïs avant un blé diminue le taux de DON. Il ne devient en revanche *pratique aratoire conservative* qu'en agriculture conventionnelle, car l'usage parallèle d'herbicides permet d'en limiter l'emploi. En contrepartie et au-delà de la pollution liée au carburant, l'abandon partiel du labour conduit à mieux conserver les sols, facilite la lutte contre l'érosion et réduit l'émission de microparticules de sol.

– **Des cultivars de maïs résistants** aux insectes sont utilisés sur l'ensemble du continent américain, mais aussi en Espagne et au Portugal pour ce qui concerne l'Europe. Ils évitent les dégâts dus aux attaques d'insectes sur les grains, facteur favorable au développement des champignons du genre *Fusarium* et dans une moindre mesure *Aspergillus* (Wu, 2006, Folcher *et al.*, 2010). L'usage des PGM étant interdit dans les deux tiers des pays européens, dont la France, ces pays ont, pour l'instant, refusé les variétés issues de ces technologies OGM. C'est un sujet controversé. Il n'en reste pourtant pas moins qu'il s'agit là d'une approche de contrôle biologique qui mérite notre attention. Le maïs Bt est autorisé en Europe, mais interdit en France malgré la possibilité qu'il entraine de supprimer des traitements insecticides, de réduire fortement les teneurs en mycotoxines et d'offrir un meilleur impact écologique (Pellegrino *et al.*, 2018).

Les cultivars de blé et de maïs les plus tolérants aux fusarioses et aux aspergilloses pour les pays exposés, comme l'Italie pour les aspergilloses du maïs, sont indispensables. Les tolérances aux différentes fusarioses et aspergilloses ne sont pas automatiquement cumulables pour de mêmes variétés de maïs, même pour les hybrides. Il est nécessaire d'utiliser des semences de céréales à paille certifiées pour éviter d'introduire des sclérotes au moment du semis.

– **Le recours à l'irrigation** associé à une fertilisation équilibrée permet d'éviter des stress nutritionnels ou un stress hydrique, principales causes de développement des *Aspergillus* produisant des aflatoxines (Payne *et al.*, 1986) ou des fusarioses produisant des fumonisines. Pour les aflatoxines, l'irrigation reste une arme très efficace les années où l'été est sec. Cela est vrai même si l'origine génétique des hybrides ou l'importance des attaques de foreurs de l'épi entraine une variabilité de l'efficacité. Le climat reste le premier facteur explicatif pour le développement de champignons producteurs de mycotoxines, mais surtout des adventices. Les mois de juillet, chauds et secs lors de la floraison du maïs, favorisent la contamination par les agents producteurs d'aflatoxines et de fumonisines. Les automnes humides et les étés frais et pluvieux sont essentiels pour les contaminations par les fusarioses responsables des fusariotoxines du maïs. La pluie au cours du printemps est indispensable à la contamination par l'ergot du seigle. La pluie en fin de printemps, au moment de la floraison du blé, est déterminante pour la contamination des céréales à paille par les fusariotoxines. Les méthodes prophylactiques, notamment les choix de dates de semis ou de dates de récolte, représentent seulement des approches mobilisables pour esquiver ces phases d'exposition au risque. Il en est de même pour les herbicides qui limitent les adventices, en particulier les vulpins et ray-grass. L'utilisation des pesticides permet en revanche une lutte, généralement plus en phase avec le risque lorsqu'il est constaté.

– **Les herbicides** sont efficaces pour détruire les graminées adventices hôtes secondaires de l'ergot du seigle dans les cultures de céréales à paille (Romer *et al.*, 2013 ; Orlando *et al.*, 2013). Cela a été montré grâce à des travaux précurseurs et originaux en France (Jacquin *et al.*, 2010). Leur emploi réduit également l'enherbement des parcelles de maïs et le stress hydrique induit par les adventices vis-à-vis de la plante cultivée au stade floraison. Des réductions de la contamination due aux *Aspergillus* et leurs aflatoxines ou aux

Fusarium et leurs fusariotoxines résultent d'un désherbage correct, l'eau étant un facteur limitant à ce stade reconnu comme sensible. Les Instituts de Recherche agronomique, américain et italien citent la destruction des adventices comme un bon moyen de gérer certains champignons toxicogènes du maïs ou de l'arachide (Bruns, 2003 ; Leslie et Logrieco, 2014). Un désherbage efficace est devenu un outil de gestion des aflatoxines du maïs ou de l'arachide (Cobb, 1979). La raison tient au fait que les adventices créent des stress hydriques et alimentaires vis-à-vis de la culture. Le développement des *Aspergillus* spp. toxicogènes est proportionnel au stress hydrique observé durant la floraison (Jones, 1986). Les fumonisines sont favorisées par des échecs de désherbage en conditions sèches. Une étude récente sur plusieurs années (Reboud *et al.*, 2016) montre que le contrôle des adventices permet de réduire fortement les teneurs en trichotécènes B. L'efficacité dépasse 90 % pour le nivalénol lors de la récolte du maïs.

L'utilité des pesticides, complémentaires aux techniques de culture adaptées, n'est pas une information nouvelle. Le fait avait été largement souligné dans le rapport de l'Office parlementaire d'évaluation des choix scientifiques et technologiques (OPECST) rendu en avril 2010 (Etienne et Gatignol, 2010).

En l'absence de protection efficace contre les adventices, la principale difficulté de l'agriculture biologique reste, après la récolte, la conservation du grain au-delà de quelques mois. Des contaminations ponctuelles, mais significatives, par les champignons producteurs d'ochratoxine A sont observées dans le cas des blés issus de l'agriculture biologique. La connaissance de l'exposition, du danger, et la réglementation des risques naturels sont très en retard par rapport aux risques évalués obligatoirement avant la mise sur le marché des produits phytosanitaires. La notion de Dose Journalière Tolérable (DJT) utilisée pour les mycotoxines est moins affinée que la Dose Journalière Acceptable (DJA) définie pour les pesticides agricoles.

L'indifférence, à ce jour, des médias concernant les risques toxicologiques induits par la présence de mycotoxines, l'absence d'information du public, les difficultés de l'évaluation du risque toxicologique de ces substances pour le consommateur, tout cela lié à l'absence d'études toxicologiques réglementaires, amènent le grand public à une totale méprise. Le consommateur au fait de l'utilisation d'herbicides considère en général que leurs résidus, bien que soigneusement évalués, sont plus dangereux que des mycotoxines mal contrôlées et mal évaluées d'autant plus que leur présence est ignorée.

Le très haut niveau de connaissances et de sécurité acquis et reconnu pour les pesticides agricoles crée de l'angoisse, alors que l'ignorance du danger et du risque génère un faux sentiment de sécurité quant à des substances naturelles, pourtant connues pour être à l'origine d'accidents sanitaires historiques, généralisés, récurrents et très graves. Lors des 50 dernières années, les dangers sanitaires liés aux adventices toxiques ont été si bien contrôlés par les herbicides que leur présence a été quasi complètement oubliée. C'est souvent l'arrêt d'une pratique herbicide qui a révélé ces adventices, à l'instar du datura dans les maïs dans les pays ayant interdit les triazines (groupe C).

Les décideurs prennent lentement conscience, assez paradoxalement avec plus de retard dans les pays européens, à l'exception du Royaume-Uni pour l'ergot, de l'existence d'un risque très naturel lié aux mycotoxines dans les produits alimentaires. Il est clair que ce sujet complique le discours politique à propos d'une nature par essence bienveillante et repose aussi la question de l'intérêt de l'usage de produits phytosanitaires agricoles. Un tel discours est aussi complexe à partager avec le grand public acquis aux vertus d'une agriculture qui pourrait se passer de la chimie moderne. C'est tout le dilemme du discours politique d'être en mesure d'expliquer l'ambivalence avec des idées simples.

4—2 Réduction des activités polluantes

Tous les travaux au champ sont émetteurs de particules primaires, mais à des degrés divers. Un labour le serait davantage qu'un semis, lui-même générant plus de poussières que le passage d'un pulvérisateur. La taille des particules dépendrait elle aussi des opérations réalisées. Les travaux de labour et de défrichage créent essentiellement des particules grossières. Les passages de herse favorisent, pour leur part, un dégagement plus intense de particules plus fines.

Que contiennent ces particules ? Des minéraux pour 90 % à 97 %, comme les oxydes de silicium, d'aluminium, de fer, de calcium, du quartz… Cette composition varie bien entendu en fonction des sols. La fraction organique de ces particules, moins de 10 %, provient essentiellement de la dégradation des plantes. De la préparation du sol à la récolte, le passage des engins agricoles génère des émissions de particules primaires. Ces particules sont d'autant plus nombreuses que les sols sont sensibles à l'érosion éolienne des particules végétales émises pendant la récolte, des fertilisants organiques, composts, fumiers, déchets verts, ainsi que de la décomposition des micro- et macrofaunes du sol. Ces mécanismes aboutissent à un mélange complexe de matières végétale et animale. Ils peuvent parfois inclure des toxines bactériennes et fongiques, des résidus de pesticides et d'antibiotiques. Le niveau des émissions varie également fortement en fonction de plusieurs facteurs : la texture et l'humidité du sol, le type et la vitesse de l'engin agricole utilisé, les itinéraires techniques et le nombre de passages, l'espèce cultivée, voire la variété, sans oublier les conditions climatiques.

Les TCS (Techniques Culturales Simplifiées) permettent une économie d'environ 10 à 50 l/ha/an de gasoil selon que le sol est sableux ou argileux ; le semis direct de 15 à 60 l/ha/an en céréales et surtout en maïs. Ces économies représentent de 20 à 40 % de la consommation annuelle. Elles réduisent les émissions de gaz à effet de serre et de particules liées aux moteurs diesel. Ces techniques permettent de stocker davantage de carbone, de l'ordre de 10 t/ha en plusieurs années, ainsi que diminuer l'émission d'oxydes d'azote. Dans les terrains les plus fragiles, cela diminue l'érosion liée à l'émission de particules primaires. Même en utilisant des plantes de couverture, ces techniques nécessitent encore des herbicides, surtout du glyphosate (G) pendant l'interculture.

Afin d'éviter la contamination des plantes par les dioxines, furanes et PCB dans les sols modérément contaminés par des pollutions industrielles, le non-travail du sol avec, si possible, une couverture végétale dense sont recommandés. Ces molécules qui, en général, ne sont pas absorbées par les plantes, rejoignent la chaîne alimentaire en contaminant la surface des végétaux *via* la projection de particules de sol sur lesquels elles ont été adsorbées.

5— Conséquences émergentes

Dans la pratique, les agriculteurs ayant réussi à obtenir des parcelles propres, ont peur de se faire dépasser par les adventices s'ils allègent leur programme. Aussi cherchent-ils à garder le même niveau de contrôle. Certains, pourtant, surtout lorsque les cours du blé sont trop bas, persuadés que le problème est circonscrit, choisissent d'économiser sur le volet de la protection. Ils réduisent la diversité des modes d'action et les doses. Ces économies, relatives à l'outil de contrôle le plus puissant des adventices, sont aussi envisagées par des agriculteurs conventionnels ou des agriculteurs adeptes d'autres modèles d'agriculture : TCS, semis direct avec ou sans *mulch*, jusqu'à la suppression totale en agriculture biologique (AB) ou biodynamique... En présence de densités d'adventices de plus en plus faibles et avec des marges réduites, la notion de seuil, comme pour les maladies ou les insectes, a pu sembler un moyen de réduire le recours à la chimie, ainsi que les coûts induits.

Il aurait été difficile d'imaginer pratiquer facilement l'AB dont le développement reste encouragé dans des milieux adéquats en raison de la demande des consommateurs, si les parcelles n'avaient pas été auparavant gérées et nettoyées par des herbicides, pendant la longue période comprise entre 1950 et 2000 où le bio, essentiellement en maraichage et élevage, ne représentait que 1 % de la SAU. Avant l'invention des herbicides, toute la gestion des adventices était strictement *biologique*, manuelle et mécanique. Dans de nombreux pays pauvres, par force, l'agriculture est majoritairement encore aussi *biologique*. Elle y fait face aux mêmes problèmes de gestion des adventices qu'avaient les agriculteurs des pays industrialisés avant l'émergence des herbicides, il y a un siècle.

Dans le cadre de l'agriculture conventionnelle, en matière de sécurité du consommateur, il importe de garder à l'esprit l'importance de l'utilisation des produits phytopharmaceutiques pour gérer les risques de multiplication des champignons toxicogènes en complément de l'amélioration variétale et de l'agronomie. Ce complément repose, certes, sur certains fongicides, mais aussi des insecticides et des herbicides afin de maitriser les vecteurs de ces champignons et les plantes-hôtes relais (Délos *et al.*, 2019). Une bonne gestion des risques devrait faire appel à la notion de balance-bénéfices/risques qui devrait normalement compléter toute communication habituelle des médias européens et plus particulièrement en France. Actuellement, seuls les aspects économique et toxique de l'emploi des pesticides agricoles sont mentionnés et retenus. Dans les faits, les produits phytopharmaceutiques ne se distinguent pas des médicaments ou des biocides, voire des cosmétiques et autres produits chimiques domestiques. La FAO et la littérature anglo-saxonne *grand public* communiquent davantage que la France quant aux bénéfices sanitaires de l'utilisation des pesticides. Cela pourrait expliquer que de nombreuses substances actives interdites en Europe sont toujours autorisées dans la plupart des autres pays.

Au-delà de l'absolue nécessité de contrôler les graminées hôtes de l'ergot qui favorisent des teneurs trop élevées en alcaloïdes dans la récolte, la même chose peut être rappelée pour des plantes toxiques comme le datura dans les cultures estivales. C'est également vrai pour d'autres adventices toxiques récoltées sous forme de parties vertes ou de graines avec la plante cultivée, par exemple dans les cultures fourragères. À ce sujet, les services de la DGCCRF portent un surcroît d'attention, depuis peu, vis-à-vis des contaminants naturels alcaloïdes liés à la contamination par le datura. Les alcaloïdes pyrrolizidiniques des séneçons commencent également à être recherchés dans le miel. Cette contamination peut être étendue au lait ou aux fromages issus d'élevages alimentés en fourrages contaminés. Autrefois les séneçons étaient détruits par arrachage manuel. Les herbicides restent, en agriculture conventionnelle, le moyen le plus performant et facile d'emploi, pour supprimer les plantes toxicogènes dans les prairies ou les parcelles proches des ruchers.

5—1 Pourquoi produire autant de céréales et de blé, en particulier

En moyenne la France produit, sur environ 5 Mha, près de 40 Mt de blé par an. Mais une mauvaise année comme 2016 qui a fortement affecté la production à la baisse, celle-ci a été réduite à près de 27,5 Mt. Quelle que soit la production, son usage est très diversifié. Ainsi, cette année-là, 1,3 Mt ont, soit été perdues, soit surtout été utilisées comme semences. Pour les transports, 1,6 Mt de mauvaise qualité ont été transformés en alcool comme additif pour les carburants. Les agriculteurs en ont consommé et stocké environ 3,5 Mt. La consommation humaine a utilisé plus du quart de la production : 4,7 Mt en meunerie, 2,7 Mt en amidonnerie et glutennerie et 0,6 Mt pour l'industrie alimentaire. L'export en Europe et vers le reste du monde a pu être maintenu assez péniblement à moins de 11 Mt notamment grâce aux stocks de bonne qualité après une faste moisson en 2015, ce qui n'est pas toujours le cas, les stocks en juin peuvent être inférieurs à 2,5 Mt. Un peu plus du cinquième de la production, soit 5,4 Mt de médiocre qualité, ont été consommés par les animaux. Néanmoins, il a fallu importer environ 3 Mt de blé de force pour pallier la mauvaise teneur en protéines de la production (France Agrimer, 2020). La consommation humaine française annuelle s'élève ainsi en moyenne à 11 Mt de blé de qualité, représentant une proportion variable de la production totale selon les années, ce qui suppose que plusieurs années à forte récolte doivent précéder, mais aussi suivre, des années moins favorables pour permettre de réserver aux humains le meilleur grain possible.

Le meilleur grain possible est le moins chargé en mycotoxines, alcaloïdes d'ergot, métaux lourds et autres contaminants réellement dangereux dont divers ubiquitaires (dioxines, HAP…). Une céréale moins chargée ne veut pas dire indemne, mais conforme à des normes qui assurent une sécurité de haut niveau, étant données les connaissances en matière de toxicologie au moment de l'établissement de la norme et en considérant que l'on doit malgré tout disposer de matières premières alimentaires à des prix accessibles. Lors d'années dites correctes, la production n'est, cependant, pas de qualité homogène et maximale. Les animaux et la transformation en alcool utilisent les productions qui ne sont pas aux normes technologiques comme la germination sur pied, ou la teneur en protéines trop faible pour la panification ou sanitaires liées à la présence d'ergot, de mycotoxines… Même si le taux de protéines est un facteur limitant, certains pays tiers importent des productions de qualité intermédiaire dont ils peuvent se satisfaire. La consommation humaine intérieure et européenne ou dans les pays du golfe utilise les meilleures productions, soit de l'ordre de la moitié de la production selon les années. Plusieurs pays très grands importateurs comme l'Égypte, le Vietnam ou la Chine sont très exigeants sur la propreté des blés qui doivent être totalement exempts de semences d'adventices. En Chine, outre des espèces toxiques comme la nielle ou l'ivraie enivrante, toutes deux excessivement rares en France, onze espèces sont interdites. Des neuf espèces présentes en France, hormis l'ambroisie et le sorgho d'Alep, quatre peuvent, selon les régions, envahir les blés : *Avena ludoviciana, Avena sterilis, Lactuca serriola,* voire *Xanthium spinosum* (MICoR, 2020). Pour le maïs ou le soja importé, la Chine exige moins d'une graine de datura par kilo de grain.

Afin que la consommation humaine en France puisse disposer annuellement d'au moins 10 Mt de blé de qualité supérieure, il est nécessaire d'avoir une production comprise entre 32 et 38 Mt/an et environ 350 000 t de blé bio. Ceci requiert d'emblaver annuellement environ 5 Mha de blé en agriculture conventionnelle désherbée par des herbicides et environ 120 000 ha en AB. Les mauvaises années, avec une proportion accrue de production de piètre qualité ou une production globale réduite comme en 2016, la France doit importer plusieurs millions de tonnes de blé de qualité pour maintenir la teneur en protéines réduite par la limitation des engrais azotés en agriculture conventionnelle ou même pour les blés *bio*.

La population mondiale ne cessant d'augmenter et nécessitant une nourriture abondante sur des surfaces agricoles ayant tendance à régresser, il est impératif de maintenir, pour l'avenir, un volume de production agricole suffisant. En France notamment, à cause des extensions urbanisées et des milieux naturels, cette production ne pourra être atteinte que par des productivités élevées dans les meilleures terres. Sur des territoires dont les handicaps naturels ne permettent pas cette progression, un développement significatif de l'agriculture biologique, voire biodynamique, permettant d'assurer une montée en gamme par le prix, doit coexister sans forcément cet objectif de volumes de production. Il s'agit bien de segmenter le territoire en fonction des potentialités des milieux.

Les conditions climatiques, dans beaucoup de pays, ne permettent pas de satisfaire la demande à venir notamment à cause d'un facteur limitant, *l'eau*. Ce volume doit donc sécuriser la consommation intérieure de l'UE, mais aussi aider à la stabilité sociale de nombreux pays du sud et éviter les crises frumentaires comme celle connue en 2007-2008. Pour les céréales, ce n'est pas tant la réduction du gaspillage et de la consommation des pays riches, indépendamment du pain à peine rassis que ne savent plus valoriser des populations à majorité urbaine, qui pourrait combler les besoins. Le premier poste de *gaspillage* concerne surtout les fruits et légumes que l'on conserve désormais avec d'autant plus de difficulté que les fongicides de synthèse qui assuraient cette conservation avec des applications plus tardives ont été interdits. Au plan mondial, en céréales, au-delà des réductions de rendement en culture dues aux maladies plus ou moins maitrisées, les pertes les plus importantes ont lieu pendant le stockage, essentiellement à cause des ravageurs (FAO, 1986). D'ici à 2050, la FAO estime que la production de céréales devrait augmenter de 50 % pour subvenir aux besoins des populations des régions déficitaires (Proche-Orient et Afrique du Nord) (FAO, 2009). Il faut ajouter que de nombreux pays, surtout occidentaux, mais également la Chine, continuent à délocaliser la production d'une partie non négligeable de leur consommation végétale dans les pays du Sud ou dans les pays agricoles développés. Dans un avenir proche, seul le maintien des rendements, garantis par une protection efficace, devrait assurer les productions requises.

6— Conclusion

Devant le problème alimentaire et économique très grave posé au milieu du XIXe siècle à une Société croissante dont la main-d'œuvre agricole diminuait et qui cherchait son indépendance alimentaire, les herbicides — associés à d'autres techniques — se sont avérés une réponse particulièrement adaptée à la lutte contre la concurrence des adventices à l'égard des cultures. Ils ont été très vite plébiscités pour leur facilité de mise en œuvre, leur faible coût, leur sélectivité et leur adaptation à chaque adventice et culture, même par les particuliers et pour les zones non cultivées et finalement pour leur effet positif sur les rendements. Pour la première fois depuis les débuts de l'agriculture, les adventices étaient maitrisées dans les grandes cultures de l'agriculture dite conventionnelle. Tout succès ayant son revers, la Société, devenue majoritairement citadine et de plus en plus éloignée des réalités de l'agriculture, de la biologie et des savoirs agricoles, ne comprend plus le monde agricole, ses contraintes et l'utilisation qui est faite de la technologie ou de la chimie organique moderne, très utile par ailleurs.

Cette présentation des usages de la chimie de synthèse illustre que, dans les dernières décennies, la progression des rendements a reposé, d'une part, sur une bonne fertilisation des sols assurant l'alimentation des plantes et d'autre part, sur une lutte contre les stress principalement liés aux bioagresseurs, encore aujourd'hui assurée par la chimie organique. Le rendement du blé est donc passé ainsi de moins de 30 q/ha en moyenne en France entre 1950-1960 à une moyenne de 70 q/ha entre 2010 et 2015. D'autre part, l'amélioration de la qualité de l'alimentation, liée à l'agriculture moderne et à une pharmacopée adaptée et évolutive issue de la même chimie que celle qui assure la santé des plantes, a permis de passer l'espérance de vie de 69,2 années pour les femmes et 63,4 années pour les hommes en 1950 à 85,7 et 79,8 ans respectivement pour les femmes et les hommes en 2019.

En moins d'un siècle, les agriculteurs qui représentaient environ 50 % de la population, donc présents dans toutes les familles, à l'orée du XXe siècle, n'en représentent aujourd'hui qu'à peine 1 % et sont mal connus de la population, à l'exclusion des maraichers. Par opposition, dans d'autres pays, la société reste concernée par les difficultés de la production agricole. Ainsi aux États-Unis, par exemple en Illinois, tous les enfants apprennent à connaître le maïs, les différentes étapes de sa culture et ses usages tout au long de leur scolarité et sont toujours très au fait des contraintes des agriculteurs (communication personnelle : Illinois Farmers Union).

En Europe, la poursuite de limitations d'usages et de suppressions de molécules conduira à terme à invalider complètement la stratégie herbicide qui se trouvera incapable de contrôler durablement les adventices. À terme en dessous d'un nombre minimal de molécules par culture, il ne sera plus possible de contrôler, même les espèces les plus fréquentes et aucun agriculteur n'investira à perte dans le dernier produit, pas assez efficace. Bien qu'encore autorisés, ils ne seront plus utilisés, obligeant *de facto* les agriculteurs à se convertir en AB. Désormais, les herbicides, parce qu'ils auraient tellement bien rempli leur mission en réduisant fortement les menaces adventices, devraient être écartés pour permettre des agricultures très peu dépendantes de la chimie de synthèse. Leurs effets sur la *biodiversité adventice*, que nul ne peut contester, suffisent à justifier que leur usage devrait être revu, mais pas forcément interdit.

L'objectif de l'agriculture, au moins en grandes cultures, on ne le rappellera jamais assez, est de réserver un espace agricole aux espèces que l'agriculteur exploitant souhaite voir se développer, la culture premier objet de ses attentions et désormais de plus en plus souvent des plantes compagnes souvent choisies à cette fin et dument semées. Elles devront assurer une couverture du sol suffisante pour limiter le développement de bioagresseurs et apporter à la culture, sinon un avantage, du moins exercer une concurrence moindre que celles des adventices qu'elles empêcheront de germer et accessoirement éviter de transmettre des maladies.

La diminution de l'usage des herbicides est souhaitable, à l'instar des médicaments. Comme pour les antibiotiques, les herbicides : ce ne doit pas être automatique. Des outils d'aide à la décision et des règles rigoureuses doivent diriger leur utilisation, mais leur abandon total devrait relever de la même logique que celle qui prévaut pour d'autres activités humaines. Il devrait être très progressif et adapté à chaque situation et région. Les systèmes plus respectueux de l'environnement exigent encore beaucoup de recherches pour pouvoir être généralisés afin de se substituer complètement à l'agriculture conventionnelle.

X.
Risques liés à l'usage des herbicides

« Les interrogations actuelles portent sur l'effet à long terme de leurs traces, en oubliant le plus souvent leurs réels et considérables bienfaits »

Jean de Kervasdoué. *Ils ont perdu la raison*, 2014.

« Les riches se plaignent d'aise »

Michel Serres. *La Libre.be,* 2001

L'utilisation des herbicides comme tous les pesticides est à l'origine de beaucoup de questions tant à propos des risques qu'ils peuvent faire courir à la Société, que sur les conséquences de différentes modifications de leurs conditions d'utilisation sur l'environnement. C'est pourquoi il est vraisemblable qu'ils finiront par être totalement écartés. Cependant, l'importance de l'usage actuel justifie d'aborder la situation et les risques les mieux documentés.

1— Quantités d'herbicides utilisées en France

Après plus d'un siècle d'un usage évolutif et de plus en plus généralisé, les citoyens européens et les représentants politiques ont une perception négative de leur usage et veulent réduire le recours à la chimie de synthèse en agriculture de façon drastique, voire le supprimer.

Après le pic de ventes de l'année 1999, peut-être en prévision de la suppression programmée de certains produits, celles-ci sont passées de 120 500 t, composées de 89 000 t de substances actives et 31 500 t de soufre et cuivre, à 52 400 t dont 28 000 t de substances actives et 8 500 t de soufre et cuivre en 2019. En deux décennies, les ventes de chaque type de produit ont été divisées par plus de deux (Fig. X — 1). Depuis 2010, les produits de biocontrole ont dépassé les 10 % de toutes les substances actives. En 2019, leurs ventes ont atteint les 36 % (UIPP, 2021).

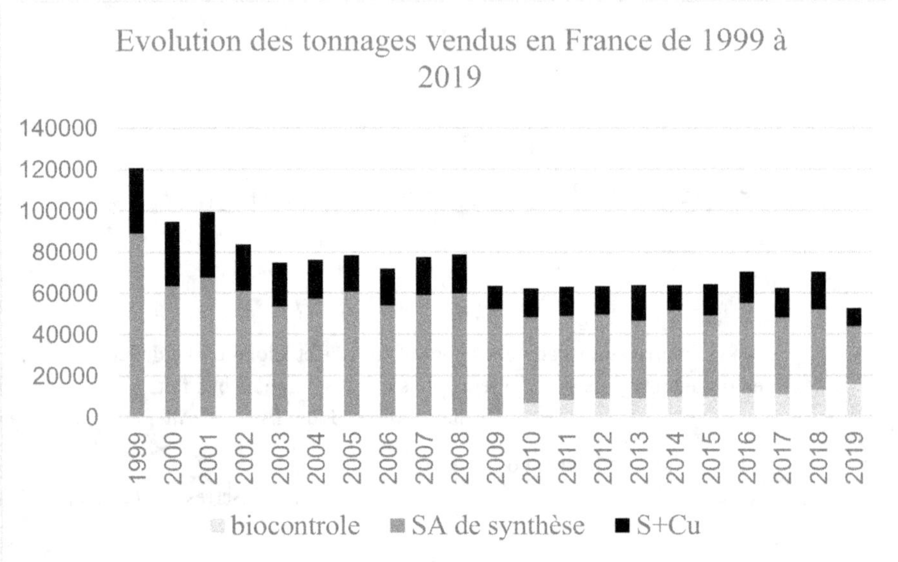

Figure X — 1 : Tonnages de produits phytopharmaceutiques vendus chaque année de 1999 à 2019. S + Cu : soufre + cuivre (d'après UIPP, 2021).

Pendant longtemps, la France a été le premier utilisateur européen de produits phytopharmaceutiques avec un pic de 120 500 t en 1999. Dès 2014, elle occupait le deuxième rang derrière l'Espagne (Fig. X — 2). En 2017, la consommation française atteignait environ 58 500 t dont près de 20 000 t de cuivre et de soufre, largement utilisés en AB. Les herbicides représentaient environ 27 800 t. Par comparaison, avant la Seconde Guerre, plus de 350 000 t d'acide sulfurique étaient dispersées sur une faible partie de la SAU (Bernard, 2008).

Avec des prix des pesticides de synthèse majorés par les taxes et l'adoption des pratiques de l'agroécologie prônée par le ministre de l'Agriculture S. LeFoll, les agriculteurs ne multiplient plus les traitements à volonté, ils n'augmentent pas les doses, bien au contraire. La réglementation stricte n'autorise pas à utiliser la dose homologuée, même limitée à des surfaces réduites. La vraie tendance, pour des raisons économiques, est à l'utilisation de doses inférieures, parfois trop faibles ou à limiter le nombre de traitements pour devoir respecter de faibles valeurs d'index de fréquence de traitements (IFT). Les quantités appliquées sont modulées en fonction de la pression biotique observée, en partie, en fonction du climat et en partie des conditions

agronomiques de la parcelle comme les résistances des adventices aux produits ou la présence d'ergot du seigle.
La simple comparaison entre pays des valeurs absolues de produits utilisés a peu de sens si elle n'est pas rapportée aux surfaces traitées, au climat et des types de cultures, certaines nécessitent plus de produits. La surface agricole utile (SAU) en France métropolitaine est la plus importante d'Europe avec environ 27 Mha, augmentée des territoires d'outre-mer.

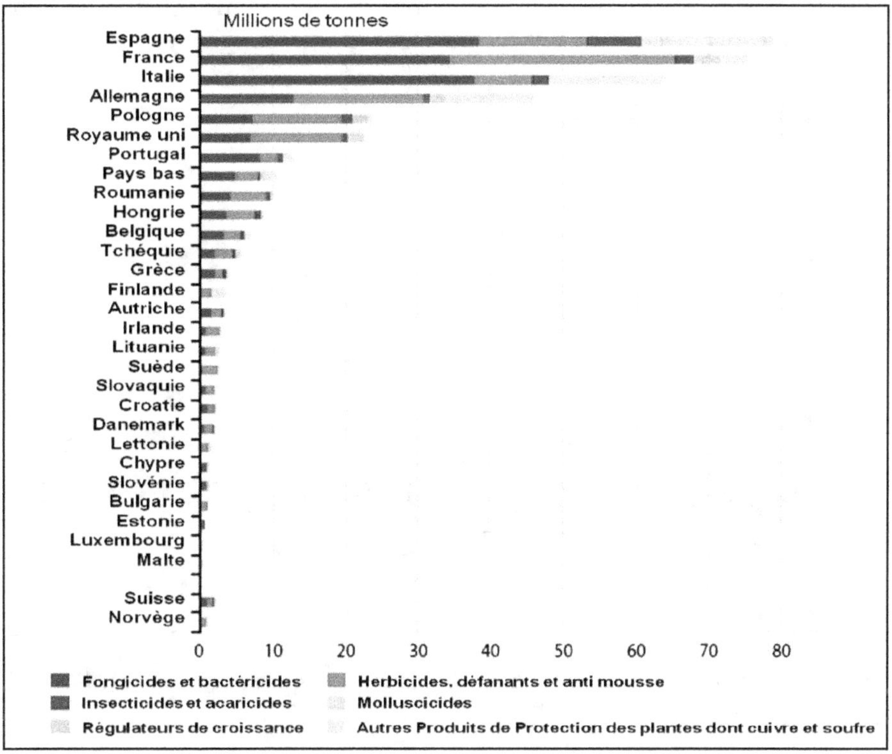

Figure X — 2 : Quantités de produits phytopharmaceutiques vendus en 2014 dans les pays européens (Eurostat, 2016).

Les céréales occupent environ 33 % de la SAU. Elles sont réparties dans plus de 50 % des exploitations. En 2017, 68 Mt ont été produites, soit environ 18 % de la production européenne, consommées à 90 %. Seulement 10 % de la production ont été exportés pour 4,4 milliards d'euros hors de l'Europe. La France, en prenant en compte les départements et les régions d'outre-mer, est le pays européen produisant le plus de céréales, mais aussi cultivant le plus grand nombre de cultures différentes, cultures annuelles, vignobles, vergers, y compris des cultures tropicales : ananas, avocat, banane, canne à sucre, igname, mangue et accessoirement du café, du cacao, du manioc et d'autres cultures vivrières. Certaines de ces cultures sont de fortes consommatrices de fongicides comme les cultures fruitières et le vignoble.

En matière de comparaison absolue, la seule valeur valable est la quantité de produit appliquée à l'hectare (Fig. X — 3). Dans ce cas, la France occupe le neuvième rang en Europe derrière Malte, Chypre, les Pays-Bas, la Belgique, l'Italie, le Portugal, l'Espagne, et l'Allemagne (Eurostat, 2016). Ces valeurs pondérales globales compilent des produits aux quantités très différentes susceptibles d'être retrouvés dans l'environnement, comme les kilos de soufre et de cuivre par hectare et des insecticides et des fongicides appliqués de manière répétitive.

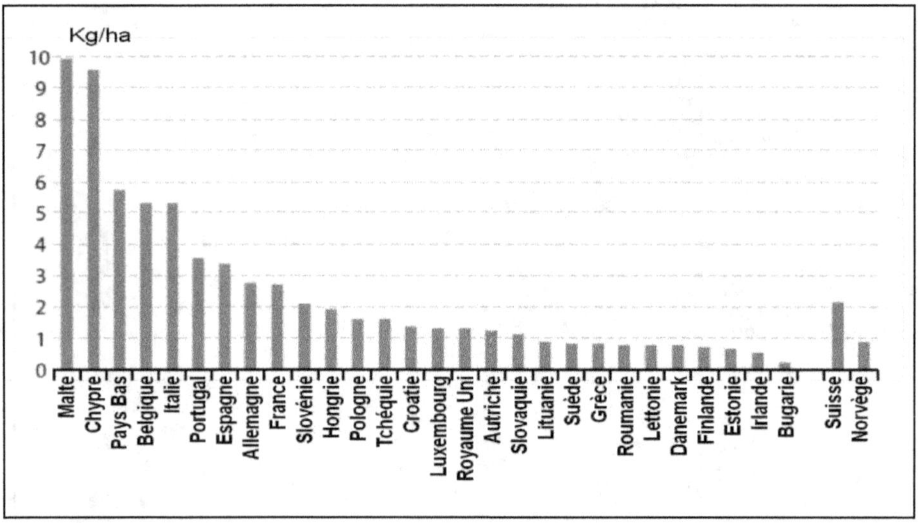

Figure X — 3 : Quantités de produits phytopharmaceutiques vendus en 2014 en kg/ha dans les pays européens. (Eurostat, 2016)

Pourtant de 1997 à 2013, les quantités d'herbicides utilisées ont été réduites de plus de 40 % : au maximum près de 42 500 t en 1999 et 24 500 t en 2003). Toutefois depuis 2011, principalement à cause des résistances des adventices aux sulfonylurées (groupe B) et aussi en raison du besoin de contrôler les graminées qui hébergent l'ergot du seigle, cette baisse a cessé et les quantités se sont stabilisées, voire ont très légèrement cru à environ 28 000 t. Pour remplacer les très faibles doses de sulfonylurées (groupe B), en moyenne, quelques dizaines de grammes par hectare, les produits restants autorisés et ayant une bonne efficacité doivent être appliqués en plus grande quantité, plusieurs centaines de grammes par hectare, c'est la seule alternative au labour systématique actuellement pratiquée.

À l'opposé, des herbicides qui sont souvent appliqués en une seule fois à raison de seulement quelques grammes à l'hectare peuvent aussi atteindre le sol. Aussi, au-delà d'une quantité absolue par unité de surface, il est plus intéressant de mesurer le nombre de doses efficaces apportées par hectare et culture. L'IFT, l'indicateur de fréquence de traitement, comptabilise le nombre de doses de référence utilisées par hectare au cours d'une campagne culturale. Au niveau national ou régional, il est généralement décliné par type de culture. En 2014, la moyenne de l'IFT herbicide pour les céréales à paille était d'environ 1,6, 1,8 pour le colza, 1,5 pour le maïs et seule la betterave exigeait plus de traitements avec un indicateur à 2,7. Cela montre que les céréales à paille recevaient moins de deux équivalents doses homologuées d'herbicides pour gérer toutes les adventices. La prise en compte au niveau européen de la recrudescence de l'ergot du seigle a conduit, depuis, à devoir multiplier les traitements sur céréales pour assurer une récolte exempte de toxines (Romer *et al.*, 2013).

Toute dispersion régulière de produits chimiques ou naturels est susceptible de polluer l'environnement, quelle que soit la toxicité du produit. Par exemple, l'usage de cuivre pendant des décennies et à dose massive a pollué définitivement les sols des vignobles de certaines régions méridionales. À l'époque de l'utilisation d'acides, les doses élevées, malgré les dispersions rapides, entrainaient, outre l'acidification des sols, la mortalité de nombreux organismes telluriques.

Pour qu'ils soient homologués, tous les herbicides doivent être dégradables par voie abiotique et/ou biotique. Des conditions environnementales, principalement les caractéristiques des sols, l'humidité, la température, dépendent la vitesse et l'importance des dégradations. Ces conditions peuvent favoriser en parallèle leurs dissipations, soit par volatilisation qui est très faible pour les herbicides, soit par des transferts dus à l'eau par lessivage et lixiviation, ruissellement ou par formation de résidus non extractibles et enfin par les plantes, particulièrement les cultures. Qu'il soit dissous ou adsorbé sur des particules, un herbicide peut être entrainé par les eaux circulantes ou dans les nappes phréatiques. La détection dans les eaux dépend directement des quantités utilisées par traitement et du total annuel par hectare, mais aussi des propriétés spécifiques de la substance active.

En France, comme en Europe, il existe une réglementation et des seuils qui définissent les qualités des eaux et leur potabilité. De nombreuses et régulières analyses des pesticides, surtout des herbicides rapportent des doses inférieures et rarement quelques valeurs supérieures au seuil réglementaire (voir chapitre VI). Pour assurer des eaux potables parfaitement pures, il serait bon de doser toutes les molécules et même les microorganismes présents dans les eaux distribuées et de poser la question de leur nocivité relative des unes par rapport aux autres. Il est vraisemblable que, comme le reconnaissait l'Académie de Pharmacie, la priorité ne soit pas seulement de réduire encore plus la pollution des eaux par les pesticides agricoles, mais aussi de rechercher des résidus d'autres productions de notre Société (Académie nationale de Pharmacie, 2008). Indépendamment de cela, des efforts doivent être poursuivis pour réduire plus encore la présence de toutes les substances anthropiques, dont les pesticides agricoles, dans les milieux naturels, surtout la ressource en eaux. Des outils d'amélioration de la situation existent, la puissance publique doit aider à leur adoption et à leur généralisation.

2 — Les toxicités des herbicides

C'est la nature qui a inventé les premiers poisons, ils sont nombreux, souvent terribles, certains beaucoup plus toxiques que ceux que l'homme a pu synthétiser, par exemple la toxine botulique, le plus toxique des poisons naturels (DL 50 : 0,001 µ/kg). Dès le début de l'usage des herbicides, ceux qui se sont avérés les plus toxiques ont été interdits : herbicides à base d'arsenic interdits en 1916. Depuis le début des années 2000, la nouvelle réglementation européenne a écarté les herbicides les plus préoccupants à l'usage par rapport à ceux qui étaient alors autorisés. L'épuration des listes continue avec les substances CMR, perturbatrices endocriniennes, persistantes et bioaccumulables, dans une démarche commune à l'usage de toute la chimie de synthèse. En 2020, la mise sur le marché d'un herbicide est précédée d'évaluations du risque pour l'Homme et pour l'Environnement de plus en plus sévères, plus sévères pour les substances de la chimie de synthèse que pour celles d'origine naturelle, qui bénéficient d'un *a priori* plus favorable lié à leur origine (Ecophyto, 2020).

2 —1 Risques pour l'applicateur

Depuis 2005, les pathologies d'une cohorte de 180 000 personnes du milieu agricole sont suivies pour déterminer si l'activité agricole peut être responsable d'une différence avec la population française comparable selon le sexe et l'âge. Jusqu'en 2015, 20 899 personnes sont décédées. Par rapport à des personnes comparables du reste de la population, ces décès sont minorés de 25 % chez les hommes et les femmes (Tab. X — 1). Ces réductions de mortalité sont du même ordre pour toutes les principales pathologies : tumeurs, diabètes, Alzheimer, Parkinson, cardiopathies, maladies pulmonaires, urinaires et même, de plus de 40 % pour les troubles mentaux ou équivalents pour quelques pathologies (AGRICAN, 2020).

Les produits phytopharmaceutiques sont plus souvent associés à des probabilités de développement de cancers, suggérant un risque de mortalité accrue dans la population (Tab. X — 2) (AGRICAN, 2019). Cette mortalité n'est pas avérée dans la cohorte AGRICAN (Tab. X — 1). Pour les agriculteurs, par définition la part de la population la plus exposée aux pesticides, même

Tableau X — 1 Comparaison des causes de décès de la cohorte AGRICAN avec la population à âge égal de 2005 à 2015 (d'après AGRICAN, 2020).

	Hommes		Femmes	
	Décès	%/société	Décès	%/société
Tumeurs	6585	-25	3672	-19
Maladies endocriniennes (diabètes…)	608	-33	570	-34
Appareil digestif (ulcère d'estomac, cirrhose…)	761	-33	543	-32
Troubles mentaux (psychoses, dépression…)	499	-40	524	-46
Systèmes nerveux (Alzheimer, Parkinson…)	1013	-29	987	-37
Appareil circulatoire (infarctus, AVC…)	6249	-22	5459	-20
Appareil respiratoire (grippe, pneumonie…)	1498	-30	829	-33
Appareil génito-urinaire (insuffisance rénale…)	353	-36	257	-35
Infection de la peau (dermatose, urticaire…)	49	idem	45	-45
Système ostéo-articulaire (arthrite, arthrose…)	166	idem	151	-25
Maladies infectieuses (tuberculose, sida…)	387	-30	303	-30
Causes externes (accidents, suicides…)	1357	-14	819	-20
dont suicides	423	+14	121	+46
Toutes causes de décès	20 899	-25	15 632	-25

l'incidence des cancers est inférieure au reste de la population sauf pour des cancers peu fréquents. Pendant la période de 2005 à 2015, 12 026 cancers ont été diagnostiqués chez les hommes et 6 590 chez les femmes (AGRICAN, 2020). Globalement et indépendamment de l'accès au diagnostic par rapport à des citadins, ces valeurs sont inférieures au reste de la population du même âge dans les mêmes départements (Tab. X — 3) : 7 % pour les hommes et 5 % pour les femmes.

Tableau X — 2 Comparaison des causes de décès par cancer de la cohorte AGRICAN avec la population à âge égal de 2005 à 2010. (d'après AGRICAN, 2019).

	Hommes		Femmes	
	Décès	%/société	Décès	%/société
Cancer des voies aero-digestives supérieures				
Lèvre, cavité buccale et pharynx	63	-42	9	-51
Cancers respiratoires				
Larynx, trachée, bronches, poumon	455	-49	101	-41
Cancers digestifs				
Œsophage	85	-40	19	idem
Foie et voies biliaires intrahépatiques	211	-27	44	-36
Estomac	123	-17	59	idem
Pancréas	153	-23	132	idem
Côlon	241	-28	172	-19
Rectum et anus	105	idem	37	-44
Cancers de la vessie et des organes de la reproduction				
Sein	14	idem	230	-29
Prostate	429	-18		
Vessie	105	-39	21	-48
Cancers hématologiques				
Myélomes, leucémies ; lymphomes…	312	-11	191	idem
Autres cancers	546	idem	472	idem
Tous cancers	2842	-30	1487	-24

Chaque fois que des relations avec les pathologies les plus fréquentes ont pu être observées, ce sont des insecticides et/ou des fongicides qui sont visés. Le paraquat (D) (désormais interdit), seul herbicide désigné, était incriminé pour la maladie de Parkinson, à laquelle sont surtout associés les insecticides, dont la roténone, substance pourtant d'origine naturelle et dont l'utilisation remonte à la période précédant le développement de la chimie de synthèse. Pour des cancers pulmonaires plus rares, à côté de l'arsenic, la benfluraline (K1) a été évoquée, sans que ce soit très significatif.

Tableau X — 3 Comparaison des nouveaux cas de cancers de la cohorte AGRICAN avec la population à âge égal de 2005 à 2015 (d'après AGRICAN, 2020).

	Hommes		Femmes	
	Cas	%/société	Cas	%/société
Lèvres	44	+55		
Larynx	99	-44		
Œsophage	232	-22	41	-28
Lymphomes non Hodgkinien	1004	+9		
Mésothéliome	33	-54		
Foie	410	-25	73	-31
Estomac	316	-12		
Pancréas	305	-21		
Prostate	3911	+3		
Colon	949	-13		
Vessie	502	-34	111	-22
Cavité orale pharynx	296	-43	71	-36
Poumon	1066	-42	282	-33
Myélomes multiples	227	+20	156	+21
Lymphome plasmocytaire Waldenström	107	+49	48	+58
Anus	11	-51	21	-54
Mélanomes cutanés			299	+29
Sein			1700	-14
Col de l'utérus			54	-40
Rectum			249	-17
Tous cancers	12 026	-7	6590	-5

Les herbicides n'apparaissent pas associés aux pathologies des personnes du milieu agricole qui ont, au demeurant, une plus longue espérance de vie que l'ensemble de la population (AGRICAN). Sans remettre en cause leur toxicité, peu différente de certains produits régulièrement consommés, les herbicides qui ne sont pas voués à être consommés ne menacent pas directement la santé du reste de la population (Andreotti *et al.*, 2018).

2 — 2 Risques pour le consommateur

Les États membres de l'Union Européenne sont tenus d'effectuer des contrôles pour s'assurer que les aliments mis sur le marché respectent les limites légales de résidus de pesticides. Le programme de surveillance européen constitue l'un des programmes de surveillance alimentaire les plus approfondis au monde, analysant chaque année plus de 75 000 échantillons alimentaires afin d'y détecter la présence éventuelle de plus de 600 pesticides différents.

Dans les rapports des contrôles réalisés dans 29 pays d'Europe par l'Autorité Européenne de Sécurité des Aliments (EFSA) pour la période 2012-2016, plus de 53 % des denrées agricoles ayant reçu un ou plusieurs traitements de protection durant la végétation de la culture ne contiennent pas de résidus décelables. Plus de 400 000 échantillons ont été soumis à un dépistage de plus de 400 substances actives réalisé à l'aide du matériel d'analyse le plus moderne. Près de 43 % des échantillons présentent un ou plusieurs résidus décelés en dessous des limites maximales autorisées (LMR), limites définies pour garantir la sécurité sanitaire des consommateurs. Regroupées, ces deux catégories montrent que plus de 97 % des denrées mises en marché sont conformes à la réglementation. Sur la période 2012-2016, il existe un très faible pourcentage d'échantillons non conformes, majoritairement issus de denrées agricoles introduites sur le marché européen à partir d'États extérieurs à l'Union. Il faut noter que ces résidus ne proviennent généralement pas d'herbicides (Académie d'Agriculture de France, 2019).

Les données collectées en 2018 montrent selon l'EFSA que 95,5 % des 91 015 échantillons analysés se situaient en deçà de la limite maximale de résidus autorisée (LMR) : 4,5 % d'échantillons avaient dépassé ce niveau, parmi lesquels 2,7 % d'échantillons étaient effectivement non conformes, c'est-à-dire qu'ils dépassaient la LMR après prise en compte de l'incertitude relative à la mesure. En ce qui concerne le sous-ensemble de 11 679 échantillons analysés dans le cadre du programme de contrôle coordonné par l'UE, 1,4 % d'échantillons dépassaient la LMR et 0,9 % n'étaient pas conformes. Dans le cadre de son rapport, l'EFSA procède à une évaluation des risques alimentaires aigus (à court terme) et chroniques (à long terme), en combinant les données issues du programme coordonné de l'UE avec les informations sur la consommation alimentaire des citoyens fournies par les États membres. Sur la base des données recueillies en 2018, l'EFSA a conclu que, selon les connaissances scientifiques actuelles, l'exposition alimentaire aiguë et chronique aux résidus de pesticides, *a fortiori* les herbicides dans les aliments, ne devrait pas occasionner de problèmes de santé chez les consommateurs (EFSA, 2019). Le rapport sur les analyses de 2020 présente des valeurs très proches (EFSA, 2022). Parmi les 186 pesticides recherchés, seuls huit herbicides ont été trouvés, toujours en quantités très réduites, inférieures à la LMR. Le glyphosate est quantifiable dans seulement 2 % des échantillons et 0,6 % atteignent la LMR surtout dans des haricots (EFSA, 2022). Les produits importés de pays hors UE présentent plus de résidus et même 2,6 % sont non conformes. Les analyses sur des produits de l'AB montrent que seuls 1,5 % des résidus sont supérieurs à la LMR, surtout dus à l'import. Les dépassements sont liés au cuivre pour 39,1 % surtout en céréales, au brome pour 6,7 % en orge et carottes, à 5,5 % de spinosad et 4,5 % de chlorate de soude en maraichage (EFSA, 2022).

Les Études de l'alimentation totale (EAT) menées par L'AFSSA et l'ANSES sont des études nationales de surveillance des expositions alimentaires aux substances chimiques. Elles reposent sur une méthode standardisée et recommandée depuis de nombreuses années par l'OMS. Elles consistent en une collecte d'échantillons alimentaires représentatifs de la consommation de la population, la préparation de ces aliments « tels que consommés », leur analyse, l'évaluation de l'exposition de la population aux substances ciblées et l'évaluation du risque concernant celles pour lesquelles des valeurs de référence existent. Ces études permettent de calculer l'exposition des individus *via* l'alimentation, ce qui aide à mettre en place des politiques de santé publique. L'ANSES a déjà réalisé deux études de l'alimentation totale de l'adulte (publiées en 2004 et 2011) et une EAT infantile, ciblée sur les enfants de moins de 3 ans (2016).

La première EAT, réalisée entre 2000 et 2004, a permis de dresser un bilan du niveau d'exposition de la population française de plus de trois ans aux mycotoxines ainsi qu'aux éléments traces et aux minéraux (Leblanc, 2005).

La deuxième EAT, mise en œuvre de 2006 à 2011, a évalué l'exposition alimentaire de cette même population en ciblant de nombreuses substances, dont les résidus de produits phytopharmaceutiques et les additifs. « L'étude EAT 2 a conduit à la collecte de 20 000 produits alimentaires représentant 212 types d'aliments, pour lesquels 445 substances d'intérêt ont été recherchées » (www.anses.fr), parmi elles, 283 substances actives phytosanitaires utilisées pour des raisons agronomiques, dont 62, classées prioritaires en matière de surveillance de l'exposition alimentaire, dans le cadre des travaux de l'Observatoire des résidus de pesticides. Elle a montré que, pour certains groupes de consommateurs au sein de la population générale, le risque ne pouvait être exclu pour des substances telles que le plomb, le cadmium et l'aluminium. Le diméthoate, un insecticide, seul produit phytosanitaire pour lequel le risque ne pouvait être exclu pour certains groupes de populations, n'a pas été inclus dans l'analyse compte tenu d'un effectif trop faible de consommateurs concernés (ANSES, 2011).

Les résultats de l'EAT infantile montrent que, pour 90 % des substances évaluées, le risque peut être écarté. Pour neuf substances (plomb, nickel, mycotoxines…), un certain nombre d'enfants présentent une exposition supérieure aux valeurs toxicologiques de référence. Pour sept autres substances, dont l'aluminium, le cobalt, le strontium et le cadmium, le risque ne peut être écarté (ANSES, 2016).

Au Danemark, un indice de risque dans la diète journalière moyenne a été calculé comme étant la somme des résidus par rapport à la DJA (dose journalière admissible) des pesticides et produits toxiques trouvés dans les 47 aliments les plus consommés en 2013 et 2014. Il est en moyenne de 16 % des DJA, variable selon l'âge, le sexe, le régime alimentaire : de 13,4 % pour un homme adulte à 43,6 % pour un enfant de quatre à six ans, essentiellement, dû à des produits importés dépassant la LMR de certains pesticides (Larsson, 2018).

Dans les résidus des 25 premiers pesticides susceptibles d'être consommés, les herbicides sont peu représentés, le premier est le diquat, 11e avec environ 0,4 % de la DJA, le deuxième, le glyphosate, 12e avec 0,25 % et le chlorpropham, 20e avec moins de 0,1 %. Mais surtout, les principales mycotoxines (DON, HT2 et T2) consommées représentent 24 % de la DJA en moyenne, mais plus de 70 % pour les enfants (Fig. X — 4), alors que la caféine absorbée par un consommateur moyen de trois tasses par jour de café correspond à 1 909 % et l'alcool pour un verre par jour à 41 379 % d'une DJA théorique (Larsson, 2018).

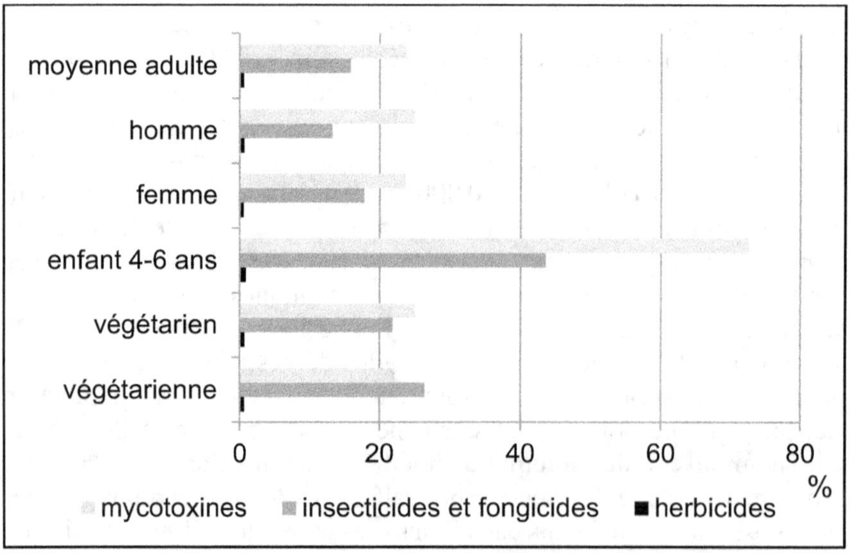

Figure X — 4 : Pourcentage des DJA calculées à partir de la diète journalière danoise en 2013-2014. (D'après Larsson, 2018).

Un des soucis actuels des consommateurs est également le risque induit par la présence simultanée de plusieurs produits phytopharmaceutiques sur une même denrée alimentaire. L'EFSA a publié en 2019 les résultats de deux évaluations pilotes relatives aux risques pour l'homme associés aux résidus de pesticides multiples dans les aliments concernant des pathologies potentielles au niveau de la thyroïde et du système nerveux. La conclusion générale pour les deux évaluations indique que le risque pour le consommateur associé à une exposition cumulée par l'intermédiaire de l'alimentation est, avec des degrés variables de certitude, inférieur au seuil qui requiert une action réglementaire, et ce, pour tous les groupes de populations couverts (EFSA, 2019).

Les substances approuvées par l'Europe au titre du règlement CE n° 1107/2009 font l'objet de programmes réguliers de réexamen impliquant l'ensemble des États membres, l'EFSA et l'ECHA. En 2018, les critères pour identifier les substances phytopharmaceutiques présentant des propriétés de perturbations endocriniennes pour l'Homme et les organismes non-cible ont été publiés et sont applicables depuis le 1er novembre 2018 (Règlement UE 2018/605). L'EFSA et l'ECHA ont développé un document guide. Sur la période 2019-2025, les États membres, dont la France, évalueront 300 substances notamment au regard des propriétés pouvant perturber le système endocrinien.

3 — Comment réduire l'usage des herbicides ?

En agriculture conventionnelle, la réduction constante du nombre des herbicides autorisés va rapidement affecter la qualité du contrôle des adventices, car ils ont chacun des spectres d'activité limités et différents. La réduction du nombre de traitements oblige à des mélanges de produits compatibles. Sans une modification complète et complexe de la rotation et de l'assolement, cette tendance de fond conduira à une efficacité plus limitée avec une mauvaise maitrise irréversible de certaines adventices, sauf à faire le choix de recourir à nouveau à plus de chimie de synthèse. C'est la raison pour laquelle les autres grandes zones agricoles au plan mondial n'ont pas suivi l'Europe dans sa volonté de réduire le recours à la chimie agricole.

La réduction des doses utilisées ne saurait être la solution au besoin de réduire de l'usage des herbicides. Elle est régulièrement mentionnée comme étant à l'origine de résistances. Si l'objectif est la réduction importante de la quantité appliquée par hectare, le traitement localisé sur le rang, à la dose recommandée, à condition que les conditions permettent le travail du sol dans l'entre-rang, peut avantageusement remplir ce rôle.

L'évolution des politiques de réduction et de suppression peut conduire à une interdiction totale des produits de synthèse. Une approche développée dans plusieurs pays cherche à commercialiser des champignons pathogènes ou des bactéries pour s'attaquer aux adventices. Cette stratégie conduit à sélectionner des souches spécifiques pour chaque espèce, tant qu'elles n'auront pas sélectionné des résistants. Mais la diversité des adventices est telle qu'il est illusoire d'imaginer un biocontrole fondé sur ces ennemis spécifiques. D'autant plus que ces pathogènes sont également susceptibles de s'attaquer à des espèces botaniquement proches, cultivées ou sauvages.

En visant une agriculture *zéro* pesticide de synthèse, le législateur devra décider de la façon de réduire progressivement, l'usage des herbicides. Ces décisions d'interdiction peuvent être de trois ordres : réduction du nombre de molécules disponibles et réduction des doses d'application, en général pour des risques de toxicité ou de pollution, et enfin réduction du nombre de traitements pour des raisons environnementales indépendantes des caractéristiques des produits.

3—1 Les conséquences de la réduction du nombre de traitements

La réduction du nombre de traitements et surtout les règles en matière de mélange de spécialités commerciales, inventées *ex nihilo* en France, sans base scientifique solide, et adoptées nulle part ailleurs dans le monde, pousse les agriculteurs à préférer des produits constitués d'associations de molécules à spectres d'activité différents, sans équilibres optimisés par rapport aux besoins liés à la flore de la parcelle. Bien que chaque herbicide autorisé pour une culture ne soit pas actif sur toutes les espèces, toute la gestion doit être réalisée en un seul traitement. Il est alors nécessaire de se reporter vers des produits généralistes qui, surtout si les doses doivent être réduites, n'auront pas une efficacité optimale sur toutes les espèces. En cultures d'hiver, se limiter à un seul traitement au printemps s'est révélé dans ce contexte une mauvaise stratégie. Les adventices levées à l'automne ou en hiver sont très développées et difficiles à détruire au printemps et ont déjà exercé une bonne part de leur concurrence. Actuellement dans les céréales, les seules molécules assez généralistes et très favorables parce que les doses sont très basses sont les inhibiteurs de l'ALS (groupe B). Malgré leur grand nombre, ce sont les molécules les plus concernées par des résistances chez les adventices les plus fréquentes et les plus abondantes (voir chapitre XI). Ces molécules sont susceptibles de devenir rapidement obsolètes et ne risquent pas d'être remplacées par de meilleures solutions avant longtemps, plaçant les agriculteurs dans des situations préoccupantes.

3—2 Les conséquences de la réduction des doses

La réduction des doses trop systématique reste une mauvaise approche de la maitrise effective des adventices, sans véritable fondement. Elle repose sur le principe que les doses homologuées ou préconisées avaient pu être arbitrairement excessives. La recherche systématique de doses très réduites est source d'efficacités trop limitées qui conduisent plus facilement à des résistances (Manalil *et al.*, 2011) (voir chapitre XI). Dans les deux situations de réduction du nombre de traitements et de doses, les agriculteurs doivent introduire de nouveaux produits avec des traitements supplémentaires s'ils veulent arriver à une gestion suffisante des adventices, malgré le risque toujours présent de sélection de résistances. Si l'objectif des réductions est de chercher à limiter la pollution, le résultat est généralement inverse, car les conséquences entrainent généralement la multiplication des produits de remplacement. En fait, plutôt que de baisser la dose, l'objectif de réduction des quantités appliquées peut être atteint dans toutes les cultures qui permettent des traitements dissociés, mécanique dans l'entre-rang et chimique sur le rang. La baisse peut alors dépasser les 50 % par rapport à un traitement en plein. De même, dans la mesure où les parcelles restent peu envahies et, pour certaines espèces, uniquement concentrées en taches, l'utilisation des outils numériques peut aider à ne traiter que ces zones infestées.

3—3 Les conséquences de la réduction du nombre de molécules

Tableau X — 4 Nombres d'herbicides des principales grandes cultures classés par modes d'action en France en 2017. (MoA : mode d'action)

MoA	Blé	Maïs	Betterave	Protéagineux	Colza	PdeT	Tournesol
A	4		5	5	3	4	3
B	12	6	1			1	
C1			5			1	
C2	2			1		2	
C3	1	2		1			
E	2	1		1		1	1
F1	4			1		1	2
F2		4		2	1		
F4		1	1		1	1	
K1	1	1		3	1		1
K3	1	4	2		5	1	3
L	1			1	1		
N	1		2	1	1	1	1
O	8	4	2	2	2		1
TOTAL	37/11	23/8	18/7	18/10	15/8	13/9	12/7

La réduction du nombre de molécules disponibles, quelle qu'en soit la raison, va conduire les agriculteurs à utiliser toujours les mêmes molécules. Cela risque de conduire à l'interdiction des plus utilisées parce qu'elles seront trop détectées dans les eaux.

Le retrait continu de molécules aboutit à des seuils limites pour de nombreuses familles d'herbicides. Pour plusieurs modes d'action et pour beaucoup de cultures, même des grandes cultures, supprimer un produit conduit désormais à supprimer un mode d'action (Tab. X — 4). Ainsi pour le blé, culture qui dispose du plus grand nombre de molécules autorisées, celles-ci se répartissent sur 11 modes d'action, dont cinq ne sont représentés que par un seul produit. Pour le colza, sur les huit modes d'action disponibles, cinq ne sont représentés que par un seul produit. Inévitablement, ces mesures tendent à terme vers la suppression pure et simple de la stratégie herbicide de gestion des adventices. En effet, la stratégie repose sur une diversité de produits aux modes d'action différents pour assurer le contrôle du maximum d'espèces. Cela évite le risque de résistance lié à l'usage d'un nombre limité de modes d'action, souvent un seul. Moins il restera de modes d'action disponibles dans une culture, plus il y a de chances que certaines espèces ne soient plus sensibles qu'à un seul produit, voire à aucun.

4 — Conclusion

La confusion entre danger et risque amène une part importante de la population à se méfier de l'emploi de la chimie de synthèse en agriculture en général et des herbicides en particulier. D'une part, les médias rapportent l'évolution des quantités vendues sans les relativiser aux besoins en cultures et surfaces. D'autre part, à partir d'exemples particuliers, tous les produits sont décriés et rendus responsables de maladies aux causes multiples. Cela conduit au développement du besoin de suppression systématique des substances actives de synthèse. La population ignore que les herbicides permettent avant tout d'éviter la présence d'adventices dont certaines sont très toxiques dans l'alimentation et d'autre part de permettre aux agriculteurs d'avoir un rendement suffisant et une qualité technologique optimale pour assurer notamment l'approvisionnement de la population française en céréales à des coûts acceptables. En céréales, un enherbement important augmente la verse et l'humidité du grain à la récolte, deux facteurs de forte dégradation de la qualité du grain récolté, technologique, mais aussi indirectement aussi sanitaire : conditions favorables à l'installation de champignons producteurs de mycotoxines.

La gestion des adventices qui peut apparaître plus aisée que celle des maladies ou des ravageurs par des moyens mécaniques ou la rotation des cultures n'est pas facilitée par l'évolution actuelle de l'agriculture. Il n'y a pas de produit de biocontrole sélectif ni d'herbicide en AB à l'heure actuelle. Seuls le travail du sol et en particulier le labour ou l'implantation d'une couverture végétale pendant l'interculture et des interventions mécaniques en culture associés aux rotations restent disponibles. Dans le cadre des réglementations européenne et en particulier française, le nombre d'herbicides disponibles diminue régulièrement. Ces réductions limitent le nombre de modes d'action, réduisant *de facto* la diversité des pressions de sélection sur les adventices. Dans beaucoup de cultures, parfois plusieurs de la même rotation, des espèces ne sont contrôlées que par un seul produit. Par ailleurs, pour gagner la confiance des citoyens et pour réduire les coûts, les agriculteurs ont tendance à davantage réduire les doses appliquées, moyen d'afficher un moindre recours à la chimie de synthèse. Ce faisant, le risque de sélectionner des résistances s'en trouve renforcé et peut rendre définitivement inopérants certains modes d'action herbicide sur certaines adventices, en l'absence de toutes solutions alternatives.

Dans les conditions actuelles de maitrise des adventices, les systèmes de cultures qui ont fait le choix de ne plus recourir au travail du sol pour le préserver, en particulier l'agriculture de conservation des sols, ne peuvent se passer d'herbicides aussi bien durant la culture qu'à la fin de l'interculture. Les couverts permanents généralisés sur ces systèmes ne peuvent encore qu'accompagner une réduction de l'usage des herbicides, pas s'y substituer. La solution la plus directement mobilisable actuellement pour un abandon total des herbicides viendra de la multiplication d'interventions mécaniques, au risque de complexifier les chantiers, de multiplier les sources de pollution et de compromettre la conservation des sols, la lutte contre l'érosion de ces derniers et contre le changement climatique.

Devant l'ampleur de la tâche pour, à terme, mettre au point de nouvelles stratégies bannissant la chimie et évitant toutes pollutions dues aux travaux du sol, dès maintenant, il est nécessaire de mettre en œuvre des travaux scientifiques sur le long terme. Cela pourrait, entre autres et sans limitation, à la fois s'appuyer sur des sélections de caractéristiques variétales particulières, la recherche de l'amélioration du couplage des choix des espèces pour des couverts végétaux d'intercultures, la définition et l'expérimentation d'un maximum de mesures préventives limitant la reconstruction des stocks de semences adventices. Cette gestion pourrait être améliorée grâce à des robots de destruction par électrocution ou micro-ondes ainsi que par la qualité de la localisation des zones à gérer. Pendant la durée de la mise en place progressive de ces systèmes originaux, la charge de nourrir l'ensemble de la population reviendra aux efforts d'adaptation de tous les systèmes actuels.

ENCADRE

La polémique autour du glyphosate (G) :

- Quand on parle de produits phytopharmaceutiques, il faut distinguer la molécule active, comme le glyphosate (G) et les formulations comme le Round up qui est le produit commercial vendu, et qui contient des co-formulants en plus de la molécule active.
- Le CIRC et les agences de sécurité sanitaire n'ont pas les mêmes missions ni les mêmes approches. Le CIRC identifie un **danger**, le danger de la survenue d'un cancer. Dans le cas du glyphosate (G), il a inclus dans la même évaluation la molécule active et les formulations, mais il n'est fait mention que du glyphosate (G). Les agences de sécurité sanitaire comme l'EFSA évaluent le **risque** de la molécule active dans ses conditions normales d'usage. Pour mémoire, le danger n'est pas synonyme de risque : ces deux notions doivent être clairement distinguées. Prenons un exemple simple pour illustrer leur différence : en promenade, le danger, c'est de tomber d'une falaise ; le risque est maximum si on est juste au bord de la falaise, il est nul si on en est à un kilomètre, même moins. En toxicologie, le danger est la propriété qu'a une substance de présenter un effet toxique potentiel. Le risque est la probabilité d'être exposé à une substance dangereuse *via* une exposition à une dose suffisamment élevée pour être toxique. Dans la pratique, on devrait beaucoup plus se protéger d'une substance dont le danger est faible, mais avec laquelle on est régulièrement en contact que d'une substance très dangereuse rarement rencontrée et de plus à très faible dose.
- D'autre part, le CIRC ne réalise son évaluation que sur la base d'études scientifiques publiées dans des revues internationales avec comité de lecture. Les agences tiennent compte des études publiées, mais également de toutes les études requises par la réglementation, diligentées et financées par les pétitionnaires certes, mais obligatoirement réalisées suivant des protocoles reconnus internationalement, suivant les bonnes pratiques de laboratoire et dans des centres de toxicologie expérimentale obligatoirement accrédités pour ces études et régulièrement inspectés par l'organisme d'accréditation et les agences en cas de besoin. Il reste regrettable que les industriels aient toujours considéré ces études comme confidentielles, entretenant ainsi des doutes sur leur qualité ou la véracité des résultats. Cet état de fait devrait prendre fin très prochainement à la demande de la Commission européenne.

.

Les évaluations des agences :

- Il a été attribué au glyphosate (G) une DJA, une dose de référence aigüe et une AOEL, l'EFSA considérant que la molécule n'est pas génotoxique (c'est-à-dire sans seuil). En tenant compte des expositions calculées, l'EFSA a considéré que le glyphosate (G) ne présentait pas de risque pour l'homme dans les conditions définies d'utilisation.

- Le CIRC, au vu des études publiées qu'il a consultées, a conclu que l'ensemble glyphosate (G) et formulations, présentait un danger cancérogène pour l'Homme et l'a classé dans le groupe 2A, probablement cancérogène pour l'homme (dans le même groupe que les fritures, viandes rouges, boissons chaudes à plus de 65 °C, le virus de l'herpès type 8, les nitrates ou les nitrites, les rayonnements UV, les anabolisants…).
- Une autre structure de l'OMS : le Joint FAO/WHO meeting on Pesticide Residue (JMPR) le 16 May 2016, l'European Chemicals Agency le 15 mars 2017, l'ANSES le 9 février 2016, L'Environmental Protection Agency de Nouvelle-Zélande en août 2016, l'US-EPA (Environmental Protection Agency) le 12 septembre 2016, l'Australian Pesticides and Veterinary Medicines Authorit en septembre 2016, la Food Safety Commission du Japon le 30 septembre 2016, l'agence canadienne de réglementation de la lutte antiparasitaire le 28 avril 2017… ont toutes conclu à l'absence de l'effet cancérogène de la substance active glyphosate.

Dans son rapport intermédiaire du 22 janvier 2020 (US EPA, 2020), l'EPA (*Agence de Protection de l'Environnement américaine*) a soigneusement évalué le risque potentiel pour la santé humaine associé à l'exposition au glyphosate (G) et a déterminé qu'il n'y a aucun risque pour la santé humaine lié aux utilisations actuellement homologuées du glyphosate (G) et qu'il est improbable que le glyphosate (G) soit cancérogène pour l'homme « it is not likely to be carcinogenic to humans ».

Il est à noter que l'ANSES a identifié un risque cancérigène d'un co-formulant le POE-tallowamine dans son évaluation de 2016 et, par la suite, a retiré l'autorisation de mise sur le marché de 126 produits commerciaux à base de glyphosate (G) renfermant du POE-tallowamine. Par hypothèse, la présence de ce co-formulant pourrait expliquer l'évaluation du CIRC qui inclut dans son évaluation à la fois les données sur le glyphosate (G) et, sans distinction, les données épidémiologiques portant sur les formulations et exclusivement pour des travailleurs exposés au glyphosate (G) formulé dans le cadre de leur activité.

L'INRAe a réalisé un travail d'expertise sur les impacts économiques du déploiement des alternatives au glyphosate (G) en grandes cultures, dans le cadre du plan de sortie du glyphosate (G) (INRAe, 2020). Il ressort de cette expertise que, au-delà d'herbicides moins efficaces et donc utilisés en plus grandes quantités, le travail du sol est actuellement le levier principal pour se passer de glyphosate (G), en particulier le labour, et que l'impact économique est donc très différent selon que les exploitations labourent déjà leur sol ou non. Il est de plus en plus évident que le travail du sol permanent, en particulier le labour, n'est pas durable parce que polluant et est même préjudiciable à la stabilité de nombreux sols.

Pour les grandes cultures en semis direct en agriculture de conservation des sols, la mise en œuvre d'une stratégie de travail du sol à labour fréquent comme alternative au glyphosate (G), outre le fait qu'elles ne seraient plus en semis direct et ne permettraient plus de conserver les sols, engendrerait un surcoût de mécanisation, carburant et main-d'œuvre, moyen annuel estimé à 102,86 €/ha compensé par une économie de 23,57 €/ha sur le traitement herbicide en 2020. Il suppose également la nécessité de l'acquisition d'un parc d'équipement et de puissance de traction adaptée. Ces scénarios modélisés à partir d'estimations des coûts sont élaborés, toutes conditions économiques, sociétales égales, par ailleurs et ne tiennent pas compte des évolutions dans la qualité du contrôle des adventices (invasion de nouvelles espèces ou développement d'espèces vivaces) qui pourraient augmenter la difficulté, les coûts et le travail.

Cette polémique, dont les conséquences sont une demande de retrait de l'autorisation de mise sur le marché du glyphosate (G), illustre parfaitement la **confusion** qui existe entre **danger** et **risque**. Suffit-il d'avoir identifié un danger pour entrainer le retrait d'une homologation, alors que la substance elle-même ne fait pas courir de risque pour la santé de l'homme depuis plusieurs décennies ? La FAO valide les valeurs de LMR du glyphosate (G) du *Codex alimentarius* dans les aliments pour les échanges internationaux selon lequel il ne serait pas dangereux de consommer des produits céréaliers contenant du glyphosate (G) à la suite de traitements de prérécolte (FAO, 2018). Ce serait donc un non-sens de considérer qu'il serait dangereux pour un applicateur bien protégé de l'utiliser comme herbicide.

Doit-on fonder les autorisations de mise sur le marché sur l'identification d'un danger ou l'évaluation d'un risque ? Cette question est au cœur d'une polémique encore plus large qui concerne toutes les molécules chimiques, pas seulement les pesticides, dans l'absolu, tous les produits auxquels l'Homme est exposé.

XI.
Les résistances des adventices

"The evolution of antibiotic-resistant strains of bacteria is something that a Darwinian might have foreseen from the day antibiotics were discovered. Unfortunately the warning voices have been rather quiet."

Richard Dawkins. *Don't turn your back on science,* 2000.

Au-delà du risque d'une interdiction prématurée pour des raisons environnementales et sanitaires, la justification et l'avenir immédiat d'un herbicide sont liés à sa capacité à maintenir son efficacité. Dès le début de la généralisation de l'usage des meilleurs herbicides plus ou moins spécifiques des différentes cultures, une variabilité de l'efficacité sur les adventices habituellement contrôlées et parfois de limitation au sein d'une même espèce ont été observées. Certains produits ne sont utilisables que sur certaines variétés de la culture pour laquelle ils sont autorisés (Ex. : chlortoluron (C2) et blé tendre). La systématisation de l'utilisation du même produit, à dose souvent faible, sur la flore caractéristique de la même succession culturale de façon répétée d'année en année, correspond à la répétition d'une même pression de sélection modulée, c'est-à-dire susceptible d'épargner certaines plantes. Parmi les espèces d'adventices visées soumises à cette pression, les génotypes capables de supporter ce stress normalement mortel pour l'espèce vont être sélectionnés. Particulièrement chez les espèces annuelles, par le jeu des croisements et des mutations d'origine naturelle, il se crée de très nombreuses variations, sources d'un grand polymorphisme génétique dans tous les mécanismes qui peuvent concerner l'action des herbicides : pénétration, transport, accessibilité et sensibilité de la cible.

A priori, comme toutes les angiospermes sont susceptibles d'être sensibles à tous les herbicides, à l'exception des dicotylédones pour les inhibiteurs de l'ACCase (groupe A), la sélection de résistances à tous les herbicides peut apparaitre chez toutes les espèces. Par seul effet de probabilité, des adventices résistantes apparaitront chez les espèces les plus abondantes contrôlées par un seul herbicide, voire plusieurs d'un même mode d'action, au sein de la flore d'un système cultural s'il est simplifié. Jusqu'au début des années 1970, les premières résistances se limitaient à une baisse relative de la sensibilité entre plantes de la même espèce. Elles étaient essentiellement limitées à quelques populations des espèces adventices les plus fréquentes.

1— Qu'est-ce qu'une résistance ?

Il s'agit d'une caractéristique génétique héritable, souvent dans une forte proportion de la descendance de l'individu résistant. Elle peut concerner toutes les étapes du parcours de l'herbicide dans la plante. D'abord, la pénétration dans la plante est susceptible d'être limitée. Le transport peut être altéré jusqu'au blocage total pour les produits se déplaçant uniquement dans le phloème ou dans le xylème. Pour ceux qui utilisent les deux voies, l'inhibition ne sera effective que pour le transfert actif dans le phloème. Le produit est parfois bloqué et empêché de pénétrer dans les cellules ou même rejeté. La détoxication est souvent modifiée par l'augmentation des quantités d'enzymes de dégradation produites ou par une augmentation de leur cinétique d'activité. De rares plantes produisent une plus grande quantité de la molécule cible ou une cible dont la cinétique d'activité est plus élevée, ce qui leur permet de survivre à la dose habituelle de l'herbicide. Certaines mutations rendent la cible insensible et la plante devient totalement résistante, quelle que soit la dose utilisée (Gasquez, 2005).

Plusieurs situations de résistance peuvent exister chez toutes les espèces, avec des fréquences différentes. Néanmoins, elles ne seront pas toutes à l'origine des populations résistantes observées chez toutes les espèces, vis-à-vis de n'importe quel herbicide. Ce qui sera observé correspondra à la résultante de la sélection. Dans la population considérée, le génotype portant la caractéristique la mieux adaptée à la pression de sélection exercée par l'herbicide sera favorisé en produisant plus de descendances, au point de devenir dominant. En général, ce sera la caractéristique la plus *efficace*, celle qui permet de contourner le plus efficacement l'effet de l'herbicide. Mais avec le temps, s'il y a plusieurs génotypes résistants, ce sera la stratégie de résistance la moins *pénalisante*, c'est-à-dire celle qui aura le moins d'effets négatifs sur la croissance qui dominera et produira le plus de descendants résistants par rapport à tous les autres génotypes survivants.

Parmi les étapes susceptibles d'être à l'origine d'une résistance, toutes celles qui sont liées à des augmentations du métabolisme, consommatrices d'énergie, entraîneront un fort coût évolutif par rapport à celles qui reposent sur des modifications de structure dues à des mutations neutres. Dans ce dernier cas, en l'absence de traitement, le génotype muté sera indétectable et produira autant de descendants que les génotypes sensibles.

1—1 Première résistance caractérisée : la résistance aux triazines

Historiquement, la résistance aux triazines (groupe C) est la première à avoir entraîné un retentissement à l'échelle mondiale. C'est aussi la première fois qu'un mécanisme biologique original, l'origine de la résistance et son hérédité ont été identifiés. De plus, la possibilité de disposer de cibles sensibles et résistantes a permis de préciser le site et le mode d'action de ces herbicides.

La première citation de ce phénomène apparait chez des séneçons vulgaires survivant à des traitements à la simazine (C1) dans des pépinières d'arbres forestiers aux États-Unis en 1970 (Ryan, 1970). Jusque-là, la sélectivité des triazines (groupe C) reposait, au-delà de la sélectivité de position, surtout sur la capacité de différentes espèces à détoxiquer l'herbicide. Le séneçon détoxique très peu la simazine (C1). La question se posait de trouver quel mécanisme de résistance pouvait être en jeu chez cette espèce. C'est en 1977 que Souza-Machado *et al.* ont rapporté pour la première fois un comportement original des chloroplastes chez un chénopode résistant. L'activité de ceux-ci n'était pas inhibée par des doses très élevées d'atrazine (C1) : jusqu'à mille fois la dose homologuée. Il s'agissait de la première observation d'insensibilité de la cible qui s'est ultérieurement vérifiée chez toutes les espèces qui ont présenté des populations résistantes.

La découverte de chloroplastes à l'origine de la résistance a permis de préciser le site et le mode d'action des triazines (groupe C). Ces herbicides se fixent sur une protéine de 32 kD (protéine D1) impliquée dans le transfert d'électrons au sein du photosystème II. Les essais de croisements entre résistants et sensibles ont aidé à trouver la localisation du gène codant pour la protéine D1. L'hérédité de la résistance s'est avérée chloroplastique, non mendélienne et seuls les descendants de résistants (à quelques exceptions près, selon les espèces) étaient résistants, que le pollen provienne de plantes sensibles ou résistantes. Au début des années 1980, en recherchant l'origine de cette résistance, le gène de cette protéine a été séquencé et le site de la mutation qui distingue les sensibles des résistants, identifié. Un changement d'une seule base dans le codon codant la sérine en position 264 (un point de fixation de la molécule d'herbicide) conduit à la synthèse de glycine au lieu de la sérine. Cela suffit à supprimer toute affinité de la triazine (groupe C) pour la protéine D1 (Hirschberg et McIntosch, 1983).

Cette résistance a été un outil précieux pour la recherche. Elle a permis d'étudier le fonctionnement des chloroplastes résistants et sensibles vis-à-vis de produits agissant sur des points précis du transfert d'électrons lors de la photosynthèse. Cela a permis de comprendre le mode de liaison de nombreux herbicides à la protéine D1. Cette mutation affecte la fixation des triazines (groupe C), la chloridazone (C1), certains uraciles (groupe C) et triazinones (groupe C), mais pas les urées substituées (groupe C) comme il était précédemment admis.

Cette résistance s'est rapidement développée chez 74 espèces d'adventices dans 27 pays, sur tous les continents (Heap, 2021). En France, dès 1976 et en moins d'une décennie, la résistance a été observée chez 22 espèces aussi bien en maïs, vignes, vergers que des voies ferrées dans tous les milieux régulièrement traités avec de l'atrazine (Darmency et Gasquez, 1990 a).

1—2 Les mécanismes sélectionnés dans le monde

1-2-1 La mutation de la cible

La plupart des herbicides ne sont pas classés dans la catégorie des produits dits CMR, pour cancérigène, mutagène, reprotoxique. Le cas emblématique du glyphosate est encore très disputé entre les agences et le CIRC sur ce point. Mais, dans la pratique agricole, on ne doit pas confondre la mutagénicité éventuelle des substances actives et les mutations observées chez les végétaux qui sont naturelles et préexistantes, certainement d'origine très ancienne. La première et principale mutation observée, responsable de la résistance des graminées aux inhibiteurs de l'ACCase (groupe A), a aussi été identifiée, parmi 743 échantillons d'herbier de vulpin, sur un seul daté de 1888 (Délye *et al.*, 2013).

Avant la première application de l'herbicide, la mutation, généralement un évènement de très faible fréquence, est portée par un individu si rare qu'il n'est pas forcément présent tous les ans, surtout si la population est de petite taille. La mutation rend l'herbicide complètement inoffensif pour la plante mutée parce qu'il ne peut plus se fixer sur sa cible. De ce fait, la plante peut supporter des doses extrêmement élevées, jusqu'à 1 000 fois la dose efficace sur les sensibles pour l'atrazine (C1). La mutation modifiant le site de fixation de l'herbicide sur la cible, la plupart des autres molécules de la même famille ou des familles ayant le même site d'action seront affectées à des niveaux différents et, ce, selon la manière dont elles se fixent. Quand plusieurs mutations du site existent, chacune ne confère pas la même résistance à toutes les molécules actives sur la même cible, voire aucune résistance. La sensibilité vis-à-vis d'herbicides ayant des modes d'action différents reste inchangée puisque la mutation révélée n'affecte qu'une seule cible. Le contrôle des plantes résistantes reste ainsi possible avec ces produits qui restent toujours actifs.

Quand la mutation perdure dans les populations en l'absence de traitement, elle est neutre, voire très peu contre-sélectionnée. Dans le cas contraire, dans les conditions habituelles, les plantes mutées seraient défavorisées et produiraient moins de descendances. Il y a donc peu de chances qu'elles se maintiennent longtemps en l'absence d'herbicide. Pour certaines espèces, la mutation confère un avantage tellement favorable qu'elle peut se propager rapidement à toute l'espèce. C'est le cas du pâturin annuel dont tous les individus sont naturellement résistants aux fops (groupe A), car ils portent la première mutation détectée dans le gène de l'ACCase et sélectionnée chez le vulpin par le fénoxaprop (A) (Délye et Michel, 2005). Par conséquent, les produits de la famille de cet herbicide sont sans effet sur le pâturin annuel.

Puisque ce type de résistance est dû à une seule mutation, son héritabilité est plutôt élevée parce qu'elle est généralement nucléaire monogénique dominante ou semi-dominante. L'exception est la résistance aux triazines (groupe C) dont l'hérédité est cytoplasmique puisque la protéine D1 est synthétisée dans le chloroplaste à partir de l'ADN chloroplastique. Même après croisement avec des individus sensibles, seule la descendance de la plante résistante sera proche de 100 % de résistants, à cause de la transmission maternelle du génome chloroplastique. Ces résistances liées à une mutation du gène de la cible sont à l'origine des sélections de mutations produisant des VRTH (variété rendue tolérante aux herbicides) (Beckert *et al.*, 2013)

1-2-2 Résistance liée à la détoxication

Chez la plupart des espèces, la quasi-totalité des herbicides est dégradée dans les cellules avant d'atteindre les chloroplastes où se trouve généralement leur cible. Plusieurs familles d'enzymes et de très nombreuses molécules dans chaque famille peuvent détoxiquer les molécules xénobiotiques soit par oxydation, par réduction, par hydrolyse ou par conjugaison (Tissut *et al.*, 2006). Le niveau de résistance dépendra de la capacité de la plante à produire une ou plusieurs enzymes d'une ou plusieurs de ces familles. Deux familles sont particulièrement concernées : les mono-oxygénases à cytochrome P450 (P450) et les glutathion S-transférases (GST). Soit la plante en produit davantage, soit elle produit des enzymes plus actives. Comme il s'agit d'une amplification de l'activité enzymatique, la résistance dépendra du niveau de métabolisme et, de ce fait, le niveau de résistance sera variable et généralement plus réduit que celui dû à la résistance par mutation de cible. Quoi qu'il en soit, la plante sera résistante dès lors que le niveau d'activité enzymatique sera suffisant pour permettre à la plante de survivre aux doses prescrites par la législation en vigueur et a fortiori aux doses réduites souvent pratiquées.

La gamme des herbicides concernés par une résistance due à la détoxication est difficile à prévoir. Comme elle est liée au type de réaction catalysée par l'enzyme amplifiée, elle ne dépendra que de la présence des fonctions chimiques de l'herbicide auxquelles l'enzyme pourra accéder. Il n'y a donc pas de raison que seules les molécules d'une même famille, donc d'un même mode d'action, soient plus concernées que celles de familles actives sur d'autres sites. Les seules résistances croisées prévisibles concernent des molécules commercialisées en association avec le même *safener*, comme c'est le cas de certains produits des groupes A et B.

L'héritabilité de ce mécanisme de résistance est plus faible et variable, car il met souvent en jeu plusieurs gènes/allèles indépendants qui doivent être associés dans un même individu pour augmenter son niveau de résistance.

1-2-3 Autres mécanismes

Dans le cas du paraquat (D), un phénomène de *séquestration* a été évoqué, car, chez les plantes résistantes, l'herbicide n'est jamais observé à l'intérieur des cellules, mais exclusivement entre les cellules (Gasquez, 2005). Il pourrait soit ne pas y pénétrer, soit plus vraisemblablement, après pénétration, un mécanisme actif particulier pourrait le rejeter à l'extérieur des cellules.

Lorsqu'il est rare de sélectionner une mutation de la cible parce qu'elle aurait une fréquence très faible ou lorsque les plantes détoxiquent très peu ou pas du tout l'herbicide, ce sont des variations dans les autres étapes du parcours de l'herbicide qui pourront être retenues. Elles restent celles qui pourront aider au *contournement* de l'effet herbicide, même si elles sont moins bien adaptées que le reste de la population en l'absence d'herbicide. Le glyphosate (G) correspond à cette situation. Son usage généralisé et systématique tous les ans à faible dose a abouti à la sélection de mécanismes de résistance, rares, liés à une réduction de la pénétration de l'herbicide, à une limitation du transport phloèmien ou dus à une surexpression de la cible sensible, voire à une amplification du gène de la cible (Gasquez, 2005). Depuis, avec la multiplication des PGM résistants au glyphosate (G) les premières mutations de la cible ont pu être sélectionnées (Heap, 2021). Même si ces mécanismes confèrent une résistance réduite, les plantes ainsi mutées peuvent survivre aux doses très réduites appliquées par les agriculteurs.

1—3 Situation actuelle

Le site *weedscience.org* (Heap, 2021) compile, grâce à un réseau mondial de scientifiques, toutes les citations de résistance dès qu'elles sont observées en quelque pays que ce soit (Fig. XI — 1). Les mécanismes de résistance impliqués ne sont pas forcément connus et, parfois même, il peut s'agir de variabilités intraspécifiques indépendantes de véritables mécanismes de résistance. En janvier 2022, en plus de cinquante ans, 509 cas de résistances ont été rapportés sur 266 espèces réparties entre 71 pays (l'Afrique et le Moyen-Orient sont très peu échantillonnés). Certaines espèces, tel le ray-grass, présentent des résistances à plusieurs herbicides dans différentes populations, mais aussi pour une même plante. Tous les modes d'action et près de 90 % des herbicides autorisés en France sont concernés par au moins une espèce résistante dans le monde.

Si la résistance aux triazines (groupe C) est la première à être apparue chez 74 espèces à travers le monde, le groupe des inhibiteurs de l'ALS (groupe B) a révélé des résistances dès les débuts de leur utilisation au milieu des années 1980, chez 169 espèces en 2022. Les courbes de la figure XI — 1 montrent les observations croissantes d'espèces résistantes aux principaux modes d'action définis, par leur code alphabétique. Pour les premières, aux pentes les plus fortes, il semble qu'un plateau soit déjà atteint. Si toutes les courbes peuvent être directement comparées parce que, *a priori*, toutes les espèces sont en principe sensibles à tous les modes d'action, en fait ce n'est pas le cas des inhibiteurs de l'ACCase (groupe A) qui ne sont actifs que sur un certain nombre de graminées. De ce fait, cette courbe n'est pas directement comparable aux autres, à la fois, par sa pente et son niveau d'asymptote. Si sur ce graphe, le nombre d'espèces résistantes était présenté relativement aux espèces sensibles, la courbe des inhibiteurs de l'ACCase (groupe A) devrait être la plus pentue et la plus élevée. Ainsi, les 50 espèces citées doivent représenter la quasi-totalité des graminées adventices sensibles à ces produits.

Des mutations de la cible ont été observées vis-à-vis d'herbicides de près de la moitié des modes d'action concernés par des résistances, en particulier chez les inhibiteurs de l'ALS (groupe B) (29), de l'ACCase (groupe A) (10), de la protéine D1 (groupe C) (6) et de l'EPSPsynthase (groupe G) (7)…

Chez nombre d'espèces, plusieurs mécanismes de résistance au même mode d'action peuvent être observés, y compris au sein d'un même individu. Ce peut être soit une mutation et une amplification de détoxication, soit plusieurs mutations. De nombreuses espèces d'adventices présentent des résistances à plusieurs modes d'action, soit par le biais de mécanismes différents, soit par le biais d'un seul lié à une détoxication. Cela conduit à distinguer, réunies fortuitement chez un même individu à un moment donné, des résistances croisées dues à la capacité d'un mécanisme à résister à des herbicides différents. La présence dans une même plante de plusieurs mécanismes différents est à l'origine de résistances multiples permettant de résister à plusieurs herbicides différents. Les informations génétiques codant pour ces différents mécanismes se retrouvent fortuitement dans un génome, au hasard de phases de sélections successives par différents herbicides ou de croisements entre populations présentant plusieurs résistances. Les combinaisons des mécanismes de résistance sont donc variées chez des individus de certaines espèces soumises à de fortes pressions de sélection.

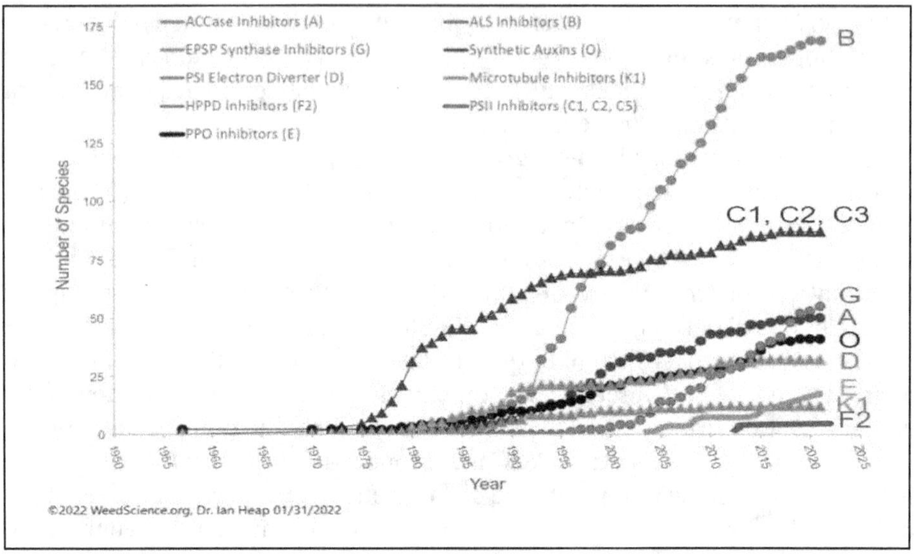

Figure XI — 1. Évolution du nombre d'espèces résistantes aux principaux herbicides dans le monde. (Heap, 2021)

Image XI — 1 : Jeune maïs jaunissant, traité à l'atrazine et envahi d'amarantes résistantes aux triazines (Gasquez .J.).

Image XI — 2 : Maïs fleuri traité à l'atrazine et envahi de renouée persicaire résistante (Gasquez J.)

En France, environ 45 espèces ont été rapportées avec une ou plusieurs résistances (52 résistances) depuis 1976 (Heap, 2021). Cinq modes d'action sont touchés. Vingt-deux espèces avaient été répertoriées avec la même résistance aux triazines (groupe C) (Gasquez, 2005). Les principales, amarantes, chénopode et morelle, envahissaient près de 500 000 ha de maïs (Images XI — 1 et XI — 2). Avec le retrait de ces herbicides, ces génotypes ne sont plus distinguables des autres, mais ils n'ont pas disparu. En Belgique et dans le nord de la France, des chénopodes ont désormais été rapportés comme résistants à la métamitrone (C1) dans les betteraves. Ils se sont avérés être des descendants des résistants aux triazines (groupe C) (Mechant *et al.*, 2008).

Dès 1993 et jusqu'en 2018, huit graminées ont présenté des résistances aux inhibiteurs de l'ACCase (groupe A) dans la quasi-totalité des céréales à paille. Il s'agit surtout du vulpin et du ray-grass (Image XI — 3), mais aussi de deux folles avoines (*Avena fatua* et *A. sterilis* ssp *ludoviciana*), du jouet du vent, de la digitaire sanguine (*Digitaria sanguinalis*) et des panics (*Echinochloa crus galli* et *E. oryzicola*) (Délye, 2005). Des téosintes ont aussi été confirmées résistantes au cycloxydime (A) (Le Corre *et al.*, 2020). À cause de l'importance de leurs utilisations et des espèces qu'ils contrôlent, en 2020, les inhibiteurs de l'ALS (groupe B) ont abouti à la sélection de résistances chez 21 espèces. Cela concerne principalement des individus de vulpin et de ray-grass, jouet du vent, folles avoines, le panic pied de coq, le panic à feuilles barbues, espèces déjà résistantes aux inhibiteurs de l'ACCase (groupe A). Des résistants aux inhibiteurs de l'ALS (groupe B) chez d'autres graminées adventices, le brome stérile (*Anisantha sterilis*), le pâturin annuel, le pâturin commun (*Poa trivialis*) et des sétaires ont aussi été sélectionnés. Des populations de dicotylédones résistantes comme chez le séneçon vulgaire, le laiteron rude, des matricaires, l'ambroisie à feuilles d'armoise, le tournesol adventice, la vergerette de Sumatra (*Erigeron sumatrensis*), le galinsoga à petite fleur (*Galinsoga parviflora*), la stellaire intermédiaire et le rumex à feuille obtuse (*Rumex obtusifolius*) sont également concernées.

Image XI — 3 : Blé traité au clodinafop (A) et envahi de ray-grass résistant aux fops (A) (Gasquez J.).

Le coquelicot résistant aux inhibiteurs de l'ALS s'est avéré également résistant au 2,4 — D, comme de longue date en Espagne (Kati, 2019). Dans le vignoble, le ray-grass, la vergerette du Canada et la vergerette de Sumatra présentent des populations résistantes au glyphosate (G) (Fernandez *et al.*, 2015). Enfin, le ray-grass présente des populations résistantes au flufénacet (K3) (R4P, 2021).

1—4 Conditions d'apparition

L'apparition de ces plantes résistantes est très aléatoire et variable. Elle dépend d'un seul ou de tous les éléments d'un triptyque formé des caractéristiques des espèces adventices, des propriétés des herbicides et des pratiques des agriculteurs.

1-4-1 Les adventices

Plus une espèce annuelle pourra atteindre des effectifs très élevés de génotypes différents, plus l'un d'eux sera susceptible de porter une mutation, même rare. De plus, les espèces allogames augmentent le brassage des gènes et donc la multiplication de résistances d'origine génétique surtout si, de plus, les semences se dispersent facilement dans et hors de la parcelle. Ces mutants auront une descendance d'autant plus résistante que leur héritabilité sera élevée : de 50 % si elles sont semi-dominantes à 75 % si elles sont dominantes et même près de 100 % si l'hérédité est cytoplasmique. Chez des adventices très répandues, comme le ray-grass, le panic pied de coq, le pâturin annuel ou la folle avoine, il a déjà été observé, dans le monde, respectivement 13, 10, 10 et 9 résistances à des modes d'action différents, produites par des mécanismes différents. En revanche, peu de populations résistantes dans très peu de pays ont été rapportées chez des espèces strictement autogames (l'arabette, la capselle, la renouée à feuilles de patience ou le thlaspi). Par opposition, il y a très peu d'espèces vivaces résistantes à un herbicide, simplement parce que certaines se multiplient de préférence par voie végétative plutôt que par graines. Dans tous les cas, leurs populations sont composées d'un nombre trop faible de génotypes différents. Il y aura donc peu de chances qu'apparaisse une mutation qui serait rare. Très peu d'observations dans un ou deux pays ont été rapportées pour le chardon, le souchet ou le rumex à feuilles obtuses. De plus, même chez des espèces vivaces allogames obligatoires, il n'y a quasi pas de citation de résistance, une seule chez le liseron (Heap, 2021).

1-4-2 Les herbicides

Le deuxième élément du triptyque correspond aux caractéristiques propres des herbicides. Plus un produit est sélectif de plusieurs cultures, donc utilisable dans de nombreuses situations et également efficace sur beaucoup d'adventices, plus il aura d'opportunités d'entraîner la sélection d'un mutant résistant chez au moins une espèce. La quasi-totalité des herbicides actuels cible un site d'action très spécifique et généralement unique. Pour contourner totalement l'activité de l'herbicide, une modification infime de la cible par une mutation ponctuelle peut suffire, comme cela a déjà été observé à de nombreuses reprises. La probabilité de trouver des individus résistants sera d'autant plus élevée qu'un plus grand nombre de mutations peut non seulement apparaitre, mais aussi persister dans les populations avant même l'usage de l'herbicide. La majorité des sites des herbicides actuels sont des enzymes. La facilité d'y identifier un mutant de la cible entraînant une résistance sera directement liée au type de liaison de l'herbicide avec la molécule d'enzyme.

Si l'herbicide est un inhibiteur compétitif, il se fixera très près ou dans le site actif de l'enzyme, en prenant la place du substrat de l'enzyme, empêchant ainsi l'enzyme de fonctionner. C'est le cas du glyphosate (G), du glufosinate (H), des inhibiteurs de la PPO (groupe E) et de la 4HPPD (groupe F). Une mutation limitant la fixation de l'herbicide aura de grandes chances de modifier le site d'action, au point de perturber, même fortement, l'activité enzymatique. En l'absence d'herbicide, le génotype muté risque de présenter un métabolisme altéré. Ceci lui sera défavorable, y compris sur l'effectif de sa descendance. Au fil des générations, il va se trouver tellement contre-sélectionné que les plantes mutées pourront disparaitre. Le coût sélectif est trop élevé. C'est pourquoi il y a très peu de cas de résistances par mutation de cible pour ces herbicides. Le glyphosate (G) est le produit le plus utilisé au monde depuis des décennies. Pendant longtemps seules des mutations sélectionnées *in vitro* étaient connues comme sources de résistance. Ces mutations étaient fortement contre-sélectionnées, car elles réduisaient l'activité de l'enzyme. Après plus de 25 ans de cultures mondiales d'OGM résistants au glyphosate sur plus de 100 Mha, sept mutations chez 13 espèces dont l'éleusine des Indes (*Eleusine indica)* et le ray-grass ont été découvertes parmi les 55 espèces répertoriées résistantes (Heap, 2021).

En revanche, si l'herbicide est un inhibiteur non compétitif de l'enzyme, il se fixera loin du site actif et n'empêchera ni la fixation au substrat ni la réaction, mais il la perturbera, potentiellement de manière importante par sa seule présence. C'est le cas des inhibiteurs de l'ALS (groupe B) ou de la PDS (groupe F1). Toute mutation ponctuelle susceptible d'empêcher la fixation de l'herbicide n'altérera pas nécessairement le fonctionnement de l'enzyme, sauf dans de rares situations. Ces mutations correspondent aux mutations neutres. Quelle que soit leur fréquence d'apparition, avant l'usage de l'herbicide, ces mutations, si elles ne sont pas perdues, se fixeront au fil des générations et perdureront longuement dans la population, phénotypiquement indétectables. Il peut exister de nombreuses mutations de ce type chez la plupart des espèces. Sur le gène de l'ALS, 30 mutations sur 8 points chauds (le plus fréquent, la Proline en position 197 avec 12 mutations chez 39 espèces) ont été découvertes chez les génotypes résistants sélectionnés parmi plus de 60 espèces (Tranel *et al*., 2022). Chez les espèces présentant le plus de résistants, 8 mutations ont été identifiées chez l'anserine à balai (*Bassia scoparia)* et le souchet faux jonc *(Schoenoplectus juncoides),* 7 mutations chez les graminées, le jouet du vent, le ray-grass et des dicotylédones comme la ravenelle, le coquelicot et l'herbe de sainte Sophie *(Descurainia sophia)*.

Beaucoup de résistances sont liées à une augmentation de la détoxication. Les herbicides les plus utilisés contre les graminées dans les céréales à paille, les inhibiteurs de l'ACCase (groupe A) et ceux de l'ALS (groupe B) sont souvent détoxiqués par des P450. Certains de ces herbicides étant rendus sélectifs des céréales par un accroissement de la détoxication, grâce aux mêmes *safeners*. Il y a beaucoup de chances qu'ils soient métabolisés par les mêmes formes de P450. C'est ce qui a été observé lorsque des vulpins ou des ray-grass résistants par détoxication aux inhibiteurs de l'ACCase (groupe A) ont été traités avec des inhibiteurs de l'ALS (groupe B) auxquels ils sont devenus rapidement résistants (Gasquez *et al.*, 2010).

1-4-3 Les agriculteurs

Si des résistances sont susceptibles d'apparaitre chez presque toutes les espèces annuelles pour tous les herbicides pourvu qu'ils soient utilisés, le dernier élément du triptyque est prépondérant pour sélectionner des résistants. Des systèmes de culture très simplifiés et répétés de manière systématique créent une pression de sélection constante et très spécifique. Ils peuvent, de ce fait, favoriser un petit nombre d'espèces adventices, voire une seule qui deviendra dominante.

Cela génère des conditions favorables à l'apparition d'un mutant. Lorsque le même produit ou des produits de même mode d'action sont systématiquement et exclusivement utilisés, ils renforcent toujours la même pression de sélection aboutissant très rapidement à l'apparition de la résistance. Dans la mesure où il existe dans la population au moins une mutation de cible, ces pratiques favorisent préférentiellement des résistances de cible, tant que les doses appliquées sont efficaces sur tous les individus sensibles. Par opposition, les réductions de doses, de plus en plus répandues, soit pour des raisons réglementaires ou simplement pour limiter les coûts, épargneront de plus en plus de génotypes, essentiellement ceux qui présenteront une détoxication plus importante.

Dans la région d'Adélaïde (Australie), avant le semis du blé, pour nettoyer le sol envahi de ray-grass, les agriculteurs préféraient, au paraquat (D) trop coûteux, le glyphosate (G) dont ils persistaient, de surcroît, à réduire les doses. Heureusement, les plantules, qui n'étaient pas complètement détruites et survivaient très difficilement, étaient finalement arrachées grâce aux techniques de travail superficiel lors de la préparation du semis. Dès le milieu des années 1990, l'introduction du semis direct a épargné la plupart de ces plantules chétives dont certaines ont réussi à survivre et à se reproduire. Au fil du temps, même des doses plus élevées n'ont pas permis d'éliminer toutes les plantes qui devenaient de plus en plus résistantes (Powles *et al.*, 1998).

Une autre expérimentation australienne a montré chez le ray-grass une sélection rapide de plantes survivant à des doses croissantes de diclofop (A), un inhibiteur de l'ACCase (groupe A) (Manalil *et al.,* 2011). À partir de semences récoltées au champ sur des ray-grass non traités au diclofop (A), des plantules ont été traitées sous serre avec une dose de diclofop (A) efficace à 90 %. Les semences des individus survivants ont été semées et, à leur tour, traitées à la même dose. Les graines qui en ont été issues ont été récoltées. Des plantules issues des semences des trois générations ont été traitées avec des doses croissantes, afin de déterminer leurs niveaux de résistance. À la dose à laquelle survivaient environ 5 % des plantes de la génération d'origine (G1), il en survivait près de 25 % de la deuxième (G2) et enfin près de 90 % de la dernière (G3) (Fig. XI — 2). La même expérimentation réalisée dans la parcelle d'origine avait donné des résultats du même ordre sauf pour la G3 dont le niveau de résistance était plus réduit, certainement par suite de croisements plus abondants de la G2 avec des plantes sensibles de parcelles voisines non traitées. Parallèlement, les auteurs (Manalil *et al.*, 2011) ont observé chez les trois générations des deux expérimentations, le même type

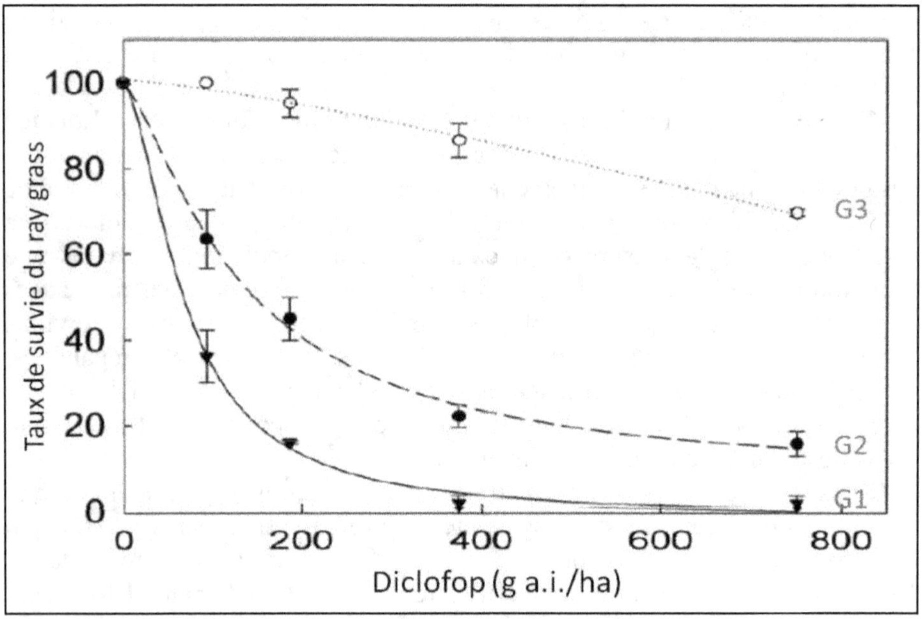

Figure XI — 2 : Sensibilité au diclofop d'une population de ray-grass australien et de deux générations de descendance sélectionnées par un traitement à 375 g/ha de diclofop (d'après Manalil *et al.*, 2011).

d'augmentation de survie à une sulfonylurée (groupe B), le chlorsulfuron (B), qu'ils ont assimilée à une résistance croisée due à une amplification des enzymes capables de détoxiquer les deux types d'herbicides. Ces rapides évolutions de survie à des traitements avec des doses très réduites confirment l'importance d'appliquer uniquement des doses capables d'éliminer l'ensemble des plantes levées de la population au sein d'une parcelle.

Dans le même ordre d'idées, les vastes étendues de cultures de maïs et soja, voire de coton GM aux USA ont abouti rapidement à la sélection d'un certain nombre d'espèces résistantes au glyphosate (G). Dans la succession maïs-soja ou en monoculture de coton, la parcelle était traitée avec le seul glyphosate

(G), non seulement pendant les cultures, mais aussi les intercultures, en moyenne cinq fois par an, afin d'assurer, en permanence, la propreté, sans aucun travail du sol. Devant cette pression de sélection constante, mais dont la grande efficacité a poussé les agriculteurs à réduire progressivement les doses, des individus ont survécu et finalement ont conduit à des résistances *via* des mécanismes différents chez une douzaine d'espèces. Certaines sont très abondantes et répandues dans de nombreux États des USA : l'amarante de Palmer (*Amaranthus palmeri*), l'amarante rugueuse (*A. rudis*), l'ambroisie à feuille d'armoise, l'ambroisie trifide (*A. trifida*), la vergerette du Canada (*Erigeron canadensis*) et l'ansérine à balai. Dans beaucoup de situations, la réaction des agriculteurs a été de continuer le même système de cultures, simplement en rajoutant des produits supplémentaires pour tenter d'enrayer les résistants.

En France, les doses homologuées pour tous les herbicides sont déterminées pour garantir la même efficacité sur les espèces cibles sur tout le territoire. Afin de réduire une pollution éventuelle des eaux, la législation conduit souvent à réduire les doses autorisées lors des nouvelles autorisations, c'est le cas de la terbutylazine (C1) passant de 750 g/ha jusqu'en 2004 à 330 g/ha lors de sa réautorisation en 2018. Le chlortoluron (C2) en 2004 a vu sa dose autorisée réduite, de même que les différents chloroacétamides (groupe K), tel que le S métolachlore (K3) ou le métazachlore (K3) qui est passé à 1 000 g/ha sur 3 ans en 2010. Pour le contrôle d'espèces fortement présentes sur le territoire, contrôlées par le même herbicide, des approches expérimentales ont permis de définir des doses inférieures spécifiquement adaptées. Elles sont déterminées pour chaque espèce avec les mêmes efficacités. Par souci d'économie, de nombreux agriculteurs ont souvent tendance à postuler que ces doses qui doivent être valables sur tout le territoire sont certainement encore trop élevées pour leur exploitation dont les conditions environnementales sont beaucoup moins variables. Ces exploitants cherchent souvent à fixer des réductions excessives sans validation scientifique, si ce n'est de considérer qu'ils n'ont pas encore trouvé les conditions optimales de traitement, avec la dose la plus faible. Or l'efficacité d'un traitement dépend de nombreuses variables, non contrôlées par les agriculteurs. Quand ils cherchent à réduire une dose, ces agriculteurs répéteront celle qu'ils considèrent intuitivement ou après une première tentative comme suffisante jusqu'au premier résultat à l'efficacité très satisfaisante. Sous l'influence de ce biais intuitif de confirmation, ils déclareront que la dose choisie est bien adaptée à leurs conditions et la retiendront comme dose de référence. Chaque fois qu'elle s'avérera insuffisante, situation qu'ils attribueront généralement à des raisons indépendantes du traitement, il survivra un nombre de plantes, d'autant plus élevé, que la dose sera réduite et, parmi elles, forcément ces plantes seront celles qui détoxiquent mieux, voire, si la population était très importante, des mutants de cible.

2— Comment les gérer et les prévenir ?

À cause de la variabilité de l'efficacité des traitements, mais aussi de l'acceptabilité de contrôles de moindre qualité, de nombreux agriculteurs n'envisageront la probabilité d'une possible résistance que lorsque l'efficacité leur paraitra vraiment insuffisante et répétitive, souvent une répétition d'environ 30 % de baisse notable d'efficacité. Lorsque la résistance aura été définitivement reconnue, le taux de résistants sera déjà très élevé dans une population de plusieurs centaines d'individus par mètre carré et un stock semencier dans le sol dix fois plus élevé. Comme, en première approche, la modification du système de culture est généralement repoussée, car affectant le temps de travail ou la rentabilité à l'hectare, il faudra donc introduire un nouveau programme de désherbage. Afin de cesser de sélectionner les résistants, il faut d'abord modifier la pression de sélection en bannissant l'herbicide concerné et éventuellement des produits de même mode d'action. Malheureusement, la première réaction a toujours été d'associer un produit efficace sur les résistants au produit responsable de la sélection. Cette réaction participe largement à l'augmentation récente des quantités d'herbicides vendues. La suppression du produit responsable de la sélection entraîne souvent l'utilisation de produits qui, pour être efficaces, nécessitent une dose beaucoup plus élevée.

Au-delà de la responsabilité des firmes phytopharmaceutiques qui chercheront à continuer à vendre leur produit, il a toujours été facile de justifier cette association en prétextant que le premier produit reste le meilleur pour les autres espèces et les individus sensibles de l'espèce problématique et que le nouveau produit assure l'élimination des résistants. Cette stratégie renforce encore plus les résistants. Les deux produits sont efficaces sur les sensibles qui sont doublement contrôlés, alors que les résistants sont seulement affectés par le nouveau produit. Ce choix technique serait possiblement efficace si la dose du second produit était suffisamment élevée pour assurer la maîtrise totale des résistants, mais au prix d'une forte augmentation du volume d'herbicides. Cependant, pour pallier le surcoût de l'introduction d'un nouveau produit, ces agriculteurs réduisent souvent les doses des deux produits à la fois, en postulant l'existence d'une synergie, alors que le premier herbicide pourrait simplement être supprimé. Confrontés aux échecs rencontrés avec le premier herbicide seul, ils acceptent, par cette association, une efficacité seulement améliorée, mais pas forcément complète. Les plantes survivantes seront par conséquent toutes des résistantes. Les résistants étant soumis à des doses réduites du produit de remplacement, celles-ci risquent de sélectionner, à terme, des résistants à ce nouveau produit. Ceci est arrivé, parfois seulement en quelques années, chez des vulpins et des ray-grass résistants aux inhibiteurs de l'ACCase (groupe A) acquérant une résistance aux inhibiteurs de l'ALS (groupe B).

S'il s'agit d'une mutation de cible, pour assurer une gestion efficace, il ne faut plus utiliser le produit responsable et éventuellement d'autres produits ayant le même mode d'action. Il faudrait pouvoir réduire le plus possible l'énorme effectif de l'espèce devenue résistante, avec d'autres molécules ayant des modes d'action différents ou en modifiant le système de culture. Moins il y aura de plantes, moins il y aura de probabilité de sélectionner un rare mutant résistant à un nouveau produit.

Prévenir ou, du moins, retarder l'apparition de résistants est d'autant plus aisé que les agriculteurs peuvent créer des conditions environnementales très diverses et variables, en utilisant des successions de cultures et une diversité de pratiques culturales et d'herbicides. Afin d'assurer un bon contrôle, les espèces majeures exigent des programmes d'herbicides les plus diversifiés possibles à des doses capables de contrôler le maximum de plantes, ce qui n'est généralement pas le cas, avec les tendances actuelles donnant la priorité à la rentabilité économique immédiate de la culture. Lorsque la qualité de la gestion diminue et que les effectifs de ces espèces augmentent, le risque de résistance devient très élevé. En 1992, avec la réforme de la PAC, l'Europe avait décidé l'instauration obligatoire de 7 % de la SAU en jachère. Celle-ci ne correspond absolument pas à la jachère traditionnelle, contrainte technique, moyen d'assurer le contrôle des adventices dans la rotation avec des passages d'outils répétés, mais est un terme purement administratif désignant des terres retirées de la production alimentaire pour limiter le volume de production au plan européen. Le terme anglais « set aside », mettre de côté est plus clair. Cette jachère intégrait aussi bien des champs de colza destinés à une utilisation nouvelle et non alimentaire, la *jachère industrielle,* que des terrains couverts de végétations spontanées, entretenus à l'économie, jachères administratives qui *a contrario* de la vraie jachère, peuvent favoriser la multiplication des adventices. Le couvert spontané de ces dernières parcelles était soit tardivement fauché, soit traité par de faibles doses d'herbicides pour ralentir la croissance. Dans le nord-est de la France, avant cette date, dans des parcelles habituellement soumises à la rotation, colza, blé d'hiver, orge de printemps ou blé, des densités inférieures à 50 vulpins/m² étaient fréquentes avant désherbage. Après 1992, les jachères provoquèrent rapidement l'augmentation des densités de vulpin jusqu'à environ 100 plantes/m² ou plus. À la suite de cette augmentation des effectifs, très vite, la résistance aux inhibiteurs de l'ACCase s'y est développée.

3— Durée d'une résistance au champ

Après plusieurs années et des gestions plus ou moins réussies, beaucoup d'agriculteurs, persuadés d'avoir éliminé les résistants, voudraient pouvoir réutiliser le produit responsable de la sélection. Si la résistance est due à une mutation de la cible, les résistants ne risquent pas de disparaitre, sauf, si par hasard, la mutation était originellement très contre-sélectionnée. C'est peu probable parce qu'elle avait dû préexister dans les populations pour qu'elles deviennent résistantes et, même parfois à de fortes fréquences, comme c'est le cas pour certains herbicides du groupe B. Quoi qu'il en soit, il y a peu de chances d'épuiser totalement le stock de semences d'adventices résistantes, surtout si l'agriculteur n'a pas réussi à réduire suffisamment l'effectif et la production de semences. Dans tous les cas, après trop d'années de sélection des résistants et de gestion peu appropriée, le risque majeur pourrait être d'aboutir à la disparition progressive des individus sensibles. La population deviendrait définitivement résistante. Ainsi, vingt ans après l'apparition de la résistance aux triazines (groupe C), et surtout l'arrêt de l'atrazine (C1) pendant très longtemps, en Belgique et dans le nord de la France dans les betteraves, des chénopodes descendants de ces résistants s'avérèrent résistants à la métamitrone (C1) (Mechant *et al.*, 2008).

À l'INRA de Dijon, dans une expérimentation, la dispersion du chénopode a été mesurée dans une parcelle de maïs en monoculture. Des chénopodes résistants aux triazines (groupe C) avaient individuellement été placés au centre d'un carré de 400 m². Après quatre années, les descendants de chaque individu étaient dispersés sur une ellipse allongée dans le sens du travail du sol et constituaient une population d'environ 200 plantes/m², soit plus de 20 000 levées et donc certainement dix fois plus dans le sol (Darmency et Gasquez, 1990 b). Pour contrôler cette invasion, dès l'année suivante, tout a été fait pour faire régresser le chénopode en proscrivant le maïs et toute culture estivale de la rotation, avec exclusivement des cultures d'hiver, voire plusieurs années de luzerne. Après dix ans, un test a permis d'observer que la population avait bien régressé, passant d'environ 200 plantes/m² à une moyenne de 39 plantes/m². Cependant, toutes étaient résistantes. Les mêmes successions ont été répétées pendant encore dix années. Après cette période, le chénopode avait enfin beaucoup régressé, puisqu'il ne restait plus que de 5 à 6 plantes/m². Les tests ont montré que ces plantes, rescapées de vingt années sans atrazine (C1) ni aucune autre triazine (groupe C), étaient encore des résistants. Les individus sensibles propres à la parcelle qui, au départ, représentaient moins de 20 plantes/m² avaient totalement disparu.

Dans le cas de résistances liées à l'amplification des détoxications, les résistants, progressivement sélectionnés, sont particulièrement bien adaptés. Même si les processus de détoxication avaient un coût sélectif, la sélection progressive de plusieurs gènes aboutit au fait qu'il ne reste pratiquement plus de plantes sensibles. Il faudrait attendre très longtemps, sans aucune sélection, pour que petit à petit réapparaissent dans les descendances, par disjonction, des sensibles. Afin de devenir majoritaires, il serait nécessaire qu'ils aient acquis un avantage sélectif très important par rapport aux résistants. Il y a donc peu de chances, dans ce cas, que le retour du produit responsable de la sélection de la résistance ait une grande efficacité pour contrôler les adventices résistantes dans la culture. Dans une parcelle, tant que l'effectif de l'espèce résistante n'a pas été très réduit, voire éliminé, il y a peu de chances qu'une résistance disparaisse.

4— Conclusion

L'agriculture conventionnelle est particulièrement affectée par la sélection de résistances aux herbicides les plus utilisés. Ce problème est davantage dû au comportement à court terme d'une grande partie de la profession agricole et des metteurs en marché d'herbicides qu'aux caractéristiques négatives intrinsèques des produits herbicides. C'est plus dû à l'usage qui en est fait, trop systématique et non intégré dans une stratégie agronomique globale qu'à leur nature propre. La même sélection entre espèces, voire au sein d'une espèce, peut être observée avec des techniques agronomiques, comme l'usage de la herse étrille qui favorise les graminées ou certaines dicotylédones ou le décalage de la date de semis qui favorise les populations de ray-grass levant au printemps. Faire porter la responsabilité sur les herbicides eux-mêmes est le refuge dans la facilité de l'habitude, la recherche du moindre coût et la croyance en la permanence des effets des produits utilisés sur des espèces considérées comme fixes qui ont fait oublier la constante évolution des organismes qu'il faut contrôler. L'apparition de populations résistantes et leur multiplication est clairement de la responsabilité de tous les niveaux de la profession agricole qui, certes, a pu être surprise par la première résistance, mais a, malgré tout, plusieurs fois reproduit le même scénario conduisant au même résultat, la sélection de résistants.

Par opposition aux fongicides et aux insecticides, les herbicides sont, en général et surtout pour les plus récents, beaucoup moins toxiques pour les mammifères, car les familles les plus récentes mises sur le marché altèrent des cibles métaboliques strictement végétales. Parmi les biopesticides et les produits autorisés en AB, il n'y a actuellement aucun herbicide disponible. Pour la gestion des adventices, l'AB est donc dans la situation des agricultures anciennes. Le contrôle des adventices était alors exclusivement fondé sur le labour et tout travail du sol, le décalage de dates de semis, la jachère, ou des cultures valorisées par les animaux, censées réduire les densités des adventices, et surtout des sarclages mécaniques répétés, des passages successifs de herse étrille, pour certaines espèces des écimages et des compléments d'interventions humaines à la binette. Bien que les moyens mécaniques soient aujourd'hui plus puissants, la gestion des adventices en AB reste très délicate, voire trop souvent insuffisante. Au fil du temps, cette stratégie ne sélectionne que rarement des résistances à l'une des techniques utilisées au sein d'une espèce, à l'exception des levées tardives de ray-grass ou d'autres espèces. Mais, à terme, elle peut fortement favoriser certaines espèces mieux adaptées au système de culture : certaines annuelles très concurrentielles et surtout plusieurs espèces vivaces favorisées par le passage répété d'outils mécaniques. Il s'agit d'une sélection interspécifique et non pas intraspécifique plus fréquente avec les herbicides.

La présence d'espèces résistantes entraîne d'abord un effet de concurrence par l'explosion de leur biomasse, mais la résistance peut aussi concerner des plantes toxiques ou susceptibles de générer un aliment toxique. C'est le cas en particulier du datura, mais d'autres espèces comme les morelles, divers séneçons et pour l'émission de pollen, l'ambroisie. Nous avons la chance avec le datura d'être en présence d'une espèce connue pour avoir développé de rares populations résistantes aux triazines (groupe C) aux USA (Heap, 2021) et, pour l'ambroisie, si certaines populations sont résistantes aux herbicides inhibiteurs de l'ALS (groupe B), de nombreux autres modes d'action restent disponibles à condition que la réglementation n'en restreigne ou n'interdise pas l'usage.

En revanche, pour ces deux espèces, les méthodes alternatives à la chimie s'avèrent très peu efficaces, à cause de la persistance des semences dans les sols et des levées échelonnées qui renvoient au repérage préalable et souvent à l'usage de la binette ou de l'arrachage manuel, lutte la plus efficace, mais qui trouve ses limites lorsque des dizaines ou des centaines de milliers d'hectares sont concernés.

Le cas le plus difficile reste celui des graminées adventices des céréales à paille, vulpin et ray-grass, qui favorisent fortement le développement de l'ergot du seigle. Les réglementations sur les alcaloïdes de l'ergot se durcissent en tendant à terme vers une absence totale dans l'aliment, au fur et à mesure des études toxicologiques à leur sujet.

Les phénomènes de résistance du ray-grass et du vulpin aux herbicides les plus communs expliquent en partie le retour en force de l'ergot dans les céréales et le colza depuis 2010 en Europe de l'Ouest. C'est la gestion de ce risque qui justifie désormais le recours à des herbicides utilisés à forte dose sur des surfaces étendues. Cet emploi explique en majeure partie la forte augmentation du tonnage d'herbicides et du prosulfocarbe (N) en particulier vendus en France entre 2013 et 2017.

Comme pour l'usage des médicaments en santé humaine, la question pour de tels usages reste de savoir si la prise de risque avec le recours à la chimie de synthèse est ou non justifiée par la maitrise de risques bien naturels. Ceux-ci sont, dans les faits, et de notre point de vue, infiniment majeurs. Si pour le datura, la production issue de l'AB est plus exposée, pour l'ergot du seigle, au prix de labours réguliers et avec une rotation qui intègre peu de blé, la production de l'AB ne parait pas plus exposée que la production conventionnelle.

C'est cette capacité à hiérarchiser les risques, avec une approche certes très analytique et mécaniste, qui a construit les générations qui caractérisent l'Occident, et qui se sont succédé depuis le siècle des Lumières. Cet état d'esprit était enseigné jusqu'à récemment, avant l'avènement de ce que certains épistémologistes analysent comme l'ère du verseau, plus holistique, qui peut préférer le risque naturel à celui de nature anthropique, même si ce dernier est mineur par rapport au précédent.

Les explications que l'on donne aux phénomènes de résistance des adventices aux herbicides utilisés en agriculture relèvent de notre approche épistémologique vis-à-vis du vivant. Ce sera soit un simple avatar, normal, prévisible et gérable, issu de l'emploi de substances anthropiques, effet de sélection qui cesse une fois l'usage de la substance active arrêté ou bien soit une transformation majeure de l'environnement aux conséquences imprévisibles dans une vision plus holistique.

Parallèlement, le marché français reste ouvert à l'importation de produits agricoles et alimentaires dont les normes de production ne respectent pas toutes celles qui sont imposées sur notre territoire. Cela crée un paradoxe entre le fait que, sauf choix délibéré et généralisé de produits d'origine France par les transformateurs et les consommateurs, des pans de l'agriculture française seront condamnés à disparaitre par manque de compétitivité quand, dans le même temps, le public ignorera les conditions de culture dans le pays d'origine de beaucoup de produits proposés en remplacement.

La question est donc de savoir combien de consommateurs parmi les plus modestes et même ceux de la classe moyenne qui nécessiteraient de maintenir leur budget alimentaire à moins de 15 % de leur revenu, seront contraints d'assurer leur alimentation par des produits importés aux contrôles plus limités et à moindre coût en l'absence de phénomènes naturels ou géopolitiques catastrophiques.

ENCADRE

Les mutations neutres

Selon la théorie neutraliste, il peut apparaitre et perdurer dans tous les génotypes, des mutations neutres. Leur présence est visuellement indétectable parce qu'elles ne modifient pas le phénotype, n'altérant pas la qualité et l'effectif de la descendance dans l'environnement où ils se trouvent. Par hasard, dans des conditions environnementales nouvelles totalement inattendues, elles peuvent conférer à la plante qui les porte un comportement particulier, mieux adapté que celui des autres génotypes présents. Cette plante se trouvera sélectionnée grâce à la présence d'une mutation qui, de indiscernable, deviendra évidente.

Les mécanismes de résistance liés à une mutation seront d'autant plus faciles à sélectionner que la mutation sera neutre parce qu'elle se fixera plus vite et plus facilement, quelles que soient les conditions environnementales. Il est démontré que, dans une population panmictique assez grande, une mutation neutre qui pourra se fixer le fera d'autant plus vite que la population est réduite (temps de fixation 4N générations, avec N = effectif — dit efficace — de la population). Fixée, elle persistera et se maintiendra jusqu'à son éventuel remplacement par une autre mutation neutre, d'autant plus longtemps qu'elle était rare (temps de substitution par une autre mutation 1/ν générations avec ν = taux d'apparition de la mutation). Sa présence, avant sa fixation ou sa disparition, à chaque génération, dépendra uniquement du hasard et de la taille de la population. Plus l'effectif sera élevé, plus il y a de polymorphisme qui co-existe et plus il y a de chances de trouver un évènement rarissime.

ENCADRE

Sélection de résistants

S'il n'élimine pas toutes les plantes, l'herbicide appliqué à une dose recommandée, va procéder à un tri parmi les génotypes présents adaptés au milieu actuel. Cela correspond à une *pression de sélection*. L'herbicide va tuer la très large majorité des plantes et, parmi les quelques survivantes, certaines seront très affaiblies et d'autres continueront à se développer normalement. Seules ces dernières produiront autant de descendants qu'avant l'application de l'herbicide. Ces descendants vont constituer la population supportant la pression de l'herbicide. Dans une population, quelle que soit la fréquence de départ d'un génotype, tant que la même pression de sélection sera maintenue, son expansion au fil des générations dépendra complètement de son niveau d'adaptation à cette pression de sélection, c'est à dire, de son insensibilité à l'action de l'herbicide. Ceci correspond à la révélation d'un génotype qui n'est pas affecté dans sa croissance et sa production de descendants parce qu'il échappe complètement à l'herbicide, généralement grâce à une mutation de la cible. S'il n'existe pas ce type de mutant dans une population subissant cette pression répétée, ce seront les génotypes les moins affaiblis qui donneront des descendants. Dans ce cas, la variabilité de ces survivants permettra, par le jeu de croisements, de concentrer de plus en plus de gènes permettant d'échapper à l'herbicide. Ce sont ces plantes qui donneront plus de descendants. Dans un cas, la sélection agit comme un filtre, dans l'autre cas, elle contribue à faire apparaitre de nouvelles combinaisons génétiques.

XII.
Techniques agronomiques traditionnelles de désherbage : bénéfices-risques par rapport aux herbicides

Marc Délos

> « Notre terre est demeurée, par rapport à celle d'avant, comme le squelette d'un corps décharné par la maladie. Les parties molles et grasses de la terre ont coulé tout autour, et il ne reste plus que la carcasse nue de la région ».
>
> Platon — citation du *Critias* (400 ans av. J.-C.)

La nécessité d'éliminer des adventices a dû vraisemblablement être perçue au néolithique bien avant les temps historiques. Au-delà du bâton fouisseur, l'araire illustre le moyen de travail du sol qui a été le plus longtemps utilisé depuis 5 000 ans dans la lutte contre les adventices, d'autant plus qu'il l'est encore dans certains pays pauvres sans mécanisation. L'agriculteur a toujours dû dégager le sol pour tenter de produire suffisamment pour nourrir la population, sans toujours y parvenir.

Depuis un siècle, dans une large partie du monde, l'évolution des techniques, notamment pour la gestion des adventices avec les herbicides, a enfin permis de produire suffisamment pour nourrir très largement une population en croissance démographique rapide. Cette situation d'abondance apparente incite de nombreux médias et une partie de la population à considérer l'agriculture comme abusivement productive, et d'employer des pratiques non durables. Ces mêmes personnes estiment que l'utilisation de techniques traditionnelles éprouvées, éventuellement modernisées, serait suffisante et éviterait des risques inutiles en période de subsistance assurée.

De ce fait, le rejet en Europe occidentale des molécules issues de la chimie de synthèse nécessite alors de réfléchir autrement le désherbage. En revanche, il n'est pas imaginable de s'affranchir de la contrainte majeure constituée par une production suffisante pour nourrir toute la population, sans compter les questions économiques associées. Le maintien de la productivité de l'agriculture est ainsi jugé non négociable.

Le paradoxe veut que, pour combattre ces adventices qui pourront retrouver leur nuisibilité historique après quelques années de mauvais contrôle, les solutions qui sont proposées font référence à de l'agronomie et du travail du sol, possiblement mieux piloté grâce à l'intelligence artificielle (IA), voire appuyé par des solutions herbicides du début du XXe siècle, des acides faibles, non totalement dissociés dans l'eau, mais néanmoins corrosifs. Dans ce chapitre seront exposés et analysés les avantages et les inconvénients des principales approches mécaniques et agronomiques actuellement disponibles, envisagées pour aboutir à une gestion intégrée des adventices, sachant que le but est de réduire, autant que possible, l'apport de molécules herbicides issues de la chimie de synthèse.

1— Paysage agricole et gestion des adventices

L'organisation du paysage et l'assolement à l'échelle régionale affectent les possibilités de flux de bioagresseurs entre parcelles et les rotations envisageables en pratique. L'assolement concerne la répartition des cultures sur l'exploitation pendant une saison culturale. L'assolement influe sur l'économie de l'exploitation et l'organisation résultante du paysage agricole. Il génère des proximités entre cultures et résidus laissés au sol, dans l'espace et dans le temps. Il n'a pas ou peu d'effet quant aux risques liés à la contamination de la parcelle par des bioagresseurs peu mobiles comme le sont de nombreuses adventices et leur multiplication année après année.

Les adventices ne sont généralement pas des bioagresseurs mobiles. Leurs développements obéissent à la loi des intérêts composés (Fig. XII — 1) et sont, pour la plupart, relativement moins influencés par le climat de l'année que ceux des ravageurs et des maladies. Pour ces raisons, l'effet du paysage au sens large est considéré comme moins déterminant pour leur gestion. Cette règle souffre de nombreuses exceptions avec le retour du chardon dans les bordures de parcelles ou le très mauvais entretien des fossés et bordures de routes, plus ou moins abandonnés aux herbes folles, en particulier aux graminées et aux nombreuses vivaces. Dans les parcelles non travaillées ni traitées, des espèces annuelles ou vivaces, pissenlit ou épilobes, aux semences anémochores peuvent se multiplier. La proximité entre parcelles permet, au moins dans les bordures, des échanges de pollen d'adventices peu mobiles.

Cette gestion à l'échelle du paysage, au sens large, porte sur la prophylaxie. Elle nécessite l'absence de dissémination par les engins de récolte et l'entretien des bordures de parcelles pour éviter la multiplication d'adventices. Le sujet est particulièrement délicat à une époque où les bandes de territoire présentant des herbes hautes sont sanctuarisées pour leur effet réputé *positif* sur la biodiversité. Parmi les effets les plus indésirables, les mieux renseignés

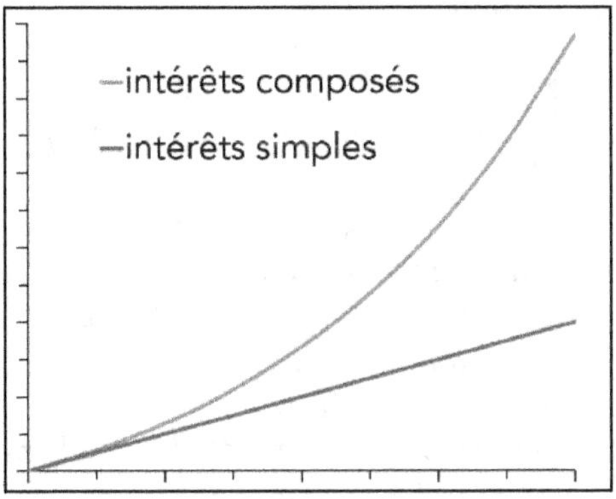

temps (années)

Figure XII — 1 : Augmentation interannuelle d'un stock semencier non contrôlé.

ENCADRE

Préconisation pour le contrôle chimique ou le fauchage précoce des graminées de bordure pour le contrôle de l'ergot sur divers sites au niveau mondial

Australie : http://www.depi.vic.gov.au/agriculture-and-food/pests-diseases-and-weeds/plant-diseases/grains-pulses-and-cereals/ergot-of-pasture-grasses

"Headlands and roadsides should be mown before grasses mature to eliminate potential ergot reservoirs."

UK : Managing *ergot* in cereal crops - HGCA.com

"Use herbicides to control susceptible grass weeds in set-aside before they flower and can become infected with ergot."

USA : *Ergot* : Biology and Control

"In the cereal grains, weed grasses within or surrounding fields are known to be a source of ergot inoculum. Control of weeds through sprays, or by cutting grasses surrounding fields to prevent heading is recommended."

NZ: to view pdf - Foundation for Arable Research

"Eradicating grass weeds in and around crops, or mowing grass weeds on headlands before they flower will prevent spread."

Canada : http://www.agriculture.gov.sk.ca/ergot-of-cereal-grasses

Mow around headlands or roadways to remove grasses before they flower so they do not serve as a host for the first stage of the disease cycle. Also, cut or graze hay at the heading stage if a severe ergot infestation is expected

concernent les bromes et divers ligneux envahissant les parcelles depuis la bordure. L'ergot du seigle est bien plus fréquent sur les premiers mètres des parcelles de céréales à paille à cause des graminées adventices sensibles non fauchées dans les bordures. Les graminées hébergeant ce champignon aux productions toxiques devraient être fauchées ou détruites avant leur floraison. Cela est exigé dans les grands pays producteurs (Encadré : *sites web consultés*), mais peu ou pas exigé en France.

2— Rotations de cultures pour une gestion préventive

La rotation des cultures constitue une séquence ordonnée en matière de succession d'espèces cultivées sur une même parcelle. Elle a pour objectif d'assurer des conditions favorables au développement des cultures, en favorisant la fertilité du sol et en minimisant le développement de bioagresseurs, notamment les adventices. Ces cultures doivent présenter des sensibilités différentes aux bioagresseurs ravageurs et maladies, présenter des délais entre récolte et semis compatibles avec des travaux du sol d'interculture, labour, déchaumage, faux semis, pour l'assainissement et disposer d'herbicides ayant des spectres complémentaires. La rotation est considérée par l'OILB (Organisation Internationale de Lutte Biologique) comme la méthode de gestion des bioagresseurs, en général, la plus efficace et la plus généralisable pour les cultures annuelles (Boller *et al.*, 1997). En agriculture biologique où la prévention, notamment des adventices, est la règle, le choix des rotations, si possible longues, constitue la base agronomique des systèmes. Outre les dates de semis différentes, les rotations les plus efficaces doivent intégrer des cultures très couvrantes, très compétitives, des cultures sarclées, des couverts végétaux en interculture, des cultures étouffantes (luzerne ou prairies denses) et des semis sous couvert pour permettre de gérer les adventices dans les cultures salissantes comme les céréales.

Pour l'agriculteur, le premier frein à une rotation optimale pour la gestion des adventices est d'ordre économique. Toutes les cultures ne se valent pas lorsque l'équilibre comptable de l'exploitation agricole est considéré. Cet équilibre dépend des subventions versées pour une culture donnée, des potentialités de production influencées par le milieu, de la possibilité d'irriguer ou non, des cours mondiaux qui suivent l'offre et la demande, et de la présence d'une structure de négoce locale. Le risque principal est que ce sont souvent les cultures salissantes qui dégagent les meilleures marges brutes.

Cependant, pour des raisons climatiques, notamment l'importance de la pluviométrie et sa répartition dans l'année et surtout des sols superficiels à faible réserve en eau, il y a de très nombreuses régions où il n'est presque pas possible d'envisager d'autres cultures que des cultures d'hiver : colza, blé, orge, éventuellement des céréales de printemps. Malgré des variétés d'hiver, peu de pois et autres petites légumineuses sont possibles à cause de la présence fréquente de cailloux dans beaucoup de parcelles qui compromettent la récolte.

Les rotations complexes, les plus efficaces pour la productivité, supposent de disposer d'une gamme d'espèces différentes se succédant sur la même parcelle et interférant aussi positivement que possible sur la gestion des bioagresseurs et des adventices en particulier. Ces espèces doivent être aussi les plus distinctes que possible quant à leur spectre d'adventices et à l'usage des molécules usuelles de contrôle. L'idéal est aussi de disposer de périodes de semis ou de cultures différentes, cultures de printemps *vs* cultures d'hiver, céréales de printemps *vs* cultures dicotylédones, avec des délais entre la récolte et le semis permettant soit le labour, soit des techniques de faux semis. Avec en France, plus de sept millions d'hectares de céréales d'hiver, trois millions d'hectares de maïs et près de trois millions d'hectares de prairies temporaires essentiellement constituées de graminées fourragères pour 17 millions de terres labourables, l'alternance graminées/dicotylédones est limitée, environ moins de quatre millions d'hectares.

Les prairies sont considérées comme des cultures très couvrantes. Elles supposent soit la réintroduction de l'élevage dans les zones de grandes cultures, soit la capacité à produire, déshydrater et transporter des fourrages de forte valeur ajoutée. Les systèmes avec prairies de longue durée sont efficaces pour la gestion long-terme du désherbage. En revanche, ces cultures fourragères, pour partie ensilées, pour partie fauchées, pour partie pâturées, tendent à multiplier les ray-grass qui favorisent l'ergot du seigle et posent désormais un problème majeur dans les céréales qui suivent la prairie. De plus, elles sont souvent implantées dans des parcelles peu favorables aux céréales.

Il peut arriver que des contextes particuliers favorisent des cultures vertueuses. En 2018, la production de luzerne déshydratée s'est avérée nettement plus rentable que celle de blé dans la Marne, en tous cas, pour ceux qui avaient déjà implanté de la luzerne, malgré une moisson convenable et des prix du blé élevés. Les besoins de l'Europe du Nord, victime d'une sécheresse historique, ont fortement stimulé les cours de la luzerne déshydratée, alors que le prix de l'énergie pour l'opération de déshydratation restait suffisamment bas. Des cultures à visée énergétique et le recours à la méthanisation pourraient être une voie supplémentaire.

Enfin, la monoculture, de maïs par exemple, n'est pas toujours le plus mauvais choix du point de vue phytosanitaire. Les rotations avec des maïs ou des sorghos, suivis de céréales à paille, augmentent très sensiblement les fusarioses, possibles sources de mycotoxines dont la maitrise s'avère difficile dans les céréales à paille.

En agriculture conventionnelle, comme chaque culture ne tolère que certains herbicides également dirigés contre leurs adventices, l'effet de la rotation, mesuré sur des réseaux de parcelles, intègre dans les faits, la rotation des modes d'action herbicides qui compte vraisemblablement au moins autant que le décalage de dates de semis (Délos et Gasquez, 2014). Cette alternance des cultures associée à une diversité des modes d'action restera la clé d'un désherbage durable. Il s'agit, par exemple, d'une situation où l'orge brassicole n'est plus réduite à des orges de printemps, mais fondée sur des variétés avec de bonnes propriétés brassicoles, semées en fin d'automne. Elle donne des rendements plus réguliers et la production est moins affectée par les fusarioses productrices des mycotoxines trichothécènes T2 — HT2 plus associées aux orges de printemps.

Le maïs, culture de printemps, avec plus de trois millions d'hectares (grain + fourrage) est une culture clé pour bénéficier pleinement de l'effet de la rotation. La culture de maïs permet la diversification de la rotation. C'est une culture qui permet de rompre des rotations de cultures d'hiver, blé, colza, protéagineux, à condition qu'il y ait assez de réserve en eau dans le sol. Plusieurs herbicides y sont spécifiques. Le maïs est la culture la mieux adaptée au désherbage mécanique. Il s'agit cependant d'une culture mal aimée des médias, à cause de son importance au plan mondial et parce qu'il s'agit symboliquement de la plante qui supporte le plus de transformations par les biotechnologies dans le monde. La valorisation de sa culture par l'irrigation ne fait qu'ajouter à cette défiance, même si pour produire un kilo de maïs, il suffit de 454 l d'eau, à comparer avec les 590 l d'eau exigés pour un kilo de blé. Son défaut tient à sa consommation à une période où l'eau est la plus rare.

Les protéagineux, pois et féveroles font figure de *licornes*. Ces cultures semées en fin d'hiver ou au printemps fixent l'azote. Sébastien Windsor, le président des Chambres d'agriculture, au sujet de la place des oléoprotéagineux dans l'alimentation protéique du bétail, estimait que seule une progression limitée dans une perspective de cinq ans était possible, étant donné les nombreux freins techniques à lever (Paysan breton, 2018). Il préférait miser, à moyen terme, sur le colza, le tournesol, ainsi que sur le soja, plus adapté. Tournesol et soja, cultures de printemps, sont moins dépendants des produits phytopharmaceutiques et supportent parfaitement le binage interrang, trois atouts considérables de leur intérêt dans le cadre de l'agroécologie.

Les surfaces en prairies temporaires ou naturelles ne sont rencontrées que dans les zones d'élevage de ruminants. Le retour des zones d'élevage dans les régions de grandes cultures est attendu à moyen ou plus long terme dans l'hypothèse d'une moindre spécialisation des territoires. La rotation des grandes cultures avec la prairie interroge en raison de la réémergence des insectes du sol ou ayant une partie de leur cycle lié au sol, les plus nuisibles aux cultures avant 1950 : taupin, hanneton… Mais surtout avec cet allongement des rotations, chaque année, il y aura de moins en moins de surface pour les céréales à paille, le blé en particulier. Les productions fourragères nécessaires à l'alimentation des animaux d'élevages deviendront la source de viandes et de produits laitiers, probablement en excès.

3— Évitement et esquive des levées

Sur céréales à paille, le décalage de la date de semis de mi-octobre à fin octobre ou mieux à mi-novembre permet de limiter les levées des graminées automnales, vulpins et ray-grass, et de certaines dicotylédones dans la culture. Ce décalage facilite également la réalisation d'un faux semis supplémentaire contre ces espèces. Le stock semencier des premiers centimètres étant ainsi réduit, les levées de graminées dans la culture seront moins nombreuses. Cette technique ne présente une certaine efficacité que pour des espèces à germination superficielle très largement automnale et à stock de semences éphémères ou transitoires. Le couplage avec les faux semis améliore les performances du décalage de semis. L'efficacité de ce retard, comme celle des faux semis, dépend des conditions de l'automne qui doit être suffisamment pluvieux pour épuiser le stock de semences présentes en surface, mais pas trop pour permettre la mise en place de la culture. Plus le temps passe, plus il devient difficile de trouver des périodes favorables avant les premiers froids. Ces résultats sont valables en tendance, mais pas dans l'absolu. Ils ne peuvent s'imposer que dans des parcelles envahies de bromes, vulpin ou ray-grass, espèces ayant profité des rotations, colza, blé, orge, voire de quelques dicotylédones automnales très concurrentielles. Dans des systèmes différents, les levées peuvent être limitées par des couverts d'interculture, à condition qu'ils soient bien implantés et assez denses.

4— Travail mécanique du sol

Toutes les espèces ne réagissent pas de la même façon à une action donnée. Les rotations, faux semis, décalage des dates de semis et autres interventions citées parfois comme miraculeuses ne sont pas aussi efficaces contre toutes les espèces et présentent un risque sérieux de sélectionner les espèces les moins sensibles à l'ensemble de ces méthodes. C'est par exemple le cas du datura à la germination très tardive et échelonnée.

Le labour avec retournement est la technique appliquée par excellence dans nos régions tempérées avec des sols suffisamment profonds. Elle résulte de la révolution médiévale (Gasquez *et al.*-a, 2019). Il permet d'enfouir non seulement les plantes adventices, mais surtout leurs graines. En fonction du taux annuel de décroissance de viabilité des semences des espèces présentes et de leur profondeur de germination, le labour sera très, moyennement, ou peu efficace sur la réduction du stock semencier. Il est en général très efficace, à condition de ne pas être annuel, vis-à-vis des graminées à stock semencier transitoire, sauf pour la folle avoine qui peut germer même à partir d'horizons profonds. Il est cependant moins efficace sur de nombreuses dicotylédones. La majorité de celles-ci ont évolué depuis des siècles dans des systèmes fondés sur les labours systématiques, en développant des stocks persistants. Dans Terre-net, Jérôme Labreuche estime que, de façon générale, « le labour est la meilleure solution contre de nombreuses adventices, mais il doit rester occasionnel » (Terre-net, 2018). Un labour tous les trois ou quatre ans et à moins de 20 cm de profondeur est beaucoup plus efficace pour épuiser un stock semencier de graminées, s'il s'accompagne d'autres leviers.

Le désherbage mécanique prophylactique entre deux cultures est également à mettre en œuvre, sauf en stricte agriculture de conservation des sols. Il s'agit de déchaumages en période estivale ou de faux semis. Le sol est travaillé en surface pour faire germer les adventices avant de retravailler le sol pour les détruire. C'est ce qui se faisait autrefois sur les jachères, depuis la plus haute antiquité. Les agriculteurs laissaient la terre sans culture pendant une année et la travaillaient avec des *labours* : des passages successifs d'araire, des labours superficiels ou des hersages (Gasquez *et al.* -a, 2019).

Il s'agit d'une technique historique et toujours actuelle. Elle est utilisée pour détruire les adventices et réduire le stock de graines du sol. Sur une jachère annuelle, une grande partie des graines germait, sans possibilité de multiplication après ces pratiques. Désormais, cette durée est plus courte et va de 15 jours entre deux céréales d'hiver, entre un blé et un colza, à 3 mois ou plus entre une céréale et une culture de printemps. Elle présente moins d'intérêt que la jachère annuelle. Le déchaumage répété est en général la première étape du faux semis. Il peut s'avérer suffisant si le sol est humide ou s'il reçoit quelques pluies entre la récolte et le nouveau semis. Après un faux semis, interviennent soit un travail du sol superficiel de techniques culturales simplifiées, soit, moins fréquemment, l'application d'un herbicide total si le contexte est défavorable au travail du sol avant les semis. Bien souvent, par manque de conditions climatiques favorables, il n'est pas possible de faire autre chose qu'un déchaumage et une reprise des rares levées pour préparer le semis.

Le désherbage mécanique sur la culture par binage, hersage ou houe, permet de limiter l'emploi des herbicides sur la zone travaillée pendant la culture. Il peut être utilisé seul ou combiné avec un désherbage chimique du rang. Cela constitue un *désherbinage*. Les techniques de désherbage chimique limité au rang permettent, selon les cas, une réduction de 60 % à 80 % de la quantité normale d'herbicide. Elles sont surtout recommandées pour les cultures estivales, principalement maïs ou sorgho, mais peuvent être étendues aux betteraves ou au tournesol. Les techniques de désherbage mécanique ou mixte sont exigeantes dans leur mise en œuvre. Elles nécessitent une parfaite maitrise des différents paramètres : type de sol, hygrométrie, ressuyage, stade de la culture et des adventices. Un binage requiert, pour une efficacité suffisante, un sol qui restera sec plusieurs jours après, alors qu'une hygrométrie élevée est indispensable pour l'efficacité des herbicides foliaires. Cela va limiter les périodes favorables selon les régions et, plus les adventices se développent, plus la concurrence s'accroit. Pour le désherbinage, le risque est que les stades des adventices ne correspondent plus à la période d'efficacité de l'herbicide. Les séquences climatiques favorables sont très réduites pour la réalisation simultanée du double désherbage et binage. Le désherbage au semis sur le rang avec un herbicide résiduaire et le binage ultérieur lorsque le climat est favorable sont, en revanche, possibles, à condition que ce type d'herbicide soit disponible. Dans tous les cas, le recours à ces pratiques est jugé plutôt technique.

Le binage seul reste polyvalent pour tous les types de sols (sable, limon, argiles) à condition qu'ils soient pauvres en cailloux et pas trop battants. Les cultures qui peuvent être désherbées mécaniquement avec le plus d'efficacité sont les plantes sarclées, à l'origine : *qui sont sarclées en interrang*. L'interrang doit être suffisamment large pour y passer un outil. C'est le cas pour le maïs, la betterave, le soja, le tournesol ou encore la pomme de terre. Aujourd'hui, au-delà d'expérimentations en station, de rares agriculteurs sèment en ligne à titre expérimental du colza ou des céréales telles le blé, l'orge ou le seigle avec un interrang de 30 cm, ce qui est le double de l'interrang en culture conventionnelle. Cet interrang permet alors le passage d'une bineuse adaptée lors des premiers stades de développement. En moyenne, la baisse de rendement par rapport à un écartement de 17 cm est de 6 % pour des écartements de 25 cm sur blé. Elle est de l'ordre de 15 % pour ceux de 35 cm (Deswarte et Gouache, 2011), mais une assez forte variabilité peut la faire exploser en fonction des variétés et du contexte climatique.

La méthode du binage interrang du blé est citée en Angleterre comme efficace chez des agriculteurs faisant preuve de maitrise technique dès la fin du XIXe siècle. Elle était déjà décrite comme employée durant l'antiquité, selon les écrits de l'agronome romain Varron (Dureau de la Malle, 1838).

Le désherbage mécanique en plein sur l'ensemble de la parcelle, en cours de culture, est pratiqué avec des herses étrilles ou des houes rotatives surtout en agriculture biologique, notamment sur céréales à paille. Son efficacité suppose une culture bien implantée, des adventices jeunes et idéalement des sols limoneux ou sableux. Comme pour le binage, il doit, idéalement, être suivi de plusieurs journées séchantes. Son efficacité est négligeable sur graminées adventices, même jeunes (Rodriguez, 2018).

5— Prophylaxie à la récolte

Les services agronomiques australiens ont mis au point des techniques pour détruire la majeure partie des graines d'adventices récoltées par la moissonneuse-batteuse, et qui retournent enrichir la banque de graines d'adventices au champ (techniques dites HWSC pour Harvest Weed Seed Control). Ces outils sont adoptés par 70 % des céréaliers australiens (Le goupil, 2019). Ces techniques sont aussi recommandées aux États-Unis (citation de services techniques d'Iowa Extension). Elles consistent en la mise en balles des résidus de récolte, au brulage en andains étroits ou à l'utilisation de destructeurs de graines d'adventices avec broyeurs à cage à fort impact dévitalisant des semences avant retour au champ (Terre-net, 2019). Elles n'ont cependant aucune efficacité sur toutes les graines tombées au sol avant la récolte.

Ces techniques anciennes revisitées renvoient en fait à la tradition d'avant la récolte mécanique automatisée. Le brulage au champ est en sus fortement réglementé en France, mais la collecte des balles et graines d'adventices pourrait alimenter des chaudières à biomasse ou des fermenteurs. Ces méthodes pourraient compléter d'autres techniques prophylactiques traditionnelles comme le nettoyage de la moissonneuse-batteuse aussi souvent que possible et le recours à des semences parfaitement triées vis-à-vis des adventices, si possible certifiées, tri et séparation qui existent depuis la fin du XIXe siècle en France où elles se sont progressivement imposées.

6— Limites des méthodes de travail du sol

Toutes ces interventions mécaniques, très largement pratiquées pour tenter de prévenir les infestations d'adventices ou pour les contrôler dans les cultures, présentent une efficacité relative selon les espèces. Paradoxalement, la multiplication de ces interventions peut favoriser le développement de certaines vivaces rhizomateuses comme le chiendent. Leur mise en œuvre présente également toute une série d'inconvénients qui dépassent la gestion des adventices.

6—1 Pollution de l'air

Les techniques de travail du sol font appel à des couples/puissance des moteurs diesel bien plus élevés que ce qui est nécessaire pour une simple pulvérisation d'herbicide et à des temps de travaux bien plus longs, exposant le travailleur et les riverains à des particules très nocives et des imbrulés de diesel agricole, actuellement non ou mal filtrés avec le parc de tracteurs actuel. Chaque hectare cultivé suppose en moyenne la consommation et la combustion de l'ordre de 100 litres de fioul agricole dans des systèmes de céréales et oléagineux et 150 litres pour des productions de betteraves, cultures qui supposent un labour systématique (ADEME, 2019). Le travail du sol, en particulier le labour, représente plus de la moitié de cette consommation. Pour être plus précis d'après Labreuche, un itinéraire avec travail superficiel, pratique la plus courante, permet, par rapport au labour, une économie *moyenne* de 20 l/ha/an, soit 20 % de la consommation totale, dans des sols de texture légère à moyenne. En sol argileux, cette valeur peut doubler (Labreuche *et al.*, 2007 ; Labreuche *et al.*, 2011).

Le fioul ou gasoil, issu du raffinage du pétrole, reste problématique quant aux conséquences pour le manipulateur ou l'environnement (Fig. XII — 1). Cette nocivité est à mettre en rapport avec une masse maximale de deux à trois kilogrammes de substances actives herbicides, bien évaluées et biodégradables, utilisées en lieu et place du travail du sol. L'intérêt en matière de réduction d'émission de GES (Gaz à Effet de Serre) peut donc se doubler d'un intérêt sur le plan sanitaire des populations voisines. Il faut noter que « Les particules fines (microparticules ayant un diamètre inférieur à 0,25 µm) sont aujourd'hui classées dans la catégorie des *cancérogènes certains* » et sont reconnues responsables, depuis 2012 par l'OMS, de cancers du poumon (Cancer environnement, 2020). Elles sont également incriminées de façon certaine dans d'autres pathologies pulmonaires et cardio-vasculaires (Fig. XII — 1). L'INRS rappelle « À moyen ou long terme, l'exposition aux gaz d'échappement de moteur diesel est associée à une augmentation du risque de cancer du poumon, possiblement à une augmentation du risque de cancer de la vessie ». Le Centre International de Recherche sur le Cancer (CIRC) a d'ailleurs classé les gaz d'échappement de moteurs diesel comme cancérogènes avérés (groupe 1, avec évolution de ce classement en juin 2012). Il n'existe pas de valeur limite d'exposition réglementaire pour les particules diesel (INRS, 2017).

Des tracteurs agricoles fonctionnant aux biocarburants diester réduisent fortement, voire peuvent annuler ces risques liés aux émissions toxiques des moteurs agricoles qui polluent largement l'air et l'environnement immédiat. Des conduites culturales dont le labour et surtout les sarclages entrainent en outre l'émission significative de particules de sol dans l'atmosphère, d'autant plus que le sol est sec et que la vitesse d'avancement de l'ensemble tracté est élevée. Les particules de sol sont considérées comme participant de façon significative aux phénomènes de pollution atmosphérique. Des recommandations sont faites par les préfectures pour arrêter ou limiter le travail du sol en cas d'épisode anticyclonique favorable au phénomène (Journal Officiel, 2016).

Les pratiques culturales au champ seraient à l'origine de 90 % des émissions de poussières totales en agriculture, notamment lorsque ce travail est réalisé sur sol sec, obligatoire pour un désherbage mécanique efficace. Tous les travaux au champ sont émetteurs de particules primaires, mais à des degrés divers. Un labour l'est plus qu'un semis, lui-même générant bien plus de poussières que le passage d'un pulvérisateur qui ne touche pas le sol. La taille des particules dépendrait elle aussi des opérations réalisées. Les travaux de labour et de défrichage créent avant tout des particules grossières (essentiellement PM10). Les passages de herses favorisent pour leur part le dégagement de particules plus fines.

Fiche de Données de sécurité Conforme aux Règlements (CE) n° 1907/2006 & n° 1272/2008 Produit : GASOIL Version du 07/07/2016 — société Dyneff

*Liquide et vapeurs inflammables — H226

*Peut être mortel en cas d'ingestion et de pénétration dans les voies respiratoires — H304

*Provoque une irritation cutanée — H315

*Nocif par inhalation — H332

*Susceptible de provoquer le cancer — H351

*Risque présumé d'effets graves pour les organes à la suite d'expositions répétées ou d'une exposition prolongée — H373

*Toxique pour les organismes aquatiques, entraîne des effets néfastes à long terme — H411

Figure XII — 1 : Fiche de données de sécurité du gasoil.

Les pollutions industrielles, routières, liées aux unités d'incinération des ordures ménagères anciennes ont engendré la constitution de *réservoirs de pollution* notamment dans les sols agricoles, en particulier de métaux lourds, dioxines, PCB (polychlorobiphényles), HAP (hydrocarbures aromatiques polycycliques). La contamination du feuillage à partir du sol ne peut intervenir qu'avec la mise en suspension de particules de sol contaminées. Les travaux de sol, surtout les sarclages sur sol sec sont les principaux contributeurs à l'émission de ces poussières selon l'ADEME (ADEME, 2012)

À eux seuls, les travaux des champs émettraient 83 % des poussières totales avec 37 % des PM10 et 14 % des PM2,5. La première action à envisager pour réduire ces émissions connues comme *pollution aux particules* serait de diminuer le nombre d'interventions mécaniques, essentiellement de désherbage, en particulier durant les périodes anticycloniques qui empêchent leur dispersion.

L'exposition à ces particules principalement issues des émissions des diesels agricoles, mais aussi les microparticules pour la fraction inférieure à 2,5 µm entraîne différentes pathologies, dont l'asthme et d'autres maladies respiratoires.

Le travail du sol simplifié et les couverts végétaux en interculture sont aussi des leviers importants notamment pour éviter ces émissions ainsi que l'érosion éolienne naturelle des sols. Ces phénomènes d'érosion éolienne à l'origine des tempêtes de poussières ou *Dust Bowls* expliquent l'abandon quasi généralisé du labour et l'utilisation peu fréquente du désherbage mécanique en Amérique du Nord (Délos et Gasquez, 2014). Les *Dust bowls* particulièrement intenses aux États-Unis entre 1930 et 1940, mais aussi ponctuellement par la suite notamment fin 2021, n'ont jamais été observés avec la même intensité en France. Dans les grandes plaines d'Amérique du Nord, l'érosion éolienne du sol est considérée comme une source de danger pour les poumons (Brown *et al.*, 1935 ; Smith *et al.*, 2003) pouvant aller jusqu'à une silicose similaire à celle observée surtout chez les mineurs en Europe.

6—2 Érosion des sols

Indépendamment du relief et de la texture du sol, tous les sols sont naturellement soumis à l'érosion. En agriculture, l'érosion du sol renvoie à l'amoindrissement de la couche arable d'un champ sous l'effet des forces érosives naturelles de l'eau et du vent. Elles sont favorisées par les activités agricoles, comme le travail du sol et des périodes longues sans couverture végétale dense.

Les causes premières de l'érosion sont physiques et climatiques : l'eau, le vent. Elles peuvent être favorisées ou non par le travail du sol, surtout lorsqu'il est réalisé dans le sens de la pente. Dans tous les cas, un sol se détache, se déplace, puis se dépose, d'autant plus qu'il est finement travaillé pour mettre en place la culture, mais surtout pour gérer les adventices. L'érosion du sol peut être lente et passer relativement inaperçue. Elle peut aussi se produire à une vitesse préoccupante comme dans les vignobles labourés, en pente et causer de lourdes pertes en terre arable et des désagréments pour les populations voisines ou plus distantes. Nos grands-parents vignerons devaient, après les orages, remonter la terre à dos de hotte.

L'érosion hydrique est influencée par les pratiques culturales, notamment par la profondeur de travail du sol, le sens dans lequel celui-ci se fait, le moment des labours en fonction des aléas climatiques propres à la zone, le type d'instruments aratoires et le nombre de passages. L'érosion hydrique est réduite par un travail du sol qui perturbe moins la végétation ou la couche de résidus en surface ou près de la surface.

L'érosion éolienne est déterminée par la vitesse du vent, la durée de l'épisode venteux, l'exposition de la parcelle aux vents dominants. Les taux d'humidité faibles à la surface du sol amènent des particules à se détacher plus facilement et à être emportées par le vent. Le vent néanmoins soulève en altitude les particules de sol très fines et le transporte sur de grandes distances et enrichi l'air au niveau régional en PM10 et PM2,5. Sur les sols travaillés avec des billons et des sillons, les particules vont s'assécher plus rapidement, avec davantage de sol meuble et sec qui sera emporté par le vent.

La lutte contre l'érosion et le maintien de l'humidité des sols au printemps exigent de réduire le travail au minimum en maintenant les résidus de la culture précédente en surface ou en laissant intact le couvert végétal. Des techniques culturales simplifiées, idéalement le semis direct et une couverture du sol quasi permanente, sont des moyens efficaces de limiter l'érosion et la perte d'eau. Il importe surtout de limiter au maximum la perturbation des sols dans le but de contrôler les adventices. Si, avec des hivers moins durs, toutes les espèces ne sont pas assez gélives, cela ne s'avère possible que par la mise en œuvre d'herbicides.

Par opposition, parmi tous les pays exportateurs, seules l'Europe de l'Ouest et la France en particulier ont décidé de renoncer à cette priorité que permet le recours à la chimie de synthèse. L'explication tient certainement au fait que nos régions, hors zone méditerranéenne, bénéficient encore d'un climat tempéré à dominante atlantique avec une pluviométrie régulière assez bien répartie sur l'année. Les sols sont également généralement moins exposés à l'érosion, même ceux où la pratique du labour reste toujours vivace malgré la tendance à le réduire constatée, surtout sur les cultures d'hiver, depuis le début des années 2000 et jusqu'en 2014 (Délos et Gasquez, 2014).

Toute modification du système agraire introduisant plus de techniques anciennes, notamment en matière de travail de sol, va s'avérer préjudiciable pour la durabilité de l'agroécosystème. En Europe, le constat des dommages de l'érosion comprend 115 millions d'ha de sols, soit 12 %, soumis à une érosion hydrique préoccupante et 42 millions, 4,4 %, affectés par l'érosion éolienne. Mais aussi, 431 millions d'ha, soit 45 % des sols européens sont, soit pauvres ou appauvris en matière organique, soit pollués par des métaux lourds. Cette situation a conduit à un projet de directive-cadre sur la protection des sols par le Parlement Européen et le Conseil (Commission européenne, 2006). Les effets négatifs du labour étaient particulièrement mis en exergue dans ce projet de directive. Ce projet a été adopté en première lecture le 14 novembre 2007 par les députés européens. Cependant, la directive n'a pas vu le jour, face à l'opposition de certains États membres, dont la France, opposition manifestée dès la fin décembre 2007.

6—3 Recul dans la participation de l'agriculture à la lutte contre les émissions de GES et au plan climat

Au-delà des toxicités et pollutions des herbicides, la mise en œuvre des pesticides, depuis l'usine de fabrication jusqu'à la sortie du pulvérisateur, représente environ 1 % du coût énergétique d'un hectare cultivé en grandes cultures contre 20 % à 30 % pour la mécanisation et la consommation de fioul agricole, principalement via le travail du sol. Ceci est dû au fait qu'aujourd'hui, l'essentiel du coût énergétique de la production, 50 % pour du blé, 60 % pour du colza, vient de la fixation de l'azote de l'air avec l'utilisation de méthane pour les engrais. Mais d'ici quelques années, cette dépendance devrait disparaître à partir d'un procédé s'appuyant sur l'électricité éolienne pour produire de l'ammoniac. (Alliance for Science, Cornell, 2020). Dès lors, la gestion des adventices fondée sur davantage de labour ou même de travail du sol superficiel en lieu et place des herbicides de synthèse deviendrait la principale contributrice à une dégradation significative du coût énergétique.

Les façons culturales et en particulier le labour réduisent la capacité des sols à stocker le carbone. Pour les protéger, il faut arrêter de les *triturer, les malaxer* pour lutter contre les adventices. L'initiative 4 ‰ a pour but de stocker le carbone dans les sols afin de stopper l'augmentation de la concentration de CO^2 dans l'atmosphère. En situation idéale, le couvert laisse la place à la culture sous l'effet du gel, d'une destruction mécanique ou d'une utilisation limitée et ponctuelle d'herbicide de synthèse, essentiellement le glyphosate (G).

7— Conclusion

Les différentes méthodes évoquées permettent de réduire l'utilisation des herbicides de synthèse. Elles sont même proposées par certains pour les remplacer totalement. Malgré leur diversité, elles ne sont pas toutes équivalentes. Selon les espèces d'adventices, les performances du labour peuvent ou non être excellentes, celles du binage plus ou moins limitées et plus encore celles de la herse étrille. Leur mise en œuvre est fortement dépendante de conditions de sol sec sur une durée de plusieurs jours. Leur efficacité n'atteindra jamais celle de rigoureux programmes de désherbage chimique. Cela pourrait être supportable si l'évolution de la démographie des adventices ne suivait pas une courbe d'intérêts composés. La prééminence de ces techniques traditionnelles modernisées risque de ne pas être très durable, car les adventices seront sélectionnées et des espèces deviendront quasi impossibles à gérer, en particulier des vivaces. La préoccupation d'un risque d'augmentation significative de l'érosion des sols, liée à la pluie, mais aussi éolienne impose de ne pas généraliser à l'excès les techniques de travail du sol.

L'alternance des espèces cultivées sur la même parcelle et des dates de semis liées à la rotation des cultures reste une méthode performante, mais à condition de pouvoir effectivement alterner des cultures semées à des périodes différentes et, pour l'agriculture conventionnelle, de supporter des modes d'action herbicide différents. La rotation suppose des successions de cultures dont la flore adventice doit être différente et dans tous les cas maitrisée par le couvert, les pratiques de travail du sol en interculture et les herbicides. En l'absence de traitements herbicides réguliers, le maintien des seules rotations tend à sélectionner les espèces annuelles capables de germer toute l'année et des espèces à germination automnale s'étendant de plus en plus jusqu'au printemps, mais également des espèces printanières germant encore en automne et passant plus fréquemment l'hiver par suite du changement climatique.

Le traitement herbicide plus localisé pour les cultures de printemps, principalement au semis ou raisonné avec des cartographies de l'enherbement dans l'agriculture de précision, représente un ensemble de techniques prometteuses pour réduire les quantités d'herbicides utilisées avec les modulations de doses et des applications localisées. Cependant, ce n'est valable que pour un enherbement très réduit et regroupé en taches. Dans beaucoup de cas, même de faibles densités peuvent être régulièrement dispersées, plaçant l'agriculteur devant l'alternative : soit il estime la densité trop faible et n'intervient pas au risque d'être débordé quelques années plus tard, soit il intervient et doit faire un traitement en plein au risque de traiter surtout du sol nu.

Les bénéfices d'une irrigation responsable ne sont enfin que rarement évoqués dans les moyens de réduire les doses d'herbicides résiduaires, alors que les échecs d'emploi de ces herbicides relèvent souvent d'une pluviométrie insuffisante après leur utilisation. Pour y remédier, une pratique, assez généralisée, tant en France qu'aux États-Unis, conduit les agriculteurs qui en ont les moyens, à assurer un apport d'eau pour régulariser cette efficacité si le climat n'y pourvoit pas. L'irrigation permet de réduire le stress lié aux adventices. Elle permet d'accélérer le développement de la culture qui devient plus couvrante et compétitive. L'irrigation permet aussi d'augmenter l'efficacité de certains herbicides résiduaires qui sont peu efficaces en culture sèche et en l'absence de pluie, comme des chloroacétamides (groupe K3) notamment. Pouvoir apporter de l'eau après leur application conduit à réduire la quantité apportée sans perte d'efficacité. L'irrigation permet aussi de sécuriser le rendement des cultures de printemps en cas de semis décalé davantage exposé à la sécheresse estivale, ce décalage pouvant être utile pour réduire la pression d'adventices, les dégâts d'insectes du sol et notamment ceux de *Diabrotica*.

La protection des milieux, par un meilleur usage des herbicides, donc une baisse optimisée de leur emploi et une gestion du risque de leur transfert hors de la parcelle agricole apparaît donc essentielle pour créer les conditions d'un dialogue apaisé entre les agriculteurs et la société civile. Pour que ce dialogue soit constructif, il reste nécessaire de bien expliquer ce à quoi le citoyen, principalement celui qui vit en milieu rural, riverain des parcelles agricoles, s'expose à trop vouloir réduire l'emploi des herbicides de synthèse dans son environnement immédiat, lorsque les techniques de remplacement comportent de sérieuses *zones grises* tant pour leur efficacité plus ou moins limitée, que pour leur nocivité déjà identifiée. Le cas des jachères avant 2007 et des nuisances pour les riverains, liées à l'ambroisie à feuille d'armoise en leur sein, a été déjà largement renseigné. Dans ce cas, des solutions herbicides efficaces existaient, mais n'ont pas été mises en œuvre par les agriculteurs pour des raisons économiques et réglementaires. Ces nuisances ont régressé avec la fin de l'obligation des jachères en 2007, sans que l'ambroisie ait totalement disparu depuis. C'est aussi le cas des émissions particulaires des moteurs agricoles avant que le parc de tracteurs ne soit entièrement renouvelé, selon des normes rendues obligatoires sur les prochains matériels neufs. C'est aussi le cas de la manipulation de carburant pétrolier ou la production de particules de sol en cas de travail par temps sec qui peuvent s'avérer nocives (Leuenberger, 2000). La proximité de plantes allergènes ou les risques de contamination de l'aliment par des plantes toxiques sont déjà bien renseignés, mais méritent d'être d'autant plus rappelés que le contrôle des adventices prend le risque de se dégrader.

XIII.
Dilemme lié au rejet total des herbicides

> « Le progrès acquis n'est apprécié que de ceux qui ont vécu l'état de choses ancien. Leurs descendants, à défaut de comparaison, n'en sauraient concevoir la valeur sous le même angle »
>
> Émile Guillaumin. *La vie d'un simple*, 1904

Après les extraordinaires progrès du dernier demi-siècle ayant permis d'atteindre l'autosuffisance alimentaire en France, d'une part et d'autre part, l'apport de devises par l'exportation, les conditions sont devenues moins favorables, à la fin du XXe siècle. Les superficies cultivées se réduisent régulièrement, alors que les besoins augmentent avec la population, les rendements semblent stagner avec une tendance à la baisse du taux de protéines dans le blé par suite de limitations sur les apports d'azote. Pour satisfaire la demande, il est nécessaire d'importer plusieurs millions de tonnes par an de produits issus de cultures tropicales. En contrepartie, les pays tropicaux demandent l'importation de productions agricoles excédentaires dans les pays céréaliers afin de compenser les surfaces occupées chez eux pour nourrir les pays occidentaux.

Les règles d'artificialisation des terres agricoles devraient être durcies, de même que devrait être revue la réglementation de l'usage des intrants utilisés pour améliorer la productivité. Il apparaît délicat, voire dangereux, de supprimer les produits phytosanitaires dans le seul but de promouvoir une agriculture *vraiment biologique*. Ce type d'agriculture a besoin de plus grandes surfaces pour la même production puisqu'elle limite son recours à des intrants naturels. À production égale, elle a tendance à être plus polluante et parfois moins saine, en revanche, potentiellement bénéfique notamment sur la biodiversité qu'elle héberge ou favorise.

1— Réduction des surfaces cultivées

En un siècle, les surfaces cultivées en France ont subi une réduction régulière, d'abord au profit de l'extension des forêts, puis pour permettre l'implantation des zones urbanisées. En 1950, la SAU occupait 63 % du territoire métropolitain. En 2015, elle ne correspond plus qu'à 49 % (Agreste, 2014).

La surface toujours en herbe est, en 25 ans, passée de 28 % à 22 % de la SAU, surtout pour chercher à compenser la perte de surfaces cultivées, alors que le cheptel a augmenté d'environ 25 % entre 1950 et 2015 (Raboisson, 2004). En 2009, la SAU était de 29,3 Mha dont 18,3 Mha en terres cultivées et 11 Mha en cultures pérennes. Le reste du territoire se répartissait en 15,6 Mha en bois et forêts, 2,5 Mha en zones non cultivées et environ 7,5 Mha urbanisés. Au début du XXIe siècle, les céréales ne représentaient plus qu'environ 7,5 Mha. À la fin du XIXe siècle, le seul blé représentait environ 7 Mha. Au début des années 2000, la sole de blé tendre était inférieure à 5 Mha.

Pendant les 30 dernières années, environ 2 Mha ont cessé d'être cultivés. De 2000 à 2010, 687 640 ha ont été perdus. De 1993 à 2004, la perte était d'environ 73 000 ha/an. En moyenne, tous les dix ans l'agriculture perd la surface moyenne d'un département. En 2010, cette perte atteignait 82 000 ha. À cette date 4,9 Mha étaient artificialisés entre bâti, zones revêtues de bitume, parcs et jardins (Fig. XIII — 1). Aujourd'hui, près de 10 % du territoire sont artificialisés, en majorité irrécupérables pour l'agriculture, mais avec de grandes variations selon les régions (Artificialisation des Sols, 2020). Par ailleurs, plus de 4,5 Mha supplémentaires sont sous pression d'artificialisation parce que ces surfaces sont proches des zones urbaines et des extensions de lotissements d'habitat individuel, l'augmentation de la surface des zones de protection de captages d'eau potable et des espaces naturels protégés. La culture de biocarburants et même des centrales photovoltaïques grèvent aussi les surfaces de grandes cultures alimentaires.

Paradoxalement, ce sont des régions très agricoles qui voient les surfaces artificialisées augmenter le plus aux dépens des meilleures terres de plaines et atteindre plus de 13 % en Bretagne, plus de 17 % en Nord, Pas-de-Calais et jusqu'à 21 % en Île-de-France. Cette situation devrait faire prendre conscience de la nécessité de mieux protéger les terres agricoles de qualité contre les extensions permanentes de logements et autres centres commerciaux et de loisirs qui exigent de surcroît, de ne pas traiter, donc à terme d'abandonner, des zones croissantes autour des lotissements. Il est loin le dicton lozérien qui énonçait qu'on ne doit pas construire de maison là où on peut cultiver des pommes de terre.

Une autre menace vient du fait que plusieurs pays et particulièrement la Chine qui représente 22 % de la population et ne dispose que de 10 % des sols, l'Arabie Saoudite et d'autres qui ont des problèmes d'alimentation de leurs populations, louent, mais surtout préemptent des baux de terres ailleurs dans le monde pour en importer toute la production. La Chine a même commencé en France avec plusieurs milliers d'hectares acquis ces dernières années dans le centre, mais aussi dans les vignobles. En 2016, la SAU par habitant en France était encore de 0,27 ha, alors qu'elle était en moyenne de 0,22 ha pour l'Union Européenne, mais seulement de 0,12 ha en Inde et même 0,09 ha en Chine. Au niveau mondial (Fig. XIII — 2), la situation depuis 1960 n'a cessé de se dégrader passant de 0,37 ha/habitant à moins de 0,19 ha en 2016 (Banque Mondiale, 2019). Des projections, si les conditions climatiques ne viennent pas tout bouleverser, prévoient environ 0,19 ha en 2025 et seulement de l'ordre de 0,16 ha en 2050.

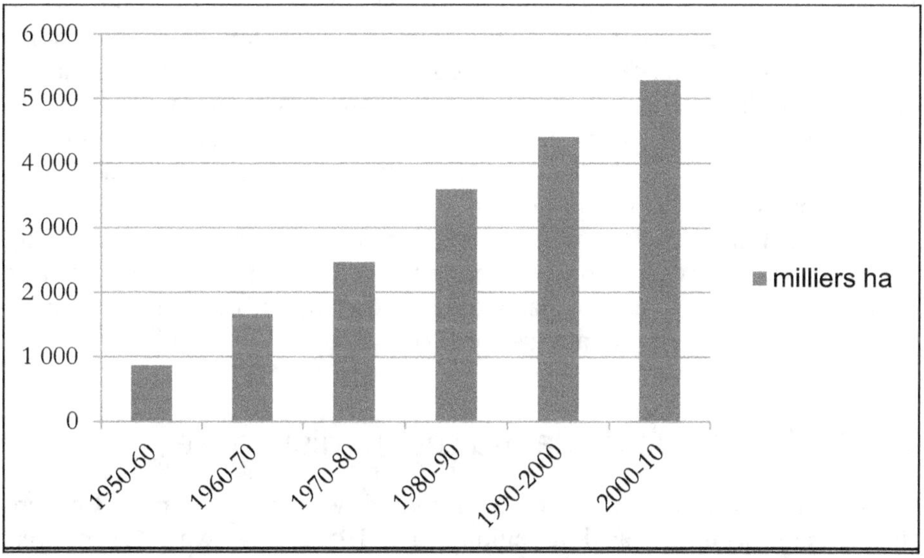

Figure XIII — 1 : Nombre d'hectares perdus cumulés par décennies en France depuis 1950 (d'après Artificialisation des Sols, 2020).

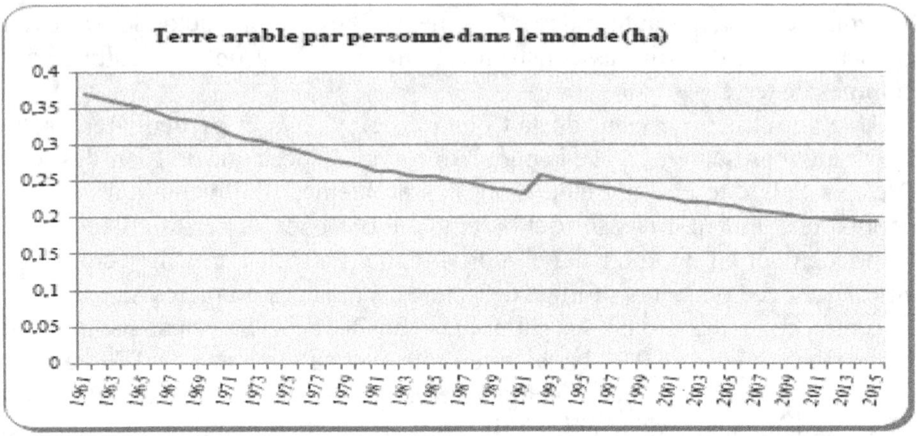

Figure XIII — 2 : Évolution de la surface agricole disponible par habitant de la planète (d'après La Banque Mondiale, 2019).

Il ne faut pas oublier qu'en France, malgré cette réduction des terres agricoles, l'abondance, assurée en apparence même s'il faut régulièrement importer l'équivalent de près de 5 Mha de blé, masque notre utilisation détournée de plusieurs millions d'hectares dans des pays tropicaux moins développés. Ces surfaces servent à produire plus de 5 Mt d'oranges, bananes, café, cacao, thé, riz, avocat, coton et autres produits tropicaux consommés chaque année, rien qu'en France. De plus, 46 % d'environ 11 Mt, soit près de 1,7 Mt de légumes et 3,3 Mt de fruits, consommés annuellement en France sont importés : 36 % parce qu'ils ne peuvent pas être produits en France, soit environ 4 Mt, mais 10 %, plus de un million de tonnes, qui pourraient l'être, sont importés pour des raisons économiques, mais aussi réglementaires liées à l'abandon des cultures par manque de produits de protection, voire parce qu'ils sont consommés à contre-saison.

2— Limitation de la main-d'œuvre disponible

Au début du XXe siècle, près de la moitié de la population était encore directement occupée par l'agriculture. En 1955, il y avait 6,3 millions d'agriculteurs, environ le tiers des actifs. Cela sous-entend que toutes les familles avaient au moins un membre dans l'agriculture et, donc, qu'elles étaient très au fait de ses contraintes. En 2016, à peine plus de 500 000 personnes relevaient de ce secteur, mais moins de 300 000 géraient près de 120 000 exploitations en grandes cultures, céréales, oléagineux, polycultures, élevage et autres grandes cultures. Leur nombre est toujours décroissant (INSEE, 2019). En 2019, environ 400 000 personnes sont, dans leur emploi principal, agriculteurs exploitants, soit 1,5 % de l'emploi total (fig. XIII — 3) (INSEE, 2020). C'est ainsi que désormais moins de 1 % de la population produit la totalité de l'alimentation de toute la population.

L'augmentation de la taille des parcelles et surtout des exploitations, en moyenne de près de 70 ha en 2020, qui ont augmenté de 20 % en 10 ans, est la conséquence de cette situation générant de plus en plus de problèmes d'organisation des chantiers et du travail. Cette situation est liée à l'accroissement de la demande de main-d'œuvre dans les agglomérations pour d'autres activités. Devant la réduction aussi importante du nombre des agriculteurs et sans inversion majeure prévisible, 13 % ont plus de 60 ans, il sera difficile d'assurer l'autosuffisance en production de grandes cultures si les moyens modernes venaient à diminuer ou étaient contraints (INSEE, 2020). Il est, en effet, peu probable que, pour compenser, une proportion importante de la population accepterait de se consacrer à temps plein ou partiel à l'agriculture sans d'importantes compensations économiques et d'aménagement des conditions de travail.

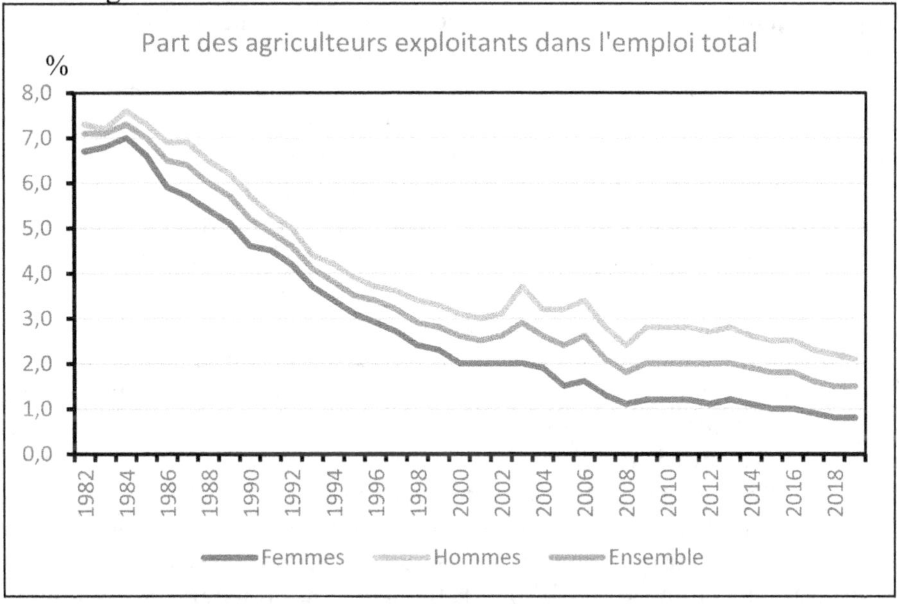

Figure XIII — 3 : pourcentage des agriculteurs exploitants dans l'emploi total entre 1982 et 2019.

3— Limitation des rendements du blé

Pour la plus grande part, le blé tendre implanté en France est panifiable à plus de 90 %. Selon les variations annuelles de production, certains lots atteignent des taux insuffisants en protéines en lien avec des réductions réglementaires de fertilisation azotée. Depuis 15 ans, la moyenne baisse régulièrement de 12,5 % jusqu'à moins de 11,5 % de protéines (Arvalis 2013). Cela explique la nécessité d'importer des blés de force et du gluten pour la production biologique. Certains sont contaminés par des mycotoxines le plus souvent en lien avec la présence d'adventices. L'ergot, relayé par des graminées adventices dans les parcelles et les bordures, en est un exemple réapparu ces dernières années. D'autres deviennent non panifiables, car germés ou prégermés. Ces produits non conformes pour la consommation humaine et l'export sont déclassés et consommés par les animaux ou transformés en bioéthanol, les porcs sont plus sensibles aux mycotoxines de type DON que les humains. Pour assurer la production saine et panifiable d'environ une dizaine de millions de tonnes consommées annuellement par la population française, et limiter l'importation régulière de blé plus riche en protéines à moins d'un million de tonnes : entre 300 000 t et 500 000 t, mais plus de 900 000 t en 2016-2017, il est nécessaire d'en produire jusqu'à quatre fois plus. En moyenne 20 % de la production de blé sont de qualité supérieure ou *premium*. Selon les années, sur une production de 36 à 40 Mt de blé, entre sept et neuf millions sont exportés dans les DOM et en Europe et entre neuf à douze millions de qualités variables sont exportés hors d'Europe, soit vers des pays devenus très exigeants sur la qualité, en particulier garantissant l'absence d'ergot, soit plus souvent vers des pays moins exigeants. Un quart sert à la consommation humaine intérieure, le reste, de 9 à 11 Mt, est valorisé à environ, en parts égales, 40 % par les animaux et 40 % consommés dans les fermes, pour les semences et des pertes dans toute la filière. Les 10 % à 15 % restants sont utilisés pour des biocarburants (Passion Céréales, 2020).

Les mauvaises années comme 2016, les rendements du blé ont tendance à plafonner, c'était aussi le cas en 2018. Cette situation peut être attribuée à des stress environnementaux, mais aussi à la qualité des implantations et à la réduction de 10 % de la fertilisation azotée, ce qui peut conduire dans certaines situations à des carences. Cette réduction peut aussi s'avérer dangereuse selon la quantité d'adventices présentes sur le terrain. Elles profitent plus rapidement de l'azote que la culture. Plusieurs pratiques, à côté de la réduction de fertilisation, comme le non-labour, le recul du pois protéagineux, les retards des dates de semis et la baisse des intrants pour la protection de la culture concourent à ce plafonnement. Aujourd'hui, le principal facteur tient à la réglementation, à la fois pour la fertilisation et pour les produits phytosanitaires. Selon les régions et les années, des blés risquent de rester en dessous des teneurs exigées pour la panification. Les moyennes, en protéines, des blés allemands, anglais et d'autres pays du nord de l'Europe, sont plus élevées (Arvalis, 2014). L'agriculture conventionnelle est à même de réduire le lessivage des nitrates et d'éviter la verse tout en recherchant un rendement optimal avec un taux de protéines suffisant. Il s'agit de fractionner la fertilisation et de la raisonner de mieux en mieux avec des modèles précis. En revanche, en AB attachée aux fertilisations animales qui sont très dépendantes de l'état et du type d'apport et des conditions climatiques, la libération de l'azote est peu précise et, pour éviter la verse, elle est en général délibérément réduite. Cela conduit à viser des rendements faibles. On se contente d'un objectif de 30-35 q/ha, voire moins. Entre 2007 et 2017 la moyenne était de 28,8 q/ha (Académie d'Agriculture de France, 2019) et parallèlement, le taux de protéines est d'autant plus réduit que le rendement s'élève.

À titre d'exemple, les Danois ont réglementairement limité les apports d'azote pour éviter les pollutions par les nitrates. En 1992, leurs blés avaient 12 % de protéines et en 2014, ils n'en avaient en moyenne que 8,4 %, quantité trop faible, même pour les animaux. Ils sont devenus importateurs nets de blé panifiable alors qu'ils étaient exportateurs dans les années 1990 (Arvalis 2013) (The Local, 2014). En Allemagne, la crainte d'une situation comparable se fait jour. À l'opposé, au Royaume-Uni, localement, certains disputent à la Nouvelle-Zélande les records ponctuels mondiaux de rendement en blé de plus de 150 q/ha. Cependant, les autorités anglaises comptent beaucoup sur la recherche pour augmenter les rendements moyens. Ils tentent de dépasser les moyennes de 84 q/ha de blé tendre pour atteindre, avant le milieu du XXIe siècle, environ les 200 q/ha. Pour cela, ils vont faire appel à la génétique la plus moderne, l'amélioration de la protection des cultures, l'augmentation de la connaissance des caractéristiques des sols et de celle de l'utilisation de l'eau et l'amélioration des modèles d'interaction génétique-environnement pour mieux gérer la croissance des cultures.

4— Doit-on supprimer les herbicides sur tout le territoire ?

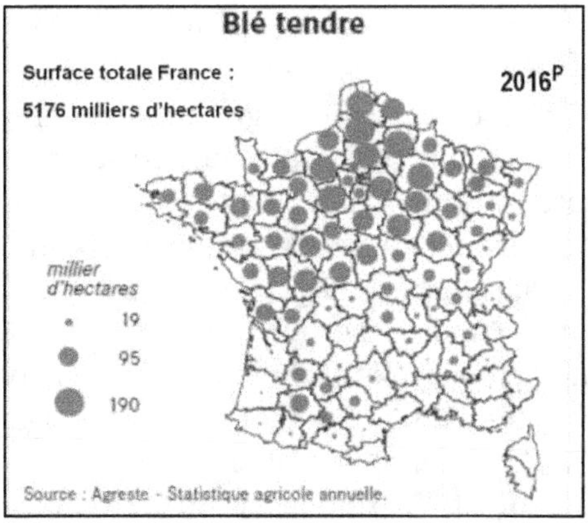

Figure XIII — 4 : Surface en blé en France en 2016 par département.

La France métropolitaine n'est pas un territoire homogène et, au-delà de la grande diversité de petites régions avec des paysages très variés, elle peut en fait être grossièrement divisée en deux parties sensiblement égales par une diagonale partant de l'estuaire de la Gironde jusqu'au sud des Vosges. La partie au nord de cette ligne correspond à environ 46 % de la surface dont 71,5 % sont en cultures qui représentent environ 80 % de la sole de blé tendre assurant entre 85 et 90 % de la production, 77 % de la sole d'orge, soit 81 % de la production, 50 % de celle du blé dur et 45 % du maïs. À l'opposé, au sud de cette ligne, sur les 54 % du territoire, seulement 4 % produisent le complément de la production de blé, du blé dur et des autres cultures majeures (Fig. XIII — 4) (Agreste, 2018). Compte tenu des besoins et des évolutions, les zones au sud de cette ligne ne sont clairement pas adaptées aux céréales à paille et au blé tendre et le sont beaucoup plus aux vergers, petits fruits, vignobles et maraîchage. Au regard des caractéristiques de ces cultures, il peut y avoir une évolution vers des agricultures alternatives, voire biologiques. Dans les régions au nord de la ligne, dans les meilleures terres déjà fortement grevées par l'urbanisation, et compte tenu des besoins, il serait préoccupant de décider d'une interdiction totale de tous les produits de protection des cultures, des herbicides en particulier, qui aurait pour effet la baisse inévitable des rendements et donc, par voie de conséquence, de toute la production française.

5— Apparition et développement d'agricultures alternatives

Avant que la gamme de produits phytosanitaires se diversifie et que leur usage se généralise progressivement dans les années 1950-60, seules les grosses exploitations de pointe en Beauce et Picardie en utilisaient pour assurer régulièrement une production de qualité avec des rendements doubles ou triples de la moyenne du reste du pays. La très large majorité des agriculteurs était *de facto* de véritables agriculteurs biologiques traditionnels. Ils n'utilisaient aucun produit pour lutter contre les ravageurs et les agents pathogènes, à la merci desquels ils étaient régulièrement livrés. Pour lutter contre les adventices, ils ne disposaient que de pratiques agronomiques : déchaumages, labour, hersages, binages, rotations. Au-delà de l'importance des travaux nécessaires, jamais assez efficaces, ils étaient très dépendants des conditions environnementales. Ils devaient composer avec des productions très variables en quantité et qualité, toujours limitées. Dans cette situation, le soutien chimique a été très largement plébiscité pour son efficacité, pour la simplification du travail et l'assurance d'une production plus importante, régulière et de qualité qui a enfin rendu la France autosuffisante et surtout assuré un revenu aux agriculteurs. Ceci est de moins en moins le cas pour des raisons étrangères à la production. La mondialisation et la fixation des prix loin des agriculteurs poussent les prix à la baisse.

Après plusieurs décennies de résultats indiscutables ayant permis de nourrir correctement la population française et d'autres pays déficitaires en céréales sont apparues des remises en question de certaines pratiques, voire du système alors triomphant dont on pressentait les limites. Toutes sortes d'alternatives ont été et sont recherchées et justifiées. Elles ont pour objectif d'atteindre une forte, voire totale, réduction de la protection chimique des cultures, avec pour volonté affichée la diminution des impacts environnementaux et la préservation du potentiel des sols. Dans tous les cas, la gestion herbicide des adventices est plus ou moins fortement remise en question. Avec la satisfaction des besoins alimentaires, l'objectif de la préservation du niveau de production assurant l'autosuffisance vraie est de moins en moins considéré comme prioritaire au profit de la montée de la perception d'externalités négatives. À l'extrême, le contrôle des adventices équivaudrait à un retour à la situation du XIXe siècle et la production n'est plus une priorité affichée par la réglementation de l'AB qui insiste sur les conditions et surtout les moyens de production comme l'agriculture biodynamique. Cette dernière est issue d'un courant ésotérique d'anthroposophie, dont la pensée relève de l'homéopathie et de la prise en compte des rythmes cosmiques. Ces approches ne s'imposent qu'une obligation de moyens, pas de production ni de qualité.

Dès les années 1930, en réaction aux engrais chimiques et à l'agrochimie, puis après la dernière guerre, se sont développées en Europe des critiques sur l'évolution des pratiques agricoles. Elles reprochaient, pêle-mêle, l'abandon d'une vision holistique de la nature et de sa bienveillance, la conception matérialiste de l'agriculture actuelle, la dégradation des libertés paysannes, la vision réductionniste et l'instrumentalisation de la nature, l'autorité de la science agronomique et la prédominance des intérêts financiers. Tous ces éléments sont plus de nature sociétale, que fondés sur des considérations agronomiques. De plus, apparue plusieurs décennies plus tard, l'interdiction des produits de synthèse et, plus récemment, des OGM qui serait le principal garant de productions d'aliments de qualité constitue désormais le point le plus mis en avant vis-à-vis de la population. En fait, c'est celui qui s'avère le plus facile à intégrer par la Société, sans qu'il soit réellement le gage d'une alimentation plus saine (Guégen, 2021).

5—1 L'agriculture biologique (AB)

Dans les années 1970 en France, la tendance à des productions biologiques s'est développée sous l'impulsion d'un mouvement sociétal. L'AB est, par le rejet des avancées agronomiques sur la fertilisation et de l'apport des produits de protection, strictement en opposition à l'agriculture conventionnelle, mais avec des réglementations très variables selon les pays (Le Buanec, 2021). Malgré les tentatives de normalisation, chaque groupe ou pays applique un cahier des charges se fixant des niveaux de contraintes variables. L'appellation AB en France fait d'abord référence au fait que la fertilisation des sols et la protection des cultures privilégient des processus biologiques dans le sol et des auxiliaires par opposition à l'agriculture conventionnelle qui a recours aux intrants chimiques de synthèse pour optimiser *artificiellement* les rendements (CUE, 2013).

Quoiqu'il en soit et bien que l'AB n'ait qu'une obligation de moyens, plus d'une centaine de produits biologiques, naturels et chimiques sont néanmoins utilisés dans une agriculture qui serait impossible sans leur aide (ITAB, 2018). Cependant, en 2020, il n'y a pas, de produit herbicide sélectif en AB. Seuls les acides acétique et pélargonique, herbicides totaux, qui détruisent tout ce qu'ils touchent, sont disponibles pour le biocontrole, mais ils ne figurent pas dans les produits autorisés dans la liste publiée par l'ITAB. Il existe cependant, des bioherbicides qui, malgré leur dénomination, ne sont pas autorisés en AB en France. Ces produits sont pourtant des substances d'origine naturelle dédiées à réduire des populations d'adventices. Une douzaine a été commercialisée avec plus ou moins de succès dans le monde : neuf sont fondés sur des microorganismes fongiques et trois sont d'origine bactérienne (Cordeau, 2016). Le défaut majeur de ces préparations tient au fait qu'elles sont dirigées contre une seule espèce adventice, au mieux, quelques-unes botaniquement proches. Cette approche correspond à ce que représentait la lutte biologique contre des adventices envahissantes dans des régions ou elles avaient été introduites et devenaient extrêmement dominantes, comme la chondrille à tige de jonc (*Chondrilla juncea*) en Australie par exemple. Typiquement, ce type de produit ne correspond pas aux besoins de gestion de peuplements diversifiés d'espèces autochtones (Triolet *et al.*, 2020).

En grandes cultures, la situation, surtout pour les adventices, n'a réellement permis des conversions intéressantes que dans la mesure où les parcelles étaient suffisamment débarrassées des adventices les plus dangereuses pour éviter le retour trop rapide des plus envahissantes. En 2017, le blé représentait moins de 4 % de l'AB française, soit environ 70 000 ha des 1,8 Mha, très peu de colza et encore moins de betteraves.

5—2 Les adventices en AB

Dans ce système, pour ce qui concerne la gestion des adventices, les parcelles converties seront d'autant plus faciles à conduire que les gestions herbicides précédentes auront éliminé un maximum de vivaces et limité le nombre et l'effectif des annuelles les plus concurrentielles. Au nord de la Loire, c'est-à-dire dans la partie au nord de la diagonale Gironde-Vosges

(Fig. XIII — 4), la gestion des adventices oblige généralement l'AB à retenir des systèmes de culture avec des successions très longues nécessitant, pour la fertilisation et la gestion des adventices et pour une année de céréales panifiables, jusqu'à quatre années de cultures qui devront être valorisées par des animaux.

Quoi qu'il en soit, la maitrise des adventices exige, de surcroît, de beaucoup travailler les sols, depuis les déchaumages, labours et préparations de faux semis jusqu'aux désherbages mécaniques. Ces pratiques nécessaires ne vont pas trop dans le sens des exigences actuelles pour préserver l'environnement, puisqu'au-delà du surcroît de travail et de l'organisation des chantiers, ces interventions sont très consommatrices en carburant et, donc, productrices de pollution, de gaz à effet de serre (GES) et de particules fines.

Pour ce qui concerne les adventices, l'objectif devra être de les maintenir à un niveau assez bas pour éviter des développements rédhibitoires pour la bonne conduite des cultures et les risques de développement de maladies liées à leur présence comme l'ergot. Dans une région n'ayant plus recours aux herbicides, avec des bandes enherbées et des zones non cultivées, les adventices, surtout des vivaces et celles dont les semences sont dispersées par le vent, ne manqueront pas de se développer. Dans ces parcelles, même si la luzerne occupait la moitié des cultures des successions, il sera difficile de limiter les graminées, comme le chiendent et les dicotylédones vivaces déjà présentes (chardon, rumex, liseron), mais également l'arrivée de nouvelles comme la grande berce, des pissenlits, des épilobes (*Epilobium* sp), le laiteron des champs, des vesces pérennes, l'armoise à partir des bordures.... (Image XIII — 1).

Image XIII — 1. Armoise commune envahissant une céréale à partir de la bordure dans le Châtillonnais (21) en 2019 (Gasquez J.).

Par exemple, dans un rapport d'une étude de longue durée sur dix ans (Leroy 2011), des fermes en AB dans l'Eure, affichées en grandes cultures, pratiquaient des successions céréalières variant de sept à douze ans avec en moyenne un blé une année sur quatre et, pour limiter les adventices, des cultures servant à nourrir les animaux près d'une année sur deux. Pour chaque culture, de un à trois déchaumages précédaient un labour et les adventices exigeaient dans la culture de un à deux hersages et autant de binages. Dans tous les cas, au début du suivi qui se situait généralement peu après une conversion de quelques années, les parcelles étaient assez propres, conséquence de l'antécédent d'agriculture conventionnelle. En fin de successions, les parcelles avaient tendance à se salir avec un reliquat de 20 à 40 plantes/m² après le dernier désherbage. Les adventices annuelles dominantes étaient encore celles des cultures d'avant la conversion, matricaires, moutardes, coquelicots et surtout le vulpin en multiplication intense dans les céréales. Les chardons, rumex et folles avoines devaient de surcroît être détruits à la main. Dans les fermes produisant du lin, il demeurait de fortes densités d'adventices après désherbage (de 40 à 50 plantes/m²), surtout avec des renouées liseron pendant le rouissage. Les productions de semences de ces importants reliquats contribuaient au salissement futur des parcelles.

En Seine-Maritime, dans la même étude, les parcelles suivies provenaient de fermes de polyculture — élevage ou d'élevage. Dans ce cas, soit il n'y avait pas de blé, soit du blé ou de l'orge seulement une fois sur dix. Malgré l'abondance de prairies temporaires et de cultures pour limiter les adventices, les espèces annuelles étaient très présentes et variées, héritées de l'agriculture conventionnelle. Les vivaces se développaient malgré quatre ou cinq interventions par an : en moyenne deux déchaumages, un labour, un à deux hersages. Les rumex étaient en moyenne de 0,5 à trois/m², voire plus, les chardons atteignaient sept tiges/m² et le chiendent en moyenne trois/m². Les liserons et l'avoine à chapelet, jusqu'à trois/m², l'agrostis stolonifère, le pissenlit se développaient également… La gestion demeurait toujours difficile, car, malgré les très nombreuses années de prairies temporaires ou de plantes sarclées, dans le blé ou l'orge, il restait après désherbage en général 20 plantes/m², parfois plus (Leroy 2011). Dans tous les cas, sans que ce soit lié à des aléas climatiques ou des variations dans la libération d'azote issu de la fertilisation ou des précédents de légumineuses, les rendements de blé ou d'orge et même d'épeautre étaient très variables, souvent du simple au double.

Il ressort de ces données, au-delà des conditions de production dans une région pourtant favorable aux céréales, que la gestion des adventices annuelles dans les céréales reste problématique, malgré une faible fréquence de ces cultures dans la rotation. Dans les autres années de la rotation, les précédents de luzerne ou de protéagineux censés assurer la fertilisation et surtout le contrôle des adventices ne réussissent pas à contrebalancer les infestations. Mais l'évolution prévisible et constatée est la montée des vivaces, exigeant souvent un nettoyage manuel qui ne peut être une solution économique ou sociale durable, d'autant qu'elles ont déjà exercé leur concurrence.

Ce type de système n'a pas encore trouvé de modalités de conduite qui permettraient, pour éviter l'augmentation des stocks de semences, de gérer correctement les adventices et, en particulier, la concurrence des vivaces. À court terme, s'il était possible de faire évoluer la réglementation, on pourrait recourir, au besoin, à certains herbicides de biocontrole dans les céréales. Des travaux de recherche devraient être poursuivis pour, à moyen terme, tenter de renforcer les aspects préventifs de lutte contre les vivaces. À plus long terme, des pratiques culturales, comme le recours à des plantes compagnes ou des mélanges d'espèces cultivées, seraient aussi envisageables, mais sont encore loin d'être maitrisées.

Témoignage sur la gestion des adventices avec les techniques de l'agriculture biologique dans le sud-ouest de la France

Alain Larribeau a été Directeur du Pôle agronomique de la Coopérative Qualisol jusqu'en 2017. Le développement de l'AB dans cette coopérative a été très rapide, obligeant à une réorganisation. Depuis 2017 il est Directeur de l'Activité BIO. Très impliqué donc en AB et précédemment dans le cadre de Mesures Agro-Environnementales Territorialisées puis HVE en conventionnel dans la réduction de l'utilisation des herbicides, il fait un point sur la gestion des adventices dans sa région.

« La Coopérative Qualisol a son siège à Castelsarrasin (82), ses adhérents sont principalement répartis sur les départements du Tarn-et-Garonne et du Gers. Ce dernier est le premier département bio de France en Grandes Cultures. Le climat de ce territoire est à dominante atlantique, mais avec de fortes influences méditerranéennes caractérisées en toutes saisons par un vent de sud chaud (autan) et relativement sec pendant plusieurs jours. Les sols sont majoritairement argilo-calcaires plus ou moins profonds sur lesquels la pratique du labour est régulière, lorsque le relief n'est pas trop prononcé.

En agriculture conventionnelle, il est possible de réduire le recours aux herbicides dans cette région (de 60 % à 70 %). Mais ce n'est pas sans risque, pas sans un investissement de temps bien supérieur aux autres techniques (TCS...), pas sans modifier les assolements, les rotations, pas sans matériel spécifique.

Il faut s'approprier des techniques proches de la production de l'AB (faux semis, herse étrille à l'aveugle, binage...). Selon les conditions météorologiques du moment, il faut savoir jongler entre recours aux herbicides et désherbage mécanique. Une implication plus forte est nécessaire et une prise de risque qui, sans gains financiers supplémentaires, ne peut-être durable. La voie HVE peut permettre une valorisation des produits issus d'exploitations réalisant ces efforts de réduction. C'est donc le consommateur qui devra financer les nombreux efforts de réduction des herbicides. Il reste encore à le convaincre !

L'AB demande encore plus d'investissement, personnel, physique et mental. Certaines régions françaises et certains sols, dont en grande partie ceux de la Coopérative, sont plus favorables aux cultures conduites en AB, d'autres régions et sols limono-sableux le sont beaucoup moins. Les stratégies, notamment pour la gestion des adventices, vont fortement dépendre des types de sol et surtout de la météorologie. Elles se programment sur plusieurs années avec des successions adaptées. Elles reposeront aussi sur des sols et des climats qui permettent de diversifier les cultures dans la rotation.

Les rotations longues constituent la base de la gestion des adventices en diversifiant cultures et dates de semis. Il faut alterner des cultures salissantes : pois, féverole, lentille, blé et des cultures nettoyantes : luzerne, avoine, seigle, orge de printemps, lin de printemps, petit épeautre. La pratique des **couverts semés** pour éviter de voir les adventices se développer dans l'interculture, voire la culture, est aussi essentielle, mais n'est pas possible sur tout type de sol ni partout.

En AB, le désherbage mécanique remplace le désherbage chimique. Ce sont donc des façons culturales entre deux cultures complétées par le passage d'outils dans la culture qui assurent le désherbage. L'efficacité de ces interventions est liée au niveau d'humidité du sol, à l'absence de pluies, les heures ou jours qui suivent pour permettre aux adventices déchaussées de se dessécher. Le choix précis de la période d'intervention est essentiel.

La justesse des prévisions météo les plus longues possibles est la base de la réussite des interventions en AB.

Prenons l'exemple d'un passage à l'aveugle d'une herse étrille. Il doit précisément intervenir entre le semis et la levée pour être efficace. Pour ne pas endommager la culture, il faut donc connaitre le temps de levée de la culture dépendant de la température du sol et la pluviométrie de la période. De bonnes prévisions à 5/10/15 jours sont très importantes pour organiser à l'avance le travail. Il faut absolument maitriser les pics de travaux.

Les adventices annuelles restent globalement bien maitrisées par le système en AB, sauf les années où les interventions ne peuvent être assez efficaces par manque de périodes sans pluie avec vent desséchant notamment. Dans tous les cas, toute plante qui fructifiera va réalimenter le stock de semences et il faudra trouver des moyens pour le réduire !

En revanche les vivaces sont bien plus difficiles à détruire.

Malgré la multiplication de faux semis, des hersages avant la levée et dès les premiers stades de la culture, des binages en végétation, il arrive que ces interventions mécaniques ne soient pas suffisantes. En l'absence de prairies de longue durée, le recours à trois ans de luzerne ou de trèfle est alors une solution avec un enrichissement du sol en azote à la clé. Il s'agit de pouvoir valoriser ces légumineuses avec des élevages proches. Mais, en AB, la solution de ne rien exporter durant le cycle de la culture n'est pas économiquement aberrante. L'accumulation de reliquats azotés et autres éléments permet des rendements acceptables sur les deux ou trois cultures annuelles suivantes.

Si le chardon n'est pas assez maitrisé en AB, le recours à plusieurs passages successifs d'outils passés de plus en plus profond, en été, est une solution efficace, avec un mois d'août sec sans orage, mais sans assurer une destruction définitive. Tout est lié aux conditions climatiques. L'AB dépend beaucoup plus de la météo et donc de la région que l'agriculture conventionnelle.

Des compléments avec du désherbage manuel sont nécessaires pour moins subir des rotations longues faisant appel à plus de cultures économiquement moins rentables. Le désherbage du rang en culture sarclée nécessite, selon le niveau d'infestation, de cinq à vingt heures de travail manuel/ha, voire plus pour des cultures hautement rémunératrices. L'objectif est de contrôler 100 % des adventices pour réduire progressivement le temps des interventions manuelles.

Nous ne disposons toujours pas de données en quantité suffisante sur l'aptitude à la durabilité de ces systèmes sur un très grand nombre d'années pour mesurer précisément la qualité de la gestion des adventices, son évolution et sa permanence. En effet l'AB s'est développée, surtout à partir des années 2000 en grandes cultures, sur des parcelles propres d'exploitations qui avaient connu plusieurs dizaines d'années d'agriculture conventionnelle depuis les années 1960.

À l'extrême, quand les conditions sont trop mauvaises, l'agriculteur en AB doit accepter de détruire une culture trop envahie pour éviter que les adventices puissent grainer et tenter de ressemer, s'il est encore temps. Quand il y a trop d'adventices dans une parcelle, on peut arriver à devoir accepter de n'avoir aucun revenu deux années de suite, notamment sur une parcelle de luzerne gérée spécifiquement pour détruire les adventices avec des coupes précoces pas compatibles avec l'exploitation fourragère. Comme expliqué précédemment, cette stratégie relève d'un calcul conduisant à chercher à compenser ensuite par deux bonnes années de céréales, surtout quand le prix de la tonne de blé est élevé et dépasse largement 500 €/tonne en AB. C'est un système qui impose en fait un lissage du revenu/ha de production qui sera bien moins constant qu'en agriculture conventionnelle. Les bonnes années devant compenser les mauvaises, raisonnement qui nous renvoie aux agriculteurs d'avant 1950 qui devaient disposer de trois années de trésorerie pour faire face aux imprévus liés au climat ou aux bioagresseurs. La marge brute se raisonne alors, avec tous les risques climatiques croissants, à l'assolement et non à la culture.

L'AB exige donc une très forte implication personnelle, une grande disponibilité, beaucoup de travail de surveillance des cultures dans chaque parcelle, de technicité, de réactivité et de choix approprié de cultures rémunératrices pour des résultats qui ne sont jamais acquis. La prise de risque est plus forte qu'en conventionnel et ne peut être acceptée par tous les agriculteurs. Il est donc plus difficile, en France, de conduire de très grandes exploitations, même par plusieurs actifs.

Pour le matériel enfin, l'achat partagé d'outils efficaces, mais plus coûteux va parfois trouver ses limites quand les périodes d'interventions sont trop courtes. Elles conduisent obligatoirement à être les mêmes pour chacun des coopérateurs. L'appui de la puissance publique pour l'acquisition de ces matériels spécifiques est essentiel.

Devant l'irrégularité de la production et des revenus, liée à une plus grande dépendance aux conditions climatiques, **un soutien financier permanent apporté par la puissance publique reste nécessaire. Il est possible de voir cette intervention au travers d'assurances aléas climatiques facilitées pour l'AB.**

Dans un monde ouvert, et face à la concurrence de grands pays exportateurs qui font aussi le choix de l'AB, en France, cette agriculture, pour fonctionner et absorber le surcoût de la production (main-d'œuvre, matériel, variation de la marge brute liée aux aléas climatiques), doit aussi **compter sur l'adhésion massive des consommateurs, plus que sur celle des citoyens** qui, elle, semble déjà largement acquise. La démarche *consommer local* en plus du choix *consommer français* prendra enfin tout son sens en AB. »

5—3 L'agriculture de conservation des sols

L'Agriculture de Conservation des sols (ACS) repose sur la réduction du travail du sol, voire sa suppression, le couvert étant assuré en permanence par des végétaux ou par des résidus de végétaux. La rotation des cultures y est importante, avec l'intégration d'un système de protection intégrée ayant pour objectif de réduire l'utilisation des pesticides afin de minimiser l'impact environnemental. Par définition, elle s'impose d'autant plus qu'il s'agit de régions où les sols sont très dégradés. Ces situations ne sont pas vraiment la généralité de la SAU française, même si localement il y a des cas particuliers (Laurent 2015).

La suppression du travail du sol permet de conserver la matière organique en surface afin de constituer un *mulch* de protection. Grâce aux agrégats argilo-humiques et à la macroporosité constituée par les galeries des organismes, la dégradation de la structure du sol est évitée. La couverture végétale protège le sol de l'impact de la pluie, améliore sa structure par son réseau racinaire et cherche également à limiter les adventices (Séguy et Bouzinac, 1999). Mais en semis direct, l'absence de labour et d'autres interventions superficielles permettant de limiter les adventices imposent le plus souvent l'emploi d'herbicides dont le glyphosate.

Par ailleurs, le non-travail du sol génère des résultats contrastés vis-à-vis des risques de transferts de molécules herbicides : ils sont moins élevés avec le semis direct qu'avec le labour pour les molécules utilisées au printemps, mais cela s'inverse pour les molécules utilisées à l'automne (Réal *et al.*, 2005). De façon plus générale selon l'ADEME, la présence d'un *mulch* en surface intercepte une grande partie des produits appliqués (jusqu'à 80 %). L'augmentation de la teneur en matière organique dans les horizons superficiels en non-travail du sol favorise l'adsorption des produits et enfin l'augmentation de l'activité microbienne en surface permet une dégradation plus rapide des produits appliqués (Labreuche *et al.*, 2007). Cela n'est pas très favorable à l'action des herbicides, indispensables en ACS.

Après un certain temps, les pratiques devraient évoluer, d'autant que les adventices, théoriquement réduites, s'adapteront et que de nouvelles espèces se seront immanquablement introduites, comme les espèces anémochores (Chauvel *et al.*, 2018). En ACS, la gestion des adventices n'est pas vraiment simplifiée. Les stocks de semences, la distribution et les mécanismes de dispersion, la diversification des espèces diffèrent fortement des systèmes conventionnels pour lesquels la diversité et l'effectif des adventices ont été fortement diminués. D'une part, la simplification ou l'absence du travail du sol et du désherbage mécanique affecte l'efficacité des herbicides, d'autre part, les stocks restent près de la surface. Les annuelles à petites semences et à stock de semences éphémère ou transitoire sont favorisées par rapport aux semences à stock moyennement persistant à persistant qui étaient adaptées aux itinéraires techniques des siècles précédents (Rodriguez, 2018). À cause de la réduction des interventions, les espèces pérennes et vivaces devraient y être plus nombreuses, plus abondantes et constituées aussi d'espèces nouvelles. Après plusieurs années de semis direct, selon les types de sol, sont apparues des espèces de pâturins prairiaux, le pâturin des prés (*Poa pratensis*) et le pâturin commun (*Poa trivialis*), des vivaces rampantes comme les ronces et la potentille rampante (*Potentilla reptans*), des anémochores, les pissenlits et les épilobes, de la grande berce et dans des sols plus frais, l'angélique des bois (*Angelica sylvestris*) ou la renouée amphibie… (Trichard *et al.*, 2013). Ces évolutions posent un problème de durabilité de l'efficacité de la gestion des adventices, sauf à devoir accroitre l'utilisation d'herbicides ou à trouver d'autres leviers de gestion de la flore aussi efficaces et compatibles avec l'absence de travail du sol.

6— Durabilité de la gestion des adventices

La notion d'agriculture durable se développe. Elle se définit, selon trois critères comme une agriculture écologiquement saine, économiquement viable et socialement juste et humaine (Zahm *et al.*, 2004). Si les aspects économiques et sociaux dépendent de contraintes externes, la *durabilité écologique ou environnementale* est définie comme le maintien de l'écosystème global (Van der Werf et Petit, 2002).

D'après la définition de la durabilité écologique, l'objectif est de maintenir ce système dans la capacité de demeurer productif à long terme, c'est-à-dire que les apports entrants ainsi que les exports humains ne doivent pas remettre en cause le fonctionnement de l'écosystème global. Cependant celui-ci, présenté en principe fondateur positif, comporte également beaucoup de besoins pour satisfaire une production agricole, sols devant être amendés, drainés, irrigués, la présence des ravageurs, d'agents pathogènes et les nombreuses adventices, qui doivent être constamment rectifiés et gérés.

La durabilité écologique des systèmes agricoles est systématiquement mise en avant, mais il est très difficile d'estimer celle des nouveaux systèmes qui se déclarent *a priori* plus durables. Pour tenter de mesurer l'état d'une exploitation, plusieurs groupes proposent des diagnostics de durabilité avec différents critères pour chacune des trois principales durabilités identifiées : économique, sociale et environnementale (IDEA (2017), RAD (2016), ACTA (2020)…). Pour la durabilité environnementale, dans tous les cas, les critères principaux pénalisent systématiquement l'usage des pesticides, particulièrement les herbicides jusqu'à l'abandon et généralement les engrais azotés jusqu'à leur remplacement par des fertilisants organiques et même les variétés actuelles. Ces critères favorisent également fortement la gestion de milieux non cultivés et soutiennent l'absence de travail du sol en proscrivant les consommations d'énergie. Avec de tels critères, la pratique de la céréaliculture qui doit gérer au mieux les maladies et ravageurs et surtout les adventices, se retrouvera très pénalisée dans beaucoup de régions.

Une véritable durabilité environnementale devrait hiérarchiser les différents items. Aujourd'hui, au-delà du principe selon lequel ils sont tous dangereux et à proscrire définitivement, le coût de l'usage de pesticides et d'herbicides en particulier est véritablement négligeable par rapport à celui des émissions de GES, en relation avec le changement climatique et la pollution, des systèmes bannissant les herbicides. Ceux-ci sont négligeables au regard de l'usage d'eau sans ouvrages de retenues, de la pollution des eaux, de l'eutrophisation liée à l'utilisation de fertilisations approximatives et surtout du besoin de surfaces plus importantes exigées par les systèmes moins productifs (Clark et Tilman, 2017). Dans un contexte de réduction des surfaces dévolues à l'agriculture et sans imaginer de nouveaux moyens d'accroitre la production par unité de surface en cherchant à cultiver, par exemple, trois cultures en deux ans ou plusieurs, ensemble pour optimiser la photosynthèse, quelle serait la durabilité environnementale de tels systèmes devant empiéter sur les milieux naturels pour assurer la production nécessaire ?

En revanche, le fait de produire des produits sains et de qualité, débarrassés des adventices toxiques ou de vecteurs de maladies ou de toxines est peu pris en compte dans ces critères. En effet, on peut se demander quelle serait la durabilité d'un système s'il n'arrivait pas à gérer correctement les adventices qui, étant progressivement de plus en plus concurrentielles, exigeraient de plus en plus de travail, donc probablement de pollution. Pour être vraiment *durable*, c'est-à-dire pouvoir durer le plus longtemps possible dans un milieu le mieux préservé possible, une agriculture doit être capable d'évoluer constamment avec l'environnement en ne s'interdisant aucune réelle innovation pour ne pas pénaliser la durabilité économique et surtout sociale.

7— Conclusion

Depuis plusieurs années, les surfaces cultivées diminuent, les apports d'engrais sont réglementairement limités, les produits phytosanitaires sont de plus en plus réglementés et interdits. Par conséquent, avec la permanence de la concurrence des adventices, les rendements des céréales stagnent déjà, voire baissent. La recrudescence des aléas climatiques est une réalité et les récoltes vont être de plus en plus souvent réduites ou dégradées par des accidents météorologiques et potentiellement par plus de bioagresseurs dont les adventices. Les carburants fossiles devant être limités, et surtout la main-d'œuvre diminuant constamment, comment satisfaire une demande de produits agricoles en constante augmentation ? Avec la réduction de l'agriculture conventionnelle et avant l'éventuelle introduction de systèmes nouveaux capables de résoudre cette situation contradictoire, seul le recours croissant à des importations souvent de qualités inférieures à celles qui sont exigées en France serait susceptible de pallier la production manquante. Ainsi, l'interdiction totale des protections phytosanitaires et en particulier des herbicides, si elle est précipitée, conduirait à une situation délicate quant à notre autosuffisance en blé. En effet, ce n'est qu'au début des années 1960 que l'agriculture conventionnelle française a atteint un rendement de 25 q à 30 q/ha, équivalent à l'actuel rendement de l'AB. Cela lui a permis d'approcher une certaine autosuffisance pour nourrir une population métropolitaine d'environ 45 millions d'habitants. Plus d'un demi-siècle plus tard, avec une SAU en constante régression et des surfaces consacrées au blé encore plus réduites à cause de l'allongement des rotations, il faudrait, avec les mêmes rendements, nourrir une population qui a augmenté de près de 45 %. Dans ces conditions, il y a peu de chances que l'autosuffisance vraie actuelle puisse être maintenue, même si la consommation individuelle de pain semble avoir baissé et si la France cessait d'exporter vers des pays dépendants des producteurs de céréales pour survivre.

Par ailleurs, la prolongation des objectifs de ces tendances exige de préserver la biodiversité. Dans l'incapacité de savoir *a priori* ce qu'il faudrait prioritairement protéger, toute diversité mériterait d'être respectée. En fait, on peut penser que pour la Société, la biodiversité retenue se limiterait à quelques espèces, déclarées emblématiques, qui seraient certainement très différentes selon les situations ou les instances décisionnelles (Lévèque, 2021). Mais en agriculture, quelle biodiversité devrait-on préserver, conserver, restaurer ? Il semble que dans ce cas, il suffirait, en arrêtant les pesticides, de compter sur la résilience du milieu et de le laisser se reconstituer. Mais, le pourrait-il véritablement avec des systèmes de culture multipliant les techniques prophylactiques ou le désherbage mécanique des cultures ? Un véritable retour à une biodiversité d'avant les herbicides en milieu agricole devrait conduire à des situations paradoxales. Faudrait-il ou non laisser proliférer toutes les espèces qui ont détruit les récoltes pendant des millénaires par des explosions régulières de très graves maladies et des vagues répétitives de ravageurs, aussi bien sur les cultures qu'au cours des stockages, ou encore les espèces envahissantes arrivées depuis le XIXe siècle comme les doryphores ? Surtout, serait-ce accepter le retour des infestations de dizaines d'espèces adventices vivaces, vigoureuses, impossibles à contrôler, d'annuelles semi-parasites et parasites, et les centaines de levées au mètre carré d'annuelles envahissantes qui étouffaient toute culture, au prétexte qu'elles ne croîtraient plus ailleurs ?

Ou alors pourrait-on moduler le nombre et les espèces qui devraient se développer ?

Pour ce qui concerne les adventices, il est difficile d'imaginer que la présence d'espèces aux concurrences redoutables, mais de valeur esthétique aux yeux du citadin, à condition qu'il passe au moment de la brève floraison, comme les bleuets, matricaires ou coquelicots, soit, sinon nécessaires, du moins compatible avec la bonne croissance des céréales. De même, le vulpin, le ray-grass, la folle avoine et surtout le chiendent, au-delà de leur responsabilité dans la dispersion de maladies et de l'ergot en particulier, ne seraient acceptés par aucun agriculteur qui aurait le moyen de les détruire, sachant d'expérience les dégâts qu'ils causent dans la culture et les années suivantes. Même si certaines espèces participent aux services écosystémiques, la principale difficulté serait de déterminer la densité maximale supportable de chacune et de pouvoir les y limiter tout en éliminant les autres. D'autre part, si la diversité spécifique recherchée chez les adventices est également le retour d'espèces steppiques des anciennes cultures extensives de céréales adaptées aux petites terres calcaires, comme les nielles, les adonis, les miroirs de Vénus, le pied d'alouette, les moyens pour les maintenir relèvent exclusivement d'une approche muséale, car, même en AB, leur présence n'est pas certaine.

Malgré la promesse de retour à l'état de nature antérieur promue par les médias, aucune des agricultures alternatives à l'agriculture conventionnelle ne cherche, aujourd'hui, à reproduire les exactes conditions, très partiellement connues, de ces périodes avec toutes les espèces adventices anciennes. Personne ne voudrait restaurer la Dombes avec ses marécages, ses moustiques et le paludisme ou, en Aquitaine, les landes à moutons d'avant la fixation des dunes et les drainages des marécages, les chênes-lièges, les pins, puis du maïs. Compte tenu de l'évolution des milieux, il est illusoire et même impossible de restaurer ces anciennes conditions, sauf à créer des musées des agricultures anciennes. Tout sera toujours différent et rien ne prouve que, avec les organismes sauvages actuels sélectionnés, auxiliaires et surtout nuisibles, aussi bien dans les parcelles que dans les bandes fleuries et les adventices occupant l'espace qui ne sont pas les moins concurrentielles, les conditions seraient plus longuement favorables à la production que celles d'aujourd'hui.

Afin qu'une agriculture soit vraiment durable, au-delà de la nécessité de produire suffisamment de produits sains, tout en rémunérant correctement les agriculteurs, pour nourrir une population croissante qui exigera des prix modérés, il faudrait qu'elle soit évolutive pour suivre et s'adapter rapidement aux variations de plus en plus erratiques des conditions de milieu. On peut se poser la question de savoir si s'imposer des contraintes absolues sur le rejet des avancées agronomiques, génétiques et la suppression des leviers les plus puissants de protection des cultures pourra faire émerger une agriculture respectueuse de la nature capable de s'adapter aux inéluctables et rapides changements environnementaux. D'autre part, sur des surfaces plutôt limitées par l'introduction de bandes fleuries, de haies, d'arbres, des agricultures entièrement nouvelles pourraient peut-être atteindre une production nécessaire par l'invention de groupements de plusieurs (deux, trois ou plus) espèces cultivées assez différentes pour maximiser l'énergie exportable en occupant tout l'espace et écarter les adventices. Même s'il peut être un objectif idéal, ce type de changement de paradigme de culture est trop nouveau pour devenir prochainement le modèle productif.

ENCADRE

Restaurer la biodiversité

En génétique des populations, la biodiversité et les milieux observés ne constituent pas un environnement stable, mais l'image d'un instantané dans une dynamique.

De ce fait, en intervenant, il n'y a pas de risque de perturber un équilibre qui n'existe pas. En revanche, le mouvement évolutif continuera et s'orientera dans des directions dont il est impossible de dire si elles seront susceptibles d'être ou non à l'avantage de l'environnement ou de tel type d'artificialisation agricole ou non. À l'opposé, en laissant le milieu évoluer dans un environnement constant, le stade le plus stable de l'évolution d'un milieu, initialement désigné climax, a une biodiversité réduite, recycle et utilise tout ce qu'il crée.

Dire que la biodiversité maximale est non seulement un bienfait, mais surtout primordiale pour permettre à l'agriculteur de nourrir correctement toute la population reste encore une affirmation et sa vérification, un objectif lointain. Il n'est pas démontré qu'il est suffisant de maintenir le maximum de biodiversité parce qu'elle serait la plus efficace ou la seule façon pour faire fonctionner correctement les écosystèmes agricoles. C'est-à-dire nourrir la population. Évidemment, plus il y a de biodiversité, plus il est possible de supporter la perte de certaines espèces, mais lesquelles et jusqu'à quel niveau ? Comment définir la biodiversité que l'on ne peut accepter de perdre : quels génotypes, quelles espèces de quels groupes : virus, bactéries, champignons, plantes, animaux, quels milieux ? Il semble bien qu'il serait difficile de tout maintenir. À l'opposé, il peut être décidé de tout conserver et faire en sorte que l'homme n'ait aucun impact en laissant évoluer la nature sans intervenir avec des espèces qui disparaitront d'elles-mêmes et des envahissantes qui supplanteront les indigènes incapables de résister. Dans ce cas, quel serait le niveau de production agricole ?

XIV. Synthèse, incertitudes et perspectives

« La réalité doit avoir préséance sur les relations publiques, car la nature ne peut pas être dupée. »
Richard Feynman. *Personal Observations on Reliability of Shuttle*, 1986.

L'épistémologue Michel Serres soulignait en 2006 « Que font les agriculteurs lorsqu'ils labourent ? Ils tuent des espèces ! Le but d'une pièce labourée, c'est précisément de porter sur un ou dix hectares une seule espèce » (Serres, 2006). L'agriculture combat par essence la biodiversité spécifique de l'espace cultivé. L'action d'éliminer ce que le cultivateur considère être des *mauvaises herbes* consacre cette lutte historique contre l'*indésirable* et participe à cette sélection d'une plante parmi d'autres. Les milieux agricoles sont donc strictement artificiels. Ils sont maintenus dans un des premiers stades intermédiaires d'une évolution que les agriculteurs interrompent en imposant chaque année une espèce cultivée. Comme ils la sèment et la récoltent régulièrement, ils perturbent fortement la succession naturelle en maintenant les espèces de ces stades éphémères de l'évolution du milieu naturel initial. À cause de ces conditions imposées par le travail agricole, des espèces sont éliminées, certaines peuvent s'adapter, puis seront amenées à disparaître plus ou moins rapidement. Elles seront remplacées par d'autres selon que l'agriculteur modifiera, diminuera ou même maintiendra ses interventions. Avec ou sans les agriculteurs, ces milieux sont très loin de la stabilité d'un stade évolué dont la biodiversité serait très réduite. Correspondant à de brefs stades intermédiaires dans l'évolution naturelle vers la formation forestière, les milieux agricoles n'atteindront aucun équilibre, quels que soient les itinéraires techniques utilisés, mais hébergent plus de biodiversité que les derniers stades précédant une forêt. C'est une dynamique dont l'évolution est dépendante des décisions des agriculteurs d'ouvrir le milieu et de maintenir une activité productive sur une base annuelle pour ce qui concerne les grandes cultures.

Les adventices sont naturellement à leur place, là où elles croissent, davantage que les cultures qui, de ce fait, ont peu de chances d'être spontanément mieux adaptées. C'est particulièrement vrai vis-à-vis des organismes pathogènes avec lesquels les cultures n'ont pas coévolué sur ces espaces, malgré les gènes recherchés par les sélectionneurs. Elles seront d'autant moins capables de pouvoir se développer facilement si elles ne sont pas protégées par différents moyens artificiels : travail de l'agriculteur et gestion des adventices, voire cultivées autrement.

1— En priorité, contrôler les adventices

Depuis les premiers *agriculteurs* du néolithique, qui, parmi toutes les espèces des milieux où ils vivaient, tentaient de protéger les céréales qu'ils consommaient, l'agriculture a beaucoup progressé. Du maraîcher à l'éleveur, du vigneron et de l'arboriculteur au céréalier, tous ont été confrontés à la nécessité de lutter contre les adventices. Pendant des millénaires, ce travail nécessaire a exigé la participation d'une part très importante de la population par un désherbage manuel, voire mécanique, surtout pour les céréales, cultures dites *de base,* les plus difficiles à protéger, et dont le rendement demeurait faible.

Intuitivement, les agriculteurs ont toujours cherché à éliminer les adventices, car ils avaient très vite observé leurs effets négatifs sur le développement et la production des cultures. Dans des pays pratiquant encore des cultures traditionnelles, sans usage d'herbicides, à l'image de la situation française du XIXe siècle et jusqu'aux premières années du XXe siècle, les pertes dues aux adventices dans les principales grandes cultures peuvent atteindre 50 % du rendement potentiel, voire plus pour le riz en Afrique. Le travail des agriculteurs, dans ces situations, est peu efficace puisqu'il ne peut réduire les pertes qu'à peine du tiers. Les adventices ont également des effets délétères longtemps insoupçonnés, soit directs parce qu'elles sont toxiques, par exemple encore aujourd'hui en AB avec le datura, soit indirects parce qu'elles sont des vecteurs de maladies ou ravageurs des cultures, et même d'intoxications humaines comme par l'ergot. Ces dangerosités commencent à être prises en compte et mesurées par des normes de commercialisation pour les mycotoxines produites. La lutte contre les infestations d'adventices est donc une condition absolue pour assurer une culture productive et saine, notamment pour les céréales.

À toutes les époques, partout dans le monde, les adventices ont été le principal fléau permanent que les agriculteurs ont dû affronter. Le monde agricole a été constamment obligé de multiplier les interventions pour s'en prémunir au mieux. Aujourd'hui encore, dans beaucoup de pays, seul le travail acharné et permanent d'équipes importantes et disponibles permet d'assurer un certain niveau de production. Pour les grandes cultures, particulièrement les céréales dans les principaux pays producteurs mondiaux, les récoltes ne peuvent être garanties sans le secours des herbicides. Dans la majorité des autres cas, il est nécessaire de perturber constamment le sol pour supprimer les adventices, voire d'en arracher à la main, malgré les tentatives de production en semis direct et en présence de *mulchs*.

Depuis la fin du XIXe siècle, avec les progrès techniques et génétiques en agriculture et l'avènement des transports, le modèle agricole français, établi pour des raisons politiques et sociales, avec de très petites propriétés en polyculture-élevage et à vocation autarcique, occupant plus de la moitié de la population, est révolu. Avec la révolution et l'amélioration des transports, les meilleures terres dans les régions de plaine les plus propices aux cultures ont été spécialisées progressivement en fonction des propriétés des sols. Cela a abouti à de meilleurs rendements encore loin d'être suffisants.

À l'aube du XXe siècle, il se produisit pour l'agriculture une véritable sérendipité. L'observation fortuite de la toxicité différentielle de certains produits chimiques sur les adventices, les rendant sélectifs des cultures, a totalement bouleversé cette exténuante astreinte, véritable rocher de Sisyphe. Cette nouvelle technique consistant à pulvériser une molécule chimique diluée dans un grand volume d'eau s'est montrée efficace, rapide et facile à mettre en œuvre avec peu de personnel. Elle s'est rapidement diffusée des céréales à toutes les cultures leur permettant d'atteindre des productivités jusque-là peu imaginables. Malgré une constante évolution de la sélectivité et de la sécurité, après plusieurs décennies d'usage généralisé pouvant devenir dans nos pays développés trop systématique et excessif, comme le soulignaient déjà Mazoyer et Roudard en 1998, sont apparus différents problèmes agronomiques, environnementaux et économiques et surtout des oppositions sociales demandant à poursuivre les efforts pour en réduire l'usage.

Après cette découverte, la recherche sur les herbicides a évolué au cours du dernier siècle, plus rapidement vers la fin. Pendant un demi-siècle, les tâtonnements avec des produits *naturels* corrosifs, à la dangerosité élevée, utilisés à très fortes doses et à la sélectivité approximative, n'ont pas réussi à assurer un contrôle suffisant des adventices pour plusieurs cultures. Leur disparition a été heureusement précipitée, vu leur importante dangerosité pour l'Homme et l'environnement. Ils ont laissé la place à des produits non corrosifs spécifiquement dirigés contre des métabolismes aussi strictement végétaux que possible. Les molécules identifiées, le plus souvent par synthèse chimique, sont devenues de plus en plus spécifiques vis-à-vis des adventices et hautement sélectives des cultures, avec de moins en moins de toxicité directe, plus d'efficacité à des doses de plus en plus faibles et rapidement dégradées dans les sols.

Les premiers herbicides de synthèse, des succédanés d'hormones (groupe O), très sélectifs des céréales et toujours utilisés depuis plus de 70 ans, ont permis de contrôler effectivement les dicotylédones dans de nombreuses cultures. Depuis lors, plusieurs produits ont été à l'origine d'étapes marquantes de l'essor de l'agriculture, permettant soit le développement d'une culture, soit la résolution de questions de gestions difficiles et cela en évoluant progressivement vers la réduction des doses, la toxicité et la pollution. À côté de tous les produits sélectifs des cultures, la molécule la plus utilisée dans le monde depuis plus de quatre décennies, le glyphosate (G), est devenue récemment la cible emblématique des opposants aux pesticides après un avis du seul groupe de travail du CIRC. Cet herbicide reste le seul produit non sélectif, réellement actif sur les vivaces, relativement peu toxique et assez peu polluant, notamment pour l'air et les eaux souterraines.

Désormais, des agricultures alternatives sont mises en œuvre pour limiter l'usage d'herbicides et surtout le travail du sol. Cette évolution a été rendue possible principalement grâce à cet herbicide, moyen reconnu comme le plus simple, le moins coûteux par rapport à d'autres herbicides, ou au travail mécanique. Il peut paraitre paradoxal, pour des agronomes qui ont vécu l'adoption de la protection intégrée et l'essor de la conservation des sols, de vouloir promouvoir un type d'agriculture nouveau et, dans le même temps, d'exiger la suppression de moyens qui contribuent à la mettre en place et à assurer son maintien dans le temps. L'attitude la plus souhaitable est de repousser les visions extrêmes en poursuivant les efforts pour maintenir les aspects positifs de l'agriculture actuelle tout en limitant les externalités négatives. Il faudrait pouvoir maintenir une productivité nécessaire pour garantir une production suffisante, en minimisant les atteintes à l'environnement.

Le risque d'ingérer même accidentellement, sauf à le vouloir, les herbicides actuellement autorisés parait très faible. C'est un lieu commun que de constater que les herbicides actuellement autorisés sont moins toxiques que des produits régulièrement consommés. Les herbicides, en règle générale, se dégradent dans les sols chimiquement ou physiquement, mais surtout, sont métabolisés par des microorganismes. Il ne reste que des traces de métabolites sans incidence, *non pertinents*, contrairement à de multiples autres sources de pollution anthropique. C'est une condition pour leur inscription sur une liste positive européenne qui permet d'en autoriser des préparations dans les différents pays. Pour éviter la pollution, c'est-à-dire qu'il en reste encore au-delà de la période culturale et hors des parcelles traitées ou dans les eaux, le problème est de ne pas dépasser les capacités de dégradation des microorganismes du sol. Pour revenir sur une vision faussement intuitive pour les personnes non averties et par opposition à la pollution prolongée liée à l'accumulation de métaux lourds toxiques, les sols qui ont reçu fréquemment des herbicides sont souvent ceux qui se dépolluent le mieux et le plus vite, parce que les microorganismes qui les détoxiquent y sont devenus abondants et dominants.

Si une grande diversité de molécules a été développée depuis plus de cinq décennies, un minimum de produits, un ou deux par culture, est utilisé de manière dominante et très fréquemment. L'agriculture conventionnelle et tous les types d'agricultures faisant appel à l'usage d'herbicides sont, en effet, de plus en plus contraints par la réduction du nombre de produits disponibles. Ils doivent respecter des règles de plus en plus contraignantes, justifiées pour de nombreuses, bienvenues, mais parfois, sources de paradoxes avec d'autres objectifs tout aussi louables. Au-delà des interdictions d'usage de nombreux produits sur les sols drainés, des zones non traitées de tailles variables de 5 m à 100 m selon le produit, proches de points d'eau ou de rivières et des dispositifs végétalisés permanents pouvant aller jusqu'à 20 m, pour éviter les ruissellements, sont interdites de traitements. Nous allons progressivement vers des zones tampons humides qui réinventent la mare disparue de nos paysages pour en augmenter l'efficacité dans l'obtention d'une eau débarrassée de toute trace d'herbicide lorsqu'elle rejoint le ruisseau. La difficulté est que les propriétés les plus avantageuses des meilleures substances aboutissent souvent à des usages trop exclusifs et importants de ces produits. Cet usage excessif peut, dans certaines régions, dépasser les capacités de détoxication des sols avec le risque de retrouver l'excès dans les eaux circulantes et conduire à une interdiction. La répétition de l'usage de la même substance dans les mêmes conditions contre les mêmes espèces et surtout en réduisant les doses, prédispose aussi fortement à la sélection de résistances qui rendront le produit obsolète à terme.

C'est le succès de l'atrazine (C1) qui a conduit à son interdiction, pour des raisons réglementaires propres à l'Europe, puisqu'elle est toujours autorisée dans la plupart des pays développés dans le monde, également soucieux de leur environnement comme le Canada, l'Australie et la Nouvelle-Zélande. Cette situation a conduit les agriculteurs français à se reporter sur des mélanges de produits moins polyvalents, donc plus nombreux pour la remplacer. En céréales, le grand succès de deux antigraminées (groupe A) et d'inhibiteurs de l'ALS (groupe B), très efficaces contre les espèces dominantes, vulpin et ray-grass, a fait apparaitre un grand nombre de populations résistantes. Pour les remplacer, il a fallu combiner plusieurs molécules moins efficaces et utilisées en plus grande quantité. Une partie de la profession agricole s'imagine, à tort, que l'industrie phytopharmaceutique pourrait régulièrement inventer de meilleurs produits aux modes d'action nouveaux pour pallier le développement de résistances. La multiplication de telles situations montre, dans les conditions européennes, les limites de la stratégie d'un usage déraisonnable des herbicides.

L'évolution du marché des herbicides fondée sur des successions d'homologations et de suppressions a permis d'assurer une meilleure production. Cependant, les réglementations nécessaires, actuelles, mais plus sévères en Europe qu'ailleurs dans le monde, ont eu pour conséquence qu'aucun produit spécifique, performant, non persistant n'a été proposé depuis près de trois décennies. L'interruption de cette évolution, et sauf accélération de la découverte de modes d'action de produits d'origine naturelle pour le biocontrole, comme c'est le cas pour la lutte contre les maladies et les insectes, risque d'être une prémisse indicatrice de l'arrêt définitif de l'utilisation des substances herbicides en France et dans l'UE.

2— La montée des doutes et des rejets

Les critiques, liées à des abus qui appartiennent pour la plupart au passé, régulièrement reprises dans les médias, exacerbent un rejet systématique de tous les produits de protection des plantes en agriculture s'ils sont de synthèse. Insecticides, fongicides et herbicides sont confondus en une même entité *pesticide* aux dangers plus ou moins définis et identifiés, mais dont tous les éléments sont considérés comme trop dangereux et donc inacceptables. Pour les herbicides actuellement autorisés, leurs véritables toxicités, les quantités utilisées et leur réel devenir, dans l'environnement et les aliments, et surtout leurs qualités de désherbage sont complètement occultées, voire ignorées. Leur utilisation modulée est généralement associée à un ensemble de méthodes de gestion des adventices, rotations, faux semis, binage de l'entre-rang lorsque c'est possible, couverts végétaux et si cela est nécessaire recours ciblé au travail profond du sol et modulation des dates de semis. L'ensemble correspond à une logique parfaitement compatible avec l'agro-écologie et la conservation des sols prônées par le ministre Stéphane Le Foll et documentée par Marion Guillou (Guillou, 2013).

Si les herbicides ont pu être dangereux, voire très dangereux au début du XXe siècle avec les arsenicaux et les acides forts, ils sont désormais moins dangereux et toxiques, surtout pour les applicateurs, mais sont considérés comme inutiles et déclarés tous néfastes à l'environnement. Pourtant, la majorité des agriculteurs dans la plupart des pays développés ne sauraient s'en passer.

Sur la base d'anciens accidents pathologiques, ailleurs dans le monde, principalement liés à des insecticides dérivés de produits utilisés pendant les guerres, l'Europe et particulièrement la France ont décidé depuis plus de trois décennies de se passer, autant que possible, des pesticides agricoles, donc en conséquence de leur usage. Les herbicides actuels ne sont pas vraiment concernés par les mêmes types d'accidents. Pendant la seconde moitié du XXe siècle, période d'abondance largement due aux progrès liés à ces produits, le rendement moyen du blé en France a presque doublé, valorisant les évolutions de la génétique et de l'agronomie. Depuis quelques années, les petits pas progressifs de cette politique vers une interdiction globale à long terme, commencent à peser négativement sur les rendements des céréales. La qualité du désherbage régresse par la réduction des produits, les montées de résistances et l'absence de nouveaux produits. La qualité sanitaire des récoltes est affectée depuis une décennie par l'augmentation des quantités détectables d'ergot du seigle dans le blé, qui profite de la persistance d'adventices dans les parcelles et les bordures, de plus en plus importantes, non correctement gérées ou de graines toxiques comme le datura dans les maïs et le sarrasin. Pour parer à cette situation, la question se pose d'imaginer de nouveaux systèmes capables de restaurer une production suffisante et de qualité.

En France, en grandes cultures, c'est généralement dans des parcelles où, après des décennies de traitement, les adventices sont assez, voire très bien gérées, que l'on peut envisager le renoncement progressif aux herbicides de synthèse. C'est le cas de l'AB dont le développement actuel, que l'on peut saluer, peut tirer parti de décennies de réductions de la flore adventice. L'AB se maintient soit principalement en prairie, oliveraies, vignobles ou vergers moins dépendants des herbicides, soit grâce à un important travail du sol plus systématique dans d'autres cultures.

Cependant, la gestion des adventices risque de devenir plus délicate et complexe, car chaque année aux conditions climatiques défavorables au bon usage des outils mécaniques peut correspondre l'anéantissement d'années d'efforts. En produisant moins, il faudrait sortir du marché conventionnel actuel, se concentrer sur des marchés plus locaux qui pour l'instant relèvent davantage d'agricultures qualifiées de niche. Celles-ci sont les seules à même de permettre des prix plus élevés, qui dans un futur moyen ne seront pas forcément accessibles à tous les consommateurs aussi bien économiquement que quantitativement. Parallèlement en ACS, avec l'emploi raisonnable et maitrisé d'herbicides, il devient possible de préférer des semis directs ou de se servir de *mulchs* vivants et, si le climat l'impose, détruits par du glyphosate (G).

Quand et quelles espèces allochtones deviendront dominantes ? Il y aura toujours, dans les champs, des adventices qui évolueront en fonction des milieux et pratiques des agriculteurs, exigeant constamment que les cultures soient protégées. Aujourd'hui, les infestations ont certes fortement régressé par rapport à la situation du début du XXe siècle, mais, bien qu'invisibles pour les profanes, les adventices sont toujours présentes (XIV — 1) surtout dans les systèmes avec des couverts semés. Quand le contrôle des adventices est limité, la parcelle peut être envahie, assurant l'accroissement des stocks de semences des espèces annuelles qu'il faudra alors constamment chercher à réduire. Cependant, les vivaces, souvent favorisées par un minimum ou une absence de travail du sol selon les espèces, deviennent, par leur capacité à envahir le sol à des profondeurs importantes, quasi indestructibles, même après plusieurs années de légumineuses fourragères.

XIV — 1 : Liseron dans une céréale dans le Châtillonnais (21) en 2021 (Gasquez J.)

Si les adventices ont toujours été et sont encore le plus grave fléau permanent de toutes les cultures, leur impact dépend du type de culture. Les cultures pérennes comme les vignes et les vergers installés supportent plutôt bien l'enherbement. Il est d'ailleurs désormais recommandé pour limiter l'utilisation d'herbicides et lutter contre l'érosion des sols, à condition qu'il soit raisonné face aux risques de gel printanier et qu'il n'entre pas en concurrence avec des vignes ou des fruitiers à l'enracinement pas assez profond sous climat trop sec. Cet enherbement doit être aussi maintenu sous contrôle pour éviter l'installation d'espèces indésirables vivaces, parfois arbustives, ce qui peut être généralement réalisé mécaniquement.

Dans les cultures annuelles, malgré des successions judicieuses d'espèces cultivées et de plantes de service, il y aura toujours des adventices, quels que soient les changements d'itinéraires techniques et les pratiques culturales (XIV — 2). Au moins temporairement, le sol est plus ou moins découvert, porte ouverte à l'installation de ces plantes. Le développement des adventices ou des plantes de couverture entre immanquablement en concurrence avec la culture pour l'eau et les éléments nutritifs. Un climat humide ou la maitrise de

Image XIV — 2. Céréale envahie de chardons, rumex, folle avoine... dans le Châtillonnais (21) en 2016 (Gasquez J.).

l'irrigation et une fertilisation suffisante sont alors nécessaires. Comme les apports d'engrais risquent d'être mieux valorisés par les adventices ou, si mal appliqués, lessivés dans les eaux, ils sont réglementairement contraints, affectant les rendements, que le sol soit ou non bien structuré, vivant et avec suffisamment de matière organique. Enfin, même si la gestion des adventices repose essentiellement sur des rotations longues avec de nombreuses cultures de rapport limité, non seulement elles ne disparaîtront pas, mais en plus, les grandes cultures de rapport, les céréales à paille notamment, reviendront de moins en moins souvent. Au-delà de la rémunération de l'agriculteur qui risque d'être pénalisée, globalement, la production de blé du pays baissera si les surfaces ne s'accroissent pas.

3— Diversité des situations

Il existe sur notre territoire des régions moins favorables aux céréales où toute une série d'autres systèmes, dans des conditions déterminées particulières, adaptées à l'environnement, peut être utilisée pour produire une gamme très large de productions diverses, spécifiques, à plus forte valeur ajoutée tout en entretenant le milieu. L'AB fournit de ces productions à haute valeur en matière de biodiversité qui restent encore, en 2020, mineures en France et en Europe. À cause de ces particularités, ces nouveaux systèmes peuvent librement ne se fixer que des obligations de moyens contraignantes, voire s'agissant d'adventices comme le datura, en acceptant une certaine prise de risque sur le plan de la qualité sanitaire.

En grandes cultures, ces pratiques se conçoivent parfaitement, mais ne sont pas forcément généralisables à tout le territoire pour être durables en l'état. Si l'AB constitue un *stimulus* certain pour inventer de nouvelles méthodes de gestion mécaniques des adventices, elle pourrait aussi favoriser un investissement dans les méthodes alternatives, notamment la recherche d'herbicides de biocontrole acceptables pour cette production. Ces techniques de gestion mécaniques des adventices ne sont pas encore des leviers assez puissants pour réagir rapidement et efficacement à des invasions de nouvelles espèces annuelles mieux adaptées aux conditions environnementales imposées par ces pratiques récentes. De ce fait, ces agriculteurs sont amenés à devoir tolérer des densités parfois élevées d'adventices. On voit réapparaitre, en les modernisant, les essanveuses, machines à écimer les crucifères qui montent à fleurs avant le blé, juste pour limiter la production de semences, la concurrence ayant déjà eu lieu. D'une part, certaines espèces insuffisamment contrôlées ne peuvent que se multiplier, et d'autres peuvent migrer à partir des milieux voisins, mais aussi, les adventices, surtout les vivaces, neutralisées par l'usage des herbicides depuis les années 1960, commencent à se réinstaller dans les parcelles qui peuvent les recevoir. L'AB reste à ce jour le système de production le plus exposé vis-à-vis de ces plantes. Enfin, de nouvelles espèces allochtones qui s'introduisent de façon constante risquent de s'installer définitivement et devenir envahissantes.

Dans le contexte actuel, l'AB est généralement considérée comme un modèle de système durable parce que n'utilisant ni herbicides de synthèse, ni engrais azoté et mettant en œuvre une rotation plus longue et diversifiée que la plupart des systèmes dits conventionnels (Le Buanec, 2021). Il est toutefois difficile d'avoir une idée précise de ce que recouvre cette durabilité s'agissant de la gestion des adventices. En AB, la gestion des adventices, pour être durable en grandes cultures dans des systèmes dépourvus de prairies de longue durée ou de luzerne, suppose un nombre d'heures de travail, même manuel, important, donc un coût consacré au poste de désherbage élevé. Le journal de la semaine Nord #Loiret évoquait le fait que la main-d'œuvre française, au-delà de déclarations d'intention n'est pas encore prête à reprendre le dur labeur des petits travaux agricoles (l'#agriculture #bio : Denis Renard à Allainville en Beauce). « À part des étrangers, peu de gens sont prêts à réaliser un désherbage manuel pour un SMIC ou moins, les étrangers connaissant ce type d'emploi dur et mal payé dans leur pays d'origine ».

Le « Groupe des fermes d'avenir en maraîchage », notamment la « Ferme de La Bourdaisière » se présente comme « l'exemple d'une expérimentation sur une petite surface de la viabilité économique et écologique de techniques agro-écologiques intensives inspirées de différentes approches comme la permaculture ». Après quatre années de 2014 à 2017, les résultats, moins de 30 % de l'objectif du chiffre d'affaires visé, sont très déficitaires, en moyenne d'environ 75 %, malgré l'engagement de nombreux stagiaires non rémunérés en plus de deux ou trois permanents. L'objectif était de seulement trois temps pleins (Fermes d'avenir, 2018).

On peut projeter qu'après un temps d'adaptation et l'identification de nouvelles techniques de production ou parce que la vie à la campagne dans les périodes incertaines de pandémie liée à la Covid motiverait plus de jeunes Français pour les difficiles, mais très sains, travaux des champs, ces difficultés s'estomperaient, mais c'est bien un pari que certains trouveront osé, sur l'avenir. Aujourd'hui encore, l'AB nécessite près de 40 % de plus de surface cultivée pour la même production finale, ce qui n'est pas généralisable sans envisager d'autres changements plus profonds dans la Société, car la quasi-totalité de la surface cultivable, en France, est déjà utilisée (Treu *et al.*, 2017). Peut-être pourrait-on lever ces contraintes en améliorant le potentiel des variétés, mais la décision de juillet 2018 de la Cour de Justice de l'Union Européenne a officialisé la demande d'associations et de syndicats de renoncer à l'évolution de la génétique, condamnant à terme la production nécessaire et rapide de variétés nouvelles.

Dans les régions pauvres à travers le monde, beaucoup d'agriculteurs sont obligés de pratiquer une agriculture sans aucun pesticide et subissent régulièrement les fléaux naturels que les produits phytosanitaires ont fait fortement régresser dans les pays dits *Occidentaux* (Férault et Le Chatelier, 2012). L'AB utilise des produits chimiques ou minéraux pour lutter contre les maladies et les ravageurs (Cu, S…). Avec l'accroissement de l'AB, les volumes de soufre et de cuivre ont augmenté de 74 % de 2008 à 2016 pour atteindre plus de 13 500 tonnes. On ne peut ignorer que le cuivre, très utilisé en viticulture et arboriculture biologiques, s'accumule dans les sols. Le reproche que certains auteurs font à l'utilisation du cuivre est que la substance est toxique pour tous les champignons du sol, les vers de terre, des insectes, les poissons et les organismes aquatiques, voire également des céréales implantées sur une vigne retournée, même de longue date (Brun, 1998). Ces auteurs rappellent que le cuivre est aussi toxique pour les utilisateurs (ECHA, 2020). Outre le fait qu'il est très irritant et cause des cirrhoses et des dommages au fœtus, il est corrélé au développement de certains cancers pulmonaires (Pimentel et Marques, 1969, Pimentel et Menezes, 1975). Sa concentration est élevée dans des cellules de beaucoup de cancers différents et leurs métastases. Des cellules tumorales exposées à des concentrations croissantes de cuivre sont de mieux en mieux mises en sécurité parce qu'il favorise la mise sous silence du système immunitaire dirigé contre elles (Voli *et al.*, 2020). Mais les grandes cultures bio traitées dans cet ouvrage n'utilisent que très marginalement le cuivre comme fongicide et uniquement sur la semence de blé à hauteur de 20 g/quintal, soit quelques 30 g/ha et par an lors de la culture du blé bio ainsi traité. Cela présente un risque très limité pour l'environnement ou l'accumulation dans les sols et, plus ponctuellement, sur betteraves sucrières. Mais, à moins de 2 000 g/ha et un retour de cette culture redevenue dépendante du cuivre, une année sur quatre sur le même sol, cela réduit l'apport de cuivre métal à moins de 500 g par ha et par an, infiniment moins que la quantité nécessaire en vigne bio.

Les solutions herbicides sont très limitées en AB, l'acide acétique reste la principale substance utilisable. Même l'acide pélargonique, herbicide de biocontrole, obtenu par fractionnement chimique de l'acide oléique du colza n'est pas autorisé en AB. Cet herbicide d'origine naturelle, mais obtenu par synthèse simple n'est pas anodin. Il est irritant, source de brûlures, et nécessite des précautions de la part des utilisateurs (risque de lésions oculaires et pulmonaires). Il est toxique pour certains organismes du sol (CNESST, 2020). Pour être efficace, de grandes quantités de ce produit doivent être appliquées en plusieurs fois : de deux à quatre traitements de 31 kg/ha de matière active. Sa dégradation est rapide, selon les conditions et les sols, toutefois s'il pleut ou s'il n'y a pas assez de microorganismes, il peut être entrainé dans les eaux où il est également toxique pour les organismes aquatiques, beaucoup plus que le glyphosate (G).

Pour satisfaire à la demande gouvernementale, la SNCF a décidé de renoncer au glyphosate. Dès 2022, l'unique traitement annuel sera remplacé par deux traitements d'un mélange d'acide pélargonique et de flazasulfuron (B), sans l'assurance d'une efficacité équivalente. Cette stratégie conduit d'une part à un quadruplement du coût (compensé par une subvention) et au risque de pollution due à la toxicité des importants volumes d'acide pélargonique épandus. D'autre part, les deux traitements annuels risquent de sélectionner rapidement des plantes résistantes, imposant de ce fait l'abandon du flazasulfuron (B), voire de toutes les sulfonylurées (groupe B), dont l'usage en culture est limité à un seul traitement annuel pour retarder l'apparition de résistances.

Dans une grande région qui aurait totalement abandonné les herbicides de synthèse, des réductions du travail du sol, de mauvaises implantations des cultures nettoyantes ou l'augmentation de la proportion des céréales conduiraient à une dégradation du niveau de gestion des adventices, surtout vivaces. La productivité des céréales chuterait durablement. Dans une méta-analyse comparant différentes techniques de contrôle (rotations, *mulch*, désherbage mécanique, biocontrole...) du liseron et du chardon en AB, aussi bien en cultures annuelles que pérennes, seule une gestion intégrée utilisant des leviers très divers, voire extrêmes comme la destruction par le feu, arrive à diminuer significativement la densité de ces adventices, mais sans les empêcher de réapparaitre après deux ou trois ans (Orloff *et al.*, 2018).

L'agriculture conventionnelle actuelle doit faire appel réglementairement à la protection intégrée des cultures depuis le 01/01 2014 (directive européenne, 2009/128/CE). Son évolution devrait conduire, à terme, les agriculteurs à passer sous certification environnementale haute valeur environnementale (HVE) qui offre plus de latitudes que l'AB pour la biodiversité. L'HVE a pour principal objectif de maximiser la biodiversité à partir d'un système d'agriculture intégrée. Pour l'AB en grandes cultures, l'augmentation de la biodiversité est plus un bénéfice d'une pratique qu'un objectif du cahier des charges. Celui-ci porte essentiellement sur l'origine de la fertilisation azotée et l'interdiction des pesticides de synthèse. On peut donc attendre une efficacité plus grande des exploitations passées en HVE, puisque c'est bien l'objectif du cahier des charges.

Dans un monde idéal, une évolution des systèmes de production vers bien plus d'hybridation entre les trois systèmes principaux, HVE, comme évolution naturelle de l'agriculture conventionnelle actuelle, ACS et enfin AB, comprenant la biodynamie, permettrait d'optimiser des techniques agricoles adoptées par les exploitants en grandes cultures. Il s'agirait pour cette myriade de pratiques de tirer le meilleur parti des moyens de contrôle des ennemis des cultures ou de la gestion des stress abiotiques et climatiques qui seront de plus en plus fréquents avec les changements climatiques en cours. Toutefois, en l'état de la réglementation, seules les exploitations respectant à la lettre les exigences du cahier des charges de l'AB pourront rapidement bénéficier de ce label et des prix de marché qui y sont attachés.

Cela n'empêchera pas les autres exploitations de réduire leur recours aux engrais de synthèse et aux produits phytopharmaceutiques pour être, pour certaines, extrêmement proches des pratiques de l'AB. C'est le cas d'exploitations de polyculture élevage des zones vallonnées qui souvent ne conservent de l'agriculture conventionnelle que quelques passages d'herbicides afin d'adopter sur les parcelles aux sols en pente les pratiques de l'ACS ou des apports ponctuels et limités de fertilisants minéraux, sous forme d'engrais starter par exemple.

4— Diversité des objectifs

Mazoyer et Roudart, en 1998, ont montré la coadaptation entre les Sociétés et les systèmes agraires au fil des siècles et les crises qui ont découlé d'une dérive des systèmes de production par rapport à l'évolution des populations. Au cours de l'évolution de l'Empire romain, la réduction du nombre d'agriculteurs d'une part et des raisons économiques d'autre part avait poussé à leur concentration sur la vigne et les oliviers, en réservant la céréaliculture à ceux des régions les plus éloignées. Dans la proximité des agglomérations, les *horti* s'étaient fortement développés pour un approvisionnement croissant et diversifié en légumes, fruits, fines herbes, plantes médicinales et fleurs coupées pour les citadins. Vers la fin de l'empire, la très large majorité des céréales était difficilement importée, avec beaucoup de contraintes, de contrées de plus en plus éloignées, créant des problèmes sociaux et économiques qui devinrent insolubles.

Après deux millénaires, la population française, toujours croissante, de plus en plus urbaine, s'est éloignée des agriculteurs. Désormais, *a priori préservée* de toute famine ou épidémie liée à la malnutrition, elle apparait d'autant plus exigeante en quantité et qualité pour sa nourriture. De même qu'elle ignore de plus en plus la biologie et les aléas de la conduite des cultures, elle critique l'impact de l'agriculture sur l'environnement et la biodiversité. La France n'a atteint l'autosuffisance en céréales que dans la seconde moitié du XXe siècle, en même temps qu'une forte réduction de la profession agricole. C'est la généralisation du système agraire moto-mécanisé, chimisé s'appuyant au maximum sur la sélection génétique qui en est responsable. Toutefois, celui-ci a été, pour partie, à l'origine de modifications du foncier via des remembrements successifs pour agrandir les parcelles afin de favoriser la productivité du travail et accessoirement répondre à la réduction de la main-d'œuvre. Ce modèle montre de plus en plus ses limites face aux exigences de la Société et surtout d'une dangereuse imprédictibilité du climat.

Aujourd'hui, l'évolution générale des biotechnologies offre des techniques nouvelles de sélection rapide et très ciblée de variétés spécifiques pour l'adaptation à la sécheresse, la salinité du sol, les résistances aux bioagresseurs… Le développement du numérique par le guidage GPS et par drones permet de cibler des apports chimiques plus précis. La constitution de bases de données permet de modéliser les conduites d'exploitation. Ces évolutions scientifiques apparaissent comme de possibles éléments d'une nouvelle révolution, au même titre que l'introduction des découvertes qui ont permis de surmonter les crises agricoles et sociales historiques. Pour s'adapter au rapide changement climatique, la plupart des grands pays producteurs agricoles réagissent aux accidents météorologiques en mettant en œuvre cette stratégie nouvelle pour assurer le maintien de leur productivité et donc de leur production. En revanche, l'Europe, seule, rejette certaines de ces avancées scientifiques en cherchant à développer d'autres modèles fondés sur la restauration de la biodiversité qui doit enrayer le changement climatique, mais en contrepartie, qui sont moins productifs.

Cependant, l'agriculture conventionnelle actuelle avec la protection intégrée, l'ACS, etc., sans être à un optimum, sont de plus en plus abouties. Actuellement, elle doit encore assurer la majeure partie de la production, tout en poursuivant son évolution vers la réduction de ses impacts négatifs. L'AB s'est développée en réaction comme un système parallèle avec un refus de l'utilisation de l'azote minéral, des pesticides de synthèse et de la plupart des approches pour l'amélioration génétique et biotechnologique. L'AB correspond à un choix d'une partie des consommateurs et motive de plus en plus d'agriculteurs attirés soit par un système de production différent, soit par une opportunité en matière de marché mieux rémunéré.

En ce qui concerne la gestion des adventices, il est important de distinguer ce qui relève, d'une part, du maraîchage, des petits fruits, de l'arboriculture et des plantes aromatiques et à parfum, et, d'autre part, de la conduite des grandes cultures qui occupent l'essentiel de la SAU, 26 millions sur les 27 millions d'hectares recensés en 2020. Les premiers, toujours sur de petites surfaces près des agglomérations, peuvent investir sur du travail manuel occupant du personnel souvent intérimaire, voire de la robotique s'ils peuvent y accéder. En pratiquant la vente directe, il leur est généralement possible de dégager une certaine marge. Les faibles surfaces permettront de rattraper une infestation, moyennant suffisamment de travail manuel et de désherbage mécanique.

En revanche, en grandes cultures, les contraintes sont différentes et bien supérieures. La gestion des adventices y devient un poste essentiel. La durabilité de ces cultures dépend des marchés mondiaux et leurs marges, plus faibles, ne sont actuellement assurées que par des rendements élevés et des coûts de production réduits grâce à l'introduction de meilleures technologies. C'est dans le cadre de cette agriculture que se pose le problème de la gestion des adventices dans toute son acuité.

Depuis l'origine de l'agriculture et jusqu'au milieu du XXe siècle, le besoin, jamais satisfait, était clairement de réduire suffisamment les peuplements d'adventices. Avec la découverte des herbicides, pendant le dernier siècle, leur utilité n'a pas ou peu été discutée, sauf à la fin du XXe siècle. En dehors des consommateurs plébiscitant les produits biologiques et les acteurs de l'AB, rares étaient ceux qui rejetaient les produits phytosanitaires au prétexte qu'ils ne sont pas naturels. La chimie était acceptée par la majorité de la population comme source de sécurité. Les herbicides remplissaient un objectif primordial grâce à un très bon niveau de contrôle, facile et rapide des adventices. De nombreux agronomes dans les pays développés estiment que toute limitation des techniques de contrôle, ou de réduction de leur action, serait susceptible d'entrainer le retour d'infestations qui deviendraient d'autant plus difficiles à gérer, d'où des listes d'herbicides pour l'agriculture des États-Unis d'Amérique, du Canada et de l'Australie présentant un écart notable avec les substances actives autorisées en Europe (Délos et Gasquez, 2014). En 2020, elles comprennent de plus en plus d'herbicides qui sont interdits en Europe.

Tous les objectifs répétés affichent la nécessité de réduire la pollution et le changement climatique en réduisant d'abord la consommation de produits pétroliers. Pour les agriculteurs, cela concerne d'abord le carburant des machines et des tracteurs, émetteurs de GES et de particules fines. Les outils de travail du sol libèrent des particules fines de sol et dispersent la matière organique, réduisant la part de gaz carbonique fixée. Cela sous-entend, pour gérer les adventices, la nécessité de limiter le travail du sol.

En effet, toute élévation de la température moyenne entrainera des pertes de rendements pour les principales céréales en C3 (blé, orge, riz…). Aux hautes températures, les plantes en C3 (soja, betterave, pomme de terre), mais aussi la plupart des adventices indigènes captent moins de CO_2 et la Rubisco tend à basculer vers la photorespiration, réduisant d'autant la photosynthèse et donc la croissance. Elles souffrent également de la sécheresse, car elles perdent beaucoup d'eau. Mieux adaptées, les plantes en C4, beaucoup moins nombreuses chez nous (maïs, sorgho, mil, panics, souchets, amarantes…) perdent moins d'eau avec les élévations de température et y sont moins sensibles par leurs structures qui concentrent le CO_2 dans des couronnes de cellules proches de celles contenant la Rubisco, limitant ainsi la photorespiration (Cornic, 2007).

L'augmentation des niveaux de CO_2 atmosphérique devrait améliorer le rendement des cultures, mais la hausse des températures compliquera la situation. La chaleur excessive risque de réduire l'efficacité des enzymes qui pilotent la photosynthèse et d'entraver la capacité des plantes à réguler l'absorption de CO_2 et la perte d'eau. Selon leurs caractéristiques structurelles, les plantes seront plus ou moins sensibles au stress thermique. Les caractéristiques de l'écosystème, telles que la taille et la densité des plantes, la disposition des feuilles sur les plantes ou les conditions atmosphériques locales, influencent également la manière dont la chaleur affectera les rendements des cultures (Moore *et al.*, 2021).

Au-delà de toute position idéologique, il est primordial de hiérarchiser les problèmes et de commencer par tenter d'agir sur le plus important et le plus dangereux sans alarme sociétale inutile. Cela place tous les agriculteurs face à un difficile dilemme : comment gérer correctement les adventices en grandes cultures sans travailler le sol, ni utiliser d'herbicides de synthèse, en l'absence de produits de biocontrole ?

Depuis plusieurs décennies, les surfaces cultivées diminuent régulièrement. Ce sont souvent les meilleurs sols qui disparaissent à cause de l'extension des zones urbaines et les lotissements dans les zones de plaines les plus fertiles. La population croissante demande toujours plus de nourriture de qualité reconnue et à un coût modique, tout en voulant protéger la biodiversité en cultures et zones naturelles protégées.

En 1998, pour satisfaire la demande à laquelle il fallait faire face dans un avenir immédiat, mais sans envisager les conséquences de guerres ni les effets d'un réchauffement climatique, Mazoyer et Roudart prévoyaient la nécessité d'un doublement moyen de la production mondiale par rapport à celle de 2000. Selon le niveau de développement, la production de certains pays devait tripler et même décupler dans plusieurs nations d'Afrique, même avec des importations des pays développés. Désormais, pour répondre à la demande croissante mondiale, l'agriculture peut, soit se tourner vers l'extension des surfaces cultivées, bien que les meilleures soient déjà largement utilisées, en défrichant des milieux naturels, soit augmenter la proportion des céréales grâce à des rotations courtes, mais surtout, elle devra viser des rendements plus élevés.

Le déficit de production dans les zones intertropicales augmentera probablement avec le changement climatique. Dans les zones tempérées où les céréales sont les plus productives, et contrairement à l'analyse qu'en faisaient des économistes en 1990 au moment de l'adoption de la réforme de la PAC de 1992 (Guyomard et Mahé, 1992, Jacquet, 1994, Garcia Azcarate, 2016) et de la mise en place de la politique de la jachère, avec une population en croissance et des contraintes naturelles notamment en matière de ressource en eau, il faudra produire davantage. Peu de pays ont des possibilités de productions céréalières stables grâce à un climat tempéré, comme la France, une partie de l'Europe et la Nouvelle-Zélande. Les autres grands exportateurs, États-Unis, Canada, Argentine, Australie, Russie, Ukraine ont des climats plutôt continentaux soumettant les récoltes à des variations climatiques très fluctuantes, parfois extrêmes. Il parait difficile d'institutionnaliser, en région tempérée dans les grandes plaines les plus productives, des agricultures à productivité limitée, face au changement climatique, à la réduction des surfaces cultivables et surtout à l'augmentation des populations. Si nous n'avions plus les moyens de réagir rapidement pour augmenter substantiellement nos productions, nous risquerions, outre notre propre dépendance aux explosions des prix et aux importations, d'assister à des catastrophes humanitaires croissantes dans les pays pauvres du Sud (Férault et Le Chatelier, 2012).

Par opposition, des zones plus difficiles, de piémont, de haute et moyenne montagne, ou des pentes abandonnées aux taillis, mais autrefois cultivées pour assurer la production locale de céréales jusque dans les années 1950, peuvent présenter un intérêt plus particulier pour d'autres productions à partir d'agricultures alternatives qui font appel à plus de main-d'œuvre. Dans ces contextes qui ont connu des siècles de cultures vivrières de faible rendement au plus près de populations qui étaient essentiellement rurales, les traces des cultures en terrasses en témoignent. Ce ne sont pas moins de sept millions d'hectares de SAU qui ont été perdus, principalement abandonnés aux taillis et à la forêt depuis 1950 et qui sont désormais de véritables milieux naturels que l'on pourrait donc à nouveau artificialiser. Elles sont omniprésentes dans les montagnes des Cévennes, Pyrénées et autres régions au relief plus difficile, propices au développement de cultures variées sur de petites exploitations moins mécanisées et qui peuvent aussi se passer de chimie de synthèse grâce à une main-d'œuvre qui peut accepter plus volontiers ces conditions de travail. Celles-ci permettent et, plus encore dans le futur, de maintenir une activité économique rurale sur ces hectares désertés par les agriculteurs depuis 70 ans. Ce choix a été fait par de nombreux néoruraux, notamment dans le département de l'Ariège ou de l'Ardèche avec quelques exploitations emblématiques de la reconquête d'espaces perdus pour l'agriculture. Les cultures choisies et le travail manuel justifient l'abandon des techniques de gestion chimique des adventices. Dans la Drome, beaucoup d'agriculteurs ont également développé, sur environ 25 % de la SAU, des productions en AB très diversifiées, de l'élevage au vignoble et des cultures de plantes à parfum et des petits fruits et surtout du maraîchage. Ce fort développement de l'AB est surtout distribué dans les départements alpins et méditerranéens, selon l'Agence Bio (Agence Bio, 2020).

Dans ces régions, les agriculteurs de l'AB se sont naturellement tournés vers toute une gamme de cultures et d'élevages, à l'exclusion des céréales et des oléagineux peu ou moins adaptés à ces territoires pour espérer un volume de production important. Pour toute la France en 2019, sur 1 675 771 ha certifiés en AB, les céréales occupaient 255 845 ha et les oléagineux 56 372 ha et pas plus de 1 000 ha de betteraves principalement pénalisés par le désherbage. Ces productions restent limitées (376 336 t de céréales et 69 397 t d'oléagineux), mais les quantités ne sont pas un objectif majeur (Agence Bio, 2019). Ce qui est essentiel, au-delà d'une production exempte d'engrais minéraux et de produits phytopharmaceutiques de synthèse, c'est la remise en valeur, avec des cultures alternatives, de terres que l'agriculture conventionnelle a tendance à délaisser. Il s'agit de maintenir la biodiversité liée à des paysages travaillés qui, abandonnés, ont tendance à se refermer jusqu'à être naturellement reconquis par la forêt, donc profondément modifiés quant aux espèces présentes. De plus, dans les régions favorables et surtout autour des grandes agglomérations, le maraîchage bio a de fortes possibilités de développement, car la demande en fruits et surtout légumes bio est très supérieure à la production française et a donc recours aux importations à moindre coût (Agriculture.gouv., 2020).

Ces régions largement dédiées aux agricultures alternatives voient même l'AB dépassée par la biodynamie, forme ésotérique qui renoue avec la tradition allemande et la philosophie d'une partie de ses pères fondateurs. Ce prolongement de l'AB avec ses préparations dynamisées et la prise en compte des forces et des énergies des astres et des planètes a remarquablement trouvé sa place en viticulture et a été adoptée par les plus grands domaines qui ont fidélisé une clientèle, déjà dédiée grâce au biais de confirmation, prête à payer le prix pour plus de complexité dans la production. Ceux-ci déclarent que ce n'est pas seulement un vin bon à boire, il est également censé contenir des vibrations qui font du bien au corps et à l'esprit et, parce qu'il est bien plus difficile à produire certaines mauvaises années, c'est aussi sa compréhension philosophique qui devient plus complexe.

Il existe aussi quelques productions d'oléagineux et de céréales qui suivent des règles comparables, mais dont le succès reste à confirmer par les consommateurs, puisque c'est uniquement d'eux que dépend le développement de ce système d'AB plus holistique, plus proche des sources de la philosophie qui a permis de faire émerger ce type d'agriculture plus spirituelle. Le développement de la biodynamie sous le label Demeter, le plus connu, est donc plus confidentiel dans le domaine des grandes cultures en France, attendant certainement un potentiel déploiement de l'AB pour trouver également sa voie, comme c'est déjà largement le cas en viticulture.

Il est possible de limiter les interventions de désherbage dans les cultures pérennes et les prairies, bien que dans celles-ci l'extension des refus du bétail exige un travail manuel, voire un passage de broyeur, qui n'est pas toujours réalisé aujourd'hui ce qui conduit souvent à l'abandon des parcelles. Les petites surfaces maraîchères dans tous les contextes peuvent être entretenues manuellement sans trop pénaliser les marges, souvent correctes en vente directe. C'est moins le cas s'il s'agit de légumes d'industrie ou de productions de légumes qui visent des marchés sur lesquels s'exerce la concurrence avec des productions importées.

Cependant, pour les grandes cultures de base comme les céréales, les marges sont très réduites. Un kilo de blé (de 0,16 euro à 0,25, mais plus en période exceptionnelle) qui permet de faire cinq baguettes (cinq fois, au moins, un euro chez le boulanger) est au moins six ou sept fois moins cher qu'une salade chez un maraîcher conventionnel, et encore bien moins en AB, qui vend directement sur les marchés. Pour les principaux marchés, ceux qui concernent actuellement l'essentiel de la population qui recherche aussi un budget maitrisé pour son alimentation, il faut produire beaucoup, sur de grandes surfaces, avec le minimum d'interventions pour réduire les coûts. Avec un marché de l'ensemble des produits alimentaires du bio en forte progression en France, mais qui couvrait moins de 7 % des besoins en 2019 (Agence bio, 2020), il parait difficile de se passer complètement d'herbicides, de synthèse ou mieux de biocontrole, dans un futur proche. Encore aujourd'hui, les herbicides s'avèrent seuls capables d'assurer, une productivité suffisante en céréales et oléagineux à des prix correspondant aux attentes de la majorité et particulièrement des millions de pauvres, environ 18,5 % en dessous du seuil de pauvreté selon le rapport du CNLE en 2021. Depuis le début de la pandémie Covid, environ 10 % de la population doit faire régulièrement appel aux associations pour se nourrir. Toute stratégie imposant brutalement l'interdiction définitive de leur usage qui impliquerait une production plus irrégulière, plus chère et réduite en volume pour les grandes cultures, aurait des conséquences néfastes pour l'équilibre fragile de la Société actuelle, même hors de catastrophes géopolitiques.

5— Diversité des perspectives

Certaines écoles de pensée en écologie appliquée à l'agriculture, occultant complètement l'effet concurrentiel des adventices sur le rendement des cultures, voudraient les protéger parce qu'elles peuvent être utiles en hébergeant des auxiliaires efficaces pour réduire l'incidence des ravageurs. Dans l'improbable hypothèse où, dans certaines conditions, les adventices n'interfèreraient pas d'abord avec le rendement, la question principale de la gestion des adventices deviendrait de savoir s'il serait plus avantageux de les protéger pour réduire la pression de certains ravageurs, plutôt que de risquer, par leur présence de constituer des réservoirs pour des virus telle la jaunisse de la betterave, des bactéries comme *Xylella fastidiosa* ou des champignons tels l'ergot du seigle. Ce maintien, outre un fort impact sur leur développement, induirait, en sus, la présence d'adventices toxiques par elles-mêmes, le meilleur exemple étant celui du datura. Au cas où elles seraient maintenues, les densités nécessaires seraient beaucoup trop élevées pour être acceptées par n'importe quel exploitant. Jusqu'à la fin du XIXe siècle, alors que les adventices étaient très abondantes et diversifiées dans les cultures, les bioagresseurs ravageurs n'en étaient pas moins fortement présents et particulièrement dommageables, même si, effectivement, la présence de certaines adventices, productrices de nectar ont pu jouer sur l'activité de différents auxiliaires, le cas de microhyménoptères parasitoïdes étant souvent cité (Folcher *et al.*, 2011).

À l'exception de quelques jardiniers amateurs qui trouvent le round-up actuel, l'acide pélargonique, infiniment moins performant et beaucoup plus cher pour lutter contre les plantes vivaces que le round-up d'avant 2016, le glyphosate (G), la Société n'a de toute évidence pas conscience d'une quelconque utilité des herbicides. Nombreux sont les citadins qui, persuadés de leur dangerosité pour eux, mais aussi pour la biodiversité, adhèrent à toute démarche qui conduirait à leur suppression à terme et soutiennent un développement rapide et généralisé de systèmes agricoles qui s'en passeraient. Nous intégrons parfaitement cette demande d'une partie de la Société avec une réponse à trouver dans le développement harmonieux de différents systèmes de cultures sur un territoire agricole suffisamment vaste et diversifié pour permettre à chacun de trouver sa place et d'apporter les services qui lui correspondent.

Le propos de cet ouvrage n'est pas de soutenir ou de rejeter un modèle au détriment d'un autre, il s'agissait de parcourir dans les deux derniers millénaires l'évolution de la gestion des adventices jusqu'à aujourd'hui. C'est l'extrême réussite et la généralisation qui justifient le fait que nous avons dû expliciter le système actuel, aujourd'hui très décrié, mais qui doit évoluer sous peine de disparaître. Il s'agit en fait de combiner les avantages des principaux modèles et permettre le maintien des systèmes de production robustes et éprouvés sur le plan de la sécurité alimentaire pour toute la partie majoritaire de la population et notamment le nombre croissant de pauvres — jusqu'à 15 % de la population selon l'INSEE — pour lesquels la priorité est une alimentation économiquement abordable qui représente déjà plus de 18 % de leur budget et certainement bientôt beaucoup plus. Parallèlement, pour une autre partie de la population, le développement d'autres systèmes, ACS et AB, agriculture biodynamique, dans des milieux où ils sont les plus adaptés, doit être également promu pour répondre à des exigences de maintien d'une biodiversité plus riche, de conservation des sols et de lutte contre l'érosion de ces derniers. Cela correspond, pour ces concitoyens, à des aspirations philosophiques et à un certain mode de production qu'ils trouvent meilleur et pour lequel ils sont prêts à payer plus cher leur alimentation. Cela relève donc d'un choix personnel et démocratique… (Guéguen, 2018).

Le plus grand défi de l'agriculture, face aux changements climatiques, est de produire plus de nourriture, plus efficacement, dans des conditions de culture plus imprévisibles, tout en réalisant simultanément des réductions nettes d'émissions de GES lors de la production et de la commercialisation. Parallèlement, pour des raisons toxicologiques et environnementales, l'usage des produits de protection des cultures de synthèse doit être réduit, voire totalement banni. Dans ce but, entre l'agriculture conventionnelle avec toutes ses adaptations jusqu'aux HVE et l'AB, de nouvelles agricultures peuvent être introduites comme l'agriculture de conservation des sols (ACS) et l'agriculture régénérative ou régénératrice (AR), voire des systèmes encore à développer à partir de nouveaux paradigmes.

L'objectif principal de l'ACS consiste en la réduction au maximum voire la suppression du travail du sol via la technique du semis direct et du non-labour. Il s'agit d'assurer une permanence de couverts végétaux, soit par des résidus des cultures précédentes, soit par des plantes de couverture implantées entre chaque culture. L'ACS est aussi fondée sur une rotation raisonnée des cultures pour tirer parti de la complémentarité des espèces cultivées sur une même parcelle. Cela permet de promouvoir une flore microbienne diversifiée en espérant limiter les maladies, mais aussi de participer à la maitrise des adventices.

L'AR applique des pratiques qui doivent respecter le sol, voire l'améliorer avec l'utilisation d'engrais fertilisants naturels. Elle aussi implique du non-labour ou du travail minimal du sol, le maintien d'un couvert végétal, à défaut, l'application de paillis, des polycultures, de rotations culturales, jachères cultivées. Elle utilise aussi des cultures associées. Cette agriculture aux contours encore flous selon les régions ou les groupes d'agriculteurs apparait très proche de l'AB avec moins de contraintes. Dans ce cas, la gestion des adventices est *de facto* assurée de manière holistique par l'ensemble des pratiques de l'AR. En revanche, l'ACS ne se prive pas d'un recours ponctuel au désherbage chimique.

On peut imaginer des adaptations à ces différentes agricultures en introduisant de nouveaux paradigmes. Notamment, les plantes de service peuvent être choisies, voire pour certaines espèces il est envisageable de sélectionner des variétés en fonction des adventices présentes. D'autre part, les cultures peuvent être assistées par des variétés sélectionnées d'espèces pouvant assurer une production qui s'ajouterait à la culture en place. Tous ces couverts représentent le levier le plus important pour lutter contre les adventices dans des situations où l'usage des herbicides serait très fortement réduit. Il est indubitable que les espèces annuelles seront très affectées en diversité et en effectif surtout pour les espèces aux semences très dormantes. Cependant, avant de se convertir totalement dans ces systèmes nouveaux, il faudrait s'assurer de l'absence d'espèces vivaces, surtout rhizomateuses, car il est à craindre que ces espèces ne soient pas assez freinées par des couverts dont la permanence ne pourra que les favoriser au détriment de toutes les autres espèces. On peut aussi espérer que la recherche découvrira des herbicides de biocontrole sélectifs des principales cultures, car, même s'il devient possible de biosourcer des molécules de synthèse à partir de microorganismes, elles resteront des produits de synthèse.

L'agriculture d'un pays doit d'abord produire suffisamment pour permettre à toute la population de se nourrir. Au-delà, si cela est possible parce que les conditions sont favorables, un surplus de céréales peut être exporté vers des pays qui ne peuvent les produire. La France a atteint ce niveau dans la seconde moitié du siècle dernier, pendant la période faste de développement des produits de protection des cultures, mais aussi avec des conditions climatiques plus stables que celles d'aujourd'hui.

Désormais, des contraintes supplémentaires sont exigées et doivent être satisfaites. D'une part, il faudrait, au moins dans nos pays, réduire l'usage des produits de protection des cultures à la fois parce qu'ils peuvent être dangereux et qui, s'ils sont trop utilisés, peuvent se retrouver dans les eaux, mais aussi ces produits, dont les herbicides, participent à la réduction de la biodiversité. D'autre part, le réchauffement en cours exige, pour être retardé, de limiter au maximum les productions de GES et la consommation de carburant pétrolier et de gaz pour la production des engrais azotés.

Ces contraintes nouvelles obligent, pour la gestion des adventices en grandes cultures, conjointement, de réduire fortement le recours aux herbicides et de limiter au maximum les travaux du sol pendant et entre les cultures. Ces prémisses imposées conduisent à devoir imaginer des systèmes nouveaux différents de l'agriculture conventionnelle, mais aussi de l'AB et surtout qui puissent garantir une production de qualité et suffisante pour éviter les importations dont la sécurité ne sera pas toujours garantie.

Les deux agricultures, l'AR assez proche de l'AB et surtout l'ACS tentent de respecter ces obligations essentiellement par des couverts les plus permanents possibles et sans travail du sol, associés à des rotations diversifiées. De nombreux agriculteurs en groupements tentent d'adapter l'ACS à leur exploitation en jouant sur le choix des plantes de service et des associations avec les cultures. Cependant, dans tous ces systèmes, la gestion des adventices n'est plus un objectif en soi, elle est une conséquence des pratiques, voire un objectif partagé avec la recherche d'effets favorables pour le sol, par des couverts végétaux permanents ou non, allélopathiques ou non. La multiplication de cultures aux dates de semis différentes et aux conditions de cultures variées peut également éviter la dominance de certaines espèces. Le choix judicieux des plantes de service avec des légumineuses et des graminées, au-delà de l'effet sur la fertilisation a un effet non négligeable sur les adventices.

Les couverts de cultures intermédiaires en ACS et AC n'ont pas d'effet négatif significatif sur les rendements et même de légères augmentations avec des légumineuses (Arvalis, 2018a). Pendant les cultures, les rendements sont plutôt corrélés à la biomasse des couverts, stabilisés pourvu que celle-ci soit inférieure à environ une tonne par hectare et même augmentés quand les couverts sont détruits (Arvalis, 2016). Actuellement, ces gestions restent limitées, entrainant une tolérance importante d'adventices et surtout la difficulté de gérer les vivaces. Les plantes de couverture en mélanges de trois ou quatre espèces peuvent étouffer les adventices, mais n'agissent que sur les plantes levées pas sur celles qui apparaitront dans la culture.

Pendant les intercultures, les couverts réduisent les germinations d'adventices, mais cela dépend beaucoup des conditions de levée et de développement des couverts. Au-delà de l'absence d'effet sur les adventices présentes, surtout vivaces, des espèces à cycle court comme le pâturin annuel, le séneçon vulgaire ou la véronique de Perse peuvent produire des semences. Si les températures restent douces, même des chénopodes peuvent fructifier. De nombreux essais ont montré que les cultures intermédiaires n'ont quasi pas d'effet sur les levées d'adventices dans la culture. Dans des essais d'Arvalis, les germinations de vulpin augmentent même dans la culture après des cultures intermédiaires (Arvalis, 2018b).

Si les couverts sont laissés vivants dans la céréale, le risque peut venir d'un défaut de gestion qui, si la biomasse est trop élevée, va réduire, parfois fortement, le rendement. De même si le couvert est hétérogène, voire trop modéré, des adventices vont pouvoir se développer. Elles seront souvent difficiles à contrôler chimiquement sans affecter le couvert parce que la période de traitement sera dépassée. Avant la prise de décision, il est important de s'assurer que la parcelle est propre, surtout en ce qui concerne les vivaces rhizomateuses comme le chardon.

La destruction de ces plantes de service, pour limiter le recours au glyphosate, pourrait être facilitée par la sélection de variétés plus gélives ou plus sensibles aux herbicides dont l'acide acétique ou des molécules de biocontrole qui pourraient apparaitre dans l'avenir. Des tentatives de désherbage électrique sur les repousses et les cultures intermédiaires et même des adventices annuelles sont testées en remplacement du glyphosate. Leurs contrôles sont compris au mieux entre 60 % et 80 %, mais surtout sur les dicotylédones et très peu sur les graminées et les dicotylédones à feuilles très fines comme les vesces (Arvalis, 2022).

En plus de la réduction de tous les intrants en fonction des caractéristiques particulières des parcelles, le recours à la génétique par la sélection de variétés à la productivité accrue, avec des résistances à des agents pathogènes, des tolérances à différents stress et adaptées aux changements climatiques doit être exploité. Cependant, en particulier en AB, les techniques de sélection longues, laborieuses et peu précises à partir de variétés connues, ne permettront pas assez rapidement de s'adapter aux variations brutales à venir.

De nombreuses techniques de biotechnologie (NBT) et génétique permettent aujourd'hui de développer rapidement et précisément les caractéristiques particulières recherchées, dans presque n'importe quelle espèce, utilisables dans tous les types d'agriculture, à l'exception de l'AB. Ces nouvelles variétés, mieux adaptées à des conditions différentes, seront également le gage d'une meilleure durabilité vis-à-vis des questions environnementales. Les premières cultures génétiquement modifiées conférant dans la pratique une résistance à des ravageurs ou à des herbicides contribuent déjà à réduire l'usage d'insecticides ou d'herbicides de synthèse appliqués au sol dans beaucoup de pays ou à faciliter l'abandon du travail du sol et le recours au semis direct (Brooke et Barefoot 2018), garantissant dans les pays en développement des rendements accrus.

En 2022, l'Europe n'est toujours pas favorable à ces techniques. C'est un choix majoritaire, politique au sens premier du terme, qui doit être respecté, mais en reconnaissant que la plupart des autres régions du monde hors de l'Europe, dans des pays développés et avec un public tout aussi éclairé, ont fait des choix différents. C'est un choix politique collectif au sein de l'UE qui n'a rien à voir avec ce que l'on pourrait considérer comme le sens de l'histoire. L'Europe a décidé de prendre une voie divergente par rapport au système de production recommandé par la FAO et le CIMMYT entre 1950 et 1980. Si une réduction significative de l'emploi de la chimie de synthèse en agriculture est possible et souhaitable, une trop forte réduction, voire l'abandon rapide des herbicides de synthèse que certains appellent de leurs vœux, renvoient, malgré les modernisations, à la situation et aux techniques des siècles passés faisant appel essentiellement au travail mécanique qui ne satisferait plus l'exigence de réduction des émissions de GES. En ce début de XXIe siècle, la main-d'œuvre fait défaut, aussi par manque d'habitude et plus largement par rejet de certains travaux trop pénibles. Si l'Europe ne maintient pas la diversité des systèmes de production cités, elle court le risque d'une dépendance croissante vis-à-vis des importations.

Grâce à l'agriculture intégrée, telle que mise en avant par la FAO et l'OILB, qui ne prive l'agriculteur d'aucun moyen de contrôle des bioagresseurs et grâce à plus de savoir et de connaissances et des systèmes d'aide à la décision de plus en plus sophistiqués, il devient possible de tirer la quintessence de chacun et d'éviter les effets pervers et les pollutions induits. Il s'agit bien de rendre la production agricole moins dépendante de l'utilisation d'intrants non renouvelables et producteurs de GES, principalement des intrants issus du pétrole comme le carburant, les engrais minéraux tant qu'ils mobiliseront le gaz naturel pour les produire. Le matériel agricole est également très coûteux à produire en ce qui concerne les GES et les métaux ainsi que les passages mécaniques dans les parcelles qui imposent le renouvellement du matériel ou un matériel plus lourd et plus consommateur de carburant.

Depuis des millénaires, il y a toujours eu coévolution entre les activités de l'homme et la nature en Europe (Lévêque, 2020). La dynamique des environnements en Europe, est la résultante directe de cette interaction et, bien protéger la biodiversité, ce sera d'abord tenir compte de ce que les agriculteurs ont créé et créent toujours comme paysages et outils pour l'entretenir au cours des siècles. Dans beaucoup de situations comme les conditions actuelles imposées aux agriculteurs, notamment en ce qui concerne le maintien des prairies permanentes des zones protégées, il peut être observé une détérioration du paysage par le développement des refus du bétail. Ceux-ci étaient autrefois détruits à la main, puis par des herbicides, mais aujourd'hui, ne sont plus maitrisés, par manque de temps ou de moyens et peuvent devenir une flore dominante conduisant à l'abandon et la fermeture des prairies d'altitude et à la destruction du paysage *traditionnel* que l'on cherchait à préserver.

Une vision idéale, voire onirique, d'une nature *bonne, accueillante et éternelle* est portée par des groupes de réflexions et différents philosophes, alors que la biodiversité actuelle, largement liée aux comportements humains, est en fait ce que la Société cherche à protéger (Lévêque, 2021). Il y a une nécessité d'avoir une approche que nous pourrions qualifier d'objective s'appuyant sur une analyse bénéfices/risques ou coûts/avantages à renouveler, voire à retrouver. Michel Serres postulait en 2006. « la nature est toujours en évolution, donc toujours en déséquilibre. Sauver un équilibre est un concept politique, ce n'est pas un concept savant. Et là aussi, j'ai une difficulté à réunir ce que dit la Société et ce que disent les savants ». Le philosophe épistémologiste soulignait l'existence d'une forme de dogme qui semble considérer la nature comme une entité stable. De nombreux types de changements naturels comme le changement climatique existent et, par conséquent, la nature ne peut qu'évoluer d'une manière parfaitement indépendante, quelles que soient les lois humaines.

XV
Hypothèses d'évolutions de la gestion des adventices

« Je ne crois pas qu'on puisse répondre à ces questions complexes avec des principes généraux ou des doctrines simples. Il faut sans doute traiter les choses pas-à-pas, et cas par cas. »

Michel Serres. *Forum de l'agriculture raisonnée respectueuse de l'environnement (Farre)* 2006

1 — Le temps des choix selon un malherbologue

Comme les adventices, par leur permanence, ont toujours interféré avec les cultures, historiquement le système agraire dominant s'est construit sur leur destruction pour privilégier la culture. Actuellement en France, si l'on écarte les surfaces fourragères (12,5 Mha, en 2018), la SAU ne comprenait en 2018 qu'environ un million d'hectares de vigne et d'arboriculture fruitière dont la gestion des adventices est fondée désormais, autant que possible, sur la couverture permanente du sol. Pour moins de 500 000 ha de cultures potagères en 2018, constituées de petites exploitations correspondant à ce qu'un agriculteur peut travailler manuellement ou en AB, il est difficile de maintenir le sol couvert en permanence et, à cause du grand nombre de cultures sur une année dans la même parcelle, la gestion des adventices est généralement mécanique ou manuelle.

L'objectif principal de cet ouvrage était donc de se focaliser sur l'ensemble le plus important, plus de 14 Mha en 2018 en grandes cultures et maïs fourrage et particulièrement sur les céréales (10,45 Mha en 2018) et le maïs fourrage (environ 1,4 Mha en 2018). À cause des grandes surfaces impliquées, la gestion des adventices est très difficile à réaliser sans une consommation de temps de travail excessive, aujourd'hui palliée par la chimie. Comment peut-on faire évoluer leur gestion tout en assurant une production saine et suffisante à un coût abordable pour toute la population ?

Pendant plusieurs millénaires, d'abord la végétation naturelle dans les systèmes d'abattis-brûlis, puis les adventices ont dû être éliminées pour libérer de la place à la culture. Depuis environ deux mille ans, le travail du sol des agriculteurs a été peu à peu justifié par la reconnaissance de leur impact sur la concurrence pour les éléments nutritifs, l'eau, la lumière. Depuis quelques décennies, il a été reconnu que leur présence favorise des maladies des cultures, que beaucoup d'espèces hébergent des virus et des bactéries pathogènes et que certaines sont des hôtes intermédiaires de maladies très dangereuses également pour les humains. Enfin, les toxicités de plusieurs espèces ne cessent d'être mises en évidence et le seuil de tolérance de leurs toxines abaissé. L'évolution de la prise de conscience de ces impacts négatifs a longtemps justifié la recherche systématique d'un contrôle maximal qui n'a vraiment été atteint qu'à la fin du siècle dernier. Parallèlement, il a été montré que certaines fournissent plus ou moins de services écosystémiques selon les espèces : les semences sont consommées par des carabidés, leur pollen par des hyménoptères, elles peuvent héberger des auxiliaires…

Par opposition à la série des crises alimentaires historiques qui n'ont pu être résolues que par l'évolution de l'agriculture en introduisant de nouveaux outils ou concepts pour augmenter la production, la situation actuelle est très différente. Grâce à un niveau de productivité élevé assurée par environ 1,5 % de la population active, la production globale de la France est même devenue excédentaire. Mais les coûts salariaux et certaines contraintes techniques l'ont déséquilibrée avec un solde devenant négatif pour la production française de maraîchage qui n'est plus très compétitive. En effet, dans un monde ouvert avec un marché mondialisé, la couverture de performances non directement marchandes n'apporte aucune reconnaissance par rapport aux besoins de production de la majorité du reste du monde. Néanmoins, une évolution des cultures occupant l'essentiel de l'espace agricole devient nécessaire, les cultures en rotation y compris les cultures maraîchères d'industrie conduites comme des grandes cultures ainsi que la viticulture font l'objet de nouvelles exigences de la Société et des citoyens consommateurs en matière de protection de l'environnement et de la biodiversité.

Désormais, se développent en France des tendances contradictoires dans la gestion des adventices. Certaines poussent à la conservation du maximum d'espèces adventices, surtout annuelles pour protéger et maintenir la biodiversité agricole et tirer parti de leur présence au moins en bordures dans ou hors des parcelles. D'autres proposent de cultiver le plus longtemps possible des couvertures végétales semées dont le principal objectif est de limiter, voire de supprimer, la présence des adventices. La protection d'espèces annuelles, essentiellement pratiquée en AB, exige de maintenir le sol ouvert par des travaux du sol polluants consommateurs d'énergie. Parallèlement, l'absence de contrôle des bordures favorise l'augmentation des densités et les introductions de vivaces à partir des bordures non gérées. Leur limitation par des couverts prolongés va faire évoluer les compositions floristiques au détriment des espèces annuelles et favoriser les vivaces par l'absence de travail du sol et le prolongement de la durée de la couverture végétale.

Moins le sol est travaillé régulièrement, moins le milieu est favorable aux espèces annuelles. Dans tous les cas, si les objectifs de gestion sont atteints, il sera difficile de maintenir la diversité des adventices annuelles et les messicoles, puisque les milieux de grandes cultures vont tellement évoluer que les espèces les mieux adaptées seront quelques annuelles très concurrentielles à fort développement et surtout des vivaces. Or il est beaucoup plus difficile de limiter le développement de vivaces que d'annuelles, même en travaillant épisodiquement les sols. Cette évolution conduit déjà localement à la multiplication d'espèces qui avaient beaucoup régressé et certaines même disparu sous l'effet des herbicides, comme le sureau yèble.

Les sols travaillés régulièrement, une ou plusieurs fois par an, ont surtout favorisé les adventices annuelles, sans empêcher quelques vivaces de perdurer comme les chardons, liserons et rumex. Dès que les perturbations du sol se raréfient ou deviennent moins intenses, à côté des annuelles, les vivaces présentes se multiplient : les chardons d'abord limités à des taches isolées produisent des infestations étendues et régulières. Ces conditions sont favorables aux bisannuelles ou aux vivaces produisant de nombreuses semences généralement anémophiles : les Astéracées, dont la laitue scarole, le pissenlit, des picris, et aussi des épilobes ou du panais... Avec ou sans travail du sol, des espèces rhizomateuses ou à stolons vont se propager à partir des bordures : armoise, chiendent, renouée amphibie, gesse tubéreuse, ronce, sureau yèble... Des espèces pérennantes et des vivaces avec des racines pivotantes comme les rumex, les pissenlits seront certainement plus faciles à contrôler. De plus, le réchauffement climatique permettra à plusieurs espèces en C4 de s'étendre vers le nord, surtout dans des cultures estivales : sorgho d'Alep, paspale distique, chiendent pied-de-poule, souchet...

Enfin, l'évolution du climat et des milieux cultivés ne peut que favoriser l'introduction de nouvelles espèces dont on ne connait pas toujours les meilleures conditions de gestion. Dans les cultures de printemps qui doivent être maintenues propres par la multiplication d'interventions mécaniques, l'évolution du climat va amplifier le développement d'espèces estivales souvent toxiques comme le datura ou les ambroisies qui vont exiger des interventions spécifiques supplémentaires, voire manuelles.

Non seulement les vivaces sont beaucoup plus difficiles à gérer que les annuelles, mais elles sont surtout beaucoup plus concurrentielles. Tant qu'il ne sera pas confirmé que des cultures et des associations de plantes compagnes pourront durablement étouffer les vivaces les plus fréquentes, il sera de première importance d'éviter leur progression souvent à partir des bordures mal entretenues par des moyens puissants et même des herbicides. Dès lors que l'on peut imaginer, au moins pour les prochaines années, le sens d'une évolution probable de la composition des peuplements adventices, il devient nécessaire de développer des expérimentations spécifiquement dirigées contre les vivaces et de s'assurer que l'on disposera de leviers puissants susceptibles de stopper des explosions prévisibles (Image XV — 1).

Image XV — 1 : bordure non fauchée et blé envahi de chardons dans le Châtillonnais (21) en 2021 (Gasquez J.)

Pour accompagner ces exigences, l'agriculture va notamment devoir faire appel à plus de produits naturels et, particulièrement pour le désherbage, de produits sélectifs de la culture parallèlement à la réduction des quantités utilisées issues de la chimie de synthèse. Plusieurs options existent, d'abord, une interdiction progressive de certains produits de synthèse. À l'extrême, cette progressivité peut amener à la suppression totale des herbicides, conduisant à des systèmes d'AB qui compensent cette perte par un désherbage mécanique plus intense et un complément de désherbage manuel y compris pour les cultures en rotation. À l'opposé, pour les grandes cultures annuelles en rotation et même une partie du maraîchage, pomme de terre de plein champ et légumes d'industrie, à l'instar des cultures pérennes, on peut aussi imaginer un paradigme complètement différent. À l'imitation des milieux naturels, il consiste à maintenir le sol toujours couvert, aussi bien pendant l'interculture par des plantes compagnes de la culture que pendant la culture grâce au semis de mélanges de plusieurs espèces cultivées, valorisables. Ce type de pratique peut exister dans des milieux aux sols particulièrement fragiles, comme cela peut être le cas au Brésil, mais sans que cette couverture vivante soit forcément permanente.

Dans le système actuel, l'optimum de la gestion chimique des adventices est le contrôle maximal de chaque espèce présente parce que la panoplie d'herbicides disponibles pour chaque culture le permet. Cela libère, le plus tôt possible, la plante cultivée de toute concurrence pour la lumière, l'eau, l'azote… Dans la mesure où chaque espèce adventice peut être contrôlée, il était considéré qu'un haut niveau de gestion garantissant une production maximale sur des surfaces limitées est atteint sans devoir toucher au sol et en réduisant les techniques productrices de GES, particules de sol déplacées par le vent ou l'érosion hydrique et de dispersions de la matière organique. Comme pour toutes les techniques, les défauts du contrôle chimique sont progressivement apparus avec la mise en évidence de la toxicité possible des herbicides, de leur détection dans les milieux et de leur participation à la réduction de la biodiversité, dès lors que l'espace agricole n'est réellement consacré qu'à la seule espèce végétale cultivée.

Si la raison majeure du besoin de faire évoluer le système agraire est l'exigence de disposer d'eau pure, exempte d'herbicides agricoles et d'éviter des atteintes à l'environnement via l'impact sur la biodiversité, pour ce qui concerne les adventices, la réaction évidente consiste à limiter l'usage des produits les plus utilisés, les plus toxiques ou ceux dont les doses sont les plus élevées. Avec l'évolution des techniques d'analyse, il est désormais possible de détecter des quantités de plus en plus infimes. Quel que soit l'usage de chaque produit, plus il sera utilisé, plus des effets indésirables à des fréquences de plus en plus faibles seront observés. Un tel scénario, peu ou prou, ce que nous vivons en ce début de XXIe siècle en France, devrait conduire à l'interdiction progressive de tous les herbicides de synthèse. Il est certes possible de concevoir un ou plusieurs nouveaux systèmes susceptibles de répondre aux exigences environnementales, économiques et sociales, mais à condition de disposer d'un pas de temps suffisant pour les adapter à l'ensemble des enjeux. Toute la question est alors de savoir si pendant toute la période de mise au point de ces systèmes très innovants, la réduction progressive de l'usage des herbicides ne va pas risquer d'empêcher le système actuel d'assurer les mêmes, voire de meilleures, qualités et quantités de production.

L'agriculture conventionnelle fondée sur le paradigme du sol nu entièrement réservé à une seule plante cultivée à la fois a pu, en développant le contrôle chimique, avoir une approche des adventices, espèce par espèce, en adaptant la réponse en conséquence et, dans la mesure où le sol est devenu propre, pouvoir réagir dès que la densité d'une espèce avait tendance à augmenter. Tant que le sol sera maintenu dans cet état, il sera encore possible de réduire les tonnages d'herbicides utilisés en limitant les zones traitées dans une parcelle, soit par des traitements dirigés sur le rang, soit sur des taches d'adventices détectées automatiquement par des robots ou des drones ou géolocalisées avant la mise en culture. Cependant, cette stratégie qui prolonge le même modèle avec toujours l'objectif de maintien d'un volume de récolte significatif, ne pourrait pas durer si l'exigence de la suppression des produits de synthèse aboutit à une suppression presque totale.

Avec les techniques de semis direct et l'ACS, le besoin de couverture du sol, dans la mesure où il n'est pas permanent, fait que la gestion des adventices est toujours partiellement dépendante des herbicides, surtout des produits totaux dont le plus emblématique et désormais le plus contesté reste le glyphosate. Ce type de système deviendra difficile à maintenir quand cet herbicide sera interdit, sauf à la découverte fortuite et surtout très rapide d'un substitut aussi efficace issu d'une synthèse plus *naturelle*.

À l'extrême, il est possible d'imaginer pour les cultures annuelles des systèmes assurant une couverture du sol permanente ou même de vouloir rendre pérennes des céréales comme le blé (Duchêne, 2020) ou d'autres cultures (site du Land Institute). La culture de rapport pourrait également, pour limiter la présence d'adventices, être cultivée en mélange avec une ou plusieurs autres plantes valorisées, comme autrefois le méteil blé-seigle. Ces systèmes relèvent encore plus de projets en cours d'étude pour en apprécier les bénéfices et les limites que de dispositifs en réel développement. Si après des premiers tests, pas exclusivement dans le but de limiter les adventices, des plantes compagnes adaptées à une culture — le colza — commencent à être disponibles, il restera encore difficile et très long de sélectionner et de disposer, pour minimiser les impacts des adventices, de couples de cultures qui auraient un cycle comparable, ne seraient pas trop concurrentielles entre elles et seraient récoltables ensemble et facilement triables. Encore faudrait-il que cette production diversifiée assure une marge brute suffisante. Dans ces systèmes, la gestion des adventices n'est pas individualisée, elle est globale et fait partie intégrante du système et de sa conduite. Cette approche holistique, par sa complexité, souffre toujours du risque d'évolution progressive ou plutôt accidentelle lié à certaines adventices, surtout l'apparition d'Astéracées anémochores ou le développement de vivaces. De ce fait, pour rétablir la situation, la résolution de ces accidents exigerait d'introduire des modifications profondes, voire coûteuses, du système et pourrait prendre de nombreuses années.

Dans une autre approche, excluant tout herbicide de synthèse, l'AB gère également les adventices dans le cadre de la conception générale du système. Sur environ 1,7 Mha certifiés en 2019, près de 1,2 Mha concernaient des surfaces fourragères et les céréales occupaient moins de 0,26 Mha. En l'absence d'herbicide sélectif naturel et malgré les allongements de rotations avec des cultures valorisées seulement par les animaux, les interventions nécessaires pendant la culture font toujours appel au travail du sol, multipliant les impacts négatifs de ces techniques et notamment l'excès de pression sur les sols et les risques d'érosion ou de tassement liés. Faute d'herbicides naturels efficaces, l'ACS n'est toujours pas à la portée des productions de grandes cultures en AB.

Pour satisfaire les objectifs européens, les types de systèmes susceptibles de s'imposer devraient être fondés sur des techniques agroécologiques utilisant des éléments positifs de tous les autres systèmes dans des proportions variables selon les régions et les cultures. Il est facile d'envisager que les maladies et les ravageurs pourraient être bien gérés par des modèles de développement de l'organisme, des produits de biocontrole et surtout par l'amélioration variétale. À la différence des semences traitées depuis plus d'un siècle contre les maladies et les ravageurs, les traitements chimiques réguliers en végétation ne se sont développés qu'à partir de 1975 en France, alors que les rendements moyens dépassaient 50 q/ha et même plus de 60 q/ha dans les régions les plus productives. La gestion des adventices est beaucoup plus problématique. De ce point de vue, ce sont les herbicides qui restent les intrants les plus stratégiques avec le choix de variétés productives. Malgré des rotations longues et diversifiées et/ou des associations de plantes semées, le seul levier, à l'exclusion de la chimie, reste le désherbage mécanique avec des effets secondaires de plus en plus critiqués dans le monde, à cause de l'érosion induite et du mauvais bilan en matière de plus grande émission de GES et un moindre stockage de carbone, qui n'accompagnent pas la lutte contre le changement climatique. Dans un environnement ayant fortement limité les herbicides, si le système est débordé soit par une dérive progressive de la gestion, soit à la suite de variations climatiques favorables à certaines espèces, il sera difficile de réagir opportunément avec une source naturelle connue ou par l'introduction d'une nouvelle technique.

Il est envisagé, dans des études défendues par les Instituts de Recherche publique, que, dans un peu plus d'une décennie, toutes choses égales par ailleurs, l'Europe aura certainement très fortement réduit, voire *idéalement* quasi totalement supprimé la chimie de synthèse en agriculture. Cet objectif est très spécifique à l'UE et n'apparait absolument pas comme étant actuellement celui des principaux autres pays agricoles mondiaux. À ce jour, ceux-ci gardent en priorité les herbicides et très probablement les autres moyens issus de la chimie de synthèse, certes, dans des contextes pédoclimatiques plus fragiles que celui de l'Europe, notamment vis-à-vis de l'érosion des sols. Mais ce ne semble pas être la raison majeure de leur stratégie. Ces pays privilégient la productivité pour des raisons économiques, de souveraineté alimentaire et géostratégique. Le blé reste le meilleur ambassadeur qui soit lorsque l'offre mondiale est inférieure à la demande comme c'est le cas en mars 2021 avec des cours qui atteignent 250 €/t et qui avoisinent les 300 €/t à la fin 2021 alors qu'ils s'étaient maintenus à environ 180 €/t de mars 2019 à mars 2020 sur le marché mondial. Ces cours se maintiennent dangereusement à des sommets qui rappellent ceux de l'année 2007 qui a été suivie d'émeutes de la faim dans les pays trop dépendants des importations. Ceci peut se reproduire avec des évènements exceptionnels non prévisibles : le déclenchement d'une guerre en Ukraine a fait doubler le prix du blé par rapport à 2020 et augmenter celui de toutes les productions agricoles, même pour les animaux en AB, pour une durée inconnue. On peut s'attendre aussi à une divergence de logique avec le Royaume-Uni qui avait tant œuvré pour la protection de la biodiversité et apparaissait comme un modèle au début des années 2000, mais qui renoue à nouveau avec des objectifs de productivité très élevés, probablement à la faveur du Brexit qui l'éloigne des évolutions qui prévalent dans l'UE.

De plus, des techniques alternatives qui conduisent, au mieux, à une stabilisation et souvent à une régression des rendements, donc de la production, n'anticipent que très mal les conséquences du changement climatique en cours. Celui-ci va bouleverser les productions en agriculture, soumettre les milieux à des conditions climatiques extrêmes et violentes avec plus de précipitations en hiver, voire d'épisodes de gel en période de végétation et de sécheresses en été, nous rapprochant en cela des pays comme les États-Unis d'Amérique, l'Australie ou le Brésil qui ont justement fait le choix de maintenir la chimie de synthèse en général et les herbicides en particulier pour faire face à ces aléas naturels auxquels ils sont confrontés de longue date.

En ce qui concerne les changements à apporter aux systèmes de cultures et quelle qu'en soient les raisons, la vraie question que nous posons reste le risque d'un choix entrainant une trop brusque et trop forte réduction des leviers les plus puissants de l'agriculture conventionnelle, qui ne serait fondé que sur une confiance excessive en la stabilité et la relative régularité d'un climat en Europe de l'Ouest. Cette vision appartiendrait désormais au passé en n'intégrant pas les évolutions annoncées par les climatologues en matière d'aléas rendant le contexte plus difficile pour l'agriculture. L'adoption des techniques de non-travail du sol associées au maintien de l'usage des herbicides permet aux pays, ailleurs dans le monde, soumis à des aléas climatiques qui pourraient augurer de notre climat des deux prochaines décennies, de lutter contre l'érosion des sols, de réduire l'émission de GES, de faciliter leur stockage, et de limiter l'impact du manque de pluviométrie au printemps et en été.

Dans ce but, une approche raisonnable serait de privilégier la possibilité de faire coexister une grande gamme de systèmes aussi bien pour faciliter l'amélioration de chacun par la comparaison réciproque, que pour associer le plus précisément possible un système adapté à chacune des 546 régions naturelles françaises pour maintenir la diversité actuelle des paysages et des productions (Fénié et Fénié, 2000). L'agriculture conventionnelle, le plus possible en protection intégrée, déclinée en une multitude de formes (agricultures de précision jusqu'à l'ACS…) devrait pouvoir être de plus en plus valorisée, comme par la certification de HVE (Kressmann, 2021), au même titre que l'AB. Cette diversité d'approches serait certainement la position la plus propice à adapter notre agriculture aux changements majeurs en cours.

2 — Le point de vue d'un biologiste (Michel Dron)

Dès qu'*Homo sapiens* a commencé à se sédentariser, à une période qui a correspondu à l'avènement du néolithique, probablement dans les plaines de Judée, puis progressivement dans celles du Tigre et de l'Euphrate, il s'est trouvé confronté à la protection des animaux et des plantes qu'il avait commencé à domestiquer, et ce, vis-à-vis de divers types d'agresseurs ou rivaux de la chaîne trophique également intéressés par ces ressources nutritives très attrayantes par leur densité. C'est ainsi qu'il a commencé à domestiquer des animaux qu'il ne consommait pas, mais qui l'aidaient dans cette tâche comme les chiens et les chats, et qu'il s'est organisé pour que ces parcelles soient plus productives en éliminant les rivales des plantes qu'il concentrait pour se nourrir, céréales notamment. Et très vite, il a identifié, reconnu et nommé ces plantes rivales comme étant des *mauvaises herbes*, aujourd'hui dites adventices. La lutte contre les mauvaises herbes est donc bien concomitante à la sédentarisation humaine et à la domestication des plantes pour la consommation animale et humaine. Et comme cet ouvrage le montre bien, l'Homme n'a cessé de devoir trouver des moyens techniques pour mieux défendre, aussi efficacement que possible, sa ressource nutritive. L'avènement des solutions chimiques pour la protection des cultures au milieu du XIXe siècle, un peu plus tard pour les herbicides, a ouvert une nouvelle ère. Comme lors du néolithique, il s'est agi d'une approche empirique par essai-erreur, en testant diverses molécules et en recherchant leur activité discriminante entre adventices et plantes cultivées. Bien sûr, des erreurs ont été faites au début, les filières agricoles étant davantage concentrées sur la productivité, afin de répondre à l'explosion démographique humaine. En effet, au départ, les questions de santé publique et environnementale étaient peu prises en compte vis-à-vis de l'exigence d'avoir la capacité à nourrir toute la population. Néanmoins, dès que cette capacité est devenue réalité, ces questions sont très rapidement devenues prioritaires. Les législations et tests toxicologiques se sont très rapidement multipliés, alourdis avec de nombreux points de contrôle réglementaire, si bien qu'à partir des années 1970, la balance-bénéfice – risque a très rapidement basculé vers un *zéro risque santé publique*. Et on le voit, les molécules herbicides qui ont alors été homologuées, visaient toutes des cibles hyperspécifiques du monde végétal, et ce, en cherchant à être soit hyper discriminantes au cours de la culture, soit totales avant son semis. D'ailleurs, si seules des multinationales, de moins en moins nombreuses, ont pu rester dans ce *business*, c'est largement en raison des coûts d'Autorisation de Mise sur le Marché (AMM). Il n'y a aucune garantie que la molécule et ses formulations fonctionneront effectivement *en pratique*, et ce, sur la durée pour atteindre un bon niveau de rentabilité. De plus, il est nécessaire de s'assurer vis-à-vis des risques d'attaques juridiques pour diverses raisons, comme on l'a constaté pour plusieurs molécules, dont le glyphosate est le meilleur représentant.

Il ne s'agit pas de défendre les molécules *herbicides* mais bien de ne pas basculer dans des extrêmes d'un côté ou de l'autre, et donc de bien raisonner la balance-*bénéfice — risque*, à tous les niveaux, depuis l'agriculteur et toute la chaîne jusqu'au consommateur et sa santé, y compris la santé environnementale. Les conditions de travail de l'exploitant sont autant essentielles à prendre en compte que les faibles risques, difficilement prouvables, de l'incidence des molécules herbicides à faible dose sur la santé humaine et environnementale. Cet ouvrage est consacré aux adventices, donc, pour la phytopharmacie, aux herbicides et non à l'ensemble des pestes des cultures. Cette distinction est extrêmement importante, les médias et le grand public ayant tendance à tout amalgamer lorsque le suffixe *cide* est associé, et donc à refuser toute intervention avec des produits dits de Chimie de Synthèse pour l'agriculture, quelle que soit leur toxicité.

En ce qui concerne le contrôle des adventices, il est compréhensible que les producteurs aient rapidement abandonné les techniques mécaniques et manuelles demandant beaucoup d'efforts et de main-d'œuvre, lorsque les premiers herbicides efficaces et si faciles d'emploi sont arrivés sur le marché. À l'époque, les citoyens ont été peu, voire pas du tout associés aux décisions, de même que les médias nationaux y consacraient peu de lignes, contrairement à aujourd'hui. En effet, la plupart des familles avaient au moins un membre dans l'agriculture et percevaient la situation. Quelques générations plus tard, ceux-ci sont si peu nombreux que beaucoup de familles n'ont plus aucun lien avec cette activité. Les pesticides, y compris les herbicides avec le glyphosate *en tête de gondole*, sont maintenant tellement décriés par les médias et les citoyens — les politiques s'y étant associés et ayant légiféré — qu'une balance inverse est engagée. Ce changement de cap vise à supprimer la quasi-totalité des molécules phytosanitaires, dont les herbicides, pour diverses raisons, notamment de risque zéro pour les santés publique et environnementale (Grenelle de l'environnement, EcoPhyto I, II...). Dès lors qu'on pense qu'un produit peut être dangereux, on doit l'interdire, quelles que soient ses qualités. À partir de là, agronomes, agents de la protection des cultures, firmes, producteurs, coopératives, média, politiques, ONG et associations citoyennes se sont engagés dans une réflexion pour compenser l'arrêt de l'usage des pesticides, ici les herbicides, tout en maintenant une productivité végétale suffisante. Cela a conduit à des reprises d'approches mécaniques par des outils de désherbage mécaniques revus et corrigés, physiques (brûlage...), agronomiques (rotations longues, cultures associées, gestion du bassin versant-paysage...). Il nous semble qu'on ne peut que s'en réjouir à condition, bien sûr, de bien maîtriser les adventices, de ne pas générer trop de travail supplémentaire aux producteurs et de ne pas introduire avec cet effort d'autres nuisances (CO_2, NO, et autres GES dus aux fonctionnements des machines...) contribuant au changement climatique. Néanmoins, il semble que cet objectif, vu toutes les connaissances accumulées et rapportées dans cet ouvrage, sera difficile à tenir sans soutien agrochimique.

Plutôt que de rejeter l'agrochimie à tout prix pour contrôler les adventices, il serait certainement plus pertinent de construire des itinéraires intégrés et adaptés à chaque situation, avec une analyse *ex ante,* par des conseillers compétents. Des protocoles adaptés et raisonnés, parcelle par parcelle, en fonction des historiques, de la culture à mettre en place, sans rien se refuser, pourraient ainsi être définis. Même si l'itinéraire de base devait minimiser l'usage herbicide, ce dernier serait intégré si cela était pertinent et/ou nécessaire. La conduite d'une culture est suffisamment complexe pour éviter de se compliquer la tâche, à court et long terme, tout en tenant compte des bénéfices/risques pour la culture, le producteur et les externalités de santé publique et environnementale.

Les différentes techniques de désherbage ont largement été discutées dans les chapitres précédents, qu'elles soient mécaniques, manuelles, jouant sur les cycles de vie des plantes cultivées et adventices (avancer-retarder les semis, faux semis...), agronomiques (mélanges, organisation et rotation à l'échelle du territoire) et bien sûr, chimiques (du moins pour les substances autorisées et surtout ne compromettant pas les santés publique et environnementale). Ces techniques devront être associées à des outils puissants d'aide à la décision (OAD) qui tiennent compte à la fois des prévisions climatologiques sur de longues durées avec un niveau de précision suffisant. Il faut y ajouter une cartographie fine des sols, de la répartition des adventices et leurs identités, parcelle par parcelle, sur un suivi pluriannuel. Les décisions de désherbage devront prendre en compte les plantes cultivées à mettre en place dans l'année, la connaissance des allélopathies entre ces plantes cultivées et les adventices les plus courantes dans ces parcelles. Bien entendu, les outils satellites (GPS…) pour repérer les différents types d'adventices dans la parcelle (annuelles, vivaces…) y seront intégrés. Il est clair que plus une parcelle aura été bien conduite, plus il sera facile de localiser et contrôler les quelques taches d'adventices. Avec cette combinaison/ce couplage d'informations précises, il deviendra de plus en plus imaginable de réduire au maximum l'intervention curative à l'aide de molécules chimiques. Toutefois, cela nécessitera un couplage d'outils mathématiques — statistiques/informatiques très puissants et adaptés – adaptables à chaque situation parcellaire pour développer des OAD performants et spécifiques. C'est en cela que le conseil privilégié auprès des producteurs aura un impact, en l'intégrant aux autres nuisances en cours de culture (maladies et ravageurs, aléas climatiques divers, données économiques/question de prix et de choix d'assolement…).

Avec les connaissances qui s'accumulent, d'autres approches pourront être intégrées et combinées avec celles mentionnées ci-dessus. Toutefois, il faudra être attentif à ne pas ajouter des complications à celles que représente déjà la lutte contre la diversité des adventices présentes dans les parcelles. Par exemple, il est possible d'utiliser des pathogènes spécifiques d'espèces d'adventices comme mycoherbicides. Mais, étant donné que les adventices sont plurielles dans une parcelle, cela exigerait de trouver des cocktails complexes, tout en s'assurant qu'aucun élément d'un cocktail, s'il était vraiment spécifique et efficace, ne devienne un problème sur les cultures suivantes ou des espèces hors de la parcelle. Ce genre d'approche avec des champignons a été très peu utilisé en agriculture en France, seulement pour éliminer une espèce envahissante (Miconia en Polynésie), pas avec beaucoup de succès. Également, la gestion par des insectes a été tentée pour la vigne marronne (*Rubus alceifolius*) à l'île de la Réunion qui a envahi forêts, friches, bords de chemins et parcelles de canne à sucre mal entretenues… Si les résultats se sont révélés finalement plutôt satisfaisants, au moins dans les zones basses, cette opération a provoqué beaucoup de sueurs froides à ses opérateurs, tant la *mouche bleue* utilisée pour ce contrôle s'est également intéressée à d'autres espèces que la vigne marronne, notamment les litchis, faux poivrier, fraises… et a été un moment en compétition apparente avec les abeilles.

Il est clair que, en raison de leur nature, les adventices seront toujours présentes. *Homo sapiens*, tant qu'il se maintiendra par des populations croissantes aussi importantes, devra toujours les contrôler le mieux possible pour assurer une alimentation suffisante et il devra le faire par des combinaisons d'approches d'intervention, aidées par des outils de modélisation toujours plus adaptés pour aider à la prise de décision.

3 — Une transition vers plus de diversité et de synthèse selon un agronome (Marc Délos)

Constater que le monde agricole des pays d'Europe de l'Ouest est tiraillé entre des aspirations contraires sous la pression de la réalité des marchés et des attentes des citoyens est devenu une évidence pour les décideurs. D'un côté, on peut citer le poids d'une histoire, surtout récente, centrée sur la recherche par le monde agricole d'une efficience maximale par unité de surface et surtout par unité de travail humain (UTH), efficience étant toujours la priorité des pays de l'OCDE. Cette priorité renvoie, s'agissant de la gestion des adventices des cultures, à d'immenses difficultés face à une réintroduction des interventions manuelles pratiquées ailleurs dans le monde, sauf à accepter une paupérisation croissante de nos sociétés, que l'on ne peut exclure d'emblée, mais, en première analyse, qui n'est pas vraiment souhaitée par une majorité de travailleurs. La tendance monde pour l'agriculture relève, elle, plus d'une intensification par unité de surface (Dorin, 2021) dans le cadre de la révolution verte, d'un besoin croissant d'autonomie alimentaire et d'un recours à une main-d'œuvre infiniment moins chère.

D'un autre côté et en opposition, d'autres aspirations relèvent de la satisfaction d'attentes, voire d'exigences de la société civile pour le retour, dans les systèmes de production en Europe, à des techniques plus *traditionnelles* dans la façon de produire, que l'on pourrait lire aussi, mais pas seulement, comme celles d'avant l'introduction de la chimie de synthèse et des technologies avancées en amélioration des plantes. Les motivations formulées font état d'une meilleure protection des milieux et de la biodiversité, réelle ou suggérée, parfois même d'une qualité de l'alimentation améliorée, voire *retrouvée*, sans que cet aspect soit correctement documenté. Dans certains pays, ailleurs dans le monde, coexistent une agriculture de subsistance, pourvoyeuse d'emplois et de nourriture aux populations locales et rurales, souvent pauvres, avec un recours minimal aux intrants achetés et, d'autre part, une agriculture très industrielle destinée à l'exportation et à couvrir les besoins des cités à forte densité. Au Brésil, ces deux facettes de la production agricole relèvent de deux ministères différents.

Stéphane Le Foll (Le Foll, 2017) acteur majeur de la transition agroécologique en France en 2012 soulignait que l'on doit quitter une agriculture intensive en énergie polluante pour aller vers une agriculture intensive en connaissances du vivant. L'agriculture se trouve désormais au centre d'enjeux décisifs pour la planète, dans une époque de ressources renouvelables en relatif plus rares par habitant et appelées à remplacer, pour une part, les énergies fossiles. Le commerce mondial devra être repensé, avec de nouvelles négociations multilatérales qui intègreraient un objectif environnemental affiché. C'est le bilan carbone de chaque pays qui devrait permettre d'accéder aux marchés. Le programme de stockage du carbone dans le sol lancé par la France avec le projet 4 ‰ et primé par les Nations unies en est une illustration.

3 — 1 Des difficultés pour asseoir cette transformation dans la gestion des adventices

L'objectif de l'agroécologie est de concilier performance écologique et performance économique : faire produire à plein le potentiel de photosynthèse du territoire tout en protégeant les sols, réservoirs de biodiversité, pièges à carbone et si fragiles. Pour les protéger, Stéphane Le Foll recommandait de les laisser vivre et, en les laissant au maximum couverts, de voir prospérer la biodiversité qu'ils abritent. Cet objectif a un impact considérable sur la gestion du désherbage des cultures.

En situation idéale, le couvert d'interculture laisse la place à la culture sous l'effet du gel ou d'une destruction mécanique, avec une utilisation limitée et ponctuelle d'herbicides adaptés lorsque le gel ne suffit pas ou que la destruction mécanique consomme trop d'énergie fossile plus polluante que l'herbicide. Actuellement encore du glyphosate, mais demain, dans cinq ou dix ans par hypothèse, des substances nouvelles, biosourcées et totalement biodégradables, à l'efficacité comparable, pourraient faciliter la gestion de la couverture végétale que réclame le plan des 4 ‰. C'est une période de transition, quelques années qui devraient permettre à l'agriculture française de voir cet herbicide de synthèse en particulier, remplacé par de nouvelles molécules mieux acceptées par la société civile, même si le glyphosate a fait l'objet d'un excès de médiatisation et a été plus décrié comme un symbole d'un système trop simplifié et parfois caricatural que comme une substance réellement dangereuse. Son abandon trop brutal entrainerait un risque de blocage du processus de transition en cours et un déphasage entre l'Europe et le reste du monde.

3 — 2 Une gestion des adventices en agriculture qui doit s'inscrire dans une agroécologie de progrès.

Dans le cadre de la transition agroécologique, pour la gestion des adventices, l'objectif est d'aller davantage vers une gestion holistique des stress générés par les adventices, moins mécaniste, par exemple un facteur limitant = une solution technique, une dose, une période d'intervention. La règle reste la diversité des options dont disposent les agriculteurs : espèces, dates de semis, outils de gestion des stress avec de nouveaux assemblages de techniques.

La Nature sera toujours considérée comme une alliée ou un modèle. L'effet bénéfique étouffant des mulchs et couverts végétaux sera généralisé. Les semences d'adventices seront laissées autant que possible en surface pour permettre leur germination rapide ou leur destruction. L'irrigation durable, moyen tout aussi naturel, doit favoriser la plante cultivée par rapport aux adventices en accélérant sa levée. La fertilisation minérale azotée, décarbonée avec la source « green ammonia » où l'ammoniac est synthétisé à partir de l'azote de l'air et d'hydrogène issu de l'électrolyse de l'eau par des énergies renouvelables et, associée aux OAD, rendra possible un bon ajustement aux besoins de la plante cultivée qu'elle rend plus compétitive. Elle participe à la gestion des stress liés aux adventices, évite les excès dans le sol à des dates inadéquates. L'amélioration génétique avec des méthodes modernes (NBT) va permettre d'augmenter les plages de cultures des espèces cultivées. La diversité génétique naturelle au sein de l'espèce permet par exemple d'introduire une résistance au froid dans les betteraves à sucre et autorise des semis dès l'automne. Il en est de même pour des caractères de production de substances allélopathiques vis-à-vis des adventices, caractères préexistants dans la Nature, souvent perdus au cours des siècles de sélection, mais qu'il est désormais possible d'introduire indépendamment d'autres caractères pénalisants associés chez les plantes sauvages de l'espèce. L'amélioration variétale doit aussi favoriser la seule plante cultivée en lui permettant de valoriser des apports de phosphore sous forme de phosphites, carençant les adventices en cet élément majeur, incapables de valoriser les phosphites. La technologie est donc une source majeure de diversité dans les solutions.

En revanche comme suggéré pour la protection des sols en Europe, le travail du sol, trop profond, trop répété, est une source majeure d'érosion et de perturbation de l'écologie du sol, impacts redoutés ailleurs dans le monde. Il ne peut constituer une solution généralisable (Commission Européenne, 2006). C'est ce choix qui rend aussi le recours à des substances pulvérisées sur la parcelle pour contrôler les adventices, toujours indispensables dans un futur prévisible.

Du point de vue pratique pour la gestion des adventices, la reprise des lignes directrices développées en 2012 à l'initiative de Stéphane Le Foll permet de tracer des perspectives plus opérationnelles en valorisant ce principe d'un retour, dans la façon de produire, à plus de complexité considérée comme source de résilience. Ces lignes défendent sur le plan technique une vision de l'agroécologie qui en fait une agriculture qui permettrait d'assurer diverses synthèses adaptables des avantages des trois types d'agricultures : conventionnelle, de conservation des sols et biologique.

Il s'agit de l'agroécologie telle que décrite par Henri Rouillé d'Orfeuil (Rouillé d'Orfeuil, 2021) qui soulignait, très récemment, une évolution vers un « caractère anticrise, bienfaiteur et un rien magique » du mot « agroécologie » né dans la « littérature savante et testé dans les marges agricoles lors de sa redécouverte ». Grâce à ce constat, l'auteur manifestait une « volonté de redonner au concept une force opérationnelle ». Pour cela il s'appuyait, comme nous l'avons largement fait dans cet ouvrage et avec des sources proches, sur l'histoire des agricultures depuis le néolithique, mais en insistant sur celles des « temps modernes ». Il s'agit :

– d'une substitution des intrants chimiques (lire *de synthèse*) et énergétiques (lire *d'origine fossile*) non renouvelables (2e révolution des temps modernes) par des intrants biologiques et renouvelables, fertilisation, protection des cultures et énergie, ce qui pose le problème d'un retour excessif à la mécanisation pour remplacer la chimie dans la lutte contre les adventices.

– d'une substitution des systèmes de culture et d'élevage simplifiés (toujours la 2e révolution des temps modernes) par des systèmes plus diversifiés associant plantes, animaux et arbres, sources de services écologiques gratuits.

Il n'existerait donc pas, en particulier pour la gestion des adventices, des processus prêts à l'emploi, mais des corpus de techniques agroécologiques diverses qui, en fonction des contextes et des milieux, déplacent le curseur à plus ou moins grande proximité des techniques de trois modèles d'agricultures : ACS, AB et conventionnel et en les combinant de façon optimale grâce aux outils de l'agriculture de précision et les OAD qui n'existaient pas il y a 35 ans.

L'AB, *sensu stricto*, s'appuie sur le refus de l'azote minéral et des pesticides de synthèse, mais utilise plus de carburant d'origine pétrolière notamment pour le travail du sol et le transport des fertilisants organiques plus pondéreux. L'ACS prône l'absence de travail du sol en général et le labour en particulier, mais accepte les pesticides agricoles de synthèse, notamment des herbicides. L'agriculture conventionnelle qui occupe encore 90 % de la SAU recherche une optimisation économique sans rejeter aucun outil.

Celle-ci est plus rapidement adaptable au contexte économique (besoins du marché, crises frumentaires…) par la possibilité d'une gestion effective, dans chaque culture, des bioagresseurs, particulièrement les adventices, qui permet une rupture de rotation plus facile que les successions plus longues imposées à l'AB ou à l'ACS. Les trois agricultures cherchent à satisfaire des attentes citoyennes en matière d'aliment (label, signe de qualité, prix, HVE (MAE, 2021), circuits courts, traçabilité…) ou de conditions de production.

La voie révolutionnaire *green ammonia* va résoudre la dépendance à la ressource fossile pour les fertilisants azotés et l'impact sur l'émission de GES qui pénalise encore l'agriculture conventionnelle et l'ACS par unité de surface. La perspective de substances actives herbicides aux modes d'action proches de certains produits actuels, obtenues à partir de la biomasse végétale puis par fermentation, ouvre des alternatives pour éviter le recours à plus de désherbage mécanique. Ce travail du sol pour la gestion des adventices deviendrait alors la principale source d'émission de GES de la production végétale en sus de son impact sur l'érosion et l'émission de particules en suspension dans l'air, déjà évoqué largement au chapitre XII.

3 — 3 Une transition pour la gestion des adventices nourrie par la diversité les modèles.

Selon l'objectif de l'UE, l'AB devra augmenter ses surfaces jusqu'à 25 % de la SAU en 2030. Cette ambition devrait se voir plus facilement satisfaite par le biais d'une augmentation des productions fourragères qui représentent déjà 60 % des surfaces labélisées en AB ou en conversion, soit environ 11 % des 12 Mha de fourrages et de surfaces toujours en herbe, parce qu'elles supportent une très faible intensification, surtout dans la gestion des bioagresseurs. Mais parmi les principales contraintes, à la suite de l'absence d'interventions, se développent assez rapidement des adventices vivaces et, plus grave, des espèces toxiques dont les principales sont des envahissantes introduites.

L'agriculture conventionnelle pour sa part a fait d'énormes progrès depuis le début des années 2000 avec la généralisation de la protection intégrée, devenue obligatoire depuis 2014 (Légifrance, 2009). Cette protection donne la priorité à la prophylaxie via l'agronomie, aux rotations et au choix de cycles de culture moins exposants. Les OAD sont désormais développés pour réduire le recours aux intrants et les limiter aux parcelles, voire aux parties des parcelles qui les justifient. L'application aux pratiques de désherbage est en en cours de développement. Le choix variétal, moyen de gestion des maladies et des ravageurs, peut s'étendre aux adventices en modifiant les plages de culture possibles pour une espèce.

L'objectif pour l'agriculture dite conventionnelle est d'aller vers une agriculture à Haute Valeur Environnementale (HVE) pour renforcer encore les pratiques de protection intégrée grâce à plus de traçabilité et d'outils connectés et ne plus voir utiliser que des herbicides de biocontrole, biosourcés ou « bioinspirés » issus du vivant. Très rares actuellement, ils devraient posséder tout ou partie des qualités des herbicides de synthèse actuels, au-delà des acides faibles non sélectifs proposés actuellement qui sont notoirement très peu performants. Cette agriculture HVE doit aussi éviter de voir les intrants appliqués sur la parcelle gagner les milieux naturels en réaménageant les parcelles pour bloquer le transfert des éventuels excès d'azote ou de phosphore et surtout les herbicides adsorbés sur les particules de sol.

Un nouveau concept, porté par des bases anciennes, promeut une agriculture régénératrice (AR) (regenerationinternational) à partir du modèle de l'ACS, en y associant des caractéristiques de l'AB, avec plus de recours à la fertilisation organique en sus de rotations longues et de couverts végétaux déjà intégrés par l'ACS. La ferme de Sainte-Anne, exploitation agricole passée en ACS en 1999 puis en AB en 2015, est assez exemplaire (Brizard, 2021), mais c'est un modèle qui doit être confirmé dans le temps pour vérifier que la somme des contraintes est durablement gérable. L'AR pourrait se passer de fongicides et d'insecticides appliqués en végétation, mais les adventices restent des bioagresseurs plus contraignants, puisqu'elles suivent la règle des intérêts composés sans remise à zéro chaque année par le climat ou la rotation, ce qui est en général le cas pour les maladies et les ravageurs. Avec une focalisation sur le non-travail du sol, situation la plus proche du milieu naturel, cette nouvelle agriculture devrait pouvoir disposer d'herbicides, mais, si possible, inspirés par la Nature.

Le futur de l'agriculture passe par une plus grande diversité de modèles plus économes en intrants et privilégiant le recyclage et l'origine locale : HVE, ACS, AB et bientôt AR. Ces agricultures recherchent, désormais toutes, une forte à très forte réduction des intrants et des impacts, mais pas les mêmes. Ces modèles d'agriculture vont devoir s'hybrider, même si l'agriculture conventionnelle doit continuer à assurer la majeure partie du volume, notamment pour les productions destinées aux populations moins favorisées, à l'exportation et à la sécurisation alimentaire des Pays du Sud dont nous consommons une part de leur production.

Il s'agit donc, pour la gestion des adventices, d'une poursuite de la marche forcée vers plus de diversité de modèles d'agriculture, diversité renforcée par des hybridations ou des synthèses entre ces systèmes, pour optimiser les potentialités agroclimatiques des différents territoires de l'hexagone. Cette diversité de systèmes, dont certains à inventer, fera, bien plus que dans le passé, appel à la diversité des méthodes inspirées par la Nature, pour la gestion des herbes indésirables dont on a démontré qu'elle est tout aussi importante que le semis de la bonne graine.

À l'instar de ce qui vaut dans les pays développés, cette gestion en Europe sera contrainte à limiter la perturbation des sols et devra faire appel à la pulvérisation de substances, mais de plus en plus naturelles et produites à partir de la biomasse renouvelable avec, là aussi, nécessité d'une plus grande diversité de molécules « bioinspirées » et biosynthétisées.

Épilogue

« L'avenir n'est pas ce qui va arriver, mais ce que nous allons faire ».
Henri Bergson. *Matière et mémoire*, 1896

Dans cet ouvrage nous avons tenté de montrer comment, au fil des siècles, s'est développée la prise de conscience de l'importance de bien gérer les adventices dans l'évolution de l'agriculture, en particulier à partir du siècle des Lumières et lors du XIXe siècle avec le développement de l'Agronomie et des écoles qui lui ont été dédiées. Dès la seconde partie du XXe siècle, cette évolution a assuré la production d'une alimentation abondante pour accompagner l'explosion démographique de la population. Ce système agraire a progressivement permis la mise au point de leviers très puissants, notamment en matière de gestion des adventices. Désormais, celles-ci ne dominent plus les cultures, même si elles exigent encore d'être constamment sous surveillance. Cela est d'autant plus nécessaire que, malgré l'anthropisation et le manque d'approche holistique qui sont reprochés à cette agriculture, les espèces sauvages des milieux agricoles évoluent et se renouvèlent à cause de la mondialisation des échanges par l'introduction d'espèces nouvelles. Également, chez toutes ces espèces, la reconnaissance de caractéristiques dangereuses, ignorées jusqu'alors, retient de plus en plus l'attention des agences de réglementation.

Ainsi, parmi les nombreuses adventices des cultures, des dangers sous-estimés ou des fléaux nouveaux qu'il sera probablement très complexe de gérer, sont déjà présents, voire menaçants pour certains. Pour faire face aux risques de ces menaces, souvent déjà à nos portes à notre insu, même les systèmes favorisant le fonctionnement naturel des milieux agricoles par la restauration de la biodiversité devraient pouvoir garder en réserve des leviers puissants pour stopper le plus précocement possible l'extension de tels dangers.

Le risque latent de cette dynamique naturelle concerne particulièrement des adventices susceptibles d'être problématiques parce que nouvelles et à la gestion incertaine pour les agriculteurs d'aujourd'hui. Quatre exemples d'adventices, à l'impact apparemment encore limité, portent en germes les risques d'explosion de futures catastrophes, chacune pour des raisons différentes. Des espèces parasites ont été fortuitement réintroduites. Des espèces envahissantes sont dangereuses soit par l'allergénicité de leur pollen soit par la toxicité de tous leurs organes. Enfin, plus improbable, des espèces communes peuvent s'avérer des intermédiaires inattendus pour une maladie envahissante.

Le premier cas correspond à un groupe d'espèces inconnues ou oubliées, les parasites des cultures annuelles, voire des Fabacées pérennes et particulièrement la plus répandue, quasi disparue jusqu'à récemment : l'orobanche rameuse. Comme plusieurs autres espèces de ce type, au XIXe siècle, elle était très abondante sur le tabac dans le sud-ouest et sur le chanvre dans beaucoup de régions. En Bourgogne, la flore de Viallanes, (1889) la notait commune. Dans une flore de Bourgogne de la fin du XXe siècle (Bugnon, 1993-1995), elle était considérée comme disparue, ce qui n'est désormais plus le cas dans la région (Gibot-Leclerc *et al.*, 2006). Cette espèce, comme toutes les plantes parasites des cultures, avait été la cible d'une prophylaxie extrêmement sévère, encadrée par plusieurs lois, dès la fin du XIXe siècle. Ces lois donnaient aux préfets l'obligation de prendre des arrêtés prescrivant « l'échardonnage et la destruction du gui, de la cuscute, de l'orobanche et de l'épine-vinette ». La loi historique du 21 février 1908 introduisait par exemple l'interdiction de l'importation en France de semences de cultures contaminées par des semences de plantes parasites, mais était souvent difficile à mettre en œuvre et fut remplacée depuis, par un ciblage plus strict des organismes de quarantaine. Ces mesures administratives ont poussé à la réduction des cultures parasitées, jusqu'à la suppression définitive de la culture concernée sur les parcelles atteintes. Elles ont été très efficaces, surtout pour le chanvre qui n'était presque plus cultivé dans les années 1960. Dans les années 1980, dans l'ouest de la France, l'orobanche a commencé à se développer sur le colza et dans l'est sur le chanvre, après le retour à des surfaces significatives de cultures de chanvre industriel, puis sur le colza. Dans cette dernière région, elle aurait pu être accidentellement introduite avec des semences de chanvre en provenance de Turquie. Il en serait de même pour la forme d'orobanche penchée parasite spécifique du tournesol, avec une première introduction vers 1993, probablement après l'achat de semences bon marché de tournesol en provenance de pays du pourtour méditerranéen, introduction discrète sur le tournesol français jusqu'en 2007-2010, période où le problème de cette plante parasite a commencé à se poser techniquement (Jestin et Durouex, 2019).

La lutte contre l'orobanche rameuse est très problématique. La recherche de variétés de colza peu ou pas sensibles peut se révéler prometteuse (Véronési *et al.*, 2006) quand ce sera le cas et, au moins, tant qu'il n'apparaitra pas de génotypes d'orobanche capables de contourner la résistance (chaque plante produit d'énormes quantités de semences persistant des décennies dans le sol). Il faudrait, dans l'absolu, pour rendre cette lutte possible, pouvoir généraliser l'utilisation de variétés de colza, comme de tournesol, naturellement tolérantes aux herbicides inhibiteurs de l'ALS (groupe B), à défaut de plantes supportant des herbicides totaux comme le glyphosate. La seule alternative reste la multiplication de pratiques à effets partiels très difficiles à associer : allongement des rotations, suppression quasi définitive de cultures sensibles et introduction de cultures non hôtes : céréales, maïs, sorgho, lin, pois. Pour limiter la dissémination vers les parcelles voisines, il est également nécessaire de laver les outils et d'éviter les broyages de résidus de cultures, les échanges de matériels agricoles entre parcelles saines et infestées, pratiques impossibles à assurer, notamment dans un contexte de recours accru au travail du sol. Dans ces parcelles infestées, la gestion des autres adventices doit également être maximale, car l'orobanche peut se fixer sur de nombreuses plantes appartenant à nombre de familles (Brassicacées, Géraniacées, Rubiacées, Astéracées, Apiacées…) qui contribuent à l'augmentation de son stock grainier très persistant.

L'extension des deux espèces d'orobanche sur plusieurs centaines de milliers d'hectares, en moins de quatre décennies, est extrêmement rapide. Cela représente une menace de première importance pour le colza et le tournesol, avec jusqu'à 100 % de risque de perte de rendement, et du fait de l'extension de l'orobanche rameuse, pour d'autres cultures qu'elle peut parasiter (pois, tabac, pomme de terre, tomate, melon…) avec toutefois des spécialisations plus ou moins marquées des populations en fonction des cultures (Brault *et al.*, 2007). Finalement, en l'absence de variétés résistantes à des herbicides chez ces cultures, les agriculteurs restent largement désarmés face à ces plantes parasites. Plus d'espèces cultivées ou encore d'adventices seront touchées, même si certaines ont des fonctions pièges empêchant les graines du parasite de se développer après germination, plus les parcelles seront contaminées pour très longtemps et réduites à ne porter à terme que des prairies.

Le retour de ces espèces doit également nous rappeler l'existence d'autres espèces encore présentes dans les milieux voisins parasitant des Fabacées (*Orobanche minor* sur le trèfle), des Lamiacées (*Orobanche epithymum* sur le thym), des Apiacées…

Plus problématiques encore sont des espèces qui, au-delà de leur nuisibilité importante sur les cultures et leur contrôle difficile, sont dangereuses pour la santé humaine. L'ambroisie à feuille d'armoise, par exemple, en est emblématique, car son pollen est fortement allergisant. Localement présente depuis plus d'un siècle en France, elle a commencé à s'étendre depuis quelques décennies des zones rudérales en gagnant progressivement les cultures. Dans les régions où elle est abondante, elle envahit les cultures d'été comme le soja, le sorgho, le maïs et surtout le tournesol, mais aussi, en l'absence de dérogation de destruction ou d'implantation des couverts pièges à nitrates, les chaumes de céréales (Office international de l'eau, 2019). Son contrôle est particulièrement complexe, même en associant tous les leviers agronomiques à effet partiel, à moins de se résoudre à abandonner complètement les cultures estivales ! Seul l'usage de variétés de tournesol, naturellement résistantes à des herbicides, est efficace, comme dans les pays très envahis d'Europe centrale, avec la nécessité de disposer de modes d'action différents pour un contrôle durable. Certains cantons suisses imposent la destruction totale, même de la culture par des herbicides totaux (Agridea, 2008). Il n'y a pas encore de solution pour stabiliser voire faire régresser cette adventice dans une région, et surtout l'empêcher d'étendre son aire. Même si le contrôle, en grandes cultures, était bon, cela ne réduirait que partiellement sa dangerosité, en dépit de toutes les directives et décrets relatifs à la destruction de l'ambroisie ou au moins des inflorescences. En effet, elle reste aussi très abondante dans tous les milieux rudéraux où il n'est plus possible d'appliquer des herbicides, particulièrement le glyphosate qui reste le plus efficace. Comme dans les pays d'Europe centrale, la proportion des personnes allergiques ne va pas, à son contact, cesser d'augmenter dans toute la population et potentiellement, à terme, atteindre voire dépasser les 50 % observés en Hongrie, contre seulement 10 % actuellement en France.
D'autres espèces d'ambroisie (*Ambrosia trifida, Ambrosia psilostachya*) commencent aussi à devenir envahissantes en France et pourraient également se disséminer dans les cultures.

Une calamité très pernicieuse dans les cultures, du fait de la faible prise de conscience de son extension, est le datura. Présent en France de longue date, il est déjà cité dans la flore de Lamarck (Lamarck, 1794-1795), sans être forcément très abondant, en quelques années, il s'est répandu dans toute la France. Il envahit préférentiellement les terrains perturbés : zones de terrassement, chantiers, friches, remblais… Il colonise toutes les cultures à l'exception des cultures d'hiver : aussi bien le maïs et le tournesol que les betteraves, le sorgho ou le soja, les pommes de terre et les cultures destinées à la conserve ou maraichères. Il se développe également dans les cultures de sarrasin qui est souvent à l'origine des intoxications médiatisées. Bien que les densités soient en général encore limitées, il peut être très concurrentiel et réduire notablement le rendement. Ce sont, néanmoins, les risques de pollution accidentelle de récolte qui constituent son plus grand danger.

C'est une plante dont toutes les parties sont toxiques parce qu'elles sont riches en alcaloïdes, notamment atropine et scopolamine, pouvant entraîner des intoxications graves pour l'homme ou les animaux d'élevage. Compte tenu de son odeur très prononcée, le datura n'est normalement pas consommé en vert par les ruminants. Plus du tiers des demandes d'information sur des impuretés dans les ensilages concernent le datura. En effet, une fois ensilé, il suffit de 500 g de datura pour tuer un bovin adulte (Gautier *et al.*, 2019).

Les risques pour les humains sont également considérables. En 16 ans, entre 1999 et 2015, 1186 personnes ont été hospitalisées (dont deux sont décédées), soit de l'ordre de 75 cas/an. En trois mois au début 2019, environ 150 cas ont été enregistrés en métropole et outre-mer à la suite, soit de consommations de feuilles récoltées avec des espèces comestibles (mesclun), soit de produits à base de farines de sarrasin issues de l'AB, voire de lentilles ou du maïs pop-corn. La majorité des hospitalisations est principalement due aux farines de sarrasin bio. Des débris végétaux ont également été retrouvés dans des conserves de haricots verts ou d'épinards. Il est fréquemment récolté dans les maïs — il doit être éliminé par des tris supplémentaires devenus obligatoires — mais certains lots de maïs peuvent n'être contaminés que par des toxines, même au-delà du seuil maximal de 15 µg/kg. Depuis 2019, la dose limite acceptable (DRA) a été fixée à 0,016 µg/kg/j, valeur qui peut être facilement dépassée, surtout chez les enfants, avec des farines ou les céréales du petit déjeuner (Orlando *et al.*, 2019).

Une plante de datura produit, en quelques semaines, plus de mille semences qui peuvent demeurer plusieurs décennies dans le sol et être en mesure de lever jusqu'à 10 cm de profondeur et, ce, pendant plusieurs mois du printemps à l'été. À cause de ces germinations échelonnées, le contrôle par des désherbages mécaniques est très irrégulier et même impossible sur le rang. Comme pour toutes les espèces à la maîtrise incertaine, les conseils portent principalement sur la prévention. Ces conseils, à l'exception de rotations longues uniquement de cultures d'hiver ou de prairies, ne sont pas très efficaces. Toutes les interventions mécaniques pendant l'interculture et dans les cultures de printemps ont un effet très limité, voire inverse en favorisant la levée.

En raison de l'extrême toxicité, le désherbage doit être total, même dans les bordures. Cela impose l'usage d'herbicides sélectifs ou, en AB, de compléter les sarclages, pour les cultures qui le permettent, par un arrachage manuel, obligatoirement avec des gants, car toute la plante est toxique. Dans ce dernier cas, une très forte réduction des surfaces en sarrasin qui est plus difficile à trier peut devenir inévitable en se limitant à une culture dans une rotation exclusive de cultures d'hiver. La gestion du datura dans le maïs nécessite, pour assurer un contrôle total, un traitement herbicide de prélevée ayant une certaine persistance et au moins deux traitements en cours de végétation du fait de la réglementation actuelle sur les restrictions de doses des herbicides résiduaires. C'est bien à cause de l'échelonnement des levées que la suppression des herbicides de prélevée à dose suffisante a complexifié le contrôle et nécessite des interventions répétées. Après l'arrêt de l'atrazine, cette adventice toxique n'étant plus contrôlée a pu se développer dans les maïs à partir de 2004. En revanche, dans les pays qui ont maintenu l'usage de cet herbicide (Amérique du Nord et du Sud, Australie…), elle n'est pas signalée comme posant un quelconque problème.

Le dernier exemple concerne une caractéristique des adventices qui est très largement minorée, voire ignorée. La plupart des adventices sont indistinctement visitées par les mêmes insectes piqueurs qui transmettent de très graves maladies aux cultures. Plusieurs adventices sont totalement asymptomatiques et donc se comportent comme des sources imprévisibles de transmissions virales ou bactériennes aux cultures.

Cette particularité peut devenir extrêmement dangereuse et indécelable lors de l'introduction de maladies nouvelles pour lesquelles il n'existe pas de moyens de lutte efficaces. La bactérie *Xylella fastidiosa* transmise par des dizaines d'insectes piqueurs, actuellement en cours de dispersion en France, représente un exemple possible d'une telle situation.

D'après l'ANSES, en 2021, environ 600 espèces végétales sont attaquées par la bactérie originaire du continent américain (ANSES, 2021). Une publication de l'EFSA en 2015 a compilé des publications américaines, brésiliennes et italiennes portant sur des espèces naturellement infestées ou susceptibles de l'héberger après inoculation (EFSA, 2015a). Comme il a été observé en France, la bactérie infeste des espèces cultivées ou sauvages arborescentes, arbustives et même des herbacées vivaces ou annuelles. Parmi les très nombreuses espèces testées, près de 80 sont des adventices importantes de nos cultures (cf. chapitre III). Environ 20 graminées et 30 eudicotylédones se sont avérées naturellement infestées, dont 19 sont de redoutables vivaces (liseron des champs, sorgho d'Alep, renoncule rampante, ortie dioïque…). Parmi cette cinquantaine d'adventices, une vingtaine sont strictement asymptomatiques. Plusieurs sont des vivaces importantes, comme le chiendent pied-de-poule, le ray-grass, le rumex crépu, les ronces, le plantain lancéolé… Beaucoup sont des annuelles très communes, comme le séneçon vulgaire, la stellaire, la capselle, la véronique de Perse, le pâturin annuel, le panic pied de coq, qui hébergent la sous-espèce *Xylella fastidiosa* ssp *multiplex*, la renouée à feuille de patience, la renouée des oiseaux… La plupart étaient contaminées par la sous-espèce *multiplex*, la première sous-espèce découverte en France. Même si les cicadelles, les insectes les plus concernés, se dispersent peu, aucune culture n'est réellement isolée d'au moins une de ces espèces potentiellement porteuses, surtout avec la réduction de l'usage des herbicides et les stratégies d'enherbement des cultures et des bordures enherbées.

En France, dans les régions où la bactérie a été découverte sur des végétaux cultivés largement affectés ou même totalement détruits, on peut s'attendre à ce que, en plus des espèces symptomatiques déjà observées, des espèces sauvages asymptomatiques porteuses de la sous-espèce *multiplex* deviennent des réservoirs réguliers de la bactérie susceptibles de contribuer à l'extension géographique et à la multiplication de cultures touchées. Or il a été montré que dans la dynamique de cette bactérie, la dispersion se fait généralement des espèces sauvages asymptomatiques vers les cultures (Purcell, 1981).

Cette démonstration de l'abondance d'espèces adventices asymptomatiques, dans une région où la bactérie existe de longue date, peut être un élément annonciateur d'une catastrophe prévisible dans les régions en cours de contamination.

Il ne peut être nié que le proverbe danois, « la prévision est difficile, surtout lorsqu'elle concerne l'avenir » est frappé au coin du bon sens. Quoi qu'il en soit, l'élévation des températures et l'impossibilité de renoncer à la diversité des cultures de printemps et d'été vont favoriser inexorablement l'extension des adventices pendant l'été. Si l'élévation des températures favorise l'extension des plantes en C4, l'augmentation du CO^2 dans l'atmosphère favorise des espèces adventices en C3 qui se développent plus et plus vite, comme le pissenlit ou le chardon des champs (Légère, 2009). Cependant, les premières supportent mieux que les secondes les stress hydriques qui accompagnent l'élévation des températures. La sélection imposera dans ces milieux les espèces les mieux adaptées, les plus difficiles à contrôler surtout si elles sont nouvelles et envahissantes. L'apogée sera atteint avec l'explosion, parmi ces espèces très concurrentielles, de celles qui, de surcroît, seront toxiques ou vectrices de maladies nouvelles. En agriculture, la période *faste*, pour l'agriculteur, de gestion relativement facile des adventices qui s'achève, va aboutir à des situations dangereuses sur le plan sanitaire d'autant plus rapidement que les techniques actuelles de gestion ne paraissent pas assez efficaces. Si de nouveaux systèmes avec des techniques de gestion adaptées n'apparaissent pas rapidement, les systèmes alternatifs actuels risquent de ne pas pouvoir s'adapter facilement à l'évolution des espèces et pourraient être incapables d'empêcher des invasions très dommageables.

Postface

« En agriculture, c'était mieux avant » ?

Comme beaucoup de Français de mon âge, je me souviens bien de l'agriculture de mes grands-parents, car, enfant, j'y ai participé !

Témoignage de l'auteur

Que connaissent les jeunes citadins des systèmes agricoles de nos grands-parents ? Comment peuvent-ils imaginer que, à cause de son évolution, la société devrait son salut à une agriculture qui, bien que pratiquée par la moitié de la population, peinait à nourrir une société plus réduite et moins exigeante qu'aujourd'hui ? Leur influence va jusqu'à entraîner les politiques, même un ministre de l'agriculture, à proclamer que la seule solution dans un avenir incertain et inconnu serait de revenir à ce que faisaient nos aïeux. Ces systèmes ancestraux seraient-ils si polyvalents au point d'être capables de subvenir à nos besoins dans toutes les conditions sociales, économiques, environnementales et climatiques ?

Ainsi, le ministre de l'Agriculture, Didier Guillaume, a déclaré dans la Drôme le 26 avril 2019 « Il faut revenir à l'agronomie, la rotation des cultures… enfin, ce que faisaient nos grands-parents ». À terme, il fallait selon lui « arrêter la dépendance à tous les pesticides ». Pour lui, dans cette déclaration qui a été beaucoup critiquée, l'agriculture devrait réapprendre à se passer des pesticides et redévelopper des méthodes d'exploitation ancestrales.

Quelle est donc cette agriculture de nos grands-parents donnée en exemple ?

Que sont donc ces méthodes d'exploitation ancestrales et que faisaient de si remarquable nos grands-parents agriculteurs ?

Il y a cinq ou six décennies, ces agriculteurs étaient encore nombreux. La probabilité que certains de mes aïeuls en fussent était donc très élevée. Par chance, tout près de chez mes parents, mes grands-parents maternels étaient effectivement agriculteurs, représentatifs d'une bonne part de la profession de beaucoup de régions à cette époque. Pendant mes jeunes années, environ entre cinq et douze ans, dans les années cinquante, comme tous les enfants curieux, j'ai passé beaucoup de temps à rôder dans la ferme, fréquemment employé à diverses occupations plus ou moins pénibles ou contraignantes : faire paître les animaux, curer les étables, nourrir la volaille et récolter de l'herbe le long des chemins pour les lapins… selon la saison, désherber des cultures et suivre les équipes en moisson ou aider au ramassage des pommes de terre, voire, plus tard, biner et démarier les betteraves.

Environ depuis le milieu des années vingt jusqu'à la fin des années cinquante, mon grand-père a conduit une exploitation selon des règles traditionnelles, transmises par son père. Il appliquait vraisemblablement, à son insu, « les méthodes agronomiques ancestrales » préconisées aujourd'hui, mais qui ne sont pas celles de l'AB ni de la biodynamie qui ne sont pas ancestrales. Il me semble donc possible de profiter de mes souvenirs d'enfant, liés à mon âge, un peu supérieur à celui de notre ministre, et de quelques informations glanées auprès des derniers survivants de la famille pour tenter de décrire la réalité de ce que faisaient nos grands-parents agriculteurs.

Sur une zone de défriche d'un plateau bourguignon réunissant trois fermes, un peu à l'écart du centre du village, mon grand-père exploitait l'une d'elles en polyculture-élevage. Les bâtiments se trouvaient sensiblement au milieu d'une surface d'une quarantaine d'hectares, plus ou moins d'un seul tenant, divisés en plus d'une dizaine de parcelles. Celles-ci différaient par la topographie et la nature des sols. Bien que les terres soient proches de la ferme, à cause de la variété des sols et de l'historique cultural, les parcelles étaient petites, souvent courtes, de formes irrégulières, souvent bordées de buissons ou de bois, donc difficiles à travailler, même avec des chevaux et aux cultures très mal venues dans les bordures sous l'effet de la proximité des arbustes.

La famille vivait dans une certaine autonomie : elle a pu entretenir secrètement quelques maquisards pendant la guerre. Elle se composait de mes deux grands-parents, six oncles et tantes et même mes parents jusqu'à la fin de la guerre, augmentée de quelques cousins et amis pour les gros travaux de fenaison, moisson et battage, soit une dizaine de permanents de tous âges au service de l'agriculture et presque autant d'extras par intermittence. À cause de l'isolement, il n'y avait pas d'électricité qui est *arrivée* à la fin des années soixante, la lampe à pétrole éclairait la salle commune, on allait dans les chambres à la petite lampe *pigeon*. L'eau a toujours été puisée au seau dans une citerne extérieure recueillant les eaux des toitures. Le chauffage et la cuisine étaient assurés par la grosse cuisinière qui réchauffait la grande pièce commune avec le bois abattu dans les forêts avoisinantes. Les chambres restaient très *fraiches* aux vitres couvertes de givre en hiver. Les toilettes, caractéristiques de la campagne à l'époque, se trouvaient isolées à l'extérieur, à l'écart de l'habitation qui ne disposait pas de salle de bain.

Les travaux des champs étaient assurés par deux, puis quatre chevaux de trait, sauf pendant la guerre où il ne restait plus que des vaches. Le bétail se distribuait en une dizaine de vaches, jusqu'à quinze parfois et quelques veaux, autant de moutons et de quelques chèvres. Enfin, quatre ou cinq porcs, des lapins et de nombreuses volailles, poules, canards, oies et pintades, étaient élevés pour fournir des œufs et de la viande.

Les outils principaux se composaient, d'une part, de deux charrues, dont une brabant, d'un semoir, d'une herse, d'un rouleau et, à la fin, d'un canadien léger et, d'autre part, d'une faucheuse, d'un râteau à foin ou râteleuse et d'une moissonneuse-lieuse. Enfin, une batteuse alimentée par un gros moteur deux temps, partagé avec d'autres agriculteurs, complétait les gros outils. Il faut ajouter à cela deux ou trois charrettes et deux tombereaux. Cependant, pendant la guerre, le manque de chevaux avait obligé à faucher l'herbe et à moissonner les céréales à la faux et à lier les gerbes à la main. Finalement, quelques autres petits outils servaient à la ferme, comme un coupe-racines manuel pour débiter les betteraves données aux animaux, un tarare pour trier les semences d'adventices dans le blé, ainsi que des faux, des fourches à trois ou quatre dents plus ou moins longuement emmanchées selon l'usage, des houes plates ou à deux dents, un diable pour transporter les sacs de céréales et tout le matériel pour atteler des chevaux ou des bœufs… Près de la chambre à four pour le pain se trouvait une grande marmite avec un foyer extérieur pour cuire la nourriture des porcs. À la maison, on employait encore régulièrement une baratte manuelle, un rouet… Ce n'est que dans les dernières années qu'est arrivé un petit tracteur, anticipant la future installation d'un oncle dans un village voisin, ce qui a obligé à transformer certains attelages ou à remplacer plusieurs outils, mais sans se séparer complètement des chevaux.

Outre quelques hectares de bois pour le chauffage et de prairies permanentes fauchées et pâturées, les cultures se succédaient avec des rotations de céréales dépendant de la localisation et du sol des parcelles. La succession principale, sur environ la moitié de la surface, faisait suivre, à une jachère, un blé puis une avoine de printemps, parfois avec de la luzerne semée en dérobé pour éviter la jachère suivante. La luzerne restait généralement trois ans en place. Dans d'autres situations, l'orge pouvait entrer dans la rotation et des betteraves fourragères remplacer la jachère ou la luzerne. Ces différences dépendaient beaucoup du type de sol et surtout des espèces et de la densité des adventices. Dans des parcelles de qualité, proches des bâtiments, une petite surface était réservée aux pommes de terre, choux, haricots, oignons… Les autres légumes étaient produits dans un petit jardin potager tout près de la ferme qui comprenait aussi quelques rangs de vigne qui donnait un vin de piètre qualité. Autour de la ferme végétaient quelques arbres fruitiers : pommiers, poiriers, pruniers, cerisiers et noyers. Ainsi, chaque année, le blé, l'avoine et la jachère occupaient moins de dix hectares chacun. L'orge, la luzerne et la betterave ne dépassaient pas deux ou trois hectares.

La fumure venait exclusivement des fumiers des animaux, produits à l'étable. Vers la fin des années cinquante, quelques engrais minéraux furent parfois utilisés. Les fumiers apportés au tombereau et distribués en tas réguliers étaient ensuite écartés sur toute la parcelle à la fourche par plusieurs personnes. Mais toutes les parcelles ne pouvaient pas forcément en recevoir tous les ans, la production de fumier n'étant pas toujours suffisante, selon les cultures de l'année. Les parcelles de toutes les cultures étaient labourées avec une charrue monosoc attelée d'un ou deux chevaux, ce qui, selon la parcelle, pouvait prendre beaucoup de temps. La jachère recevait traditionnellement au moins quatre labours. Les céréales ont été longtemps semées à la volée, puis progressivement au semoir. À part un hersage et un roulage, elles n'étaient pas désherbées ni traitées contre les maladies ou les ravageurs. Occasionnellement et tardivement, quelques espèces, comme les chardons, étaient supprimées à l'échardonnette par mes tantes et moi. Néanmoins, la moissonneuse-lieuse pouvait parfois produire des gerbes composées quasi exclusivement de chardons !

Dans les céréales, parmi les graminées adventices, il y avait rarement du brome, peu de folle avoine et extrêmement peu de vulpin. Seuls le chiendent et dans certains cas, l'avoine à chapelet exigeaient des travaux d'été spécifiques pour les réduire : nombreux sarclages par temps sec, rassemblement à la main et mise en tas brulés en bout de champ. Les dicotylédones annuelles (Brassicacées, coquelicots, bleuets, matricaires, gaillet…), mais aussi vivaces (chardons et liseron, gesse et vesce, armoise et rumex) dominaient au point d'étouffer parfois presque totalement les céréales dans certaines parties des parcelles. Les betteraves étaient démariées, piochées et désherbées plusieurs fois. Les pommes de terre étaient piochées, puis buttées et chaque fois, désherbées à la main, même par nous les enfants, après le buttage. Ces activités sont les principales responsables de la *plicature champêtre*, qui laissait le dos de nos ancêtres agriculteurs définitivement courbé après de nombreuses années de travail.

Les herbes, la luzerne ou celles des prairies permanentes, coupées et disposées en andins était retournée, mise en tas et, après complet séchage, chargée en vrac à la fourche sur les charrettes puis rentrée dans les fenils au-dessus des étables. Les céréales étaient moissonnées moins mûres qu'aujourd'hui : les gerbes étaient redressées et réunies en gerbiers pour finir de sécher avant d'être chargées à la fourche sur les charrettes et stockées en grange avant battage en automne. Les étés pluvieux, ce qui n'était pas rare à l'époque, il fallait défaire les gerbiers pour faciliter le séchage après la pluie. Mais souvent, du grain finissait par germer dans les gerbes. Pendant une ou deux semaines, au moins une demi-douzaine d'hommes et quelques extras pour les menues besognes étaient nécessaires pour servir, dans la poussière et le bruit, la batteuse et monter à dos d'homme, les sacs de grain dans les greniers.

Avec mes tantes, je participais à un glanage systématique des blés qui servait à nourrir les volailles, puis le bétail était conduit, souvent par moi, sur les éteules et sur les jachères en vaine pâture. J'ai ainsi souvent *été au champ les vaches* avec l'obligation absolue d'empêcher leurs divagations dans les luzernes avant la coupe du regain. La traite était faite à la main, le matin avant la sortie et le soir après la journée de pâture. Certaines vaches ne supportaient qu'une seule personne pour les traire. Ce travail journalier était fatigant, attirant des nuages de mouches en été, même jusque dans la maison. En hiver, quasi tous les jours, pendant deux ou trois mois, les vaches restaient à l'attache à l'étable et ne sortaient dans la cour que pour boire. Le curage journalier des fumiers à la fourche était dans ce cas plus difficile. Les moutons et chèvres hivernaient aussi, parqués, libres dans leur bergerie.

Les betteraves fourragères étaient péniblement arrachées à la main, certaines pouvaient faire 40 cm de long, et stockées près des étables. L'arrachage des pommes de terre, après ouverture du rang à la charrue, était réalisé au croc. Elles étaient ramassées et triées par les femmes et les enfants en fonction de la taille et de l'état : les petites et les blessées étaient réservées aux cochons. Les plus grosses, consommées presque tous les jours, pouvaient être conservées jusqu'au printemps, à condition d'être régulièrement triées pendant l'hiver pour retirer les pourries et de les dégermer dès la fin de l'hiver.

Il n'y avait pas d'herbicide ni de traitement insecticide, seulement un peu de bouillie bordelaise et de soufre étaient utilisés parcimonieusement sur les pommes de terre et la vigne. À la saison, souvent les jeudis, dimanches et vacances, nous étions réquisitionnés pour ramasser les larves et les adultes de doryphores et même leurs œufs sous les feuilles de pommes de terre et parfois aussi des hannetons, ce qui faisait le bonheur des poules.

Ainsi, la production devait d'abord impérativement nourrir tous les jours les chevaux de trait, force motrice de l'exploitation, qui consommaient la quasi-totalité de l'avoine et une bonne partie des betteraves et du foin. Puis, pendant l'hiver, les vaches étaient nourries aussi au foin et à la paille de blé à la fin de l'hiver, avec des betteraves et parfois du grain. Les moutons et les chèvres consommaient également du foin à la mauvaise saison. Les porcs mangeaient, toute l'année, de la farine d'orge et des pommes de terre cuites avec du son de blé ou d'orge et beaucoup de déchets. Les volailles recevaient de l'avoine, de l'orge, du blé germé sur pied ou abîmé par les maladies, des épluchures et menus déchets. Enfin, les lapins étaient nourris à l'herbe à la belle saison : luzerne et herbes diverses des bords de parcelles et chemins, et l'hiver, de foin et de betteraves, parfois même du genévrier en fin d'hiver dont ils mangeaient les feuilles et l'écorce des rameaux ne laissant qu'un bois blanc : ce qui donnait un goût inimitable à la chair.

En second lieu, la ferme servait également à assurer la nourriture de toute la famille. Celle-ci consommait de la farine du blé qui était moulu au moulin du village voisin sur la rivière proche, les plus belles pommes de terre produites, les légumes du jardin et du champ, les fruits du verger, le vin de la petite vigne et même, certaines années, l'alcool des surplus de fruits produit à l'alambic du village. Une bonne part de la farine de blé était utilisée toutes les deux ou trois semaines par ma grand-mère pour produire les nombreuses miches de pain, pétries au soir et cuites le lendemain dans le four à bois de la chambre à four, près de la maison. Sitôt levée, elle faisait lever pour la seconde fois la pâte à la chaleur de son lit qu'elle avait pris soin de bien refermer. Cependant, certaines fois le pain restait assez plat avec une mie très serrée : la teneur en protéines du blé pouvait être très variable, voire trop faible. Une part importante de l'alimentation reposait sur la production de lait, de fromages, de beurre et d'œufs. La viande provenait quasi exclusivement de lapins ou de volailles qu'on tuait presque tous les dimanches. En fonction de la saison et en prévision des grands travaux, un ou deux porcs, très rarement un chevreau ou un mouton étaient abattus et débités sur place par mon grand-père. Celui-ci aidait ma grand-mère à préparer de la charcuterie qui assurait un bon complément pendant plusieurs mois : boudins, lard, saindoux, salaisons, des pâtés et des saucissons cuits d'une part et d'autre part les jambons, les filets et des saucissons secs qui finissaient de sécher dans la cuisine entre la cuisinière et la cheminée qu'on allumait épisodiquement. Je n'ai pas le souvenir que mes grands-parents ont acheté comme nourriture autre chose qu'un peu d'huile de colza (d'avant le colza actuel double zéro, au goût et à l'odeur très spécifiques, véritable madeleine) pour la salade, du sucre, du miel et du sel, exceptionnellement quelques fruits rares (oranges). Le café au lait du matin a longtemps été, bien après la fin de la guerre, de l'orge grillée accompagnée de chicorée, autre achat occasionnel à l'épicerie du village.

Toutes ces activités, en plus de l'entretien des animaux et de la traite, 365 jours par an, étaient très consommatrices de temps pour toute la famille, même pour les plus jeunes, écartant tout espoir de loisir, surtout en été pendant lequel de nombreuses tâches différentes ne pouvaient être évitées. En hiver, pour compléter l'autosuffisance, beaucoup de temps était consacré, en plus des labours, d'une part, à l'entretien des prairies par la suppression des refus des animaux, l'élagage des buissons et des haies en bord de parcelles, d'autre part, au bucheronnage sur la ferme et dans les affouages de la commune afin de rentrer suffisamment de bois pour la maison et de fagots pour chauffer le four à pain.

Malheureusement, non seulement le système agraire traditionnel ne pouvait fournir une production importante, mais en plus, pendant ces décennies, on pouvait compter plus de deux hivers très froids, généralement jusqu'à -20 °C, parfois, sans neige, par décennie. Autant de sécheresses, pas obligatoirement avec des températures très élevées, succédaient à de nombreuses années très pluvieuses, celles-ci, surtout six ou sept pendant les années cinquante. Toutes ces conditions climatiques s'avéraient très défavorables aux céréales du fait du gel, de l'échaudage, de l'asphyxie printanière, des maladies et même des germinations en gerbiers. Il en résultait aussi des foins gâtés, des betteraves et pommes de terre pourries… Aujourd'hui, ce seraient les sécheresses et les fortes températures qui bruleraient les cultures, les orages qui les détruiraient et les hivers trop doux qui ne réguleraient pas les populations de ravageurs et les maladies. Ainsi, cette production, seulement suffisante en conditions moyennes, entraînait très souvent une production insuffisante ou de mauvaise qualité.

Nos grands-parents ne pouvaient appliquer ces méthodes ancestrales en polyculture-élevage, qu'en employant leur nombreuse famille, main-d'œuvre gratuite, pour réaliser ces travaux et parvenir au moins à une autosuffisance alimentaire, leur production céréalière n'étant pas suffisante pour leur fournir assez de rémunération. Pendant plusieurs années, ma grand-mère a utilisé la laine des moutons et l'a filée pour tricoter des vêtements chauds. À l'exception du blé de bonne qualité, les animaux consommaient l'orge, l'avoine, les betteraves, le foin, de la paille, du son du blé et les grains de trop mauvaise qualité. Les surplus de quelques quintaux de blé qui ne servaient ni de semence, ni de farine pour notre nourriture, étaient livrés directement au meunier. Parfois un veau, une vache, voire un porc, étaient vendus au boucher du village pour parer à un imprévu. En effet, si l'on était autosuffisant pour la nourriture, il fallait disposer d'un peu d'argent pour ferrer les chevaux et réparer le matériel qui cassait assez souvent et pour d'autres achats particuliers. À cette époque, tout recours à un médecin ou un vétérinaire entraînait quasi systématiquement la vente d'un animal.

Par ailleurs, jusqu'à la fin des années cinquante, le village de 320 habitants comptait dix fermes, quatre de défriche localisées sur les plateaux et six dans le village utilisant plutôt des terres dans la vallée. Elles occupaient au moins 50 adultes et, occasionnellement, presque autant d'enfants. La quasi-totalité des autres familles entretenait leurs jardins de tailles variables et, même l'instituteur, le chef de gare et le receveur des postes, les parcelles qui leur étaient allouées par l'État. Cela leur assurait presque entièrement l'autonomie de l'alimentation légumière et fruitière. La production de farine des différentes fermes ne devait pas beaucoup excéder les besoins des deux boulangers pour le pain de tout le village. Malgré sa taille réduite, le village comptait plusieurs artisans directement liés à l'agriculture, maréchal-ferrant, forgeron, bourrelier, menuisier, meunier et quelques journaliers, survivance des anciens brassiers. Actuellement, cette structure sociale ne correspond plus à aucune région, même les plus adeptes du *naturel*.

Ainsi l'agriculture pratiquée par mes grands-parents qui ont travaillé jusqu'au début des années 1960 était effectivement naturelle, plus que l'actuelle AB. Ils n'utilisaient aucun des pesticides *naturels* actuellement autorisés même en AB, et extrêmement peu de gasoil, voire pas du tout. En contrepartie, cela les obligeait à consacrer jusqu'au quart de leurs terres et beaucoup de travail pour nourrir les animaux de trait. Ils ont trimé toute leur vie et peiné pour produire dans une société beaucoup moins exigeante et qui craignait d'abord de manquer.

Ce qui ressort de la situation sociale à cette époque, outre l'insertion profonde des agriculteurs dans une société campagnarde active et diversifiée sur place, est l'occupation forcée, chaque jour de l'année, d'un nombre élevé de personnes à des travaux agricoles extrêmement diversifiés et souvent pénibles, pratiqués dans des conditions plutôt difficiles par tous les temps : les journées de travail dépassaient facilement les douze heures en été. De plus, la forte dépendance aux conditions climatiques conduisait souvent à des récoltes décevantes ou de très mauvaise qualité qui contribuaient à maintenir toutes ces familles dans une certaine pauvreté chronique. L'évolution globale de la société française et européenne après les années 1950, associée à la modernisation de la production agricole, a permis une autosuffisance et une production assurant une rémunération inconnue jusqu'alors, rendant ce modèle ancestral d'agriculture rapidement obsolète.

Dans la déclaration du ministre de l'Agriculture et sa proposition de reproduire les activités de nos grands-parents, on peut se poser la question de savoir ce qui la justifie. Comme aujourd'hui les rotations des cultures sont largement utilisées et même des plantes de service, il pourrait s'agir de vouloir reproduire exactement les techniques de leur système agraire, mais celui-ci, hippomobile, ne polluait ni ne contribuait au réchauffement climatique. Il faudrait alors renoncer aux tracteurs et équipements actuels motorisés. En contrepartie, il faudrait qu'une large partie de la population s'implique physiquement dans tous ces travaux. Mais plutôt, l'annonce pourrait ne concerner que la volonté d'interdire tous les pesticides de synthèse. Cependant, même l'AB n'équivaut pas réellement à celle de nos grands-parents. Dans ce cas, les conséquences d'une telle agriculture ancienne sont connues et peuvent s'observer dans des pays où les producteurs n'ont pas les moyens de se procurer ni pesticides, ni engrais minéraux, ni machines… Cette agriculture, essentiellement vivrière, a des rendements très aléatoires selon les années, en fonction du climat ainsi que des maladies et des ravageurs, malgré la participation d'une part importante de la population.

Les temps changent, les ministres passent et des évènements improbables surviennent à l'improviste. Après deux années d'une pandémie qui a isolé toutes les régions du monde les unes des autres, la notion d'autosuffisance est apparue dans toute son acuité. Peu après, un conflit armé latent s'est brusquement commué en une guerre très brutale. Outre ses catastrophes inhérentes, elle est en passe de provoquer des famines et possiblement des révoltes dans de nombreux pays du Sud. L'actuel ministre n'hésite donc pas à dire qu'il faudra produire plus pour participer à l'effort d'aide mondial.

Produire plus et rapidement sans augmenter les surfaces est largement dépendant de l'augmentation de la productivité. Devant cette urgence, quel sera l'apport de l'Europe si elle peut mettre en œuvre son objectif de réserver 30 % du territoire en zones protégées, 10 % des terres agricoles dédiées à la haute diversité paysagère et 4 % en jachères, de porter à 25 % les surfaces en AB et aussi de réduire de 20 % les apports d'engrais et de 50 % les produits de protection des cultures… ? Au-delà des actions à mettre en place pour limiter les risques liés au réchauffement climatique, l'urgence face aux catastrophes mondiales actuelles et du futur immédiat exige d'adapter la hiérarchisation des priorités.

Références bibliographiques

Académie d'Agriculture de France, 2019. Programme européen d'analyse des résidus de produits phytopharmaceutiques dans l'alimentation. https://www.academie-agriculture.fr/publications/encyclopedie/reperes/programme-europeen-danalyse-des-residus-de-produits

Académie d'Agriculture de France, 2019. Le rendement moyen national du blé tendre d'hiver France 1998-2017. https://www.academie-agriculture.fr/sites/default/files/publications/encyclopedie/repere_agriculture_france_ble_tendre_rendements_compares_ab_ac_2007-2017.pdf

Académie nationale de Pharmacie, 2008. Médicaments et environnement. https://www.acadpharm.org/dos_public/1_Rapport_Med_Env_version_JMH_def_JPC.pdf

ACTA, 2020. Votre outil de diagnostic agro-écologique. Diagnostic de l'engagement d'une exploitation dans une démarche agro-écologique. ttps://www.diagagroeco.org/

ADEME, 2012. Les émissions agricoles de particules dans l'air : état des lieux et leviers d'action. https://www.ademe.fr/sites/default/files/assets/documents/82370_7416_emissions_agricoles_particules-2.pdf

ADEME, 2019. Consommation des engins agricoles. https://www.ademe.fr/entreprises-monde-agricole/performance-energetique-energies-renouvelables/lenergie-exploitations-agricoles/dossier/consommation-engins-agricoles/saviez

AE, 2009. Ah, le bon vieux temps… des disettes ! *Agriculture & Environnement* 4 mai 2009. Consulté le 26/09/2019.

AFIS, 2020. : https://www.pseudo-sciences.org/Les-limites-maximales-de-residus-un-indicateur-de-securite-alimentaire

Afnor, 1980. Produits utilisés en agriculture, agropharmacie : *vocabulaire Association française de Normalisation*, 1-24.

AFSSA, Collectif 2009. Évaluation des risques liés à la présence de mycotoxines dans les chaînes alimentaires humaine et animale *Rapport de synthèse* — mars 2009, 308 pp.

Agence Bio, 2019. Le marché alimentaire bio en 2018. https://www.agencebio.org/wp-content/uploads/2020/02/MarcheAlimentBio2018_edition2019.pdf

Agence Bio, 2020. Les chiffres clé. https://www.agencebio.org/vos-outils/les-chiffres-cles/

Agreste, 2009. Pratiques culturales 2006. http://agreste.agriculture.sg-ppd.maaf.ate.info/publications/dossiers/article/pratiques-culturales-2006

Agreste, L'utilisation du territoire en 2014. *Agreste Chiffres et Données Agriculture* n° 229
http://46.29.123.56/IMG/pdf/cd229bssef.pdf

Agreste, La statistique agricole, 2014. http://agreste.agriculture.gouv.fr/IMG/pdf/dossier21_integral.pdf

Agreste, 2018. https://agreste.agriculture.gouv.fr/agreste-web/disaron/SAANR_DEVELOPPE_2/detail/

AGRICAN, 2017. http://www.inma.fr/wp-content/uploads/2018/01/Actualisation_AGRICAN_13112017.pdf

AGRICAN, 2018. http://www.inma.fr/wp-content/uploads/2018/01/Actualisation_AGRICAN_13112017.pdf

AGRICAN, 2019. http://ecophytopic.fr/tr/innovation-en-marche/ecophyto-recherche/agrican-etude-de-cohorte-agriculture-et-cancer-phase-de-suivi

Agriculture-environnement, 2008. Le Danemark et les pesticides : l'envers d'un modèle.
https://www.agriculture-environnement.fr/2008/04/17/le-danemark-et-les-pesticides-lenvers-dun-modele

Agriculture.gouv., 2014. Épisode de pollution aux particules fines : Le Ministère de l'Agriculture, de l'Agroalimentaire et de la Forêt rappelle certaines recommandations. http://agriculture.gouv.fr/episode-de-pollution-aux-particules-fines-le-ministere-de-lagriculture-de-lagroalimentaire-et-de-la

Agriculture.gouv., 2020. L'agriculture biologique en France. https://agriculture.gouv.fr/infographie-lagriculture-biologique-en-france

Agridea, 2008. Ambroisie, lutte chimique. 20.45.3
http://www.ambrosia.ch/fileadmin/UserFiles/upload_doc_et_image/upload/files/fr/fiche_technique_ambroisie_20_45_3.pdf

Ahloowalia B. S., Maluszynski M. & Nichterlein K., 2004. Global impact of mutation-derived varieties *Euphytica135*:187–204.

Alassane-Kpembi I, Schatzmayr G, Marin D., Taranu I., Puel O, Oswald IP., 2017. Mycotoxins co-contamination: Methodological aspects and biological relevance of combined toxicity studies. *Crit. Rev. Food Sci. Nutr.* (doi10.1080/10408398.2016.1140632).

Alliance for Science, Cornell, 2020. Green ammonia could slash emissions from farming – and power ships of the future. https://allianceforscience.cornell.edu/blog/2020/02/green-ammonia-could-slash-emissions-from-farming-and-power-ships-of-the-future/

Amigues S., 2007. L'exploitation du monde végétal en Grèce classique et hellénistique. Essai de synthèse. *In: Topoi*, volume 15/1, 2007. pp. 75-125.

Amouretti M.C., 1976. Les instruments aratoires dans la Grèce archaïque. *Dialogues d'histoire ancienne* 2, 25-52.

Amrhein N., Deus B., Gehrke P., Steinrücken H.C., 1980. The site of the inhibition of the shikimate pathway by glyphosate. *Plant Physiology*, p 830-864.

Anderbourg J., Dumont A., Messin P., Bailly J-D., Calavas D, Gache K., 2013. Un épisode d'agalactie d'une ampleur inhabituelle chez des brebis dans l'est de la France. *Le Nouveau Praticien Vétérinaire élevages et santé*, 24, 58–67.

Andreotti G., Koutros S., Hofmann J. N., Sandler D.P., Lubin J.H., Lynch C. F., Lerro C. C., De Roos A. J., Parks C. G., Alavanja M. C., Silverman D. T., Freeman L. E. B., 2018. Glyphosate Use and Cancer Incidence in the Agricultural Health Study. JNCI : *Journal of the National Cancer Institute*, Volume 110, Issue 5, , Pages 509–516, https://doi.org/10.1093/jnci/djx233.

A.N.-F. (Archives Nationales (Fontainebleau) 15 SPV 3, 1948. Note intitulée « *Produits antiparasitaires et appareils de lutte* », octobre 1948, 5 p. *cité dans :* Fourche R., 2004. *Contribution à l'histoire de la protection phytosanitaire dans l'agriculture française (1880-1970).* Thèse de doctorat en histoire, Univ. Lyon 2.

Angrand 1962. *Mauvaises herbes : techniques modernes de lutte*, *in* Jussiaux P. Péquignot R. La Maison Rustique, Paris.

ANSES, 2009. Évaluation des risques liés à la présence de mycotoxines dans les chaînes alimentaires humaine et animale. https://www.anses.fr/fr/system/files/RCCP-Ra-Mycotoxines2009.pdf

ANSES, 2011. *Étude de l'alimentation totale française 2*, https://www.anses.fr/fr/content/etude-de-l%E2%80%99alimentation-totale-eat-2-l%E2%80%99anses-met-%C3%A0-disposition-les-donn%C3%A9es-de-son-analyse

ANSES, 2014 a. Avis de l'Anses Saisine n° 2013 — SA-0138. https://www.anses.fr/fr/system/files/AUT2013sa0138.pdf

ANSES, 2014 b. Étude de l'alimentation totale (EAT 2). https://www.anses.fr/fr/content/etude-de-l%E2%80%99alimentation-totale-eat-2-l%E2%80%99anses-met-%C3%A0-disposition-les-donn%C3%A9es-de-son-analyse

ANSES, 2016. *Étude de l'alimentation totale infantile*, https://www.anses.fr/fr/content/etude-de-l%E2%80%99alimentation-totale-infantile

ANSES, 2019 a. Évaluation avant mise sur le marché des préparations commerciales phytopharmaceutiques. https://www.anses.fr/fr/content/evaluation-avant-mise-sur-le-march%C3%A9-des-pr%C3%A9parations-commerciales-phytopharmaceutiques

ANSES, 2019 b. Les études de l'Alimentation Totale (EAT). https://www.anses.fr/fr/content/les-%C3%A9tudes-de-lalimentation-totale-eat

ANSES, 2019 c. Contamination de l'air par les pesticides. https://www.anses.fr/fr/content/contamination-de-l%E2%80%99air-par-les-pesticides

ANSES, 2020 a. Agritox. http://www.agritox.anses.fr/php/donnees-essentielles.php

ANSES, 2020 b. Glyphosate. https://www.anses.fr/fr/content/glyphosate-l%E2%80%99anses-publie-les-r%C3%A9sultats-de-son-%C3%A9valuation-comparative-avec-les-alternatives

ANSES, 2021. (Xylella fastidiosa, une menace pour les oliviers et des centaines de plantes. https://www.anses.fr/fr/content/xylella-fastidiosa-une-menace-pour-les-oliviers-et-des-centaines-de-plantes)

APG IV, 2017. Angiosperm Phylogeny Group classification for the orders and families of flowering plants. https://www.gbif.org/fr/dataset/fa8ab13c-52ed-4754-b838-aeff74c79718

Artificialisation des Sols, 2020. Un observatoire pour des données nationales sur l'artificialisation des sols. https://artificialisation.biodiversitetousvivants.fr/bases-donnees/teruti-lucas

Arvalis, 2013. Teneur en protéines des blés : relever le double défi agronomique. *proteines8315888099113625872* https://www.arvalisinstitutduvegetal.fr/arvalis-se-mobilise-pour-relever-la teneur-en-proteines-des-bles-francais-@/_plugins/WMS_BO_Gallery/page/getElementStream.jspz?id=23905&prop=file

Arvalis, 2014. Taux de protéines : une évolution fluctuante entre chaque campagne. https://www.arvalis-infos.fr/taux-de-proteines-une-evolution-fluctuante-entre-chaque-campagne-@/view-15869-arvarticle.html

Arvalis, 2016. Le couvert d'interculture, pour limiter les infestations d'adventices. https://www.arvalis-infos.fr/le-couvert-d-interculture-pour-limiter-les-infestations-d-adventices-@/view-22438-arvarticle.html

Arvalis, 2018 a. Des bénéfices potentiels sur le blé tendre avec une conduite maîtrisée. https://www.arvalis-infos.fr/des-benefices-potentiels-sur-le-ble-tendre-avec-une-conduite-ma-trisee-@/view-20975-arvarticle.html#1

Arvalis, 2018 b. Un outil à maîtriser pour contrôler les adventices https://www.arvalis-infos.fr/un-outil-a-ma-triser-pour-controler-les-adventices-@/view-19594-arvarticle.html

Arvalis, 2022. Le désherbage électrique, une piste sans travail du sol prometteuse https://www.arvalis-infos.fr/le-desherbage-electrique-une-piste-sans-travail-du-sol-prometteuse-@/view-36452-arvarticle.html

Bain C., Bernard J. L., Fougeroux A., 1995. *Protection des cultures et travail des hommes*. Ed Le Carrousel, Paris, 263 p.

Banque Mondiale, 2019. Terres arables (hectares par personne). https://donnees.banquemondiale.org/indicateur/ag.lnd.arbl.ha.pc

Barralis G., 1973. Survie des semences de mauvaises herbes dans les terres cultivées *Phytoma* n° 250.

Barralis G. Chadoeuf R., 1988. Relation entre flore potentielle et flore réelle des champs cultivés. In *VIII Colloque International sur la biologie, l'écologie et la systématique des mauvaises herbes*, Dijon ANPP, 43-52.

Barralis G., Chadoeuf R., Lonchamp J.P., 1988. Longévité des semences de mauvaises herbes annuelles dans un sol cultivé. *Weed Research*. 28, 407-4I8.

Beautemps-Beaupré J., 1877. *Coutumes et institutions de l'Anjou et du Maine antérieures au XIe siècle* A. Durand et Pédone-Lauriel Paris.

Beckert M., Desseaux Y., Charlier C., Darmency H., Richard C., Savini I. et Tibi A., 2013. Expertise scientifique collective française sur les variétés tolérantes à un herbicide. *AFPP — 22e Conférence sur la lutte contre les mauvaises herbes Dijon 10,11 et 12 décembre 2013.*

Bégaud B. et Costagliola D., 2013. Rapport sur la surveillance et la promotion du bon usage du médicament en France. https://solidarites-sante.gouv.fr/IMG/pdf/Rapport_Begaud_Costagliola.pdf

Bell A. R. et Nalewaja J. D., 1968. Effect of Duration of Wild Oat Competition in Flax. *Weed Science*, 16, 4, pp. 509 - 512.

Bentley J.W., Webb M., Nina S., Pérez S., 2005. Even useful weeds are pests : Ethnobotany in the Bolivian Andes. *Intl. J. Pest Managt.*, 51 (3) : 189-207.

Bernard J. L., 2008. Protection chimique des plantes cultivées et durabilité. *C. R. Acad. Agric. Fr.* 14, n° 1 Séance du 13 février 2008.

Berthiller F., Crews C., Dall'Asta C., Saeger, S.D., Haesaert G., Karlovsky P., Oswald I.P., Seefelder W., Speijers G., Stroka J., 2013. Masked mycotoxins: a review - *Molecular Nutrition and Food Research,* 57, 165-86.

Bijaoui A., 2017. Principales sources d'information en toxicologie. www.centres-antipoison.net/paris/DIU_Tox_Med_2016_2017/20170428/DIU_Tox_Med_2016_17_A_Bijaoui_Sources_informations_tox.pdf

Boller E F., Malavolta C. et Jörg E., 1997. Guidelines for integrated production of arable crops in Europe. *Bulletin OILB srop* Vol. 20 (5).

Bonjean A et Leblond R, 2000. *Les trésors du blé* L. pm édition.

Boudry P., Miirchen M., Saumitou-Laprade P., Vernet Ph., Van Dijk H., 1993. The origin and evolution of weed beets: consequences for the breeding and release of herbicide-resistant transgenic sugar beets *Theor Appl Genet* 87:471-478.

Braudel F., 1986. *L'identité de la France*, Vol. 2, Arthaud-Flammarion.

Braudel F., 1990. *L'identité de la France* (Vol. 3) *Les hommes et les choses II.* Flammarion.

Brault M., Betsou F., Jeune B., Tuquet C., Sallé G., 2007. Variability of Orobanche ramosa populations in France as revealed by cross infestations and molecular markers *Environmental and Experimental Botany* 61 272–280.

Brilisauer K, Rapp J, Rath P, Schöllhorn A, Bleul L, Weiß E, Stahl M, Grond S & Forchhammer K., 2019. Cyanobacterial antimetabolite 7-deoxysedoheptulose blocks the shikimate pathway to inhibit the growth of prototrophic organisms, *NATURE COMMUNICATIONS* | 10:545 | https://doi.org/10.1038/s41467-019-08476-8 | www.nature.com/naturecommunications

Brizard M., 2021. Le choix de l'agroécologie : 20 ans de cheminement concret — Chapitre 17 *In* Hubert B. et Couvet D. (coord.) *La transition agroécologique — Quelles perspectives en France et ailleurs dans le monde ?* Presse des Mines (Paris). Tome II : ISBN : 978-2-35671-679-8/186 p.

Brown E. G., Gottlieb S. and Laybourn R. L., 1935. Dust Storms and Their Possible Effect on Health: With Special Reference to the Dust Storms in Kansas in 1935 *Public Health Reports* (1896-1970) Vol. 50, No. 40 (Oct. 4, 1935), pp. 1369-1383.

Brun L., 1998. *Étude de l'accumulation, de la biodisponibilite et de la phytotoxicite du cuivre dans des sols viticoles de l'Hérault* Thèse de doctorat ENSA Montpellier.

Brun C., 2007. *Archéophytes et néophytes. Pour une nouvelle détermination des marqueurs polliniques de l'anthropisation. Le cas des milieux rudéraux et cultivés de Franche-Comté.* Thèse de doctorat de l'Université de Franche-Comté. 421 p.

Bruns H. A., 2003. Controlling aflatoxin and fumonisin in maize by crop management. *Journ. Of Toxin Rev.* 22:153–173. doi : 10.1081/TXR-120024090.

Bugnon F., 1993-1995. *Nouvelle flore de Bourgogne.* 3 vol. Bulletin scientifique de Bourgogne Edition hors-série.

Calvet R., Barriuso E., Bedos C., Benoit P.,,Charnay M.P., Coquet Y., 2005. *Les pesticides dans le sol : conséquences agronomiques et environnementales.* Editions France Agricole.

Cancer environnement, 2020. Particules diesel et pollution atmosphérique. https://www.cancer-environnement.fr/550-Particules-diesel.ce.aspx

Carluer N. et Gouy V., 2020. Diagnostiquer les écoulements pour limiter les pollutions diffuses *Phytoma* 736 aout septembre 2020, pp 34-38.

Carpentier A., Fadhuile A., Roignant M., Blanck M., Reboud X., Jacquet F., Huyghe C., 2020. Alternatives au glyphosate en grandes cultures. Évaluation économique., INRAE. https://www.inrae.fr/sites/default/files/pdf/rapport_gly_2020_Final.pdf

Cauderon A., 1993. « Le triticale : première céréale créée par l'homme », *Nature, sciences et société.*

Chauvel B., Guillemin J.P., Gasquez J., Gauvrit C., 2012. History of chemical weeding from 1944 to 2011 in France: changes and evolution of herbicide molecules. *Crop protection*, 42 : 320-326.

Chauvel B., Derrouch D., Munirr-Jolain N. et Cordeau S., 2018. Gestion de la flore adventice en semis direct sous couvert. In Chauvel B., Darmency H., Munier-Jolain., Rodriguez A. (coord.) *Gestion durable de la flore adventice des cultures* Editions Quae.

Chauvel B. et Cadet E., 2011. Introduction et dispersion d'une espèce envahissante : le cas de l'ambroisie à feuilles d'armoise (*Ambrosia artemisiifolia* L.) en France, *Acta Botanica Gallica*, 158:3, 309-327.

Chrestien de Lihus, 1804. *Principes d'agriculture et d'économie, appliqués, mois par mois, à toutes les opérations du cultivateur dans les pays de grande culture*. Paris, An XII, 336 p. Texte intégral sur Openlibrary.org).

CGDD - SOeS, juin 2010. Références, *« L'environnement en France — Édition 2010 »*, chapitre « L'eau », pp. 19-26. — https://www.statistiques.developpement-durable.gouv.fr/sites/default/files/2019-01/les-pesticides-dans-les%20milieux-aquatiques-etudes-et-documents-26-juillet2010.pdf

CGDD - SOeS, octobre 2011. Études & documents n° 54, « *Bilan de présence des micropolluants dans les milieux aquatiques continentaux, période 2007-2009* », 56 p. et « Annexes partie 1 — Pesticides », 117 p. https://www.statistiques.developpement-durable.gouv.fr site du CGDD — SOeS, rubrique « Essentiel sur », thème « Environnement », article « Les pesticides dans les eaux »

CGDD - SOeS, novembre 2015. Études & documents n° 697.

https://www.statistiques.developpement-durable.gouv.fr/sites/default/files/2018-10/chiffres-stats697-pesticides-dans-cours-deau2013-novembre2015.pdf

Clark M., Tilman D., 2017. Comparative analysis of environmental impacts of agricultural production systems, agricultural input efficiency and food choice. Environ. *Res. Lett.* 12. 064016.

CNLE, 2021. Rapport au Premier ministre : la pauvreté démultipliée, dimensions, processus et réponses. Printemps 2020/Printemps 2021. https://www.cnle.gouv.fr/IMG/pdf/rapport_lutteexclusion_fin.pdf

CNESST, 2020. Acide nonanoïque. http://www.csst.qc.ca/prevention/reptox/pages/fiche-complete.aspx?no_produit=132597&nom=Acide%20p%E9largonique

CNRS, 2018. La cancérogénicité selon le CIRC. https://www.prc.cnrs.fr/spip.php?article202

Cobb W.Y., 1979. Aflatoxin in the Southeastern United States: Was 1977 Exceptional? vol. 43, *Quarterly Bulletin of the Association of Food and Drug Office.*

CODEX STAN 119-1995. Normes codes pour le blé et le blé dur. www.fao.org *› input › download › standards.*

Comet G., 1996. Productivité et rendements céréaliers : de l'histoire à l'archéologie In : *L'homme et la nature au Moyen Âge. Paléoenvironnement des sociétés occidentales. Actes du Ve Congrès international d'Archéologie Médiévale (Grenoble, 6-9 octobre 1993) Caen : Société d'Archéologie Médiévale*. pp. 87-91. (Actes des congrès de la Société d'archéologie médiévale, 5). https://www.persee.fr/doc/acsam_0000-0000_1996_act_5_1_1098

Commission européenne décision 2004/248/CE du 10 mars 2004. https://eur-lex.europa.eu/legal-content/FR/TXT/PDF/?uri=CELEX:32004D0248&from=EN

Commission Européenne, 2006. Stratégie thématique en faveur de la protection des sols. https://eur-lex.europa.eu/legal-content/FR/TXT/?uri=LEGISSUM%3Al28181

Cordeau S., Trioleta M., Wayman S., Steinberg C., Guillemin J. P., 2016. Bioherbicides: Dead in the water? A review of the existing products for integrated weed management. *Crop Protection* ; 87 44-49.

Cordeau S., Chauvel B., Guillemin J. P., 2018. Nuisibilité des plantes adventices : compétition pour les ressources, quantification des pertes de rendement et de qualité des récoltes. In Chauvel B., Darmency H., Munier-Jolain., Rodriguez A. (coord.) *Gestion durable de la flore adventice des cultures* Editions Quae.

Cornevin C., 1887. *Des plantes vénéneuses et des empoisonnements qu'elles déterminent*, Firmin Didot et Cie Paris.

Cornic G., 2007. Effet de la température sur la photosynthèse. http://hebergement.u-psud.fr/ese/IMG/pdf/Effet_de_la_temperature_sur_la_photosynthese-3.pdf

Coufal-Majewski S., Stanford K., McAllister T., Blakley B., McKinnon J., Vieira Chaves A., and Wang Y., 2016. Impacts of Cereal Ergot in Food Animal Production. *Front Vet Sci*. 2016; 3: 15.

Crisp, A., Boschetti, C., Perry, M., Tunnacliffe A. and Micklem G., 2015. Expression of multiple horizontally acquired genes is a hallmark of both vertebrate and invertebrate genomes. *Genome Biol* **16,** 50. https://doi.org/10.1186/s13059-015-0607-3

Crop protection compendium, 2021. https://www.cabi.org/publishing-products/compendia/crop-protection-compendium/

Crouzet O, Nélieu S, Marrauld C, Delarue G, Rimet F, Bérard A, Mallet C., 2015. Les communautés micro-algales et cyanobactériennes comme bioindicateurs de stress phytosanitaires dans les sols agricoles.*45ème groupe français des pesticides.* http://www.gfpesticides.org/bdd_fichiers/828f72b0dffde003a15381c22615192da800222660.pdf

CUE, 2013. règlement (CE) No834/2007 du conseil du 28 juin 2007relatif à la production biologique et à l'étiquetage des produits biologiques, modifié 967/2008 et 517/2013. https://agriculture.gouv.fr/sites/minagri/files/documents/pdf/PJ1-Nvx_R_CE_834-2007_cle41a856.pdf

Darmency H., 1997. Gene flow between crops and weeds: risks for new herbicide resistant weeds? *Weed and crop resistance to herbicides* Ed. R. De Prado, J. Jorrin, L. Garcia Torres Kluwer Acad. Pub. 239-248.

Darmency H. et Gasquez J., 1990 a. Résistances aux herbicides chez les mauvaises herbes. *Agronomie*, 6 : 457-472.

Darmency H. et Gasquez J., 1990 b. Appearance and spread of triazine resistance in common lambsquarters (*Chenopodium album*). *Weed Technol.*, 4, 173-177.

Data.gouv, 2020. Base de données de surveillance de pesticides dans l'air par les AASQA à partir de 2002. https://www.data.gouv.fr/fr/datasets/base-de-donnee-de-surveillance-de-pesticides-dans-lair-par-les-aasqa-de-2002-a-2017/

Décret 2001 - 1220 du 20 décembre 2001. https://www.legifrance.gouv.fr/affichTexte.do?cidTexte=JORFTEXT000000215649

Délos M. et Gasquez J., 2014. Désherbage du maïs, différences entre la France et les États-Unis — *Phytoma* - n° 677 - octobre 2013, 41-47.

Délos M., Regnault Roger C., Jourdier P., 2014. Les mycotoxines dans les récoltes de céréales, quelle gestion en 2013 ? Qu'attendre des biotechnologies contre ces fléaux ? — *Académie d'Agriculture de France. Groupe de réflexion « Plantes Génétiquement Modifiées »,* 12 janvier 2014, 9 p.

Délos M., Oswald I. et Parent Massin D., 2017. Mycotoxines des grains : séance à l'Académie. *Phytoma* 706.

Délos M., Dron M., Oswald I. et Parent Massin D., 2019. Contaminants naturels des végétaux : sécurité alimentaire et gestion du risque. *Académie d'Agriculture de France.* https://www.academie-agriculture.fr/academie/groupes-de-travail/potentiels-de-la-science-pour-une-agriculture-durable

Délye C., 2005. Weed resistance to acetyl coenzyme A carboxylase inhibitors: an update. *Weed Science.* 53, 5._728-746.

Délye C. et Michel S., 2005. 'Universal' primers for PCR-sequencing of grass chloroplastic acetyl-CoA carboxylase domains involved in resistance to herbicides *European Weed Research Society Weed Research* 45,323–330.

Délye C., Deulvot C., Chauvel B., 2013. DNA Analysis of Herbarium Specimens of the Grass Weed Alopecurus myosuroides Reveals Herbicide Resistance Pre-Dated Herbicides. *PLoS ONE* 8(10): e75117. doi : 10.1371/journal.pone.0075117.

Demangeon A., 1929. Le commerce du blé dans l'Afrique du Nord. *Annales de Géographie*, t. 38, n° 216, pp. 628-629.

Derrouch D., Dessain F., Felten E. et Chauvel B., 2020. L'adoption du semis direct sous couvert végétal : transition douce ou rupture ? *Cahiers. Agricultures*, 29, 5.

Deswarte J-C., Gouache D., 2011. Semis de blé tendre — Des pertes de rendements avec des inter-rangs larges. *PERSPECTIVES AGRICOLES* — N° 376.

Diamond J., 1987. "*The Worst Mistake In The History Of The Human Race*", Discover 1987.

Diana Di Mavungu JD., Larionova DA., Malysheva SV., Van Peteghem C., De Saeger S., 2011. Survey on ergot alkaloids in cereals intended for human consumption and animal feeding. *Scientific report submitted to EFSA.* Available from http://www.efsa.europa.eu/en/supporting/pub/214e.htm

Diderot D., 1776. *Supplément à l'Encyclopédie, ou Dictionnaire Raisonné des Sciences, des Arts et des Métiers*. Rey, Amsterdam, t. 1, 926 p.

Diderot D., d'Alembert J., 1757. *Encyclopédie, ou Dictionnaire Raisonné des Sciences, des Arts et des Métiers*, t. 7. Texte intégral sur le portail de l'ATILF.

Direction générale de la santé, 2016. Bilan de la qualité de l'eau au robinet du consommateur vis-à-vis des pesticides en 2014. http://solidarites-sante.gouv.fr/IMG/pdf/bilan_pesticides_eau_2014.pdf

Directive n° 98/83/CE du 03/11/98. https://aida.ineris.fr/consultation_document/1017

Dorin B., 2021. Théorie, pratique et enjeux de l'agroécologie en Inde Chapitre 4 *In* Hubert B. et Couvet D. (coord.) *La transition agroécologique — Quelles perspectives en France et ailleurs dans le monde ?* Presse des Mines (Paris). Tome I : ISBN : 978-2-35671-620-0/260 p.

Dragacci S., Zakhia-Rozis N., Galtier P., 2011. *Danger dans l'assiette*. Éditions Quae, 184 p.

Dron M., 2021. De la génétique aux biotechnologies végétales *Phytoma*, 742. 11.

Du Bois L., 1844. *L'économie rurale de Columelle.* Tome premier. Paris, C.L.F. Panckoucke. https://gallica.bnf.fr/ark:/12148/bpt6k23654p.texteImage#

Duchêne O., 2020. Caractérisation fonctionnelle et performances d'une céréale vivace (Thinopyrum intermedium) : une alternative agroécologique pour les systèmes de grandes cultures d'Europe occidentale. Sciences agricoles. Institut agronomique, vétérinaire et forestier de France, école doctorale ABIES. https://pastel.archives-ouvertes.fr/tel-03185018/document

Duhamel du Monceau, H.L., 1750. *Traité de la culture des terres, suivant les Principes de M. Tull, Anglois.* Vol. 1, Paris, XXXVI + 488 p. + figures.

Duhamel du Monceau, H.L., 1762. *Éléments d'agriculture* chez H.L. Guérin et L. F. Delatour Paris.

Dumont R., 1974. *Agronome de la faim.* Robert Laffont Paris. 394 p.

Dureau de la Malle., 1838. Mémoire sur l'Agriculture romaine depuis Caton le censeur jusqu'à Columelle. In: *Mémoires de l'Institut national de France*, tome 13, 2 e partie, 1838, 413-528.

ECHA, 2020. Substance Infocard : copper sulfate. https://echa.europa.eu/fr/substance-information/-/substanceinfo/100.028.952

Ecophyto, 2018. Réduire et améliorer l'utilisation des phytos. Note de suivi 2017. https://agriculture.gouv.fr/le-plan-ecophyto-quest-ce-que-cest

Ecophyto, 2020. Substances naturelles : où en est-on réglementairement ? https://ecophytopic.fr/proteger/substances-naturelles-ou-en-est-reglementairement https://www.produire-bio.fr/articles-pratiques/substances-naturelles-ou-en-est-on- reglementairement/

EFSA, 2011. L'EFSA évalue l'impact sur la santé des alcaloïdes pyrrolizidiniques dans l'alimentation humaine et animale. www.efsa.europa.eu/fr/press/news/111108a

EFSA, 2013. Scientific Opinion on Tropane alkaloids in food and feed. *EFSA Journal*, 11, 10-3386. doi.org/10.2903/j.efsa.2014.3802.

EFSA b, 2014. Portail internet de l'EFSA "Scientific Opinion on the risks for human and animal health related to the presence of modified forms of certain mycotoxins in food and feed" ; EFSA *Panel on Contaminants in the Food Chain, EFSA Journal,* 12, 3916, 107 p.

EFSA c, 2014. Portail internet de l'EFSA "Remove from marked Records Scientific opinion on the risks to human and animal health related to the presence of beauvericin and enniatins in food and feed." *EFSA Panel on Contaminants in the Food Chain EFSA Journal*, 12, 3802.

EFSA, 2015 a. Panel on Plant Health (PLH) Scientific Opinion on the risk to plant health posed by *Xylella fastidiosa* in the EU territory, with the identification and evaluation of risk reduction options *EFSA Journal* 2015;13(1):3989.

EFSA, 2015 b. Conclusion on pesticide peer review. https://efsa.onlinelibrary.wiley.com/doi/epdf/10.2903/j.efsa.2015.4302

EFSA, 2015c. Glyphosate : Mise à jour du profil toxicologique par l'EFSA. http://www.efsa.europa.eu/fr/press/news/151112

EFSA, 2017 a. The 2015 European Union report on pesticide residues in food European Food Safety Authority. *EFSA Journal* ; 15 (4) : 4791 https://efsa.onlinelibrary.wiley.com/doi/epdf/10.2903/j.efsa.2017.4791

EFSA, 2017 b. Résidus de pesticides dans les aliments : le risque pour les consommateurs reste faible. http://www.efsa.europa.eu/fr/press/news/170411

EFSA, 2019. Évaluation des risques cumulés des pesticides. http://www.efsa.europa.eu/fr/news/faq-cumulative-risk-assessment-pesticides

EFSA, 2022. The 2020 European Union report on pesticide residues in food. https://efsa.onlinelibrary.wiley.com/doi/epdf/10.2903/j.efsa.2022.7215

El Sebai T., Lagacherie B., Soulas G., Fabrice Martin-Laurent F., 2004. Isolation and characterisation of an isoproturon-mineralising *Methylopila* sp. TES from French agricultural soil. *FEMS Microbiology Letters* 239 103–110.

Ellstrand N. C., Heredia S. M., Leak-Garcia J. A., Heraty J. M., Burger J.C., Yao Li, Nohzadeh-Malakshah S. and. RidleyC. E., 2010. Crops gone wild: evolution of weeds and invasives from domesticated ancestors. *Evolutionary Applications Blackwell Publishing Ltd* 3 494–504.

Estienne C., Liebault J., 1572. *L'agriculture et maison rustique*. Paris, chez Jacques du Puis. texte intégral sur Gallica.

Etienne et Gatignol, 2010. Rapport Pesticides et Santé. *Office parlementaire d'évaluation des choix scientifiques et technologiques* n° 421 (2009-2010) — 29 avril 2010. https://www.senat.fr/notice-rapport/2009/r09-421-notice.html

EU, 2020. http://ec.europa.eu/food/plant/pesticides/eu-pesticides-database/public/?event=homepage&language=EN

Eurostat, 2020. Indicateurs agri-environnementaux. https://ec.europa.eu/eurostat/fr/web/agriculture/agri-environmental-indicators

FAO, 1986. Prévention des pertes de produits alimentaires après la récolte (manuel de formation). http://www.fao.org/3/t0073f/T0073F00.htm#Contents

FAO, 2000 a. Communiqué de presse. http://www.fao.org/WAICENT/OIS/PRESS_NE/PRESSFRE/2000/prfr0050.htm

FAO, 2000 b. La situation mondiale de l'alimentation et de l'agriculture 2000. http://www.fao.org/3/x4400f/x4400f00.htm

FAO, 2009. L'agriculture mondiale à l'horizon 2050. http://www.fao.org/fileadmin/templates/wsfs/docs/Issues_papers/Issues_papers_FR/L%E2%80%99agriculture_mondiale_%C3%A0_l%E2%80%99horizon_2050.pdf

FAO, 2018. Programme Mixte FAO/OMS sur les normes alimentaire Commission du CODEX ALIMENTARIUS Quarante et unième session. http://www.fao.org/fao-who-codexalimentarius/sh-proxy/en/?lnk=1&url=https%253A%252F%252Fworkspace.fao.org%252Fsites%252Fcodex%252FMeetings%252FCX-701-41%252FInformation%2Bpaper%252Fif41_03f_WTO.pdf

Farmer weekly, 2016. : https://www.fwi.co.uk/arable/harvest/harvest-2016-late-maturing-crops-showing-better-yields

Faucher D., 1956. À propos de l'Araire. In: Pallas, 4/1956, 117-133 ; doi : https://doi.org/10.3406/palla.1956.936-https://www.persee.fr/doc/minf_0398-3609_1838_num_13_2_1290

Fénié B. et Fénié J. J., 2000. *Dictionnaire des pays et provinces de France*, Bordeaux, Éditions Sud-Ouest, 2000, 349 p.

Férault C. et Le Chatelier D., 2012. *Une histoire des agricultures*. Campagne & compagnie (2e édition), Paris. 183 p.

Fermes d'avenir, 2018. Quelques chiffres. https://fermesdavenir.org/ferme-de-bourdaisiere/le-projet-la-boudaisiere/quelques-chiffres

Fernandez P., Gauvrit C., Barro F., Menendez J., De Prado R., 2015. First case of glyphosate resistance in France. *Agron. Sustain. Dev.* 35:1469–1476.

Folcher L., Délos M., Marengue E., Jarry M., Weisenberger A., Eychenne N., Regnault-Roger C., 2010. Lower mycotoxin levels in Bt maize grain. *Agronomy for Sustainable Development*, 30, 711-719.

Folcher L., Bourguet D., Thiéry D., Pélozuelo L., Phalip M., Weissenberger A., Eychenne N., Regnault-Roger C., Delos M., 2011. Changes in Parasitoid Communities Over Time and Space: A Historical Case Study of the Maize Pest. *Ostrinia nubilalis*. *PLoS ONE* 6(9): e25374. https://doi.org/10.1371/journal.pone.0025374

Forumphyto, 2018. Bilan Ecophyto 2017 : l'impuissance organisée. http://www.forumphyto.fr/2018/08/22/bilan-ecophyto-2017-limpuissance-organisee/

Fourche R., 2004. *Contribution à l'histoire de la protection phytosanitaire dans l'agriculture française (1880-1970).* Thèse de doctorat en histoire, Univ. Lyon 2.

Franceagrimer, 2020. fiche filière blé tendre. www.franceagrimer.fr › Fiche-filiere-Ble-tendre.

Fried G. Laitung B. Pierre C. Chague N. Panetta F.D., 2014. Impact of invasive plants in Mediterranean habitats : disentangling the effects of characteristics of invaders and recipient communities. *Biological Invasions* 16:1639–1658.

Fugit J. L. et Moreau J. B., 2019. Rapport d'information par la mission d'information commune sur le suivi de la stratégie de sortie du glyphosate. *Assemblée Nationale.* http://www.assemblee-nationale.fr/15/pdf/rap-info/i2406.pdf

Gade D.W., 1972. Setting the stage for domestication : Brassica weeds in Andean peasant ecology. *Proc. Ass. Am. Geog.*, 4 : 38-40.

Gallais A., 2015. *Comprendre l'amélioration des plantes : Enjeux, méthodes, objectifs et critères de sélection.* Collection : Synthèses ; Éditions Quae.

Gallais A., 2021. Variétés OGM : exemple du blé tendre 'Renan' *Phytoma*, 742. 46.

Gallo A., 1572. *Secrets de la vraye agriculture, et honestes plaisirs qu'on reçoit en la mesnagerie des champs,... traduits en françois de l'italien par François de Belleforest.* Chez Nicolas Chesneau, Paris, 427 p.

Garcia Azcarate T., 2016. La réforme de 1992, connue comme « la réforme Mac Sharry » et sa suite. https://www.researchgate.net/publication/284168184_La_reforme_de_1992_connue_comme_la_reforme_Mac_Sharry_et_sa_suite

Gasparin A. (de), 1849. *Cours complet d'Agriculture.* t. V., Paris, Librairie agricole de la Maison rustique, 638 p. Texte intégral sur Gallica.

Gasquez J., 2005. Les résistances aux herbicides chez les plantes adventices.in *Enjeux phytosanitaires pour l'agriculture et l'environnement.* Coordonné par Catherine Regnault-Roger. Ed. Lavoisier 189-206.

Gasquez J., 2015. Désherbant, herbicide : un peu d'histoire, https://lorexplor.istex.fr/Wicri/Europe/France/InraMotsAgro/fr/index.php?title=D%C3%A9sherbant,_herbicide_:_un_peu_d%27histoire&oldid=2052

Gasquez J., 2018. Historique de la gestion de la flore adventice. In Chauvel B., Darmency H., Munier-Jolain., Rodriguez A. (coord.) *Gestion durable de la flore adventice des cultures* Editions Quae.

Gasquez J. Délos M., 2017. Désherbage en grandes cultures à quoi servent les herbicides ? : Analyse de la situation actuelle du désherbage chimique des cultures en France et de ses perspectives d'évolution. *Phytoma* N° 702 mars 2017, 55-59.

Gasquez J., Dron M., et Délos M., 2019. Histoire du désherbage en grandes cultures, Végéphyl — *24e Conférence du COLUMA, Journées Internationales sur la lutte contre les mauvaises herbes. Orléans –3, 4 et 5 décembre 2019.*

Gasquez J. Dron. M et Délos M., 2019. Nuisibilités des mauvaises herbes pour l'agriculteur, les consommateurs humains et les animaux, Végéphyl — *24e Conférence du COLUMA, Journées Internationales sur la lutte contre les mauvaises herbes. Orleans –3, 4 et 5 décembre 2019.*

Gasquez J., Matéjicek A. et Palavioux K., 2010. Sélection de la résistance aux sulfonyurées dans une population de ray grass résistante aux fops par détoxication. *AFPP — 21e Conférence sur la lutte contre les mauvaises herbes Dijon 8 et 9 décembre 2013.*

Gautier P., Verrier C., Jumel F., 2019. Le défi adventices en cultures de maïs et de tournesol. *Phytoma*, n° 729.

Gauvrit C., 1996. *Efficacité et sélectivité des herbicides*. INRA éditions, Versailles.

Gauvrit C., 2005. Modes d'action des herbicides *in Enjeux phytosanitaires pour l'agriculture et l'environnement* coordonné par Regnault-Roger C.. Lavoisier, Paris.

Gelderblom W.C.A., Jaskiewicz K., Marasas W.F.O., Thiel P.G., Horak R. M., Vleggaar R., Kriek N.P.J., 1988. Fumonisins — Novel mycotoxins with cancer-promoting activity produced by *Fusarium moniliforme. Applied and Environmental Microbiology*, 54, 1806–1811.

Gibot-Leclec S. Pinochet X. et Sallé G., 2006. Orobanche rameuse (Orobanche ramosaL.) du colza : un risque émergent sous surveillance. *O. C. L.*VOL. 13 N° 2-3.

Girard A., 1897. *Bulletin des séances de la Société Nationale d'Agriculture de France*, 1897. texte intégral sur Gallica.

Gressel J., 2002. *Molecular biology of weed control*. Taylor et Francis, London.

Griggs, ol Kelvedon, 1794. *General view of the agriculture of the county of Essex....* Printed by C Clarke London.

Guéguen L., 2018. Aliments bio : le vrai et le faux. Regnault Roger (Dir.), *Idées reçues et agriculture. Parole à la science.* Paris : Presses des Mines, collection Académie d'agriculture de France. p 121-142.

Guéguen L., 2021. *Devrions-nous manger bio ?* Fondation pour l'innovation politique, *fondapol.org* 36 p.

Guillou M., 2013. Remise du rapport sur l'agro-écologie par Marion GUILLOU à Stéphane LE FOLL 11/06/2013. https://agriculture.gouv.fr/remise-du-rapport-sur-lagro-ecologie-par-marion-guillou-stephane-le-foll

Guyomard H., Mahé L.-P., 1992. Le projet Mac Sharry : facteurs de sensibilité du débouché céréalier communautaire. In:*Économie rurale*. N° 211,. Actualité de la réforme de la PAC et les régions méditerranéennes. Session des 28 et 29 novembre 1991, 20-29. https://www.persee.fr/docAsPDF/ecoru_0013-0559_1992_num_211_1_4487.pdf

Guyot L., 1952. L'adventicité *in Nouveau Larousse agricole* (R ? Baconnier J. Glandard dir.) Larousse Paris.

Harper K., 2019. *Comment l'Empire romain s'est effondré. Le climat, les maladies et la chute de Rome.* Ed. La Découverte. 544 p.

Hartmann-Shenkman A.,Kislev M. E., Galili E., Melamed Y., Weiss E., 2014. Invading a new niche: obligatory weeds at Neolithic Atlit-Yam, Israel.*Veget Hist Archaeobot* DOI 10.1007s00334-014-0498-3.

Hatzios K. K., 2003. Herbicide safeners : effective inducers of plant defense gene-enzyme systems. *Phytoparasitica*, 31 1 p 3-7.

HCB Haut Conseil des Biotechnologies, 2020. Avis du Comité Scientifique en réponse à la saisine du 2juillet2020 relative au projet de décret modifiant l'article D.531-2 du code de l'environnement. http://www.hautconseildesbiotechnologies.fr/sites/www.hautconseildesbiotechnologies.fr/files/file_fields/2020/12/11/avis-cs-hcb-projet-decret-modifiant-code-environnement-200707-rev-201203.pdf

Heap, I., 2021. The International Survey of Herbicide Resistant Weeds. Online. Internet. Thursday, April 1, 2021. Available www.weedscience.com

Hess F. D., 2000. Light.-dependent herbicide : an overview. *Weed Science*. 48, p 160-176.

Hibdige S. G. S., Raimondeau P., Christin P.A. and Dunning L. T., 2021. Widespread lateral gene transfer among grasses. *New Phytologist* doi: 10.1111/nph.17328.

Hill S.B., Ramsay J., 1977. *Weeds as Indicators of soil Conditions. Ecological Agriculture project* Publication 67, University of Mc Gill, Montréal, Texte intégral sur le site de l'Université de Mc Gill.

Hirschberg J. et McIntosch L., 1983. Molecular basis of herbicide resistance in *Amaranthus hybridus*. *Science* 222 1346-1349.

Hitier H., 1897. le 20 mai. *Journal d'agriculture pratique, de jardinage et d'économie domestique.* https://gallica.bnf.fr/ark:/12148/cb34378277z/date&rk=21459 ; 2

Holland, J. M., Hutchison, M.A.S., Smith, B., Aebischer, N.J., 2006. A review of invertebrates and seed-bearing plants as food for farmland birds in Europe. *Ann. Appl. Biol.*, 148, 49-71.

Home F., 1757. *The principles of agriculture and vegetation*. Edimbourgh, G. Hamilton et J. Balfour. Traduction française augmentée de deux Mémoires nouveaux sur la manière de préserver le Froment de la corruption & de le conserver : *Les principes de l'agriculture et de la végétation*, Prault, Paris, 1761, vi + 174 p. Texte intégral sur archive.org.

IDEA, 2017. La méthode IDEA. https://idea.chlorofil.fr/

INRAe, 2020. Alternatives au glyphosate en grandes cultures : évaluation économique. https://www.inrae.fr/actualites/alternatives-au-glyphosate-grandes-cultures-evaluation-economique

INRS, 2017. Prévenir les risques dus aux gaz d'échappement. http://www.inrs.fr/risques/gaz-echappement/ce-qu-il-faut-retenir.html

INRS, 2018. À propos des fiches toxicologiques. www.inrs.fr › dms › ficheTox › PDFAccueil

INSEE, 2019. Tableaux de l'économie française. http://temis.documentation.developpement-durable.gouv.fr/docs/Temis/0012/Temis-0012056/2574_2019.pdf

INSEE, 2020. les agriculteurs : de moins ne moins nombreux et de plus en plus d'hommes. https://www.insee.fr/fr/statistiques/4806717

ISAAA, 2019. www.isaaa.org

ITAB, 2018. Guide des produits de protection des cultures utilisables en France en agriculture biologique. http://www.itab.asso.fr/divers/Guide_Intrants_Inao_Mai2018.pdf

IUPAC, 2020. PPDB list of active ingredients. https://sitem.herts.ac.uk/aeru/iupac/atoz.htm

Jacquet F., 1994. La réforme de 1992 : un tournant dans l'histoire de la Politique Agricole Commune. *In* : *Déméter 93 : Économie et Stratégies Agricoles*. Paris. Armand Colin, 1994, pp 13-73. https://cdn.ca.yapla.com/company/CPYeQ23lLcPYvZ9GTj339cZ7/asset/files/la_reforme_de_1992_un_tournant_dans_l_histoire_de_la_politique_agricole_commune.pdf

Jacquin D., Délos M., Reboud X., 2010. L'ergot dépasse le seigle, cet ancien compagnon de l'homme ressort les griffes. *Phytoma* ldv 633, 38-42.

Jauzein Ph. 2001 a. Biodiversité des champs cultivés : l'enrichissement floristique. *Dossier de l'environnement de l'INRA*, n° 21. p 43-64.

Jauzein Ph. 2001 b. Biodiversité des champs cultivés : l'enrichissement floristique. *Dossier de l'environnement de l'INRA*, n° 21. p 65-78.

Jestin C., Durouex F., 2019. Orobanches du colza et du tournesol : les clés pour lutter. *Phytoma,* n° 724 p. 35.

Jones, R.K., 1986. the Influence of Cultural Practices on Minimizing the Development of Aflatoxin on Field Maize. In. Aflatoxin in Maize; *a Proceedings of the Workshop, Mexico: CIMMYT ed. MS Zuber, EB Lillehoj, BL Renfro,* 136–144.

Journal d'agriculture pratique, de jardinage et d'économie domestique. *Chronique agricole du 26 mars* 1898, n° 1636 p 485.

Journal Officiel, 2016. Arrêté du 7 avril 2016 relatif au déclenchement des procédures préfectorales en cas d'épisodes de pollution de l'air ambiant. https://www.airparif.asso.fr/_pdf/arrete-ministeriel-07042016.pdf

Kati V., Scarabel L., Thiery-Lanfranchi D., Kioleoglou V., Liberopoulou S. et Délye C., 2019. Multiple resistance of *Papaver rhoeas* L. to 2,4-D and acetolactate synthase inhibitors in four European countries. *Weed Research*, 59, 5- 367-376.

Kearney P.C. et Kaufman D.D., 1975. *Herbicide : chemistry, degradation and mode of action*. Sd Edition Vol. 1 Marcel Dekker Inc.

Kearney P.C. et Kaufman D.D., 1988. *Herbicides : chemistry, degradation and mode of action*. Sd Edition Vol. 3 Marcel Dekker Inc.

Kressmann G., 2021. *Quel avenir pour l'agriculture et l'alimentation bio ?* Fondation pour l'innovation politique. *fondapol.org* 47 p.

Krinke C., 2018. OGM : Ukraine - Culture illégale de soja transgénique. *infOGM.* https://www.infogm.org/6684-ogm-ukraine-culture-illegale-soja-transgenique

Kyndt T, Quispe D, Zhai H, Jarret R, Ghislain M, Gheysen Liu Q, Kreuze J.F., 2015. The genome of cultivated sweet potato contains *Agrobacterium* T-DNAs with expressed genes: an example of a naturally transgenic food crop. *Proc Natl Acad Sci USA* 112(18):5844–5849.

Labreuche J., Castillon L. S., Ouvry J.F., Real B., Germon J.C., de Tourdonnet S., 2007. *Évaluation des impacts environnementaux des techniques culturales sans labour (TCSL) en France*. ADEME-ARVALIS Institut du végétal-INRA-APCA-AREAS-ITB-CETIOMIFVV, Paris, 400.

Labreuche Jerome & Lellahi Afsaneh & Malaval C. & Germon J.-C., (2011). Impact of no-tillage agricultural methods on the energy balance and the greenhouse gas balance of cropping systems [Impact des techniques culturales sans labour (TCSL) sur le bilan énergétique et le bilan des gaz à effet de serre des systèmes de culture]. *Cahiers Agricultures*. 20. 204-215. 10.1684/agr.2011.0492.

Lamarck J. B. de, 1794-1795. *Flore Françoise ou description succincte de toutes les plantes qui croissent en France*. Seconde édition, H. agasse, Paris. 3 tomes. An 3 de la République.

Land (the) Institute. Transforming Agriculture, Perrenially. https://landinstitute.org/

Larsson M.O., Bjerre N., Nielsen V.S., F. Laporte, Cedergreen N., 2018. Refined assessment and perspectives on the cumulative risk resulting from the dietary exposure to pesticide residues in the Danish population. *Food and Chemical Toxicology. 111 207-267.*

Laurent F., 2015. L'agriculture de conservation et sa diffusion en France et dans le monde. Cybergéo : *European Journal of Geography, Environment, Nature Paysage*. https://journals.openedition.org/cybergeo/27284

LCSQA, 2020. Résultats de la Campagne Nationale Exploratoire de mesure des résidus de Pesticides dans l'air ambiant (2018-2019). https://www.lcsqa.org/system/files/documents/Rapport%20CNEP_DRC-20-172794-02007C%20_VF_versionC.pdf

Leblanc J. C., Tard A., Volatier J.L. et Verger P., 2005. Étude de l'alimentation totale française, ministère de l'Agriculture, de l'Alimentation, de la Pêche et des Affaires rurales, INRA, mai 2004, Estimated dietary exposure to principal food mycotoxins from the first French Total Diet Study. *Food Addit Contam*. 22: 652-72.

Le Buanec B., 2021. *L'agriculture bio et l'environnement.* Fondation pour l'innovation politique, *fondapol.org* 27 p.

Le Corre V., Siol M., Vigouroux Y., Tenaillon M I. et Délye C., 2020. Adaptive introgression from maize has facilitated the establishment of teosinte as a noxious weed in Europe. *P. N. A. S.* 117 (41) : 25618-25627.

Le Foll S., 2013. Conclusion de la journée "Produisons autrement" à Paris le 18 décembre 2012. https://www.vie-publique.fr/discours/186936-declaration-de-m-stephane-le-foll-ministre-de-lagriculture-de-lagro

Le Foll S., 2017 *La première graine*. Calmann-Lévy. Paris.180 p.

Légifrance, 2009. Directive 2009/128/CE du Parlement européen et du Conseil du 21 octobre 2009 instaurant un cadre d'action communautaire pour parvenir à une utilisation des pesticides compatible avec le développement durable. https://www.legifrance.gouv.fr/jorf/id/JORFTEXT000022417742

Legifrance, 2020. Arrêté du 31 juillet 2000 établissant la liste des organismes nuisibles aux végétaux, produits végétaux et autres objets soumis à des mesures de lutte obligatoire. Version en vigueur au 22 octobre 2020. https://www.legifrance.gouv.fr/loda/id/JORFTEXT000000584174/2020-10-22/

Le Goupil G., 2019. État des lieux de la résistance aux herbicides au niveau mondial, analyse du contexte et contrôle raisonné du stock semencier. Végéphyl — *24e Conférence du COLUMA, Journées Internationales sur la lutte contre les mauvaises herbes. Orléans –3, 4 et 5 décembre 2019.*

Le Parisien, 2020. Pollution : plus de 50 molécules de pesticides dans l'air, dangereuses pour la plupart. https://www.leparisien.fr/environnement/pollution-plus-de-50-molecules-de-pesticides-dans-l-air-dangereuses-pour-la-plupart-19-02-2020-8262552.php

Leroy A., 2011. Le Réseau de parcelles sur les Adventices en Grandes Cultures biologiques de Haute-Normandie : Étude de l'évolution de l'enherbement des parcelles de 2002 à 2011. *Groupement des Agriculteurs Biologiques de Haute-Normandie.* http://www.bio-normandie.org/wp-content/uploads/2011/06/GRAB-HN-2007-R%C3%A9seau-Adventices-Etude-enherbement-global-sur-5-ans.pdf

Leslie J.F, Logrieco A., 2014. *Mycotoxin Reduction in Grain Chains.* Wiley-Blackwell- 376 p.

Li Q., Lambrechts M.J., Zhang Q., Liu S., Ge D., Yin R., Xi M., You Z,. 2013. Glyphosate and AMPA inhibit cancer cell growth through inhibiting intracellular glycine synthesis. *Drug Design. Development and Therapy*, 7, 635-643.

Leuenberger P., 2000. Pollution par les particules en suspension dans l'air et effets sur la santé. Rev Med Suisse 2000 ; volume -4. https://www.revmed.ch/RMS/2000/RMS-2325/20922

Lévêque C., 2020. Reconquête de la biodiversité : de quelle nature parte-t-on ? *Science et Pseudo-sciences* 331. 40-45.

Lévêque C., 2021. *Reconquérir la biodiversité, mais laquelle ?* Fondation pour l'innovation politique, *fondapol.org* 37 p.

Lutman P. J. W., Bowerman P., Palmer G.M., Whytock G. P., 2000. Prediction of competition between oilseed rape and *Stellaria media. Weed Research,* 40 (3), 255-269.

MAE, 2021. Certification environnementale, mode d'emploi pour les exploitations. https://agriculture.gouv.fr/certification-environnementale-mode-demploi-pour-les-exploitations

Mamarot J. et Rodriguez A., 2003. *Sensibilité des mauvaises herbes aux herbicides en grandes cultures*. Association de Coordination Technique Agricole, Paris. 372 p.

Manalil S., Busi R., Renton M., and Powles S. B., 2011. Rapid Evolution of Herbicide Resistance by Low Herbicide Dosages *Weed Science* 59:210–217.

Marasas W.F., Kellerman T.S., Gelderblom W.C., Coetzer J.A., Thiel P.G., van der Lugt J.J., 1988. Leukoencephalomalacia in a horse induced by fumonisin B1 isolated from Fusarium moniliforme. *Onderstepoort Journal of Veterinary Research*, 55, 197-203.

Marshall, E.J.P., Brown, V.K., Boatman, N.D., Lutman, P.J.W., Squire, G.R., Ward, L.K., 2003. The role of weeds in supporting biological diversity within crop fields. *Weed Research*, 43, 77-89.

Matveeva T.V., Bogomaz D.I., Pavlova O. A., Nester E.W., Lutova L. A., 2012. Horizontal gene transfer from genus *Agrobacterium* to the plant *Linaria* in nature. *Mol Plant Microbe Interact* 25 (12) : 1542–1551.

Matveeva T. V., Otten L., 2019. Widespread occurrence of natural genetic transformation of plants by *Agrobacterium, Plant Molecular Biology* 101, pages415–437.

Mayaud J.-L., 1999. *La petite exploitation rurale triomphante. France, 19e siècle,* Paris, éd. Belin, 278 p.

Mazoyer M. et Roudart L., 1998. *Histoire des agricultures du monde : du néolithique à la crise contemporaine* Ed Seuil Paris, 545p.

McDougall P., 2016. A Consultancy Study for CropLife International, *CropLife America and the European Crop Protection Association, March 2016.*

McElroy J.S., 2014. Vavilovian Mimicry: Nikolai Vavilov and His Little-Known Impact on Weed Science. *Weed Science* 62:207–216.

Mechant E., De Marez T., Hermann O., Olsson R. et Bulke R., 2008. Target site resistance to metamitron in *Chenopodium album* L. *Journal of Plant deseases and Protection*, Special Issue XXI, 37-40.

MICoR, 2020. Wheat China (CN). https://micor.agriculture.gov.au/Plants/Pages/China_CN/Wheat.aspx

Midega C.A.O., Pittchar J., Pickett J.A., Hailu G.W. and Khan Z.R., 2018. A climate-adapted push-pull system effectively controls fall armyworm, *Spodoptera frugiperda* (J.E. Smith), in maize in East Africa. *Crop Protection*, 105,10-15.

Moore C. E., Meacham-Hensold K., Lemonnier P., Slattery R. A., Benjamin C., Bernacchi C. J., Lawson T. and Cavanagh A. P., 2021. The effect of increasing temperature on crop photosynthesis: from enzymes to ecosystems. *Journal of Experimental Botany*, Vol. 72, No. 8 pp. .2822–2844.

Moreau D., Gibot-Leclerc S., Girardin A., 2016. Trophic Relationships between the Parasitic Plant Species Phelipanche ramosa (L.) and Different Hosts Depending on Host Phenological Stage and Host Growth Rate. Volume : 7 Article Number: 1033.

Nisard M., 1864. *Les agronomes latins Caton, Varron, Columelle, Palladius*. Paris, Firmin Didot Frères, Fils et compagnie.

Noisette C., 2014. La Chine ne veut pas se faire envahir par les OGM. *infOGM.* https://www.infogm.org/Chine-ne-veut-pas-envahir-par-OGM

Nougadère A., Merlo M., Héraud F., Réty J., Truchot E., Vial G., Cravedi J.P. and Leblanc J. C., 2014. How dietary risk assessment can guide risk management and food monitoring programmes: The approach and results of the French Observatory on pesticide residues (ANSES/ORP). *Food Control*, 41: 32-48.

OEB, 2014. Note de suivi 2014 Tendances du recours aux produits phytosanitaires de 2008 à 2013. https://bretagne-environnement.fr/dataset/resource/cc8a0b2d-0b84-4423-acb9-4c076e4e5ab5 https://bretagne-environnement.fr/sites/default/files/NoteSuiviEcophyto2014_tendances20082013.pdf

Office International de l'Eau, 2019. Analyse des contenus des sixièmes programmes d'actions régionaux « Nitrates » https://www.oieau.fr/eaudoc/system/files/34169.pdf

OMS, 2016. http://www.euro.who.int/fr/health-topics/disease-prevention/nutrition/news/news/2016/05/results-of-joint-faowho-meeting-on-pesticide-residues-jmpr

OMS, 2017. https://www.who.int/water_sanitation_health/publications/gdwq4-with-add1-chapters/fr/

Örke E., 2006. Crop losses to pests. *Journal of Agricultural Science*, 144 (1), 31-43.

Orlando B., Gautellier-Vizioz L., Bonin L., 2013. Impact des pratiques de désherbage dans la gestion du risque Claviceps purpurea. *22e Conférence du COLUMA, DIJON 10-12 décembre. Journées Internationales sur la lutte contre les mauvaises herbes, 19-28.*

Orlando B., Maumené C., Valade R., Maunas L., Robin N., Bonin L., 2015. Identification et hiérarchisation des déterminants agronomiques de l'ergot et des alcaloïdes associés sur céréales à paille. *AFPP, Annales 11e conférence international sur les maladies des plantes, Tours, France, 7 et 9 Décembre 2015.*

Orlando B., Carrera A., Bibard V. et Meleard B., 2019. *Datura stramonium* dans le maïs : enjeux sanitaires et complexité de gestion. Végéphyl. *24e Conférence du*

COLUMA, Journées Internationales sur la lutte contre les mauvaises herbes. Orleans –3, 4 et 5 décembre 2019.

Orloff N., Mangold J., Miller Z., Menalled F., 2018. A meta-analyse of field bindweed (*Convolvulus arvensis* L.) and Canada thistle (*Cirsium arvense*) management in organic agricultural systems. *Agriculture, Ecosystems and Environment*. 254, 264-272.

Pascal G., 2018. Perturbateurs endocriniens : science ou agit-prop ? Regnault Roger (Dir.), *Idées reçues et agriculture. Parole à la science.* Paris : Presses des Mines, collection Académie d'agriculture de France. p 103-120.

Passion Céréales, 2020. Le marché des céréales françaises. https://www.passioncereales.fr/dossier-thematique/le-march%C3%A9-des-c%C3%A9r%C3%A9ales-fran%C3%A7aises

Payne G. A., Cassel D. K., Adkins C.R., 1986. Reduction of aflatoxin contamination in corn by irrigation and tillage. *Phytopathology*, 76,679-684.

Paysan breton, 2018. Produire des protéines locales coûte plus cher que d'importer du soja génétiquement modifié. Le citoyen en réclame ; le consommateur acceptera-t-il de mettre le prix ? Rien n'est moins sûr. https://www.paysan-breton.fr/2018/09/sans-ogm-mais-pas-sans-prix/

Pedersen A. B., 2016. Pesticide Tax in Denmark. https://ieep.eu/uploads/articles/attachments/504788d7-db01-4dd8-bece-ee7b9e63979e/DK%20Pesticide%20Tax%20final.pdf?v=63680923242

Pees C., 2007. *L'arme alimentaire. Les clés de l'indépendance*, Le Cherche Midi, Paris. 240 p.

Pellegrino E., Bedini S., Nuti M., Ercoli L., 2018. Impact of genetically engineered maize on agronomic, environmental and toxicological traits: a meta-analysis of 21 years of field data. *Scientific Reports*, *Nature Com*. 8. Article Number: 3113.

Pernot J.F., 1988. Présentation de la *Description géographique de l'élection de Vézelay… par M. de Vauban. Courrier de l'environnement de l'INRA* n° 35, pp 77-86.

Pesticide Manual, 2018. https://www.bcpc.org/product/the-pesticide-manual-18th-edition

Pimentel J. C., Marques F., 1969. Vineyard sprayer's lung: a new occupationl disease. *Thorax* 24 : 678-688.

Pimentel J.C., Menezes P.P., 1975. Liver granulomas containing copper in vine yard sprayer's lung. *Am Rev Respir Dis* 111:189-195.

Pline (l'ancien) *Histoire naturelle Livre XVIII Texte français* Paris : Dubochet, 1848-1850. édition d'Émile Littré. http://remacle.org/bloodwolf/erudits/plineancien/livre18.htm

Popow G., 2013 Ambrosia control in the canton of Zurich 2006-2011. In *Colloque Ambrosia* 2012. pp. 25 : Lyon (France). http://www.ambroisie.info/docs/colloque-2012/Popow_G_Resume.pdf

Powles S. B., Lorraine-Colwill D. F., Dellow J. J. et Preston C., 1998. Evolved resistance to glyphosate in rigid ryegrass (Lolium rigidum) in Australia. *Weed Science*, 46, 5, pp. 604 – 607.

Purcell AH., 1981. Vector preference and inoculation efficiency as components of resistance to Pierce's disease in European grape cultivars. *Phytopathology*, 71(4):429-435.

R4P, Réseau de Réflexion et de Recherches sur les Résistances aux Pesticides, 2021. Listes des cas de résistances aux produits de protection des plantes détectés en France. https://www.r4p-inra.fr/wp-content/uploads/2020/07/Liste-I_Adventices_FR_Jul20.pdf

Rabaté E., 1927. *La destruction des mauvaises herbes*. Librairie Agricole de la Maison Rustique, Paris.

Raboisson, D., 2004. *Évolution raciale du cheptel bovin français des années 1970 aux années 2000 : analyse à partir des données des Recensements Généraux agricoles de 1979, 1988 et 2000.* Thèse d'exercice, Ecole Nationale Vétérinaire de Toulouse — ENVT, 2004, 172 p.

RAD, 2016. Diagnostic de durabilité du réseau d'agriculture durable. Guide l'utilisateur 2016. http://www.agriculture-durable.org/wp-content/uploads/2016/02/Guide-utilisateur-2016.pdf

Rappel conso, 2022. Le site des éléments de produits toxiques : céréales et produits de boulangerie. https://rappel.conso.gouv.fr/categorie/45/7

Ravignan (de) F., 1980. L'agriculture, pétrole vert de la France ? : *Économie rurale*. N° 139,. pp. 31-38.

Réal B., Labreuche J., Heddadj D., 2005. L'impact du travail du sol sur les transferts de produits phytosanitaires. *Perspectives agricoles*, 109, 24-28.

Reboud X., Eychenne N., Délos M., Folcher L., 2016. Withdrawal of maïse protection by herbicides and insecticides increases mycotoxins contamination near maximum thresholds. *Agronomy for Sustainables Development*, 36 (3), 1-10.

Reboud X., Blanck M., Aubertot J.N., Jeuffroy M.H., Munier-Jolain N., Thiollet-Scholtus M., 2017. Usages et alternatives au glyphosate dans l'agriculture française. *Rapport Inra à la saisine* Ref TR507024, 85 p.

Regenerationinternational. The future of agriculture is regenerative. https://regenerationinternational.org/

Regnault-Roger C., 2014. *Produits de Protection des Plantes Innovation et sécurité pour une agriculture durable* Ed. Lavoisier. 368 p.

Règlement (CE), 2006. No1881/2006 de la Commission du 19 décembre 2006 portant fixation de teneurs maximales pour certains contaminants dans les denrées alimentaires.
https://eur-lex.europa.eu/LexUriServ/LexUriServ.do?uri=OJ:L:2006:364:0005:0024:FR:PDF

Règlement (CE), 2007. N° 1126/2007 de la Commission du 28 septembre 2007 modifiant le règlement (CE) n° 1881/2006 portant fixation de teneurs maximales pour certains contaminants dans les denrées alimentaires en ce qui concerne les toxines du Fusarium dans le maïs et les produits à base de maïs. https://eur-lex.europa.eu/legal-content/fr/ALL/?uri=CELEX:32007R1126

Règlement (CE), 2008. n° 1272/2008.
https://aida.ineris.fr/sites/default/files/gesdoc/90348/Reg1272_2008_01012020.pdf

Règlement (CE), 2009. n° 1107/1399.
https://eur-lex.europa.eu/LexUriServ/LexUriServ.do?uri=OJ:L:2009:309:0001:0050:FR:PDF

Règlement (UE), 2021. Règlement n° 2021/2009 modifiant le règlement (CE) no 1881/2006 en ce qui concerne les teneurs maximales en sclérotes d'ergot et alcaloïdes de l'ergot dans certaines denrées alimentaires. https://eur-lex.europa.eu/legal-content/FR/TXT/PDF/?uri=CELEX:32021R1399&from=FR

Robert E., Naylor L., Lutman P. J., 2008. Weed *Management Handbook: 9th Eds*. (ed.): R.E.L., chap 1 pp.1 –1.

Rodriguez A., 2018. Gestion de la flore adventice en agriculture biologique, *in* Chauvel B., Darmency H., Munier-Jolain., Rodriguez A. (coord.) *Gestion durable de la flore adventice des cultures*, Versailles, Edition Quae 354 p.

Romer C., Jacquin D., Bertrand A., Huart G., 2013. Les traitements herbicides d'automne, une lutte chimique efficace contre l'ergot des graminées. In: *22e Conférence du COLUMA — DIJON 10-12 décembre. Journées Internationales sur la lutte contre les mauvaises herbes,* 182-191.

Rouillé d'Orfeuil H., 2021. Vers une troisième révolution agricole de caractère Chapitre 11 — « agroécologique 15 p *In* Hubert B. et Couvet D. (coord.) *La transition agroécologique — Quelles perspectives en France et ailleurs dans le monde ?* Presse des Mines (Paris). Tome I : ISBN : 978-2-35671-620-0/260 p.

Rügg W.T., Quadranti M. & Zoschea, 2007. Herbicide research and development: challenges and opportunities. *Weed Research* 47, 271–275.

Ryan G. F., 1970. resistance of common groundsel to simazine and atrazine *Weed Science* 18, 614-616.

Saenz de Rodriguez, C.A., 1984. Environmental hormone contamination in Puerto Rico (Letter). *New England Journal of Medicine,* 310, 1741- 1742.

Santé et Environnement, 2019. Sources d'exposition des pesticides. https://solidarites-sante.gouv.fr/sante-et-environnement/risques-microbiologiques-physiques-et-chimiques/pesticides/article/sources-d-exposition-aux-pesticides

Schabol R., 1767. *Dictionnaire pour la théorie et la pratique du jardinage et de l'agriculture*. G. Desprez. Paris. 531 p.

Schloss J. V., Ciskanik L. M., Van Dyck D.E., 1988. Origin of the herbicide binding site of acetolactate synthase. *Nature* 331, p 360-362.

Schribaux rapporté par Rabaté E., 1927. *La destruction des mauvaises herbes*. Librairie Agricole de la Maison Rustique, Paris.

Scudamore K.A., Nawaz S., Hetmanski M.T., 1998. Mycotoxins in ingredients of animal feeding stuffs: II. Determination of mycotoxins in maize and maize products. *Food Additives and Contaminants*, 15, 30–55.

Sébillote M., 1969. Les modifications des assolements et rotations liées à l'emploi des herbicides. *Columa* 235-275.

Séguy L., Bouzinac S., 1999. *Cultiver proprement et durablement les sols de la planète, en semis direct*. Rapport de recherche n° 5731, CIRAD, Montpellier, 65.

Sénat, 2020. La qualité de l'eau et l'assainissement en France (rapport). https://www.senat.fr/rap/l02-215-1/l02-215-136.html

Serres O. (de), 1605. *Le théâtre d'agriculture et mesnage des champs*. Nouvelle édition. Texte intégral sur Gallica.

Serres M., 2006. Science, biodiversité, écologie et mondialisation. *Colloque annuel de l'association Forum de l'agriculture raisonnée respectueuse de l'environnement (Farre), qui s'est tenu le 11 janvier 2006 à Paris.*

Smith, Jodi & Lee, Kiyoung. 2003. Soil as a Source of Dust and Implications for Human Health. *Advances in Agronomy* - 80. 1-32. 10.1016/S0065-2113(03)80001-9.

Snir A., Nadel D., Groman-Yaroslavski I., Melamed Y., Sternberg M., Bar-Yosef O., Weiss E., 2015. The Origin of Cultivation and Proto-Weeds, Long Before Neolithic Farming ; *PLOS ONE* | DOI:10.1371/journal.pone.0131422 July 22, 2015.

Souza-Machado V. Bandeen J. D., Stephenson G.R. et Jensen K.I.N., 1977. Differential atrazine interference with the Hill reaction of isolated chloroplasts from Chenopodium album biotypes. *Weed Research*, 17, 407-413.

Streit E., Schatzmayr G., Tassis P., Tzika E., Marin D., Taranu I., Tabuc C., Nicolau A., Aprodu I., Puel O., Oswald, I.P., 2012 - Current Situation of Mycotoxin

Contamination and Co-occurrence in Animal Feed-Focus on Europe. *Toxins*, 4, 788 - 809.

Terre-net, 2018. Les adventices, six pieds sous terre ou à fleur de sol ? https://www.terre-net.fr/observatoire-technique-culturale/strategie-technique-culturale/article/les-adventices-six-pieds-sous-terre-ou-a-fleur-de-sol-217-134797.html

Terre-net, 2019. Seed Terminator martèle les adventices jusqu'à la mort ! https://www.terre-net.fr/materiel-agricole/tracteur-quad/article/detruire-les-adventices-a-la-moisson-pour-limiter-leur-proliferation-207-164145.html

The local, 2014. Danish wheat quality at an all-time low. https://www.thelocal.dk/20140905/danish-wheat-quality-at-all-time-low

Thuillier G., 1965. Au XIXe siècle : l'alimentation en Nivernais. *Annales. Économies, Sociétés, Civilisations* Volume 20 Numéro 6 p. 1163-1184 https://www.persee.fr/docAsPDF/ahess_0395-2649_1965_num_20_6_421323.pdf

Tissut M., Delval P., Mamarot J., Ravanel P., 2006. *Plantes, Herbicides et désherbage*. ACTA, Paris, 635 p.

Toy A.D.F. & Uhing E.H., 1964. « *Aminomethylenephosphinic acids, salts thereof, and process for their production* ». United States Patent Office, Patent 3:160,632.

Tranel P.J., Wright T.R. and Heap I.M., 2022. Mutations in herbicide-resistant weeds to Inhibition of Acetolactate Synthase . Online http://www.weedscience.com.

Treu H., Nordborg M., Cederberg C., Heuer T., Claupein E., Hoffmann H., Berndes G., 2017. Carbon footprints and land use of conventional and organic diets in Germany. *Journal of Cleaner Production* ; 161 ; 127-142.

Trichard A., Alignier A., Chauvel B. et Petit S., 2013. Identification of weed community traits : response to conservation agriculture. *Agriculture, Ecosystems & Environment*, 179, 179-186.

Triolet M., Guillemin J-P., Andre O. et Steinberger C., 2020. Fungal-based bioherbicides for weed control: a myth or a reality?. *Weed Research* 60,60–77.

Truffaut G. et Pastac I., 1943. Destruction par poudrage des plantes adventices à l'aide de colorants nitrés. *C. R. Acad. Agr. de France*. séance du 7 juillet 1943.

Ueno Y., 1988. Toxicology of trichothecene mycotoxins. ISI Atlas of Science: *Pharmacology Journal*. 2, 121–124.

UIPP, 2021. Repères 2020-2021. https://reperesactivites.uipp.org/downloads/MARCHE-2020-21.pdf

USDA, 2020. Report Name:Agricultural Biotechnology Annual Russian federation. https://apps.fas.usda.gov/newgainapi/api/Report/DownloadReportByFileName?fileName=Agricultural%20Biotechnology%20Annual_Moscow_Russian%20Federation_10-20-2019

US EPA, 2020. Glyphosate Interim Registration Review Decision Case Number 0178. https://www.epa.gov/sites/production/files/2020-01/documents/glyphosate-interim-reg-review-decision-case-num-0178.pdf

Véronési C., Benharrat H., Delavault P., Simier P., 2006. La résistance du colza à l'orobanche rameuse. *Phytoma* n° 599.

Viallanes A. et D'Arbaumont J., 1889. *Flore de la Côte d'Or*. Imprimerie Darantière, Dijon.

Voli F. *et al.,* 2020. Intratumoral Copper modulates PD-L1 expression and influences tumor immune evasion. *Cancer Research*. 80 (19) 4129-4144.

Voltz M., 2005. « Devenir et transfert des pesticides dans l'environnement et impacts biologiques » Chapitre 3 coordonné par M. Voltz. " *Pesticides, agriculture et environnement Réduire l'utilisation des pesticides et en limiter les impacts environnementaux* " Expertise scientifique collective INRA - Cemagref.

van der Werf H. et Petit J., 2002. Évaluation de l'impact environnemental de l'agriculture au niveau de la ferme. Comparaison et analyse de 12 méthodes basées sur des indicateurs. *Courrier de l'environnement de l'INRA* n° 46, juin 2002.

Wilson, J. D., Morris, A. J., Arroyo, B. E., Clark, S. C., Bradbury, R. B., 1999. A review of the abundance and diversity of invertebrate and plant foods of granivorous birds in northern Europe in relation to agricultural change. *Agric. Ecosyst. Environ.* 75, 13-30.

Wu F., 2006. Mycotoxin reduction in Bt corn: potential economic, health and regulatory impacts. *Transgenic Research*. 15, 277-89.

Xénophon, ca. 375 avant J.C in Amouretti M.C., 1976. Les instruments aratoires dans la Grèce archaïque *Dialogues d'histoire ancienne* 2, 25-52.

Xie C ; et Xue E., 2021. Will glyphosate price continue to rise? - Dialogue with suppliers and buyers. *AgroNews*.29 avril 2021. http://news.agropages.com/News/NewsDetail---38942.htm

Zahm F., Viaux P., Vilain L., Girardin P., Mouchet C., 2004. The IDEA method (Farm Sustainability Indicators): a diagnostic assessment method to make the transition from the concept of sustainability to its assessment using indicators; in *proceedings of Helsinki PEER Conference; 17th to 18th November 2004*.

Zohary M. 1950. *The segetal plant communities of Palestine* Hebrew University, Jerusalem.

Glossaire

Adjuvant. Composé (huile, détergent…) contenu dans une spécialité commerciale ou ajoutée extemporanément à celle-ci pour améliorer l'efficacité de la substance (par dispersion, étalement ou pénétration de la bouillie phytosanitaire).

***Agrobacterium tumefasciens*.** Bactéries du sol pathogène pour les plantes produisant des galles qui sont dues à la fixation d'un fragment d'ADN d'un plasmide dans l'ADN de la plante. Cette propriété des plasmides d'Agrobacterium a été utilisée pour transférer des gènes dans les premiers OGM. *https://fr.wikipedia.org/wiki/Bacillus_thuringiensis*

Agroécosystème. Écosystème agricole.

Annuelle (espèce). Plante dont le cycle végétatif de la graine à la graine est toujours inférieur à un an et ne fleurissant qu'une fois.

Araire. Instrument de travail du sol attelé qui en fend superficiellement la surface sans le retourner.

Aflatoxine. Mycotoxine produite par certains champignons proliférant notamment sur des graines conservées en atmosphère chaude et humide (souvent produites par *Aspergillus flavus*). À hautes doses peut entraîner la mort en quelques heures à quelques jours selon la sensibilité de l'animal ou de la personne. À doses plus faibles, elle possède un pouvoir cancérigène élevé. *https://fr.wikipedia.org/wiki/Aflatoxine*

Ager. Champ, parties cultivées du territoire.

Allélopathie. Tout effet direct ou indirect, positif ou négatif, d'une plante sur une autre, par le biais de composés biochimiques libérés dans l'environnement.

Allochtone. En biologie des invasions, il désigne les espèces d'origine étrangère au biome local. Il s'agit le plus souvent d'organismes introduits par l'homme, soit volontairement, dans une perspective économique ou esthétique, soit accidentellement.

Allogame. Plante qui produit au moins une partie de ses graines par croisement avec le pollen d'une autre plante de la même espèce et dont le pollen féconde d'autres plantes. Quand 100 % des semences doivent être issues de croisements et que le pollen ne peut absolument pas féconder les fleurs de la plante, on parle d'allogamie obligatoire.

Alternariol. Métabolite toxique des champignons *Alternaria.* C'est un contaminant important dans les céréales et les fruits responsable d'intoxications.

Alternariose. Nom générique d'une série de maladies fongiques dues à diverses espèces de champignons des genres *Alternaria.* *https://fr.wikipedia.org/wiki/Alternariose*

Amendement. Opération visant à améliorer les propriétés physico-chimique d'un sol. Substance incorporée au sol à cet effet : amendement calcique : apport de calcium pour remonter le pH du sol,

Amidonnier. L'amidonnier est une sous-espèce en même temps que l'ancêtre du blé dur qui se caractérise notamment par son faible rendement.

AMPA. Ce composé est le premier métabolite du glyphosate. Mais, il est également le principal produit de dégradation des phosphonates utilisés en industrie et pour les détergents industriels et domestiques.

Anthropisé. Toute sorte de milieux modifiés par l'homme.

Apophyte. Espèce indigène qui pénètre dans les champs et s'y maintient à la faveur de modifications culturales.

Apoptose. Ou la mort cellulaire programmée, c'est le processus par lequel des cellules déclenchent leur auto-destruction en réponse à un signal.

Archéophyte. Espèce introduite dans la région avant l'an 1500.

Aspergillus. Champignons filamenteux, de type moisissure, dont la colonie se présente sous forme duveteuse. *https://fr.wikipedia.org/wiki/Aspergillus*

Autogame. Plante dont les graines sont produites par la fécondation de ses ovules par son propre pollen, dans une même fleur ou entre fleurs de la même plante.

Bacillus thuringiensis. (souvent abrégé en Bt essentiellement pour l'insecticide). Espèce de bactérie présente dans beaucoup de milieux produisant des protéines ayant des propriétés insecticides. Celles-ci sont utilisées comme insecticides en AB et en biocontrole. Des gènes codant pour certaines de ces protéines ont été introduits dans des cultures pour remplacer des insecticides. *https://fr.wikipedia.org/wiki/Bacillus_thuringiensis*

Biais de confirmation. Biais cognitif qui consiste à privilégier les informations confirmant ses propres idées préconçues ou ses hypothèses et/ou à accorder moins de poids aux hypothèses et informations jouant en défaveur de ses conceptions.

Bioagresseurs. Tous types d'ennemis des cultures et du monde vivant en général.

Biocides. Substances ou préparations destinées à détruire, repousser ou rendre inoffensifs les organismes nuisibles, à en prévenir l'action ou à les combattre, par une action chimique ou biologique.

Biocontrole. Méthode de lutte fondée sur la gestion des équilibres des populations d'agresseurs, par différents moyens, dont l'usage des produits privilégiant l'utilisation de mécanismes et d'interactions naturels.

Biodiversité. Elle désigne la variété des formes de vie sur la Terre. Elle s'apprécie en considérant la diversité des écosystèmes, des espèces et des gènes dans l'espace et dans le temps, ainsi que les interactions au sein de ces niveaux d'organisation et entre eux. Elle ne se limite pas à la somme des espèces, mais représente l'ensemble des interactions entre les êtres vivants, ainsi qu'avec leur environnement physico-chimique, sur plusieurs niveaux. Elle comprend donc tout être vivant, des plus pathogènes et toxiques, à toutes les espèces cultivées et les variétés sélectionnées.

Biopesticides. Les pesticides biologiques disposent de plusieurs types de méthode de lutte contre les ravageurs et maladies, faisant appel à des relations de prédation, de parasitisme ou d'action chimique.

Bisannuelle. Espèce dont le cycle est supérieur à 12 mois et inférieur à 2 ans, ne fleurissant qu'une fois après un hiver au milieu de son cycle.

Blés de force. Ils ont une teneur en protéines et une force boulangère (W) « naturellement » élevées. Les caractéristiques technologiques attendues par la meunerie française pour cette catégorie sont un taux de protéines supérieur à 14 %, et un W supérieur à 350.

Brassier. Ouvrier le plus souvent agricole qui travaillait de ses bras et était employé à la journée. Dans certaines régions viticoles, ils pouvaient être employés à l'année et payés moitié en nature, moitié en espèces.

Calice. Le calice est constitué par l'ensemble des sépales. Premier verticille floral, il a comme premier rôle la protection de la fleur.

Canola. Colza de printemps au Canada.

Chaulage. Le chaulage des sols est une technique agricole qui consiste à apporter des amendements calciques ou calco-magnésiens à un sol pour en corriger une acidité excessive.

Climax. Terme qui désigne l'état final d'une succession écologique et l'état le plus stable dans les conditions existantes de terrain et climat. Lorsque cet état est atteint, l'énergie et les ressources ne servent théoriquement qu'à maintenir cet état.

Collet. Partie de la plante qui est comprise entre la tige et les racines.

Cultures estivales. Grandes cultures semées au cours du printemps comme le maïs ou le soja.

Cyanobactéries. Ou cyanophycées, ou encore algues bleues (leurs anciens noms), sont des bactéries photosynthétiques.

Démarier. Éclaircir des levées de semis trop denses. Pour les betteraves, il y a quelques décennies, les graines étaient en glomérules et il fallait passer pour supprimer à la main les plantules surnuméraires pour n'en laisser qu'une seule.

Déoxynivalénol. Fusariotoxine (DON) du groupe des trichothécènes. Cette toxine est synthétisée par des champignons microscopiques du genre *Fusarium, https://fr.wikipedia.org/wiki/D%C3%A9oxynival%C3%A9nol*

Dormance. Caractéristique qui permet aux graines viables de se maintenir en vie ralentie en les empêchant de germer malgré des conditions environnementales favorables jusqu'à ce qu'un signal particulier du milieu, spécifique de chaque espèce, déclenche le retour à une vie active.

Échardonner. Couper, sarcler les chardons qui infestent un champ à l'aide d'un échardonnoir ou d'une échardonnette, petite serpe fixée à un long manche pour sectionner les tiges des racines des chardons.

Écobuage. Opération qui consiste à écroûter ou peler le sol de friches, de landes ou de prairies pour incinérer ensuite les blocs de « gazons » lorsqu'ils sont presque secs. Ne pas confondre avec le brûlage des chaumes et de la végétation sur place.

Écosystème. Ensemble vivant formé par un groupement de différentes espèces en interrelations (nutrition, reproduction, prédation...), entre elles et avec leur environnement (minéraux, air, eau), sur une échelle spatiale donnée. En agriculture, une année donnée, une parcelle peut correspondre à un écosystème donné. Cependant, un paysage agricole constitue souvent un écosystème.

Ergot du seigle. Champignon parasite du seigle (et d'autres céréales) et de plusieurs graminées adventices qui contient des alcaloïdes responsables de l'ergotisme. *https://fr.wikipedia.org/wiki/Ergot_du_seigle*

Espèce envahissante. Espèce exotique introduite volontairement et souvent involontairement qui devient un agent de perturbation nuisible à la biodiversité autochtone des écosystèmes naturels ou semi-naturels parmi lesquels elle s'est établie.

Espèce naturalisée. Espèce introduite, souvent de longue date, rencontrant des conditions écologiques favorables à son implantation durable dans le temps, pouvant y établir des populations de façon autonome et intégrée à l'écosystème.

Essanveuse. Cet outil ne détruit pas les adventices, mais arrache les boutons floraux des moutardes (sanves) et aussi d'autres plantes plus hautes que la céréale. Utilisé dès le XIXe siècle, son efficacité a été mise en doute, car les plantes écimées produisaient des pousses latérales qui fleurissaient et répandaient encore plus de semences. Remis au goût du jour dans certaines situations.

Esseiglage. Action d'arracher ou de couper à la faucille les tiges de seigle qui ont poussé dans les champs de blé.

Faire valoir direct. Se dit d'un agriculteur qui exploite ses propres terres.

Faux semis. Le faux semis consiste à préparer un futur semis par un travail superficiel du sol, comme pour un semis, ce qui favorise la germination des graines adventices présentes dans la couche superficielle du sol. La deuxième phase consiste, dès que les graines de mauvaises herbes ont germé, à détruire les plantules, par des moyens mécaniques ou à l'aide d'herbicides, avant de réaliser le semis ou la plantation définitive. Le faux semis peut être répété plusieurs fois avant le semis si nécessaire et si le temps et les conditions le permettent.

Fumonisine. Nom donné à une des mycotoxines émises par certaines espèces de champignons du sol, les fusarium. *https://fr.wikipedia.org/wiki/Fumonisine*

Fumonisine B1. Une des mycotoxines émises par certaines espèces de champignons du sol ; les *Fusariums*, (principalement *F. verticillioides* et *F. proliferatum*) qui peuvent coloniser certains végétaux (graminées notamment) en y produisant une maladie dite fusariose. La fumonisine B, très toxique, est plutôt trouvée dans le maïs. *https://fr.wikipedia.org/wiki/Fumonisine*

Fusarium. Plusieurs espèces causent une maladie des plantes, dite « fusariose » et plusieurs espèces peuvent produire des mycotoxines. *https://fr.wikipedia.org/wiki/Fusarium*

Glucosinolates. Composés organiques soufrés en particulier de la famille des Brassicaceae (les crucifères comme le chou ou le radis) agissant en tant que moyen de défense contre les ravageurs et responsables de saveur amère ou piquante. *https://fr.wikipedia.org/wiki/Glucosinolate*

Grandes cultures. Les céréales (blé, orge, maïs…), les oléagineux (tournesol, colza, soja…), les protéagineux (pois, féveroles…) et les betteraves composent le secteur des grandes cultures.

Guéret. À l'origine, terre labourée plusieurs fois (donc une jachère). Par extension, terre labourée en attente d'être semée, voire même les champs cultivés. Guéréter = labourer.

Hortus. Jardin, potager.

Intérêts composés (loi des). Dans un placement à **intérêts composés,** les intérêts de chaque période sont incorporés au capital pour l'augmenter progressivement et porter intérêts à leur tour.

Interculture. Espace de temps qui sépare la récolte d'une culture du semis ou de la plantation de la culture suivante.

Itinéraire technique. Combinaison logique et ordonnée de techniques culturales qui permettent de contrôler le milieu et d'en tirer une production donnée.

Jachère. Ensemble des façons culturales de printemps et d'été qui préparaient les semis d'automne, ainsi que les terres qui recevaient ces façons, et la période de temps qui leur était consacrée. La jachère était donc une terre travaillée. Depuis 1992, en Europe les jachères sont des terres retirées de la production alimentaire. Le terme anglais « *set aside* » (mis de côté) est plus explicite.

Jaunisse nanisante de l'orge. Maladie virale végétale, transmise par des pucerons, et causée par plusieurs souches virales. *https://fr.wikipedia.org/wiki/Jaunisse_nanisante_de_l%27orge*

Jour court — jour long. Les plantes à floraison en jours longs fleurissent lorsque la période de lumière est supérieure à un seuil, appelé photopériode critique de l'espèce. Les plantes à floraison en jours courts voient leur floraison induite lorsque la durée du jour est inférieure au seuil de l'espèce.

Labourer. Travail de la terre qui consiste à retourner la partie superficielle à la bêche, la houe ou la charrue attelée. On distingue les labours légers (superficiels), moyens et profonds. Les labours sont dressés, jetés ou plats selon l'inclinaison des bandes de terre produites par la charrue.

Lathyrisme. Intoxication provoquée chez l'homme et chez les animaux d'élevage, par l'ingestion crue notamment de l'espèce *Lathyrus sativus* (gesse commune). *https://fr.wikipedia.org/wiki/Lathyrisme*

Lectines. Glycoprotéines que l'on trouve en forte concentration dans la plupart des graines de légumineuses sèches. *https://fr.wikipedia.org/wiki/Lectine*

Lixiviation. En agriculture, on emploie souvent à tort les termes de lixiviation et lessivage dans le même sens. La lixiviation concerne uniquement les éléments solubles puisqu'ils sont entraînés verticalement par infiltration après avoir été dissous. Le lessivage concerne uniquement les particules solides non solubles. Ainsi, il y a lixiviation des nitrates et lessivage des argiles.

Malherbologue. Celui qui pratique la malherbologie, une discipline de l'agronomie. Personne qui étudie les mauvaises herbes, leurs cycles biologiques et les méthodes permettant de limiter leur développement dans les cultures.

Marnage. Technique agricole consistant à rendre un sol plus calcaire en y ajoutant de la marne.

Méligèthes. Espèces d'insectes coléoptères ravageurs des boutons floraux du colza et autres brassicacées. *https://fr.wikipedia.org/wiki/Meligethes_aeneus*

Meloidogyne. Nom vernaculaire : nématodes à galle(s) ou anguillule des racines ou nématodes des nodosités des racines *https://fr.wikipedia.org/wiki/Meloidogyne*

Méristème. Massif de cellules indifférenciées (à l'extrémité des racines et des tiges) capables de se diviser indéfiniment et de se différencier en différentes structures et fonctions.

Messicole. Espèces adventices associées traditionnellement (jusqu'au XIXᵉ siècle) aux cultures de céréales à paille.

Méteil. Jusqu'au début du XXᵉ siècle, récolte d'un mélange semé à différentes proportions de blé et de seigle pour le pain de méteil. Aujourd'hui, mélanges complexes et variés de graminées et légumineuses destinés au bétail.

Mildiou. Maladies qui se manifestent par des taches brunes ou une apparence de moisissures blanches et cotonneuses, suivies d'un flétrissement général. *https://fr.wikipedia.org/wiki/Mildiou*

Mode d'action. Type de mécanisme ou d'enzyme inhibé ou bloqué par un herbicide.

Moïtte. Grosse pince spéciale pour arracher des vivaces difficiles comme les rumex.

Mulch. Technique agricole consistant à recouvrir le sol pour le garder meuble, limiter l'évaporation et l'érosion ; paillage. Matériau utilisé pour cette technique, déchets organiques, compost, paillis, etc.

Mycotoxines. Les mycotoxines sont des toxines élaborées par diverses espèces de champignons microscopiques. Le terme est utilisé pour décrire des métabolites présentant une action toxique à faible dose sur les animaux et l'Homme.

Néolithique. Période caractérisée par l'apparition de la pierre polie et de l'agriculture et se terminant avec l'âge du bronze, en Europe, à partir de 7 000-6 500 av. J.-C. jusque vers 2 100 av. J.-C.

Néophyte. Espèce introduite dans la région après l'an 1500.

Niche écologique. Concept théorique de l'écologie qui traduit à la fois, la « position » occupée par un organisme, une population ou plus généralement une espèce dans un écosystème et la somme des conditions nécessaires à une population viable de cet organisme.

Nivalénol. Mycotoxine essentiellement due aux *Fusarium*. *https://en.wikipedia.org/wiki/Nivalenol*

Ochratoxine A. Mycotoxine produite par plusieurs champignons microscopiques (genres *Penicillium* et *Aspergillus*) et naturellement présente dans de nombreux produits végétaux. Elle a des propriétés cancérigènes, néphrotoxiques, tératogènes, immunotoxiques et éventuellement neurotoxiques. Elle a également été associée à la néphropathie chez les humains. *https://fr.wikipedia.org/wiki/Ochratoxine_A*

Oïdium. Appelé aussi pourriture blanche ou maladie du blanc, il est le nom générique donné à une série de maladies cryptogamiques. *https://fr.wikipedia.org/wiki/O%C3%AFdium*

Oligotrophe. Milieu particulièrement pauvre en éléments nutritifs.

Oxygène singulet. État métastable — car excité — de la molécule de dioxygène.

Panmictique. Un individu appartenant à une population panmictique a autant de chances de se reproduire avec n'importe quel autre individu de cette population.

Patuline. Mycotoxine synthétisée dans certaines conditions métaboliques par diverses espèces de champignons microscopiques, principalement par des *Aspergillus* sp., et des *Penicillium* sp. se développant notamment sur des céréales, des légumineuses ou des fruits. Toxique à faible dose sur les animaux à sang chaud et l'homme. *https://fr.wikipedia.org/wiki/Patuline*

Petit âge glaciaire. Période climatique froide ayant approximativement eu lieu entre le début du XIVe et la fin du XIXe siècle. Elle est caractérisée par une série d'hivers longs et froids responsables de mauvaises récoltes, famines, disettes et épidémies.

Phloème. Système vasculaire constitué de cellules vivantes (liber) dans lequel circule la sève élaborée.

Photorespiration. Réactions liées à l'activité oxygénase de la Rubisco ; métabolisme coûteux en énergie, réduisant le rendement de la photosynthèse, même s'il devrait servir dans la fixation de l'azote.

Photosynthèse. Processus qui permet, notamment aux plantes supérieures, de synthétiser de la matière organique à partir de l'énergie lumineuse, de l'eau et du gaz carbonique comme source de carbone.

Phylogénétiquement. Qui relève de la phylogénétique. Les relations phylogénétiques sont relatives à la phylogenèse. Elle consiste à étudier les relations évolutives entre différents groupes d'organismes à partir de la distribution des caractères primitifs et des dérivés dans chaque taxon, à l'aide de matrices d'information des molécules d'ADN et de la morphologie.

Piérides. Papillons blancs ou jaunes dont les chenilles se nourrissent des Brassicacées. *https://fr.wikipedia.org/wiki/Pieridae*

Piétin-échaudage. Maladie du pied des plantes que l'on rencontre sur blé, orge, seigle et diverses graminées.
https://fr.wikipedia.org/wiki/Pi%C3%A9tin-%C3%A9chaudage

Piétin-verse. Appelé aussi « taches ocellées du blé », champignon provoquant des lésions elliptiques, en forme d'œil (ocellées), à la base des tiges près de la surface du sol. *https://fr.wikipedia.org/wiki/Pi%C3%A9tin-verse*

Plantes en C3 ou C4. Différences liées au métabolisme de la fixation du CO2. Les plantes en C3 le convertissent en un composé à trois carbones (acide phosphoglycérique) et réalisent toute la photosynthèse dans la même cellule. Ce sont des plantes des milieux tempérés comme le blé, les chénopodes… Les plantes en C4 le convertissent en un composé à quatre carbones (oxaloacétate) et réalisent la photosynthèse dans deux types de cellules. Plantes des régions tropicales supportant les hautes températures et la sécheresse comme le maïs, le sorgho, les amarantes…

Plateau de tallage. Chez les graminées, le tallage se traduit par la formation au niveau du sol d'un « plateau de tallage » qui résulte de la condensation d'une série d'entre-nœuds très courts sur une tige principale (appelée maitre-brin) issue de l'embryon de la graine. Le tallage est caractérisé par l'entrée en croissance de bourgeons différenciés à l'aisselle de chacune des premières feuilles. Le développement de ces bourgeons au niveau des nœuds donne naissance aux talles (tiges secondaires).

Porteur sain. Individu animal ou végétal infecté par un micro-organisme sans présenter de signes cliniques de cette infection. Dans le cas d'un végétal, cet agent pathogène peut être transféré d'une adventice à une plante cultivée par la piqure d'un puceron.

Potentialisation. Désigne une situation où un agent (produit chimique, froid, chaud, lumière, rayonnement UV, X, radioactivité, etc.) va augmenter le caractère actif, efficace, allergène ou toxique d'un produit.

Produit naturel. Molécule produite par des organismes vivants, par opposition à ce qui a été fait par l'homme, à ce qui est artificiel. Leurs propriétés toxiques sont utilisées en AB pour la protection des cultures.

Produit phytosanitaire. Substance active, phytoprotecteur, synergiste ou préparation destinée, selon les cas à — protéger des végétaux ou des produits végétaux contre tout organisme nuisible ou à prévenir son action — exercer une action sur les processus vitaux des végétaux influençant sa croissance, pour autant qu'il ne s'agisse pas de substances nutritives. — assurer la conservation des produits végétaux, pour autant que ces substances ou produits ne fassent pas l'objet de dispositions communautaires particulières concernant les agents conservateurs — détruire des végétaux ou des parties de végétaux indésirables, freiner ou prévenir une croissance indésirable des végétaux, à l'exception des algues à moins que les produits ne soient appliqués sur le sol ou l'eau pour protéger des végétaux.
Note : cette locution doit être préférée à « pesticide », terme qui recouvre les produits phytopharmaceutiques et une partie des produits biocides.

Profil cultural. Outil de diagnostic agronomique qui permet à partir de l'examen d'une couche de sol (1,50 m de profondeur et 3 à 4 m de long) de tirer des principes d'action pour la pratique agricole.

Prostré. Se dit d'une plante qui se développe exclusivement très près du sol.

Pyrrolizidines. Les alcaloïdes pyrrolizidiniques sont produits par les plantes et constituent un mécanisme de défense contre les animaux herbivores. Leur toxicitédoit retenir l'attention.
https://fr.wikipedia.org/wiki/Alcalo%C3%AFde_pyrrolizidinique

Renchausser. Ramener de la terre au pied d'une plante. Butter.

Résistance — Tolérance. Résister : supporter les effets d'une épreuve. Aptitude à survivre à un agent qui est normalement défavorable. Tolérer : supporter sans dommage. Faculté de supporter jusqu'à un seuil.
Dans le domaine de la communication : tolérance des PGM, des VTRH ≡ résistance des adventices

Rhizome. Tige souterraine de certaines plantes vivaces avec une fonction de réserve pour une multiplication ultérieure.

Rotation — assolement. Liste chronologique des espèces cultivées qui se succèdent de façon répétée au fil des ans (des variantes étant admises selon les circonstances), avec l'indication des principales opérations culturales et du moment où on les réalise (voir également sole).

Rouille blanche. Affection cryptogamique qui touche toutes les cultures de brassicacées connues.
https://fr.wikipedia.org/wiki/Rouille_blanche_des_crucif%C3%A8res

Rouissage. Macération que l'on fait subir aux plantes textiles telles que le lin ou le chanvre, pour faciliter la séparation de l'écorce filamenteuse des fibres de la tige.

Rubisco. De son nom complet, la ribulose-1, 5-bisphosphate carboxylase/oxygénase, est l'enzyme-clé de la photosynthèse. C'est elle qui permet la fixation du dioxyde de carbone CO_2 dans la biomasse végétale en initiant le cycle de Calvin, grâce à l'énergie solaire captée par la chlorophylle.

Rudéral. Un milieu rudéral est un milieu de décombres ou non cultivé apparemment abandonné. Une plante rudérale se développe préférentiellement dans ces milieux.

Saltus. Prairie ou zone inculte, généralement dédiée au pacage.

Sartio. Binage, sarclage.

Sclérote. Forme de conservation hivernale de certains champignons. Il est formé de mycélium compact.

Screening. Méthode de tris ou de filtres successifs des molécules susceptibles d'être des herbicides sélectifs pour détecter les meilleurs candidats actifs sur les adventices à contrôler et inoffensifs sur la culture concernée.

Sélectivité. Un herbicide est dit sélectif, si, dans les conditions d'utilisation, les adventices visées sont détruites et les cultures totalement respectées. En conditions agronomiques, la sélectivité correspond à l'exploitation de différences entre les adventices et la culture pour, au moins, une des étapes de l'action de l'herbicide depuis le traitement jusqu'à l'action sur la cible.

Services écosystémiques. La notion de service écosystémique renvoie à la valeur (monétaire ou non) des écosystèmes, voire de la Nature en général, en ce sens que les écosystèmes fournissent à l'humanité des biens et services nécessaires à son bien-être et à son développement.

Site (d'action). Cible, enzyme ou protéine, sur lesquelles se fixe un herbicide et qui vont perturber son action cellulaire.

Sole. Pièce de terre soumise à l'assolement et portant une des cultures de la rotation.

Stade phénologique. La phénologie consiste à observer l'apparition de phénomènes qui reviennent de manière cyclique souvent annuelle, cette apparition étant déterminée par des variations saisonnières du climat (longueur du jour, température, humidité). En botanique, les événements périodiques sont, par exemple, la feuillaison, la floraison, la fructification, la coloration des feuilles des végétaux.

Stock de semences. Ensemble des semences d'adventices persistant pendant plusieurs années dans le sol. Leur germination étant inhibée par des processus de dormance ou un environnement défavorable (température, profondeur, enfouissement…).

Système agraire. Expression théorique d'un type d'agriculture historiquement constitué et géographiquement localisé, composé d'un écosystème cultivé caractéristique et d'un système social productif défini, celui-ci permettant d'exploiter durablement la fertilité de l'écosystème cultivé correspondant.

Système de culture. Ensemble cohérent constitué par la suite logique et ordonnée de cultures et des techniques culturales, à l'échelle pluriannuelle de la succession culturale (en cultures assolées), mise en œuvre en fonction d'objectifs de production propres à l'agriculteur. S'applique à l'ensemble des parcelles traitées de manière identique.

Systémique. Se dit d'une matière active qui peut se déplacer dans une plante (systémie), en particulier hors de la zone traitée vers des organes épargnés par la pulvérisation.

Thérophyte. Plante annuelle.

Thrips. Les thrips sont des insectes de taille minuscule, au corps allongé et aux ailes bordées de soies longues et fines, *https://fr.wikipedia.org/wiki/Thysanoptera*

Transgenèse. Technique d'introduction d'un ou plusieurs gènes dans le génome d'un organise où il s'exprimera en apportant une nouvelle caractéristique à l'organisme qui le porte.

Tricothécènes. Mycotoxines sécrétées par certaines espèces de champignons du sol qui peuvent devenir des parasites de végétaux ; les *Fusarium, Myrothecium, Trichoderma, Trichothecium*… Ceux-ci peuvent coloniser certains végétaux (graminées notamment) en y produisant une maladie dite fusariose, qui peut avoir des effets sur la santé des animaux d'élevage et les humains. *https://fr.wikipedia.org/wiki/Trichoth%C3%A9c%C3%A8ne*

Vaine pâture. Droit d'usage qui permet de faire paître le bétail sur les « terres vaines et vagues » de la communauté, les terres nues de leurs cultures et sur l'ensemble des terres, après la récolte.

Vannage. Séparation des grains battus de leur balle et de leurs impuretés en les secouant dans un van, panier très plat et large servant à séparer la paille, la balle et la poussière du bon grain en les projetant en l'air d'un geste alerte pour offrir au vent les parties les plus légères à éliminer.

Vivace (espèce). Espèce qui se multiplie, vit indéfiniment dans le temps de façon végétative (stolons, rhizomes, tubercules, bulbes…). Cela n'exclut pas qu'elle produise aussi des semences.

Würmien. Relatif à la glaciation du Würm, la dernière se terminant vers -10 000.

Xénobiotique. Un xénobiotique est une substance présente dans un organisme vivant, mais qui lui est étrangère.

Xylella fastidiosa. Bactérie dont certaines souches sont responsables de maladies mortelles ou potentiellement mortelles chez diverses espèces de plantes cultivées. *https://fr.wikipedia.org/wiki/Xylella_fastidiosa*

Xylème. Système vasculaire constitué de cellules mortes (bois) dans lequel circule la sève brute.

Zéaralénone. Mycotoxine émise par certaines espèces de champignons du sol, les *Fusariums*, qui peuvent coloniser certains végétaux (notamment les graminées) en y produisant une maladie, la fusariose. *https://fr.wikipedia.org/wiki/Z%C3%A9aral%C3%A9none*

Liste des espèces adventices citées

Les noms latins et les noms de familles suivent la classification APG IV (*The Angiosperm Phylogeny Group*. 2017)

Nom vernaculaire	Nom latin	Famille
Abutilon de Théophraste	*Abutilon théophrasti* Medik	Malvacées
Achillée millefeuille	*Achillea millefolium* L.	Astéracées
Adonis	*Adonis* spp	Renonculacées
Agrostis stolonifère	*Agrostis stolonifera* L.	Poacées
Ail maraîcher	*Allium oleraceum* L.	Amaryllidacées
Ail des vignes	*Allium vineale* L.	Amaryllidacées
Ailante glanduleux	*Ailanthus altissima* (Mill.) Swingle	Simaroubiacées
Amarante de Bouchon	*Amaranthus hybridus* L. ssp *bouchonii* Thell.	Amaranthacées
Amarante de Palmer	*Amaranthus palmeri* S. Watson	Amaranthacées
Amarante réfléchie	*Amaranthus retroflexus* L.	Amaranthacées
Amarante rugueuse	*Amaranthus rudis* J.D. Sauer	Amaranthacées
Amarantes	*Amaranthus* spp	Amaranthacées
Ambroisie à feuille d'armoise	*Ambrosia artemisiifolia* L.	Astéracées
Ambroisie trifide	*Ambrosia trifida* L.	Astéracées
Ambroisie à épis lisses	*Ambrosia psylostachis* D.C.	Astéracées
Amidonnier	*Triticum turgidum* ssp. *Dicoccon* (Schrank) Thell.	Poacées
Ammi élevé	*Ammi majus* L.	Apiacées

Angélique des bois	*Angelica sylvestris* L.	Apiacées
Ansérine à balai	*Bassia scoparia* (L.) Voss.	Amaranthacées
Anthémis	*Anthemis* spp	Astéracées
Anthrisque commun	*Anthriscus caucalis* M. Bieb.	Apiacées
Anthrisque sylvestre	*Anthriscus sylvestris* (L.) Hoffm.	Apiacées
Arabette	*Arabidopsis thaliana* (L.) Heynh.	Brassicacées
Arbre à papillons	*Buddleja davidii* Franch.	Buddlejacées
Armoise commune	*Artemisia vulgaris* L.	Astéracées
Arrête-bœuf Bugrane épineuse	*Ononis spinosa* L.	Fabacées
Arroche	*Atriplex* sp	Amaranthacées
Aspérule des champs	*Asperula arvensis* L.	Rubiacées
Avoine	*Avena* sp	Poacées
Avoine à chapelet	*Arrhenatherum elatius* ssp *bulbosum* (Willd.) Schübl. & G. Martens.	Poacées
Avoine de Ludovic	*Avena sterilis* spp *ludoviciana* (Durieu) Gill. & M.	Poacées
Bardane commune	*Arctium lappa* L.	Astéracées
Berce du Caucase	*Heracleum mantegazzianum* Sommier & Levier	Apiacées
Bleuet	*Cyanus segetum* Hill	Astéracées
Bourrache officinale	*Borago officinalis* L.	Boraginacées
Brachypode penné	*Brachypodium pinatum* (L.) P. Beauv.	Poacées
Brize petite	*Briza minor* L.	Poacées
Bromes	*Bromus* spp	Poacées
Brome faux seigle	*Bromus secalinus* L.	Poacées
Brome mou	*Bromus hordeaceus* L.	Poacées
Brome stérile	*Anisantha sterilis* (L.) Nevski	Poacées
Caméline	*Camelina* sp	Brassicacées
Capselle	*Capsella bursa pastoris* (L.) Medik.	Brassicacées

Cardamines	*Cardamine* spp	Brassicacées
Carotte sauvage	*Daucus carota* L.	Apiacée
Chardons	*Cirsium* spp	Astéracées
Chardon Roland	*Eryngium campestre* L.	Apiacées
Chénopode blanc	*Chenopodium album* L.	Amaranthacées
Chiendent	*Elytrigia* sp	Poacées
Chiendent pied-de-poule	*Cynodon dactylon* (L.) Pers.	Poacées
Chiendent rampant	*Elytrigia repens* (L.) Desv. Ex Nevski	Poacées
Chondrille à tige de jonc	*Chondrilla juncea* L.	Astéracées
Chrysanthème	*Chrysanthemum* sp	Astéracées
Chrysanthème des moissons	*Glebionis segetum* (L.) Fourr.	Astéracées
Cirse des champs	*Cirsium arvense* (L.) Scop.	Astéracées
Consoude officinale	*Symphytum officinale* L.	Boraginacées
Coquelicot	*Papaver rhoeas* L.	Papaveracées
Coracan	*Eleusine coracana* Gaertn.	Poacées
Crépide à feuille de pissenlit	*Crepis vesicaria* ssp *taraxacifolia (Thuill.) Thell.*	Astéracées
Crépide hérissée, soyeuse	*Crepis setosa* Haller f.	Astéracées
Crotalaire	*Crotalaria* sp	Fabacées
Cuscutes	*Cuscuta* spp	Convolvulacées
Cynoglosses	*Cynoglossum* sp	Boraginacées
Datura stramoine	*Datura stramonium* L.	Solanacées
Desmodium	*Desmodium adscendens* (Swartz) D.C.	Fabacées
Digitaire	*Digitaria* sp	Poacées
Digitaire sanguine	*Digitaria sanguinalis* (L.) Scop.	Poacées
Draves	*Draba* spp	Brassicacées
Éleusine des Indes	*Eleusine indica* (L.) Gaertn.	Poacées
Épilobes	*Epilobium* spp	Onagracées
Érigérons	*Erigeron* spp	Astéracées
Erodium	*Erodium* sp	Géraniacées

Eupatoire à feuille de chanvre	*Eupatorium cannabinum* L.	Astéracées
Fétuques	*Festuca* spp	Poacées
Folle avoine	*Avena fatua* L.	Poacées
Fougère aigle	*Pteridium aquilinum* (L.) Kuhn	Dennstaedtiacées
Gaillet gratteron	*Galium aparine* L.	Rubiacées
Galega officinal	*Galega officinalis* L.	Fabacées
Géranium	*Geranium* spp	Géraniacées
Gesse tubéreuse	*Lathyrus tuberosus* L.	Fabacées
Gesses	*Lathyrus* spp	Fabacées
Grande berce	*Heracleum sphondylium* L.	Apiacées
Grémil des champs	*Buglossoides arvensis* (L.) I. M. Johnst.	Boraginacées
Héliotropes	*Heliotropium* spp	Boraginacées
Herbe de la pampa	*Cortaderia selloana* (Schult.) As. & Graebn.	Poacées
Herbe de sainte Sophie	*Descurainia sophia* (L.) Webb ex Prantl, 1891	Brassicacées
Herbe ma tante	*Pennisetum polystachion* (L.) Schult.	Poacées
Ivraie enivrante	*Lolium temulentum* L.	Poacées
Jouet du vent	*Apera spica venti* P. Beauv.	Poacées
Laiterons	*Sonchus* spp	Astéracées
Laiteron des champs	*Sonchus arvensis* L.	Astéracées
Laiteron rude	*Sonchus asper* (L.) Hill	Astéracées
Laitue scarole	*Lactuca serriola* L.	Astéracées
Lamier pourpre	*Lamium purpureum* L.	Lamiacées
Lampourde glouteron	*Xanthium strumarium* L.	Astéracées
Lampsane commune	*Lapsana cummunis* L.	Astéracées
Linaire commune	*Linaria vulgaris* Mill.	Plantaginacées
Liseron des champs	*Convolvulus arvensis* L.	Convolvulacées
Liseron des haies	*Convolvulus sepium* L.	Convolvulacées
Matricaire inodore	*Tripleurospermum inodorum* (L.) Sch. Bip.	Astéracées

Matricaires	*Matricaria* spp	Astéracées
Mélampyre des champs	*Melampyrum arvense* L.	Orobanchacées
Mélilot	*Melilotus* sp	Fabacées
Mercuriale annuelle	*Mercurialis annua* L.	Euphorbiacées
Mil à chandelle	*Pennisetum glaucum* (L.) R.Br.	Poacées
Millet des oiseaux	*Setaria italica* P. Beauv.	Poacées
Morelle	*Solanum* sp	Solanacées
Morelle à feuille de Chalef	*Solanum eleagnifolium* Cav.	Solanacées
Morelle noire	*Solanum nigrum* L.	Solanacées
Mouron des champs	*Lysimachia arvensis* (L.) U.M.	Primulacées
Moutarde	*Sinapis* sp	Brassicacées
Muflier des champs	*Misopates orontium* (L.) Raf.	Lamiacées
Nielle	*Agrostemma githago* L.	Caryophyllacées
Nigelle des champs	*Nigella arvensis* L.	Renonculacées
Orge sauvage	*Hordeum vulgare* L. ssp *spontaneum* (K. Koch)	Poacées
Orobanches	*Orobanche* sp	Orobanchacées
Orobanche du trèfle	*Orobanche minor* Sm.	Orobanchacées
Orobanche du thym	*Orobanche epithymum* D.C.	Orobanchacées
Orobanche penchée	*Orobanche cernua* Loefl.	Orobanchacées
Orobanche rameuse	*Phelipanche ramosa* (L.) Pomel	Orobanchacées
Ortie	*Urtica* sp	Urticacées
Panais cultivé	*Pastinaca sativa* L.	Apiacées
Panic	*Echinochloa* sp	Poacées
Panic faux riz	*Echinochloa oryzicola* Vasinger	Poacées
Panic pied-de-coq	*Echinochloa crus galli* (L.) P. Beauv.	Poacées
Paspalum	*Paspalum* sp	Poacées
Pâturin annuel	*Poa annua* L.	Poacées
Pâturin commun	*Poa trivialis* L.	Poacées

Pâturin des prés	*Poa pratensis* L.	Poacées
Peigne de Venus	*Scandix pecten veneris* L.	Apiacées
Pelargonium	*Pelargonium* sp	Géraniacées
Pensée des champs	*Viola arvensis* Murray	Violacées
Petite cigüe	*Aethusa cynapium* L.	Apiacées
Pied d'alouette	*Delphinium consolida* L.	Renonculacée
Pissenlits	*Taraxacum* spp	Astéracées
Plantains	*Plantago* spp	Plantaginacées
Potentille rampante	*Potentilla reptans* L.	Rosacées
Prêle des champs	*Equisetum arvense* L.	Equisétacées
Raisin d'Amérique	*Phytolacca americana* L.	Phytolaccacées
Rapistre rugueux	*Rapistrum rugosum* (L.) All.	Brassicacées
Ravenelle	*Raphanus raphanistrum* L.	Brassicacées
Ray-grass	*Lolium* spp	Poacées
Renoncule des champs	*Ranunculus arvensis* L.	Renonculacées
Renoncule rampante	*Ranunculus repens* L.	Renonculacées
Renoncules	*Ranunculus* spp	Renonculacées
Renouées	*Polygonum* spp	Polygonacées
Renouée à feuille de patience	*Persicaria lapathifolia* (L.) Delarbe	Polygonacées
Renouée amphibie	*Persicaria amphibia* (L.) Gray	Polygonacées
Renouée des oiseaux	*Polygonum aviculare* L.	Polygonacées
Renouée du japon	*Reynoutria japonica* Houtt	Polygonacées
Renouée liseron	*Fallopia convolvulus* (L.) A. Löve	Polygonacées
Renouée persicaire	*Persicaria maculosa* Gray	Polygonacées
Ricin	*Ricinus* sp	Euphorbiacées
Ronces	*Rubus* spp	Rosacées
Rumex	*Rumex* spp	Polygonacées
Rumex à feuilles obtuses	*Rumex obtusifolius* L.	Polygonacées
Rumex crépu	*Rumex crispus* L.	Polygonacées

Seigle	*Secale cereale* L.	Poacées
Séneçons	*Senecio* spp	Astéracées
Séneçon vulgaire	*Senecio vulgaris* L.	Astéracées
Séneçon du Cap	*Senecio inaequidens* D.C.	Astéracées
Séneçon jacobée	*Jacobea vulgaris* Gaertn.	Astéracées
Sétaires	*Setaria* spp	Poacées
Sétaire glauque	*Setaria glauca* P. Beauv.	Poacées
Sicyos anguleux	*Sicyos angulatus* L.	Cucurbitacées
Sisymbres	*Sisymbrium* spp	Brassicacées
Sorgho d'Alep	*Sorghum halepense (*L.)Pers.	Poacées
Souchet rond	*Cyperus rotundus* L.	Cypéracées
Souchet joncoïde	*Schoenoplectus juncoides* (Roxb.) Palla	Cypéracées
Spergule des champs	*Spergula arvensis* L.	Caryophyllacées
Stellaire intermédiaire	*Stellaria media* (L.) Vill.	Caryophyllacées
Striga	*Striga* sp	Orobanchacées
Sureau yèble	*Sambucus ebulus* L.	Adoxacées
Téosinte	*Zea maïs* ssp *parviglumis* Iltis & Doebley	Poacées
Thlaspi	*Thlaspi sp*	Brassicacées
Torilis des champs	*Torilis arvensis* (Huds.) Link	Apiacées
Tournesol adventice	*Helianthus annuus* L.	Astéracées
Tussilage	*Tussilago farfara* L.	Astéracées
Vergerette de Sumatra	*Erigeron sumatrensis* Retz.	Astéracées
Vergerette du Canada	*Erigeron canadensis* L.	Astéracées
Véroniques	*Veronica* spp	Plantaginacées
Véronique à feuille de lierre	*Veronica hederifolia* L.	Plantaginacées
Véronique de Perse	*Veronica persica* Poir.	Plantaginacées
Vesce cultivée	*Vicia sativa* L.	Fabacées
Vesces	*Vicia* spp	Fabacées
Vipérine commune	*Echium vulgare* L.	Boraginacées

Vulpie queue de rat	*Vulpia myuros* (L.) C.C.Gmel.	Poacées

Liste des herbicides cités, leurs familles et groupes

Molécules	Familles	Groupes
2,4-D	aryloxyacides	O
Acide acétique	acide carboxylique	Z
Acide pélargonique	acide gras	Z
Alachlore	chloroacétamides	K3
Amidosulfuron	sulfonylurées	B
Aminotriazole	triazoles	F3
Aryloxyphénoxypropionates		A
Asulame	carbamates	I
Atrazine	triazines	C1
Benfluraline	dinitroanilines	K1
Bentazone	benzothiadiazones	C3
Benzoylpropéthyl	arylaminopropionates	K2
Bifénox	diphényl-éthers	E
Bipyridiles		D
Bromoxynil	hydroxybenzonitriles	C3
Chloridazone	pyridazinones	C3
Chloroacétamides		K3
Chlortoluron	phénylurées	C2

Chlorpropham	carbamates	K2
Chlorsulfuron	sulfonylurées	B
Cléthodime	cyclohexane-diones	A
Clodinafop = clodinafop-propargyl	aryloxyphénoxypropionates	A
Clopyralid	acides picoliniques	O
Cyclohexane-diones		A
Cycloxydime	cyclohexane-diones	A
Dènes = phénylpyrazolines		A
Dicamba	acides benzoïques	O
Diclofop = diclofop-méthyl	aryloxyphénoxypropionates	A
Diflufenicanil	pyridinécarboxamides	F1
Dimes = Cyclohexane-diones		A
Dinitroanilines		K1
Diquat	bipyridiles	D
Diuron	phénylurées	C2
Ethofumésate	benzofuranes	N
Fénoxaprop = fénoxaprop-éthyl	aryloxyphénoxypropionates	A
Florasulam	triazolopyrimidines	B
Flufénacet	oxyacétamides	K3
Flupyrsulfuron	sulfonylurées	B
Fluroxypyr	acides picoliniques	O
Fops = Aryloxyphénoxypropionates		A
Glufosinate	acides phosphoniques	H
Glyphosate	amino-phosphonate glycines	G
Imazamox	imidazolinones	B
Imidazolinones		B
Iodosulfuron-methyl-sodium	sulfonylurées	B
Isoproturon	phénylurées	C2
Isoxaben	benzamides	L
Linuron	phénylurées	C2

MCPA	aryloxyacides	O
MCPP / Mécoprop-P	aryloxyacides	O
Mesosulfuron-methyl	sulfonylurées	B
Métamitrone	triazinones	C1
Métazachlore	chloroacétamides	K3
Metsulfuron methyle	sulfonylurées	B
Nicosulfuron	sulfonylurées	B
Paraquat	bipyridiles	D
Pendimethaline	dinitroanilines	K1
Péthoxamide	chloroacétamides	K3
Phénylpyrazolines		A
Phytohormones		O
Piclorame	acides picoliniques	O
Pinoxaden	phénylpyrazolines	A
Propoxycarbazone sodium	sulfonylaminocarbonyl triazolinones	B
Prosulfocarbe	thiocarbamates	N
Pyridate	phényl-pyridazines	C3
Pyroxulame	triazolopyrimidines	B
Simazine	triazines	C1
S-métolachlore	chloroacétamides	K3
Sulcotrione	tricétones	F2
Sulfonylurées		B
Tembotrione	tricétones	F2
Terbuthylazine	triazines	C1
Terbutryne	triazines	C1
Thifensulfuron-méthyle	sulfonylurées	B
Tralkoxydime	cyclohexane-diones	B
Triallate	thiocarbamates	N
Triazines		C1
Triazinones		C1

Triazolopyrimidines		B
Tribenuron-methyle	sulfonyurées	B
Tricétones		F2
Triclopyr	acides picoliniques	O
Trifluraline	dinitroanilines	K1
Uraciles		C1
Urées substituées=phénylurées		C2

Liste des sigles employés

AASQA Agence Agréée de Surveillance de la Qualité de l'Air
AB Agriculture Biologique
ACS Agriculture de Conservation des Sols
ADEME Agence de l'Environnement et de la Maîtrise de l'Énergie
ADI Acceptable Daily Intake
AFNOR Association Française de Normalisation
AFSSA Agence Française de Sécurité Sanitaire des Aliments
AJE Apport Journalier Estimé
AJMT Apport Journalier Maximum Théorique
AMM Autorisation de Mise sur le Marché
ANSES Agence Nationale de Sécurité sanitaire de l'alimentation, de l'Environnement et du travail
AOEL Acceptable Operator Exposure Level
AR Agriculture Régénérative
ARfD Acute Reference Dose
BPA Bonnes Pratiques Agricoles
CIMMYT Centre international d'amélioration du maïs et du blé
CIRAD Centre de coopération Internationale de Recherche Agronomique pour le Développement
CIRC Centre International de recherche sur le Cancer
CJUE Cour de Justice de l'Union Européenne
CMR Cancérigène Mutagène Reprotoxique
CSEO Concentration Sans Effet Observé
DAR Délai Avant Récolte
DES Dose Sans Effet

DGCCRF	Direction Générale de la Concurrence, de la Consommation et de la Répression des Fraudes
DJA	Dose Journalière Admissible
DL 50	Dose Létale de 50 % de la population testée
DRI	Dose Recommandée Individuelle
DT50	Dose Toxique pour 50 % de la population testée
EAT	Etude de l'Alimentation Totale
ECHA	Agence européenne des produits chimiques
EFSA	European Food Safety Authority
FAO	Food and Agriculture Organisation
GES	Gaz à Effet de Serre
GM	Génétiquement Modifié
HAP	Hydrocarbure Aromatique Polycyclique
HRAC	Herbicide Resistance Action Commitee
HVE	Haute Valeur Environnementale
IA	Intelligence Artificielle
IFT	Indicateur de Fréquence de Traitement
INRA	Institut National de la Recherche Agronomique, INRAE depuis 2020
INRAE	Institut National de Recherche pour l'Agriculture, l'Alimentation et l'Environnement
ITAB	Institut Technique de l'Agriculture Biologique
JMPR	Joint Meeting on Pest Residues
LMR	Limite Maximum de Résidu
LOAL	Lowest Observed Adverse Level
LOQ	Limite Of Quantification
NBT	New plant Breeding Techniques
NOAL	No Observed Adverse Level
OAD	Outil d'Aide à la Décision
OGM	Organisme génétiquement Modifié
OILB	Organisation Internationale de Lutte Biologique
OMS	Organisation Mondiale de la Santé
PBT	Persistance Bioaccumulation Toxique
PCB	polychlorobiphényle
PGM	Plante Génétiquement Modifiée
PM	Particule Matter (10 = < 10 µm
QSAR	Quantitative Structure Activity Relationships

RDA	Recommanded Dietary Allowance
REACH	Registration Evaluation Authorisation and Restriction of Chemicals
SAU	Surface Agricole Utile
TCS	Technique Culturale Simplifiée
TDI	Tolerable Daily Intake
UDI	Unité de Distribution Individuelle
UMR	Unité Mixte de Recherche
UTH	Unité de Travail Humain
VRTH	Variété rendue Tolérante aux Herbicides
VTR	Valeur Toxique de Référence
ZNT	Zone Non Traitée

Structures éditoriales du groupe L'Harmattan

L'Harmattan Italie
Via degli Artisti, 15
10124 Torino
harmattan.italia@gmail.com

L'Harmattan Hongrie
Kossuth l. u. 14-16.
1053 Budapest
harmattan@harmattan.hu

L'Harmattan Sénégal
10 VDN en face Mermoz
BP 45034 Dakar-Fann
senharmattan@gmail.com

L'Harmattan Congo
219, avenue Nelson Mandela
BP 2874 Brazzaville
harmattan.congo@yahoo.fr

L'Harmattan Cameroun
TSINGA/FECAFOOT
BP 11486 Yaoundé
inkoukam@gmail.com

L'Harmattan Mali
ACI 2000 - Immeuble Mgr Jean Marie Cisse
Bureau 10
BP 145 Bamako-Mali
mali@harmattan.fr

L'Harmattan Burkina Faso
Achille Somé – tengnule@hotmail.fr

L'Harmattan Togo
Djidjole – Lomé
Maison Amela
face EPP BATOME
ddamela@aol.com

L'Harmattan Guinée
Almamya, rue KA 028 OKB Agency
BP 3470 Conakry
harmattanguinee@yahoo.fr

L'Harmattan Côte d'Ivoire
Résidence Karl – Cité des Arts
Abidjan-Cocody
03 BP 1588 Abidjan
espace_harmattan.ci@hotmail.fr

L'Harmattan RDC
185, avenue Nyangwe
Commune de Lingwala – Kinshasa
matangilamusadila@yahoo.fr

Nos librairies en France

Librairie internationale
16, rue des Écoles
75005 Paris
librairie.internationale@harmattan.fr
01 40 46 79 11
www.librairieharmattan.com

Librairie des savoirs
21, rue des Écoles
75005 Paris
librairie.sh@harmattan.fr
01 46 34 13 71
www.librairieharmattansh.com

Librairie Le Lucernaire
53, rue Notre-Dame-des-Champs
75006 Paris
librairie@lucernaire.fr
01 42 22 67 13

www.ingramcontent.com/pod-product-compliance
Lightning Source LLC
LaVergne TN
LVHW011133061026
849535LV00003B/471